普通高等教育“十一五”国家级规划教材

大学数学应用教程

（本科第二版・下册）

仉志余　编　著

U0298786

北京大学出版社
PEKING UNIVERSITY PRESS

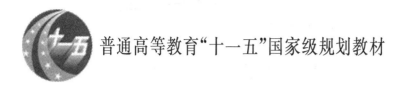

内容简介

本书是在普通高等教育"十一五"国家级规划教材《大学数学应用教程》基础上，深入总结几年来教学改革经验，根据教育部非数学专业数学基础课程教学指导委员会最新制定(2009年宁波会议通过)的《工科类数学基础课程教学基本要求》修订而成的。

全书分为线性代数、概率论与数理统计和大学数学的软件实现三篇，具体包括行列式、矩阵、线性方程组、相似矩阵与二次型；随机事件及其概率、随机变量及其概率分布、随机变量的数字特征、多维随机变量、大数定律与中心极限定理、样本与抽样分布、参数估计、假设检验和一元线性回归分析以及大学数学的软件实现等内容。

本书更适合非"211"大学理工类及经济、管理类本科专业使用，也适合同层次的成人教育以及工程技术人员使用。打"*"的内容可根据教学时数选学。

图书在版编目(CIP)数据

大学数学应用教程(本科第二版·下册)/仉志余编著. —北京：北京大学出版社，2009.9
(普通高等教育"十一五"国家级规划教材)
ISBN 978-7-301-05127-6

Ⅰ.①大… Ⅱ.①仉… Ⅲ.①高等数学—高等学校—教材 Ⅳ.①013

中国版本图书馆CIP数据核字(2009)第155806号

书　　名：大学数学应用教程(本科第二版·下册)
著作责任者：仉志余　编著
责 任 编 辑：潘丽娜
标 准 书 号：ISBN 978-7-301-05127-6/O·0789
出 版 发 行：北京大学出版社
地　　址：北京市海淀区成府路205号　100871
网　　址：http://www.pup.cn　新浪官方微博：@北京大学出版社
电 子 信 箱：zpup@pup.cn
电　　话：邮购部62752015　发行部62750672　编辑部62752021　出版部62754962
印 刷 者：北京大学印刷厂
经 销 者：新华书店
787毫米×980毫米　16开本　24印张　468千字
2005年7月第1版　2009年9月第2版
2018年8月第2版第13次印刷
定　　价：42.00元

第二版前言

《大学数学应用教程》(上、下)第一版由北京大学出版社于 2005 年出版以来,深受高等院校同仁青睐,已 6 次重印,2008 年又被教育部评为普通高等教育“十一五”国家级规划教材。原教程适合于少学时本科和较高层次高职高专院校各专业使用。随着我国高等教育大众化过程的推进,在实际教学中,作者深深感到国内现行高等数学、线性代数、概率论与数理统计等大学数学课程的品牌教材尤其不能适应二、三类本科学生的教学实际,而《大学数学应用教程》的特色恰恰可以弥补这一不足。为了加强对各类人才培养的针对性,作者认为很有必要按照进一步拓展与精简两个方向分别将其修订为本科层次和高职高专层次两种版本使用。这是本科层次的版本。

此版本的内容包括高等数学(微积分)、线性代数、概率论与数理统计和大学数学的软件实现四大模块,拓展了数理统计等部分内容。第一,就前三大模块内容的低限而言,均符合教育部非数学专业数学基础课程教学指导委员会最新制定(2009 年宁波会议通过)的《工科类数学基础课程教学基本要求》。第二,就其内容的深度而言,本教程更适合于非“211”大学理工类和经济、管理类本科专业使用,与“研究型”大学普遍使用的近乎“数学分析”的教材相比,其理论证明的要求已被大大降低,其繁难的计算也被大大放弃。其目的是将重点转移到熟练掌握基本概念、基本性质和基本方法的应用上。第三,就本教程内容的广度而论,不但没有减小,反而做了适度扩大。笔者认为这样将更有利于应用型人才的培养。第四,根据应用型人才培养目标的要求,本教程突出了数学的应用,例如微积分模块中增加了数值计算方法的相关内容;渗透了数学建模的思想方法;线性代数模块的体系是按照建立数学模型—寻求解模工具—解模答问这一主线设计的;概率论与数理统计模块则更突出了其应用部分——数理统计的学习。此外,三大模块的有机整合,减少了重复,节约了教学时间。最后增加的大学数学的软件实现一篇,将三大模块的主要知识运用计算机软件加以展示,更加彰显了大学数学应用的现代特色。

总之,很好地学习了本教程内容的同学,其应用数学解决实际问题的能力将会大大提高。还希望继续考研深造的同学,若在进一步学习与本教程配套的《高等学校数学讲练教程系列》(北京大学出版社)后,其大学数学知识的深度和研究能力将会达到更高的水平。

本教程分为上下两册。上册内容包括一元微积分及其应用,常微分方程,无穷级数,数值计算方法,空间解析几何与向量代数,多元微积分及其应用等。下册内容包括线性代数,概率论与数理统计和大学数学的软件实现等。由于本教程的内容体系与现行教材相比改革力度较大,为便于教学管理部门和教师更好地安排教学,特提出使用本教程的如下教学方案,仅供参考:

本教程总学时可为272学时(17学分)左右,其中微积分∶线性代数∶概率论与数理统计=170(或176)∶48(或42)∶48(学时)。打"*"的内容可根据专业要求选讲。

本教程也适用于经济、贸易、金融、工商管理和市场营销等专业。此时,其微积分部分可安排120—130学时,其中的向量代数和多元微积分可以略讲,微积分在物理力学方面的应用可以不讲,线性代数、概率论与数理统计部分可与工科类专业类似。

本教程在改版过程中,参加编写工作的有:王建军、宋智民、王晓霞、张晋珠(第五章、第六章)、阮豫红、王波、寇静、王颖、樊孝仁、闫乙伟、赵治荣、高玉洁、马慧莲、尹礼寿、郭尊光、李灿、于彩娴、王瑶、张玫玉等多位教师。在教育部和北京大学出版社的大力支持下,本教程列入普通高等教育"十一五"国家级教材。对上述各部门领导和同仁以及各位支持本教程建设的朋友,在此表示诚挚的感谢!

新版中存在的问题,敬请广大专家、同仁和读者给予批评指正。

仉志余

2009-6-6

目　录

第四篇　线性代数

第五篇 概率论与数理统计

*第六篇 大学数学的软件实现

第四篇　线性代数

线性代数是大学数学应用必不可少的重要组成部分，在其他学科和工程技术中也有着普遍的应用. 它以求解线性方程组为目标，以行列式、矩阵和 n 维向量为工具组成主要内容. 它不以微积分为基础，所以也可将它放在微积分之前学习而无任何困难.

第一章　行列式

行列式是线性代数中的重要概念之一，它在矩阵和线性方程组理论中有着广泛的应用. 本章从二、三阶行列式概念开始，引出 n 阶行列式定义，讨论 n 阶行列式的性质，并利用行列式解线性方程组.

第一节　行列式的概念

一、二阶和三阶行列式

我们知道，在中学代数解二元、三元线性方程组时，已用到二、三阶行列式，其定义可按**对角线法则**(如图 1-1 和图 1-2 所示)给出：

$$\begin{vmatrix} a_{11} & a_{12} \\ a_{21} & a_{22} \end{vmatrix} = a_{11}a_{22} - a_{12}a_{21}, \tag{1}$$

$$\begin{vmatrix} a_{11} & a_{12} & a_{13} \\ a_{21} & a_{22} & a_{23} \\ a_{31} & a_{32} & a_{33} \end{vmatrix} = a_{11}a_{22}a_{33} + a_{12}a_{23}a_{31} + a_{13}a_{21}a_{32} - a_{11}a_{23}a_{32} - a_{12}a_{21}a_{33} - a_{13}a_{22}a_{31}. \tag{2}$$

此定义说明二阶行列式含 2 项，三阶行列式含 6 项，每项均为不同行不同列的元素的乘积再冠以正负号，其原则就是如图 1-1 和图 1-2 所示的对角线法则：图中实线上元素的乘积冠正号，虚线上元素的乘积冠负号.

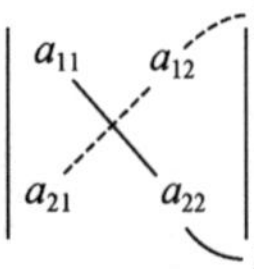

图 1-1

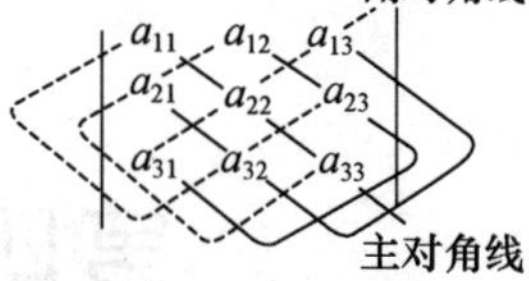

图 1-2

由(1)与(2)式知,(2)式还可以写成

$$\begin{vmatrix} a_{11} & a_{12} & a_{13} \\ a_{21} & a_{22} & a_{23} \\ a_{31} & a_{32} & a_{33} \end{vmatrix} = a_{11}(a_{22}a_{33}-a_{23}a_{32}) - a_{12}(a_{21}a_{33}-a_{23}a_{31}) + a_{13}(a_{21}a_{32}-a_{22}a_{31})$$

$$= a_{11}\begin{vmatrix} a_{22} & a_{23} \\ a_{32} & a_{33} \end{vmatrix} - a_{12}\begin{vmatrix} a_{21} & a_{23} \\ a_{31} & a_{33} \end{vmatrix} + a_{13}\begin{vmatrix} a_{21} & a_{22} \\ a_{31} & a_{32} \end{vmatrix}. \tag{3}$$

分析(3)式,得其规律是:把该行列式的第一行各元素乘以划掉该元素所在的行和列之后剩下的二阶行列式,前面冠以正负相间的符号,然后再求它们的代数和.对此,我们以 M_{ij} $(i,j=1,2,3)$ 表示划去行列式中**元素** a_{ij} 所在的行与列之后剩下的二阶行列式,于是有

$$M_{11}=\begin{vmatrix} a_{22} & a_{23} \\ a_{32} & a_{33} \end{vmatrix},\quad M_{12}=\begin{vmatrix} a_{21} & a_{23} \\ a_{31} & a_{33} \end{vmatrix},\quad M_{13}=\begin{vmatrix} a_{21} & a_{22} \\ a_{31} & a_{32} \end{vmatrix}.$$

(3) 式可以写成

$$\begin{vmatrix} a_{11} & a_{12} & a_{13} \\ a_{21} & a_{22} & a_{23} \\ a_{31} & a_{32} & a_{33} \end{vmatrix} = a_{11}M_{11} - a_{12}M_{12} + a_{13}M_{13}. \tag{4}$$

若令 $A_{ij}=(-1)^{i+j}M_{ij}$,(4)式可以写成

$$\begin{vmatrix} a_{11} & a_{12} & a_{13} \\ a_{21} & a_{22} & a_{23} \\ a_{31} & a_{32} & a_{33} \end{vmatrix} = a_{11}A_{11} + a_{12}A_{12} + a_{13}A_{13} = \sum_{j=1}^{3} a_{1j}A_{1j}, \tag{5}$$

这里 M_{ij} 称为元素 a_{ij} 的**余子式**,A_{ij} 称为元素 a_{ij} 的**代数余子式**.

相应地,(1)式又可以写成

$$\begin{vmatrix} a_{11} & a_{12} \\ a_{21} & a_{22} \end{vmatrix} = a_{11}A_{11} + a_{12}A_{12}. \tag{6}$$

我们可以仿照(5),(6)两式来定义 n 阶行列式.

二、n 阶行列式

定义 对于 n^2 个数排成的一个正方形数表

$$\begin{matrix} a_{11} & a_{12} & \cdots & a_{1n} \\ a_{21} & a_{22} & \cdots & a_{2n} \\ \vdots & \vdots & & \vdots \\ a_{n1} & a_{n2} & \cdots & a_{nn} \end{matrix}$$

当 $n=1$ 时,称 a_{11} 为**一阶行列式**,记为 $|a_{11}|$,即 $|a_{11}|=a_{11}$;当 $n\geqslant 2$ 时,称数

$$a_{11}A_{11}+a_{12}A_{12}+\cdots+a_{1n}A_{1n}=\sum_{j=1}^{n}a_{1j}A_{1j}$$

为 n **阶行列式**,并记为

$$D=\begin{vmatrix} a_{11} & a_{12} & \cdots & a_{1n} \\ a_{21} & a_{22} & \cdots & a_{2n} \\ \vdots & \vdots & & \vdots \\ a_{n1} & a_{n2} & \cdots & a_{nn} \end{vmatrix}=\sum_{j=1}^{n}a_{1j}A_{1j}, \tag{7}$$

其中 $A_{1j}(j=1,2,\cdots,n)$ 为元素 a_{1j} 的**代数余子式**[①]. (7)式右端也称为 n **阶行列式按第一行元素的展开式**. n 阶行列式 D,也记为 $\det(a_{ij})_n$. 有时又称 a_{ij} 为行列式 D 的 (i,j) 元 $(1\leqslant i,j\leqslant n)$.

注意,一阶行列式与绝对值不同.

例 1 按定义计算行列式

$$\begin{vmatrix} 1 & 0 & -2 & 1 \\ 2 & -1 & -1 & 0 \\ 0 & 2 & 1 & 3 \\ 1 & 2 & 0 & 1 \end{vmatrix}.$$

解 按第一行元素展开

$$\begin{vmatrix} 1 & 0 & -2 & 1 \\ 2 & -1 & -1 & 0 \\ 0 & 2 & 1 & 3 \\ 1 & 2 & 0 & 1 \end{vmatrix}=1\times(-1)^{1+1}\begin{vmatrix} -1 & -1 & 0 \\ 2 & 1 & 3 \\ 2 & 0 & 1 \end{vmatrix}+0\times(-1)^{1+2}\begin{vmatrix} 2 & -1 & 0 \\ 0 & 1 & 3 \\ 1 & 0 & 1 \end{vmatrix}$$

$$+(-2)\times(-1)^{1+3}\begin{vmatrix} 2 & -1 & 0 \\ 0 & 2 & 3 \\ 1 & 2 & 1 \end{vmatrix}+1\times(-1)^{1+4}\begin{vmatrix} 2 & -1 & -1 \\ 0 & 2 & 1 \\ 1 & 2 & 0 \end{vmatrix}$$

$$=-5+0+22+3=20.$$

① n 阶行列式中元素 a_{ij} 的代数余子式的定义与三阶行列式中所介绍的类似,这里不再重复.

例 2 计算对角行列式

(1) $\begin{vmatrix} a_1 & 0 & \cdots & 0 \\ 0 & a_2 & \cdots & 0 \\ \vdots & \vdots & \ddots & \vdots \\ 0 & 0 & \cdots & a_n \end{vmatrix}$; (2) $\begin{vmatrix} 0 & \cdots & 0 & a_1 \\ 0 & \cdots & a_2 & 0 \\ \vdots & ⋰ & \vdots & \vdots \\ a_n & \cdots & 0 & 0 \end{vmatrix}$.

解 (1) 因为行列式的第一行元素中除 a_1 外,其余元素都为零,因此按第一行元素展开只有一项,如此逐次按第一行元素展开得

$$\begin{vmatrix} a_1 & 0 & \cdots & 0 \\ 0 & a_2 & \cdots & 0 \\ \vdots & \vdots & \ddots & \vdots \\ 0 & 0 & \cdots & a_n \end{vmatrix}=a_1\begin{vmatrix} a_2 & 0 & \cdots & 0 \\ 0 & a_3 & \cdots & 0 \\ \vdots & \vdots & \ddots & \vdots \\ 0 & 0 & \cdots & a_n \end{vmatrix}=a_1a_2\begin{vmatrix} a_3 & \cdots & 0 \\ \vdots & \ddots & \vdots \\ 0 & \cdots & a_n \end{vmatrix}=\cdots=a_1a_2\cdots a_n.$$

(2) 逐次按行列式的第一行元素展开

$$\begin{vmatrix} 0 & \cdots & 0 & a_1 \\ 0 & \cdots & a_2 & 0 \\ \vdots & ⋰ & \vdots & \vdots \\ a_n & \cdots & 0 & 0 \end{vmatrix}=(-1)^{n+1}a_1\begin{vmatrix} 0 & \cdots & 0 & a_2 \\ 0 & \cdots & a_3 & 0 \\ \vdots & ⋰ & \vdots & \vdots \\ a_n & \cdots & 0 & 0 \end{vmatrix}$$

$$=(-1)^{n+1}\cdot(-1)^{n}\cdot a_1a_2\begin{vmatrix} 0 & \cdots & a_3 \\ \vdots & ⋰ & \vdots \\ a_n & \cdots & 0 \end{vmatrix}$$

$$=\cdots=(-1)^{n+1}\cdot(-1)^{n}\cdots(-1)^{3}a_1a_2\cdots|a_n|$$

$$=(-1)^{\frac{(n+4)(n-1)}{2}}a_1a_2\cdots a_n$$

$$=(-1)^{\frac{n(n-1)}{2}}a_1a_2\cdots a_n.$$

例 3 计算下三角行列式

$$\begin{vmatrix} a_{11} & 0 & \cdots & 0 \\ a_{21} & a_{22} & \cdots & 0 \\ \vdots & \vdots & \ddots & \vdots \\ a_{n1} & a_{n2} & \cdots & a_{nn} \end{vmatrix}.$$

解 逐次按行列式的第一行元素展开

$$\begin{vmatrix} a_{11} & 0 & \cdots & 0 \\ a_{21} & a_{22} & \cdots & 0 \\ \vdots & \vdots & \ddots & \vdots \\ a_{n1} & a_{n2} & \cdots & a_{nn} \end{vmatrix}=a_{11}\begin{vmatrix} a_{22} & 0 & \cdots & 0 \\ a_{32} & a_{33} & \cdots & 0 \\ \vdots & \vdots & \ddots & \vdots \\ a_{n2} & a_{n3} & \cdots & a_{nn} \end{vmatrix}=a_{11}a_{22}\begin{vmatrix} a_{33} & 0 & \cdots & 0 \\ a_{43} & a_{44} & \cdots & 0 \\ \vdots & \vdots & \ddots & \vdots \\ a_{n3} & a_{n4} & \cdots & a_{nn} \end{vmatrix}=\cdots=a_{11}a_{22}\cdots a_{nn}.$$

习 题 1-1

用定义计算下列行列式：

1. $\begin{vmatrix} 1 & 2 & 3 \\ 3 & 1 & 2 \\ 2 & 3 & 1 \end{vmatrix}$.

2. $\begin{vmatrix} 1 & -1 & 2 \\ 0 & 3 & -1 \\ -2 & 2 & -4 \end{vmatrix}$.

3. $\begin{vmatrix} 1 & 0 & 0 & 0 \\ 0 & 0 & 1 & 3 \\ 0 & 2 & 5 & 0 \\ 1 & 4 & 0 & 0 \end{vmatrix}$.

4. $\begin{vmatrix} 1 & 2 & 3 & -1 \\ 1 & -1 & 0 & 2 \\ 0 & 1 & 0 & 1 \\ 0 & 0 & -1 & 3 \end{vmatrix}$.

第二节 行列式的性质

由定义计算 n 阶行列式，需要将 n 阶行列式化为 n 个 $n-1$ 阶行列式，当行列式的阶数越大时，行列式计算就越复杂，为简化行列式的计算，须讨论行列式的性质.

将行列式 D 的行(或列)换成同序号的列(或行)得到的行列式称为行列式 D 的**转置行列式**，记为 D^{T} 或 D'. 即如果

$$D=\begin{vmatrix} a_{11} & a_{12} & \cdots & a_{1n} \\ a_{21} & a_{22} & \cdots & a_{2n} \\ \vdots & \vdots & & \vdots \\ a_{n1} & a_{n2} & \cdots & a_{nn} \end{vmatrix},$$

则

$$D^{\mathrm{T}}=\begin{vmatrix} a_{11} & a_{21} & \cdots & a_{n1} \\ a_{12} & a_{22} & \cdots & a_{n2} \\ \vdots & \vdots & & \vdots \\ a_{1n} & a_{2n} & \cdots & a_{nn} \end{vmatrix}.$$

性质 1 行列式 D 与它的转置行列式 D^{T} 相等，即 $D=D^{\mathrm{T}}$.

下面以三阶行列式为例验证性质 1，一般证明从略.

设三阶行列式

$$D=\begin{vmatrix} a_{11} & a_{12} & a_{13} \\ a_{21} & a_{22} & a_{23} \\ a_{31} & a_{32} & a_{33} \end{vmatrix}=a_{11}a_{22}a_{33}+a_{12}a_{23}a_{31}+a_{13}a_{21}a_{32}$$

$$-a_{13}a_{22}a_{31}-a_{11}a_{23}a_{32}-a_{12}a_{21}a_{33},$$

$$D^{\mathrm{T}}=\begin{vmatrix} a_{11} & a_{21} & a_{31} \\ a_{12} & a_{22} & a_{32} \\ a_{13} & a_{23} & a_{33} \end{vmatrix}=a_{11}a_{22}a_{33}+a_{12}a_{23}a_{31}+a_{13}a_{21}a_{32}$$

$$-a_{13}a_{22}a_{31}-a_{11}a_{23}a_{32}-a_{12}a_{21}a_{33}.$$

比较 D 与 D^{T},有 $D=D^{\mathrm{T}}$

性质 1 表明,对行列式"行"成立的性质对"列"也成立,反之亦然.

例 1 计算上三角行列式

$$D=\begin{vmatrix} a_{11} & a_{12} & \cdots & a_{1n} \\ 0 & a_{22} & \cdots & a_{2n} \\ \vdots & \vdots & \ddots & \vdots \\ 0 & 0 & \cdots & a_{nn} \end{vmatrix}.$$

解 行列式 D 的转置行列式

$$D^{\mathrm{T}}=\begin{vmatrix} a_{11} & 0 & \cdots & 0 \\ a_{12} & a_{22} & \cdots & 0 \\ \vdots & \vdots & \ddots & \vdots \\ a_{1n} & a_{2n} & \cdots & a_{nn} \end{vmatrix}$$

为下三角行列式,由上节例 3 的结果及性质 1 知

$$D=D^{\mathrm{T}}=a_{11}a_{22}\cdots a_{nn}.$$

性质 2 互换行列式的两行(或列),行列式变号.

读者可用三阶行列式验证这个性质.

注 互换行列式 D 的第 i,j 两行(或列),记为 $r_i \leftrightarrow r_i$(或 $c_i \leftrightarrow c_j$). 今后将用 r_i 代表第 i 行,用 c_j 代表第 j 列.

推论 若行列式有两行(或列)完全相同,则此行列式为零.

证 交换行列式完全相同的两行(或列),所得行列式仍然是 D,又由性质 2 有 $D=-D$,则 $D=0$. **证毕**

性质 3 行列式等于它任意一行(或列)的各元素与对应的代数余子式的乘积之和. 即

$$D=a_{i1}A_{i1}+a_{i2}A_{i2}+\cdots+a_{in}A_{in}\xlongequal{r(i)}\sum_{k=1}^{n}a_{ik}A_{ik}\quad(i=1,2,\cdots,n)\tag{1}$$

或

$$D=a_{1j}A_{1j}+a_{2j}A_{2j}+\cdots+a_{nj}A_{nj}\xlongequal{c(j)}\sum_{k=1}^{n}a_{kj}A_{kj}\quad(j=1,2,\cdots,n).\tag{2}$$

注 这里,用 $r(i)$ 表示将行列式 D 按第 i 行展开;用 $c(j)$ 表示将行列式 D 按第 j 列展开.

证 若(1)式成立,由性质 1 知(2)式也成立,故只证(1)式.

设
$$D=\begin{vmatrix} a_{11} & a_{12} & \cdots & a_{1n} \\ \vdots & \vdots & & \vdots \\ a_{i-1,1} & a_{i-1,2} & \cdots & a_{i-1,n} \\ a_{i1} & a_{i2} & \cdots & a_{in} \\ a_{i+1,1} & a_{i+1,2} & \cdots & a_{i+1,n} \\ \vdots & \vdots & & \vdots \\ a_{n1} & a_{n2} & \cdots & a_{nn} \end{vmatrix},$$

将行列式 D 的第 i 行与它相邻的上一行元素逐次交换，交换 $i-1$ 次后得

$$D_1=\begin{vmatrix} a_{i1} & a_{i2} & \cdots & a_{in} \\ a_{11} & a_{12} & \cdots & a_{1n} \\ \vdots & \vdots & & \vdots \\ a_{i-1,1} & a_{i-1,2} & \cdots & a_{i-1,n} \\ a_{i+1,1} & a_{i+1,2} & \cdots & a_{i+1,n} \\ \vdots & \vdots & & \vdots \\ a_{n1} & a_{n2} & \cdots & a_{nn} \end{vmatrix}.$$

由性质 2 并按 D_1 的第一行将 D_1 展开，得

$$\begin{aligned} D &= (-1)^{i-1}D_1 \\ &= (-1)^{i-1}[(-1)^{1+1}a_{i1}M_{i1}+(-1)^{1+2}a_{i2}M_{i2}+\cdots+(-1)^{1+n}a_{in}M_{in}] \\ &= (-1)^{i+1}a_{i1}M_{i1}+(-1)^{i+2}a_{i2}M_{i2}+\cdots+(-1)^{i+n}a_{in}M_{in} \\ &= a_{i1}A_{i1}+a_{i2}A_{i2}+\cdots+a_{in}A_{in}. \end{aligned}$$

证毕

性质 3 表明，行列式可以按任意一行（或列）展开，从而，n 阶行列式可以化为低一阶行列式计算. 若 n 阶行列式的某行（或列）含有较多零元素，则按这一行（或列）将其展开时就会简单些.

性质 4　将行列式某一行的所有元素都乘以数 k，等于用数 k 乘以该行列式，即

$$\begin{vmatrix} a_{11} & a_{12} & \cdots & a_{1n} \\ \vdots & \vdots & & \vdots \\ ka_{i1} & ka_{i2} & \cdots & ka_{in} \\ \vdots & \vdots & & \vdots \\ a_{n1} & a_{n2} & \cdots & a_{nn} \end{vmatrix} = k\begin{vmatrix} a_{11} & a_{12} & \cdots & a_{1n} \\ \vdots & \vdots & & \vdots \\ a_{i1} & a_{i2} & \cdots & a_{in} \\ \vdots & \vdots & & \vdots \\ a_{n1} & a_{n2} & \cdots & a_{nn} \end{vmatrix}.$$

由性质 3，将上式左边按第 i 行展开即可证明这个性质.

注　行列式 D 的第 i 行（或列）乘以数 k 记为 $r_i\times k$（或 $c_i\times k$）.

推论 1　行列式中某一行（或列）的所有元素的公因子可提到行列式符号的外面来.

推论 2　如果行列式某一行（或列）的所有元素都为零，则此行列式为零.

性质 5　如果行列式中有两行（或列）对应元素成比例，则此行列式的值为零.

由性质 4 的推论 1 及性质 2 的推论可证明这个性质.

性质 6 如果行列式中某一列(或行)的各元素都是两数之和,则此行列式可以表为两个行列式的和,即

$$\begin{vmatrix} a_{11} & \cdots & a_{1i}+b_{1i} & \cdots & a_{1n} \\ a_{21} & \cdots & a_{2i}+b_{2i} & \cdots & a_{2n} \\ \vdots & & \vdots & & \vdots \\ a_{n1} & \cdots & a_{ni}+b_{ni} & \cdots & a_{nn} \end{vmatrix} = \begin{vmatrix} a_{11} & \cdots & a_{1i} & \cdots & a_{1n} \\ a_{21} & \cdots & a_{2i} & \cdots & a_{2n} \\ \vdots & & \vdots & & \vdots \\ a_{n1} & \cdots & a_{ni} & \cdots & a_{nn} \end{vmatrix} + \begin{vmatrix} a_{11} & \cdots & b_{1i} & \cdots & a_{1n} \\ a_{21} & \cdots & b_{2i} & \cdots & a_{2n} \\ \vdots & & \vdots & & \vdots \\ a_{n1} & \cdots & b_{ni} & \cdots & a_{nn} \end{vmatrix}.$$

由性质 3,将上式左边按第 i 列展开即可以证明这个性质.

性质 7 把行列式的某一行(或列)的各元素乘以数 k,然后加到另一行(或列)的对应元素上去,行列式的值不变.

由性质 6 及性质 5 可以证明这个性质.

注 用数 k 乘行列式 D 的第 i 行(或列)加到第 j 行(或列)上去,记做 r_j+kr_i(或者是 c_j+kc_i).

例 2 计算 4 阶行列式

$$D=\begin{vmatrix} 1 & 1 & 1 & 1 \\ 1 & 2 & 1 & 1 \\ 1 & 1 & 2 & 1 \\ 1 & 1 & 1 & 2 \end{vmatrix}.$$

解 以(−1)乘第一行后分别加到第二、三、四行上去,得

$$D \xlongequal[i=2,3,4]{r_i-r_1} \begin{vmatrix} 1 & 1 & 1 & 1 \\ 0 & 1 & 0 & 0 \\ 0 & 0 & 1 & 0 \\ 0 & 0 & 0 & 1 \end{vmatrix} = 1.$$

例 3 计算 4 阶**范德蒙德(Vandermonde)行列式**

$$D_4=\begin{vmatrix} 1 & 1 & 1 & 1 \\ x_1 & x_2 & x_3 & x_4 \\ x_1^2 & x_2^2 & x_3^2 & x_4^2 \\ x_1^3 & x_2^3 & x_3^3 & x_4^3 \end{vmatrix}.$$

解 以$(-x_1)$乘第三行后加到第四行上,再以$(-x_1)$乘第二行后加到第三行上,最后以$(-x_1)$乘第一行后加到第二行上,得

$$D_4 \xlongequal[i=4,3,2]{r_i - x_1 r_{i-1}} \begin{vmatrix} 1 & 1 & 1 & 1 \\ 0 & x_2 - x_1 & x_3 - x_1 & x_4 - x_1 \\ 0 & x_2^2 - x_1 x_2 & x_3^2 - x_1 x_3 & x_4^2 - x_1 x_4 \\ 0 & x_2^3 - x_1 x_2^2 & x_3^3 - x_1 x_3^2 & x_4^3 - x_1 x_4^2 \end{vmatrix}$$

$$= (x_2 - x_1)(x_3 - x_1)(x_4 - x_1) \begin{vmatrix} 1 & 1 & 1 \\ x_2 & x_3 & x_4 \\ x_2^2 & x_3^2 & x_4^2 \end{vmatrix}.$$

同理可得

$$\begin{vmatrix} 1 & 1 & 1 \\ x_2 & x_3 & x_4 \\ x_2^2 & x_3^2 & x_4^2 \end{vmatrix} = (x_3 - x_2)(x_4 - x_2) \begin{vmatrix} 1 & 1 \\ x_3 & x_4 \end{vmatrix},$$

于是原行列式的值为

$$D_4 = (x_2 - x_1)(x_3 - x_1)(x_4 - x_1)(x_3 - x_2)(x_4 - x_2)(x_4 - x_3) = \prod_{1 \leqslant i < j \leqslant 4} (x_j - x_i),$$

这里"$\prod$"是乘积符号，代表对同类因子$(x_j - x_i)$$(1 \leqslant i < j \leqslant 4)$求乘积.

一般地，n 阶范德蒙德行列式

$$D_n = \begin{vmatrix} 1 & 1 & \cdots & 1 \\ x_1 & x_2 & \cdots & x_n \\ \vdots & \vdots & & \vdots \\ x_1^{n-1} & x_2^{n-1} & \cdots & x_n^{n-1} \end{vmatrix} = \prod_{1 \leqslant i < j \leqslant n} (x_j - x_i).$$

例 4 计算 n 阶行列式

$$D = \begin{vmatrix} 1 & 1 & 1 & \cdots & 1 \\ 1 & 2 & 2 & \cdots & 2 \\ 1 & 2 & 3 & \cdots & 3 \\ \vdots & \vdots & \vdots & & \vdots \\ 1 & 2 & 3 & \cdots & n \end{vmatrix}.$$

解 以(-1)乘第一行后分别加到其余各行上，然后按第一列展开，得

$$D \xlongequal[i=2,3,\cdots,n]{r_i - r_1} \begin{vmatrix} 1 & 1 & 1 & \cdots & 1 \\ 0 & 1 & 1 & \cdots & 1 \\ 0 & 1 & 2 & \cdots & 2 \\ \vdots & \vdots & \vdots & & \vdots \\ 0 & 1 & 2 & \cdots & n-1 \end{vmatrix} \xlongequal{c(1)} \begin{vmatrix} 1 & 1 & \cdots & 1 \\ 1 & 2 & \cdots & 2 \\ \vdots & \vdots & & \vdots \\ 1 & 2 & \cdots & n-1 \end{vmatrix}.$$

依次递推，得

$$D=\begin{vmatrix}1&1&\cdots&1\\1&2&\cdots&2\\\vdots&\vdots&&\vdots\\1&2&\cdots&n-2\end{vmatrix}$$

$$=\cdots=\begin{vmatrix}1&1\\1&2\end{vmatrix}=1.$$

例 5 计算 n 阶行列式

$$D=\begin{vmatrix}x&y&\cdots&y\\y&x&\cdots&y\\\vdots&\vdots&&\vdots\\y&y&\cdots&x\end{vmatrix}.$$

解 将行列式的第二行、第三行、…、第 n 行都加到第一行上,并提出公因子,得

$$D=[x+(n-1)y]\begin{vmatrix}1&1&\cdots&1\\y&x&\cdots&y\\\vdots&\vdots&&\vdots\\y&y&\cdots&x\end{vmatrix}$$

$$\xlongequal[i=2,3,\cdots,n]{c_i-c_1}[x+(n-1)y]\begin{vmatrix}1&0&\cdots&0\\y&x-y&\cdots&0\\\vdots&\vdots&&\vdots\\y&0&\cdots&x-y\end{vmatrix}$$

$$=[x+(n-1)y](x-y)^{n-1}.$$

例 6 解方程

$$\begin{vmatrix}1&1&1&1\\1&x&2&2\\2&2&x&3\\3&3&3&x\end{vmatrix}=0.$$

解 因为

$$\begin{vmatrix}1&1&1&1\\1&x&2&2\\2&2&x&3\\3&3&3&x\end{vmatrix}\xlongequal[\substack{r_3-2r_1\\r_4-3r_1}]{r_2-r_1}\begin{vmatrix}1&1&1&1\\0&x-1&1&1\\0&0&x-2&1\\0&0&0&x-3\end{vmatrix}$$

$$=(x-1)(x-2)(x-3),$$

所以方程的解为 $x_1=1,x_2=2,x_3=3$.

此外,也可以按下列方法求解.设 $x=1$,代入行列式,得

$$\begin{vmatrix} 1 & 1 & 1 & 1 \\ 1 & 1 & 2 & 2 \\ 2 & 2 & 1 & 3 \\ 3 & 3 & 3 & 1 \end{vmatrix} \xlongequal{c_1=c_2} 0.$$

同理，当 $x=2$ 时，有 $c_2=c_3$；当 $x=3$ 时，有 $c_3=c_4$. 因此，$x_1=1$，$x_2=2$，$x_2=3$ 是方程的根. 又因为上述方程是三次代数方程，它最多只有 3 个实根，所以 $x_1=1$，$x_2=2$，$x_3=3$ 是它的全部根.

例 7 设

$$D=\begin{vmatrix} 3 & 1 & -1 & 2 \\ -5 & 1 & 3 & -4 \\ 2 & 0 & 1 & -1 \\ 1 & -5 & 3 & -3 \end{vmatrix},$$

D 的元素 a_{ij} 的余子式和代数余子式依次记为 M_{ij} 和 A_{ij}，求

$$A_{11}+A_{21}+A_{31}+A_{41} \quad 及 \quad M_{11}+M_{12}+M_{13}+M_{14}.$$

解 一般地，设 $D=\det(a_{ij})_n$，则将 D 按第 1 列展开，得

$$D \xlongequal{c(1)} \sum_{k=1}^{4} a_{k1}A_{k1}.$$

将上式中的 $a_{k1}(k=1,2,3,4)$ 换成 1，得

$$\sum_{k=1}^{4} A_{k1} = \begin{vmatrix} 1 & 1 & -1 & 2 \\ 1 & 1 & 3 & -4 \\ 1 & 0 & 1 & -1 \\ 1 & -5 & 3 & -3 \end{vmatrix} \xlongequal[c_4+c_3]{c_1-c_3} \begin{vmatrix} 2 & 1 & -1 & 1 \\ -2 & 1 & 3 & -1 \\ 0 & 0 & 1 & 0 \\ -2 & -5 & 3 & 0 \end{vmatrix}$$

$$\xlongequal{r(3)} \begin{vmatrix} 2 & 1 & 1 \\ -2 & 1 & -1 \\ -2 & -5 & 0 \end{vmatrix} \xlongequal{r_2+r_1} \begin{vmatrix} 2 & 1 & 1 \\ 0 & 2 & 0 \\ -2 & -5 & 0 \end{vmatrix} \xlongequal{r(2)} 2\begin{vmatrix} 2 & 1 \\ -2 & 0 \end{vmatrix} = 4.$$

类似可得

$$M_{11}+M_{12}+M_{13}+M_{14} = A_{11}-A_{12}+A_{13}-A_{14}$$

$$= \begin{vmatrix} 1 & -1 & 1 & -1 \\ -5 & 1 & 3 & -4 \\ 2 & 0 & 1 & -1 \\ 1 & -5 & 3 & -3 \end{vmatrix} \xlongequal{c_4+c_3} \begin{vmatrix} 1 & -1 & 1 & 0 \\ -5 & 1 & 3 & -1 \\ 2 & 0 & 1 & 0 \\ 1 & -5 & 3 & 0 \end{vmatrix}$$

$$\xlongequal{c(4)} -\begin{vmatrix} 1 & -1 & 1 \\ 2 & 0 & 1 \\ 1 & -5 & 3 \end{vmatrix} \xlongequal{c_1-2c_3} -\begin{vmatrix} -1 & -1 & 1 \\ 0 & 0 & 1 \\ -5 & -5 & 3 \end{vmatrix} = 0.$$

例 8 设

$$D=\begin{vmatrix} a_{11} & \cdots & a_{1k} & & & \\ \vdots & \ddots & \vdots & & 0 & \\ a_{k1} & \cdots & a_{kk} & & & \\ c_{11} & \cdots & c_{1k} & b_{11} & \cdots & b_{1n} \\ \vdots & \ddots & \vdots & \vdots & \ddots & \vdots \\ c_{n1} & \cdots & c_{nk} & b_{n1} & \cdots & b_{nn} \end{vmatrix},$$

令

$$D_1=\det(a_{ij})_k=\begin{vmatrix} a_{11} & \cdots & a_{1k} \\ \vdots & \ddots & \vdots \\ a_{k1} & \cdots & a_{kk} \end{vmatrix}, \quad D_2=\det(b_{ij})_n=\begin{vmatrix} b_{11} & \cdots & b_{1n} \\ \vdots & \ddots & \vdots \\ b_{n1} & \cdots & b_{nn} \end{vmatrix}.$$

证明 $D=D_1D_2$.

证 利用行列式的性质 7 对行列式 D_1 作变换 $r_i+\lambda r_j$ 若干次,可将 D_1 化为下三角形行列式,设为

$$D_1=\begin{vmatrix} p_{11} & 0 & \cdots & 0 \\ p_{21} & p_{22} & \cdots & 0 \\ \vdots & \vdots & \ddots & \vdots \\ p_{k1} & p_{k2} & \cdots & p_{kk} \end{vmatrix}=p_{11}p_{22}\cdots p_{kk}.$$

同理,对行列式 D_2 作若干次变换 $c_i+\lambda c_j$ 化为下三角形行列式,设为

$$D_2=\begin{vmatrix} q_{11} & 0 & \cdots & 0 \\ q_{21} & q_{22} & \cdots & 0 \\ \vdots & \vdots & \ddots & \vdots \\ q_{n1} & q_{n2} & \cdots & q_{nn} \end{vmatrix}=q_{11}q_{22}\cdots q_{nn}.$$

因此,对行列式 D 的前 k 行作对应于 D_1 进行的若干次变换 $r_i+\lambda r_j$,再对 D 的后 n 列作对应于 D_2 进行的若干次变换 $c_i+\lambda c_j$,就把 D 化为下三角形行列式

$$D=\begin{vmatrix} p_{11} & & & & & \\ \vdots & \ddots & & & 0 & \\ p_{k1} & \cdots & p_{kk} & & & \\ c_{11} & \cdots & c_{1k} & q_{11} & & \\ \vdots & \ddots & \vdots & \vdots & \ddots & \\ c_{n1} & \cdots & c_{nk} & q_{n1} & \cdots & q_{nn} \end{vmatrix}=p_{11}\cdots p_{kk}q_{11}\cdots q_{nn}=D_1D_2.$$

证毕

习 题 1-2

1. 计算下列 4 阶行列式：

(1) $\begin{vmatrix} a & 1 & 0 & 0 \\ -1 & b & 1 & 0 \\ 0 & -1 & c & 1 \\ 0 & 0 & -1 & d \end{vmatrix}$；　(2) $\begin{vmatrix} 1+x & 1 & 1 & 1 \\ 1 & 1-x & 1 & 1 \\ 1 & 1 & 1+x & 1 \\ 1 & 1 & 1 & 1-x \end{vmatrix}$.

2. 计算下列 n 阶行列式：

(1) $\begin{vmatrix} 3 & 1 & 1 & \cdots & 1 \\ 1 & 3 & 1 & \cdots & 1 \\ 1 & 1 & 3 & \cdots & 1 \\ \vdots & \vdots & \vdots & & \vdots \\ 1 & 1 & 1 & \cdots & 3 \end{vmatrix}$；　(2) $\begin{vmatrix} 1 & 2 & 3 & \cdots & n \\ -1 & 0 & 3 & \cdots & n \\ -1 & -2 & 0 & \cdots & n \\ \vdots & \vdots & \vdots & & \vdots \\ -1 & -2 & -3 & \cdots & 0 \end{vmatrix}$；

(3) $\begin{vmatrix} a & \cdots & 1 \\ \vdots & \ddots & \vdots \\ 1 & \cdots & a \end{vmatrix}$（其中对角线上元素都是 a，未写出的元素都是零）.

3. 证明：

(1) $\begin{vmatrix} 1 & ax & a^2+x^2 \\ 1 & ay & a^2+y^2 \\ 1 & az & a^2+z^2 \end{vmatrix} = a(x-y)(y-z)(z-x)$；

(2) $\begin{vmatrix} a_0 & 1 & 1 & \cdots & 1 \\ 1 & a_1 & 0 & \cdots & 0 \\ 1 & 0 & a_2 & \cdots & 0 \\ \vdots & \vdots & \vdots & & \vdots \\ 1 & 0 & 0 & \cdots & a_{n-1} \end{vmatrix} = a_1 a_2 \cdots a_{n-1}\left(a_0 - \sum_{i=1}^{n-1} \frac{1}{a_i}\right)$，其中 $a_i \neq 0, i = 1,2,\cdots,n-1$.

第三节 克拉默法则

设含有 n 个未知量 n 个方程的线性方程组

$$\begin{cases} a_{11}x_1 + a_{12}x_2 + \cdots + a_{1n}x_n = b_1, \\ a_{21}x_1 + a_{22}x_2 + \cdots + a_{2n}x_n = b_2, \\ \cdots\cdots\cdots\cdots\cdots\cdots\cdots\cdots \\ a_{n1}x_1 + a_{n2}x_2 + \cdots + a_{nn}x_n = b_n \end{cases} \tag{1}$$

的系数组成的行列式为 D,即 $D=\det(a_{ij})_n$,则称 D 为线性方程组(1)的**系数行列式**.

与二元、三元线性方程组类似,当线性方程组(1)的系数行列式不等于零时,它的解可以用行列式来表示.为讨论这一结果,先介绍下面的引理.

引理 行列式任意一行(或列)的元素与另一行(或列)的对应元素的代数余子式乘积之和等于零,即

$$a_{i1}A_{j1}+a_{i2}A_{j2}+\cdots+a_{in}A_{jn}=0 \quad (i\neq j)$$

或

$$a_{1i}A_{1j}+a_{2i}A_{2j}+\cdots+a_{ni}A_{nj}=0 \quad (i\neq j).$$

证 只证明行的情形,不妨设 $i<j$,作辅助行列式

$$D_1=\begin{vmatrix} a_{11} & a_{12} & \cdots & a_{1n} \\ \vdots & \vdots & & \vdots \\ a_{i1} & a_{i2} & \cdots & a_{in} \\ \vdots & \vdots & & \vdots \\ a_{i1} & a_{i2} & \cdots & a_{in} \\ \vdots & \vdots & & \vdots \\ a_{n1} & a_{n2} & \cdots & a_{nn} \end{vmatrix} \begin{matrix} \\ \\ i\text{ 行} \\ \\ j\text{ 行} \\ \\ \\ \end{matrix},$$

则

$$D_1 \xlongequal{r(j)} a_{i1}A_{j1}+a_{i2}A_{j2}+\cdots+a_{in}A_{jn}.$$

又由于 D_1 有两行元素对应相等,所以 $D_1=0$,因此有

$$a_{i1}A_{j1}+a_{i2}A_{j2}+\cdots+a_{in}A_{jn}=0 \quad (i\neq j).$$

证毕

综合行列式的性质 3 和以上引理,立即可得如下推论.

推论 设有 n 阶行列式 $D=\det(a_{ij})_n$,A_{ij} 是 (i,j) 元 a_{ij} 的代数余子式,则有

$$\sum_{k=1}^{n}a_{ik}A_{jk}=\sum_{k=1}^{n}a_{ki}A_{kj}=D\delta_{ij},\text{其中 }\delta_{ij}=\begin{cases}1, & i=j,\\ 0, & i\neq j\end{cases} \quad (i,j=1,2,\cdots,n). \tag{2}$$

定理(克拉默(Cramer)法则)

设线性方程组(1)的系数列行式

$$D=\begin{vmatrix} a_{11} & a_{12} & \cdots & a_{1n} \\ a_{21} & a_{22} & \cdots & a_{2n} \\ \vdots & \vdots & & \vdots \\ a_{n1} & a_{n2} & \cdots & a_{nn} \end{vmatrix}\neq 0,$$

则线性方程组(1)有唯一解

$$x_j=\frac{D_j}{D} \quad (j=1,2,\cdots,n), \tag{3}$$

其中 $D_j(j=1,2,\cdots,n)$ 是用线性方程组(1)右端的常数项 $b_1,b_2,\cdots,b_n$ 代替 D 中第 j 列所得的 n 阶行列式,即

$$D_j=\begin{vmatrix} a_{11} & \cdots & a_{1,j-1} & b_1 & a_{1,j+1} & \cdots & a_{1n} \\ a_{21} & \cdots & a_{2,j-1} & b_2 & a_{2,j+1} & \cdots & a_{2n} \\ \vdots & & \vdots & \vdots & \vdots & & \vdots \\ a_{n1} & \cdots & a_{n,j-1} & b_n & a_{n,j+1} & \cdots & a_{nn} \end{vmatrix};$$

证 用 D 中第 j 列元素的代数余子式 $A_{1j}, A_{2j}, \cdots, A_{nj}$ 依次乘线性方程组(1)的 n 个方程的两端,然后把它们相加得下面方程($j=1, 2, \cdots, n$):

$$\left(\sum_{k=1}^{n} a_{k1}A_{kj}\right)x_1+\left(\sum_{k=1}^{n} a_{k2}A_{kj}\right)x_2+\cdots+\left(\sum_{k=1}^{n} a_{kj}A_{kj}\right)x_j+\cdots+\left(\sum_{k=1}^{n} a_{kn}A_{kj}\right)x_n=\sum_{k=1}^{n} b_kA_{kj}.$$

由行列式的性质 3 知,上式右端为 D_j,又由推论 1 知,上式左端 x_j 的系数为 D,其他未知量的系数均为零,于是

$$Dx_j=D_j \quad (j=1, 2, \cdots, n).$$

由已知 $D\neq 0$,所以线性方程组(1)有唯一解

$$x_j=\frac{D_j}{D} \quad (j=1, 2, \cdots, n).$$

下面验证(3)确为(1)的解.

为此,只需证明

$$a_{i1}\frac{D_1}{D}+a_{i2}\frac{D_2}{D}+\cdots+a_{in}\frac{D_n}{D}=b_i \quad (i=1,2,\cdots,n).$$

事实上,再作一个有两行相同的 $n+1$ 阶行列式

$$\begin{vmatrix} b_i & a_{i1} & \cdots & a_{in} \\ b_1 & a_{11} & \cdots & a_{1n} \\ \vdots & \vdots & & \vdots \\ b_n & a_{n1} & \cdots & a_{nn} \end{vmatrix}=0 \quad (i=1,2,\cdots,n),$$

把它按第 1 行展开. 由于第 1 行中元素 a_{ij} $(j=1,2,\cdots,n)$的代数余子式为

$$\begin{aligned}&(-1)^{1+j+1}\begin{vmatrix} b_1 & a_{11} & \cdots & a_{1,j-1} & a_{1,j+1} & \cdots & a_{1n} \\ \vdots & \vdots & & \vdots & \vdots & & \vdots \\ b_n & a_{n1} & \cdots & a_{n,j-1} & a_{n,j+1} & \cdots & a_{nn} \end{vmatrix} \\ &=(-1)^{j+2}(-1)^{j-1}D_j=-D_j,\end{aligned}$$

所以,有

$$0=b_iD-a_{i1}D_1-\cdots-a_{in}D_n,$$

即

$$a_{i1}\frac{D_1}{D}+a_{i2}\frac{D_2}{D}+\cdots+a_{in}\frac{D_n}{D}=b_i \quad (i=1,2,\cdots,n).$$

证毕

当(1)式中 $b_j=0$ $(j=1, 2, \cdots, n)$时,即

$$\begin{cases}a_{11}x_1+a_{12}x_2+\cdots+a_{1n}x_n=0,\\ a_{21}x_1+a_{22}x_2+\cdots+a_{2n}x_n=0,\\ \cdots\cdots\cdots\cdots\cdots\cdots\cdots\cdots\cdots\cdots\\ a_{n1}x_1+a_{n2}x_2+\cdots+a_{nn}x_n=0\end{cases}\tag{4}$$

称为 **n 元齐次线性方程组**;当 $b_j(j=1, 2, \cdots, n)$不全为零时,线性方程组(1)称为 **n 元非齐次线性方程组**.

对于齐次线性方程组(4)容易得出以下推论.

推论 1 如果齐次线性方程组(4)的系数行列式 $D\neq 0$,则它只有零解

$$x_j=0 \quad (j=1,2, \cdots, n).$$

推论 2(必要条件) 设齐次线性方程组(4)有非零解,则其系数行列式 $D=0$.

注 在第三章第一节中,我们将知道,推论 2 的条件还是充分的.因此,**齐次线性方程组(4)有非零解的充要条件是其系数行列式 $D=0$.**

今后,我们可以将此注作为已知结论应用.

例 1 解线性方程组

$$\begin{cases}2x_1+x_2-5x_3+x_4=8,\\ x_1-3x_2-6x_4=9,\\ 2x_2-x_3+2x_4=-5,\\ x_1+4x_2-7x_3+6x_4=0.\end{cases}$$

解 因为

$$D=\begin{vmatrix}2&1&-5&1\\1&-3&0&-6\\0&2&-1&2\\1&4&-7&6\end{vmatrix}=27,$$

$$D_1=\begin{vmatrix}8&1&-5&1\\9&-3&0&-6\\-5&2&-1&2\\0&4&-7&6\end{vmatrix}=81,\quad D_2=\begin{vmatrix}2&8&-5&1\\1&9&0&-6\\0&-5&-1&2\\1&0&-7&6\end{vmatrix}=-108,$$

$$D_3=\begin{vmatrix}2&1&8&1\\1&-3&9&-6\\0&2&-5&2\\1&4&0&6\end{vmatrix}=-27,\quad D_4=\begin{vmatrix}2&1&-5&8\\1&-3&0&9\\0&2&-1&-5\\1&4&-7&0\end{vmatrix}=27,$$

所以,由克拉默法则,得 $x_1=3,x_2=-4,x_3=-1,x_4=1$.

例 2 验证线性方程组

$$\begin{cases} x_1 - x_2 + x_3 - 2x_4 = 0, \\ 2x_1 - x_3 + 4x_4 = 0, \\ -x_1 + 2x_2 - x_3 + 2x_4 = 0, \\ 3x_1 + 2x_2 + x_3 = 0 \end{cases}$$

只有零解.

解 因为

$$D = \begin{vmatrix} 1 & -1 & 1 & -2 \\ 2 & 0 & -1 & 4 \\ -1 & 2 & -1 & 2 \\ 3 & 2 & 1 & 0 \end{vmatrix} = 2 \neq 0,$$

所以由推论 1 知,线性方程组只有零解.

例 3 设线性方程组

$$\begin{cases} (5-\lambda)x_1 + 2x_2 + 2x_3 = 0, \\ 2x_1 + (6-\lambda)x_2 = 0, \\ 2x_1 + (4-\lambda)x_3 = 0 \end{cases}$$

有非零解,试求 λ 的值.

解 由推论 2 的注知,齐次线性方程组有非零解的充要条件是

$$\begin{aligned} 0 = D &= \begin{vmatrix} 5-\lambda & 2 & 2 \\ 2 & 6-\lambda & 0 \\ 2 & 0 & 4-\lambda \end{vmatrix} \\ &= (5-\lambda)(6-\lambda)(4-\lambda) - 4(4-\lambda) - 4(6-\lambda) \\ &= (5-\lambda)(2-\lambda)(8-\lambda), \end{aligned}$$

即 $\lambda=2, \lambda=5$ 或 $\lambda=8$.

习 题 1-3

1. 用克拉默法则解下列线性方程组:

(1) $\begin{cases} 5x + 2y = 3, \\ 11x - 7y = 1; \end{cases}$

(2) $\begin{cases} bx_1 - ax_2 = -2ab, \\ -2cx_2 + 3bx_3 = bc, \\ cx_1 + ax_3 = 0 \end{cases}$ (a,b,c 均不为零);

(3) $\begin{cases} x_1 + x_2 + x_3 + x_4 = 5, \\ x_1 + 2x_2 - x_3 + 4x_4 = -2, \\ 2x_1 - 3x_2 - x_3 - 5x_4 = -2, \\ 3x_1 + x_2 + 2x_3 + 11x_4 = 0; \end{cases}$

(4) $\begin{cases} x_1 + x_2 + 5x_3 + 7x_4 = 14, \\ 3x_1 + 5x_2 + 7x_3 + x_4 = 0, \\ 5x_1 + 7x_2 + x_3 + 3x_4 = 4, \\ 7x_1 + x_2 + 3x_3 + 5x_4 = 16. \end{cases}$

2. 设齐次线性方程组

$$\begin{cases}(1-\lambda)x_1-2x_2+4x_3=0,\\2x_1+(3-\lambda)x_2+x_3=0,\\x_1+x_2+(1-\lambda)x_3=0\end{cases}$$

有非零解,试确定 λ 的值.

3. 求三次多项式 $f(x)$,使得 $f(-1)=0,f(1)=4,f(2)=3,f(3)=6$.

第二章　矩　　阵

矩阵是线性代数的主要研究对象，它广泛应用于自然科学及数学的多个领域．许多问题都可归结为矩阵问题，它是解决实际问题的有力工具．本章介绍矩阵的基本概念及运算．

第一节　矩阵概念

我们发现，n 元线性方程组

$$\begin{cases} a_{11}x_1+a_{12}x_2+\cdots+a_{1n}x_n=b_1, \\ a_{21}x_1+a_{22}x_2+\cdots+a_{2n}x_n=b_2, \\ \cdots\cdots\cdots\cdots\cdots\cdots\cdots\cdots \\ a_{m1}x_1+a_{m2}x_2+\cdots+a_{mn}x_n=b_m \end{cases} \tag{1}$$

中每一个方程的系数均依照未知量的顺序排成一行，方程组中同一未知量的系数依照方程顺序排成了一列．所以，我们用方程组的系数及常数项可以排成 m 行、$n+1$ 列的有序矩形数表

$$\begin{matrix} a_{11} & a_{12} & \cdots & a_{1n} & b_1 \\ a_{21} & a_{22} & \cdots & a_{2n} & b_2 \\ \vdots & \vdots & & \vdots & \vdots \\ a_{m1} & a_{m2} & \cdots & a_{mn} & b_m \end{matrix}$$

这个矩形数表完全确定了方程组(1)．通过对这个矩形数表的研究，可以解决线性方程组的有关问题．这种矩形数表在数学上称为**矩阵**．

定义　由 $m\times n$ 个数 $a_{ij}\,(i=1,2,\cdots,m;j=1,2,\cdots,n)$ 排成的 m 行 n 列的矩形数表

$$\boldsymbol{A}=\begin{pmatrix} a_{11} & a_{12} & \cdots & a_{1n} \\ a_{21} & a_{22} & \cdots & a_{2n} \\ \vdots & \vdots & & \vdots \\ a_{m1} & a_{m2} & \cdots & a_{mn} \end{pmatrix} \tag{2}$$

称为一个 $m\times n$ **矩阵**，简称**矩阵**，记做 $\boldsymbol{A}$ 或 (a_{ij})，也常常记做 $\boldsymbol{A}_{m\times n}$ 或 $(a_{ij})_{m\times n}$，其中 a_{ij} 称为 $\boldsymbol{A}$ 的第 i 行第 j 列的**元素**或 **(i,j) 元**．

元素是实数的矩阵称为**实矩阵**，元素是复数的矩阵称为**复矩阵**．本书中若无特别说明，都是指实矩阵．

当 $m=n$ 时，矩阵(2)称为 n **阶方阵**．n 阶方阵 $\boldsymbol{A}$ 的元素按原来排列形式构成的 n 阶行列式，称为**矩阵 $\boldsymbol{A}$ 的行列式**，记做 $|\boldsymbol{A}|$ 或 $\det\boldsymbol{A}$．

下面介绍一些特殊矩阵.

(1) 元素都是零的矩阵称为**零矩阵**,记做 $\mathbf{0}$ 或 $\boldsymbol{O}$.

(2) 只有一行(或一列)元素的矩阵称为**行矩阵**(或**列矩阵**),记做

$$(a_1 \ a_2 \ \cdots \ a_n) \quad 或 \quad \begin{pmatrix} b_1 \\ b_2 \\ \vdots \\ b_m \end{pmatrix}.$$

(3) 如果一个矩阵所有零行均在非零行的下方,且从第一行开始,每一非零行的**首非零元素**所在的列数随所在行数增大而增大,则称此矩阵为**行阶梯形矩阵**.例如,矩阵

$$\boldsymbol{A}=\begin{pmatrix} 2 & 1 & 0 & 1 & 3 \\ 0 & -1 & 3 & 2 & 2 \\ 0 & 0 & 0 & 9 & 2 \\ 0 & 0 & 0 & 0 & 0 \end{pmatrix}, \quad \boldsymbol{B}=\begin{pmatrix} 3 & 1 & 5 & 7 & 8 \\ 0 & -3 & 1 & 0 & 2 \\ 0 & 0 & 4 & 2 & 6 \\ 0 & 0 & 0 & -1 & 0 \end{pmatrix}$$

均为行阶梯形矩阵,而矩阵

$$\boldsymbol{C}=\begin{pmatrix} 0 & 0 & 4 & 6 & 8 \\ 0 & 4 & 6 & 8 & 1 \\ 0 & 0 & 3 & 4 & 6 \\ 0 & 0 & 2 & -1 & 7 \end{pmatrix}$$

不是行阶梯形矩阵,请读者说出原因.

(4) 除主对角线上的元素以外,其余元素全为零的 n 阶方阵

$$\boldsymbol{\Lambda}=\begin{pmatrix} \lambda_1 & 0 & \cdots & 0 \\ 0 & \lambda_2 & \cdots & 0 \\ \vdots & \vdots & \ddots & \vdots \\ 0 & 0 & \cdots & \lambda_n \end{pmatrix}$$

称为 n **阶对角矩阵**,也记为 $\boldsymbol{\Lambda}=\mathrm{diag}(\lambda_1,\lambda_2,\cdots,\lambda_n)$.

(5) 在对角矩阵中,如果 $\lambda_1=\lambda_2=\cdots=\lambda_n=\lambda$,即 $\boldsymbol{\Lambda}=\mathrm{diag}(\lambda,\lambda,\cdots,\lambda)$ 称为**数量矩阵**.

(6) 在对角矩阵中,如果 $\lambda_i=1(i=1,2,\cdots,n)$,即

$$\begin{pmatrix} 1 & 0 & \cdots & 0 \\ 0 & 1 & \cdots & 0 \\ \vdots & \vdots & \ddots & \vdots \\ 0 & 0 & \cdots & 1 \end{pmatrix}=(\delta_{ij})_n$$

称为 n **阶单位矩阵**,记做 $\boldsymbol{E}$ 或 $\boldsymbol{E}_n$,即 $\boldsymbol{E}_n=(\delta_{ij})_n$,其中 $\delta_{ij}=\begin{cases}1, i=j, \\ 0, i\neq j\end{cases}$ $(i,j=1,2,\cdots,n)$.

(7) 主对角线左下方元素全为零的 n 阶方阵,即

$$\begin{pmatrix} a_{11} & a_{12} & \cdots & a_{1n} \\ 0 & a_{22} & \cdots & a_{2n} \\ \vdots & \vdots & \ddots & \vdots \\ 0 & 0 & \cdots & a_{nn} \end{pmatrix}$$

称为**上三角矩阵**,而主对角线右上方元素全为零的 n 阶方阵,即

$$\begin{pmatrix} a_{11} & 0 & \cdots & 0 \\ a_{21} & a_{22} & \cdots & 0 \\ \vdots & \vdots & \ddots & \vdots \\ a_{n1} & a_{n2} & \cdots & a_{nn} \end{pmatrix}$$

称为**下三角矩阵**.

对于线性方程组(1),由未知量的系数排成的 $m\times n$ 矩阵

$$\boldsymbol{A}=\begin{pmatrix} a_{11} & a_{12} & \cdots & a_{1n} \\ a_{21} & a_{22} & \cdots & a_{2n} \\ \vdots & \vdots & & \vdots \\ a_{m1} & a_{m2} & \cdots & a_{mn} \end{pmatrix}$$

称为线性方程组(1)的**系数矩阵**;由未知量的系数及常数项排成的 $m\times(n+1)$矩阵

$$\boldsymbol{B}=\begin{pmatrix} a_{11} & a_{12} & \cdots & a_{1n} & b_1 \\ a_{21} & a_{22} & \cdots & a_{2n} & b_2 \\ \vdots & \vdots & & \vdots & \vdots \\ a_{m1} & a_{m2} & \cdots & a_{mn} & b_m \end{pmatrix}$$

称为线性方程组(1)的**增广矩阵**.

例 1 线性方程组

$$\begin{cases} x_1+2x_2+3x_3=1, \\ x_1 \qquad\quad -x_3=0 \end{cases}$$

的系数矩阵及增广矩阵分别为

$$\boldsymbol{A}=\begin{pmatrix} 1 & 2 & 3 \\ 1 & 0 & -1 \end{pmatrix},\quad \boldsymbol{B}=\begin{pmatrix} 1 & 2 & 3 & 1 \\ 1 & 0 & -1 & 0 \end{pmatrix}.$$

一般地,n 个变量 $x_1, x_2, \cdots, x_n$ 与 m 个变量 $y_1, y_2, \cdots, y_m$ 之间的线性关系式

$$\begin{cases} y_1=a_{11}x_1+a_{12}x_2+\cdots+a_{1n}x_n, \\ y_2=a_{21}x_1+a_{22}x_2+\cdots+a_{2n}x_n, \\ \cdots\cdots\cdots\cdots\cdots\cdots\cdots\cdots\cdots\cdots \\ y_m=a_{m1}x_1+a_{m2}x_2+\cdots+a_{mn}x_n \end{cases} \tag{3}$$

称为从变量 $x_1, x_2, \cdots, x_n$ 到变量 $y_1, y_2, \cdots, y_m$ 的一个**线性变换**.

显然,线性变换与矩阵 $\boldsymbol{A}=(a_{ij})_{m\times n}$ 一一对应,并称 $\boldsymbol{A}$ 为**线性变换(3)的矩阵**.

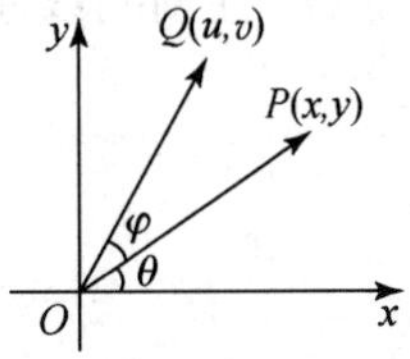

图 2-1

例 2 将 Oxy 平面上的向径 $\overrightarrow{OP}$ 逆时针旋转 φ 角得向径 $\overrightarrow{OQ}$(如图 2-1 所示),试用点 $P(x,y)$ 的坐标 x,y 表示点 $Q(u,v)$ 的坐标 u,v.

解 设 $\overrightarrow{OP}$ 的辐角为 θ,则 $\overrightarrow{OQ}$ 的辐角为 $\theta+\varphi$,记 $r=|\overrightarrow{OP}|=|\overrightarrow{OQ}|$,于是

$$\begin{cases} u=r\cos(\theta+\varphi)=r\cos\theta\cos\varphi-r\sin\theta\sin\varphi, \\ v=r\sin(\theta+\varphi)=r\sin\theta\cos\varphi+r\cos\theta\sin\varphi. \end{cases}$$

以 $x=r\cos\theta, y=r\sin\theta$ 代入上式,即得

$$\begin{cases} u=x\cos\varphi-y\sin\varphi, \\ v=x\sin\varphi+y\cos\varphi. \end{cases} \tag{4}$$

于是,此为从 x, y 到 u,v 的线性变换,且它的矩阵为

$$\begin{pmatrix} \cos\varphi & -\sin\varphi \\ \sin\varphi & \cos\varphi \end{pmatrix}. \tag{5}$$

例 3 某厂生产的三种产品 P_1, P_2, P_3,上半年的销售额 m 和利润 r(单位:万元)如下表所示:

	P_1	P_2	P_3
m	545	782	963
r	60	94	96

则表中的数据可用矩阵表示为

$$\boldsymbol{A}=\begin{pmatrix} 545 & 782 & 963 \\ 60 & 94 & 96 \end{pmatrix}.$$

从以上几例看出,矩阵有着广泛的应用.

第二节 矩阵运算

为了讨论矩阵间的关系,本节介绍矩阵运算.

定义 1 若两个**同型矩阵** $\boldsymbol{A}=(a_{ij})_{m\times n}$,$\boldsymbol{B}=(b_{ij})_{m\times n}$ 中对应元素都相等,即

$$a_{ij}=b_{ij}\ (i=1, 2, \cdots, m;\ j=1, 2, \cdots, n),$$

则称**矩阵 $\boldsymbol{A}$ 与矩阵 $\boldsymbol{B}$ 相等**,记做 $\boldsymbol{A}=\boldsymbol{B}$.

一、矩阵加法

定义 2 设有两个 $m\times n$ 矩阵 $\boldsymbol{A}=(a_{ij})$，$\boldsymbol{B}=(b_{ij})$，则将其对应元素相加所得矩阵称为矩阵 $\boldsymbol{A}$ 与 $\boldsymbol{B}$ 的和，记做 $\boldsymbol{A}+\boldsymbol{B}$，即

$$\boldsymbol{A}+\boldsymbol{B}=\begin{pmatrix} a_{11}+b_{11} & a_{12}+b_{12} & \cdots & a_{1n}+b_{1n} \\ a_{21}+b_{21} & a_{22}+b_{22} & \cdots & a_{2n}+b_{2n} \\ \vdots & \vdots & & \vdots \\ a_{m1}+b_{m1} & a_{m2}+b_{m2} & \cdots & a_{mn}+b_{mn} \end{pmatrix}.$$

值得注意的是，只有两个同型矩阵才可以进行加法运算. 容易验证，矩阵加法满足下列运算律(其中 $\boldsymbol{A},\boldsymbol{B},\boldsymbol{C}$ 都是同型矩阵)：

(1) $\boldsymbol{A}+\boldsymbol{B}=\boldsymbol{B}+\boldsymbol{A}$(交换律)；

(2) $(\boldsymbol{A}+\boldsymbol{B})+\boldsymbol{C}=\boldsymbol{A}+(\boldsymbol{B}+\boldsymbol{C})$(结合律).

设矩阵

$$-\boldsymbol{A}=(-a_{ij})_{m\times n}=\begin{pmatrix} -a_{11} & -a_{12} & \cdots & -a_{1n} \\ -a_{21} & -a_{22} & \cdots & -a_{2n} \\ \vdots & \vdots & & \vdots \\ -a_{m1} & -a_{m2} & \cdots & -a_{mn} \end{pmatrix},$$

则称 $-\boldsymbol{A}$ 为矩阵 $\boldsymbol{A}$ 的**负矩阵**. 由此可以规定矩阵的**减法**为

$$\boldsymbol{A}-\boldsymbol{B}=\boldsymbol{A}+(-\boldsymbol{B}).$$

显然有

$$\boldsymbol{A}+(-\boldsymbol{A})=\boldsymbol{0},$$
$$\boldsymbol{A}+\boldsymbol{0}=\boldsymbol{A}.$$

例 1 求矩阵 $\boldsymbol{X}$，使得

$$\boldsymbol{X}+\begin{pmatrix} 2 & 1 & 0 & -3 \\ 1 & 0 & -1 & 2 \\ 3 & 2 & 1 & 0 \end{pmatrix}=\begin{pmatrix} 4 & 2 & -1 & 2 \\ -1 & 0 & 2 & 1 \\ 1 & 2 & 3 & 4 \end{pmatrix}.$$

解 由矩阵的加、减法有

$$\boldsymbol{X}=\begin{pmatrix} 4 & 2 & -1 & 2 \\ -1 & 0 & 2 & 1 \\ 1 & 2 & 3 & 4 \end{pmatrix}-\begin{pmatrix} 2 & 1 & 0 & -3 \\ 1 & 0 & -1 & 2 \\ 3 & 2 & 1 & 0 \end{pmatrix}=\begin{pmatrix} 2 & 1 & -1 & 5 \\ -2 & 0 & 3 & -1 \\ -2 & 0 & 2 & 4 \end{pmatrix}.$$

二、数与矩阵的乘法

定义 3 数 λ 与矩阵 $\boldsymbol{A}=(a_{ij})_{m\times n}$ 的**乘积**记做 $\lambda\boldsymbol{A}$，规定

$$\lambda\boldsymbol{A}=\begin{pmatrix}\lambda a_{11} & \lambda a_{12} & \cdots & \lambda a_{1n}\\ \lambda a_{21} & \lambda a_{22} & \cdots & \lambda a_{2n}\\ \vdots & \vdots & & \vdots\\ \lambda a_{m1} & \lambda a_{m2} & \cdots & \lambda a_{mn}\end{pmatrix}.$$

容易验证数与矩阵的乘法满足下列运算律：

设矩阵 $\boldsymbol{A}$ 与 $\boldsymbol{B}$ 为同型矩阵，λ,μ 为数，则有

(1) $(\lambda\mu)\boldsymbol{A}=\lambda(\mu\boldsymbol{A})$；

(2) $(\lambda+\mu)\boldsymbol{A}=\lambda\boldsymbol{A}+\mu\boldsymbol{A}$；

(3) $\lambda(\boldsymbol{A}+\boldsymbol{B})=\lambda\boldsymbol{A}+\lambda\boldsymbol{B}$.

由负矩阵定义及数与矩阵的乘法有

$$-\boldsymbol{A}=(-1)\boldsymbol{A}.$$

例 2 设

$$\boldsymbol{A}=\begin{pmatrix}3 & -2 & 0\\ 1 & 1 & 2\\ 2 & 3 & -1\end{pmatrix},\quad \boldsymbol{B}=\begin{pmatrix}1 & 2 & -1\\ 1 & 3 & -4\\ -2 & -1 & 1\end{pmatrix}.$$

求矩阵 $\boldsymbol{X}$，使它满足矩阵等式 $2\boldsymbol{A}-3\boldsymbol{X}=\boldsymbol{B}$.

解 由 $2\boldsymbol{A}-3\boldsymbol{X}=\boldsymbol{B}$ 得

$$\boldsymbol{X}=\frac{2}{3}\boldsymbol{A}-\frac{1}{3}\boldsymbol{B}$$

$$=\frac{2}{3}\begin{pmatrix}3 & -2 & 0\\ 1 & 1 & 2\\ 2 & 3 & -1\end{pmatrix}-\frac{1}{3}\begin{pmatrix}1 & 2 & -1\\ 1 & 3 & -4\\ -2 & -1 & 1\end{pmatrix}=\begin{pmatrix}\frac{5}{3} & -2 & \frac{1}{3}\\ \frac{1}{3} & -\frac{1}{3} & \frac{8}{3}\\ 2 & \frac{7}{3} & -1\end{pmatrix}.$$

例 3 在第一节例 3 中，如果又知道该厂下半年三个产品的销售额和利润矩阵为

$$\boldsymbol{B}=\begin{pmatrix}628 & 914 & 1120\\ 89 & 110 & 114\end{pmatrix},$$

那么，该厂三个产品全年的销售额和利润矩阵为

$$\boldsymbol{A}+\boldsymbol{B}=\begin{pmatrix}545+628 & 782+914 & 963+1120\\ 60+89 & 94+110 & 96+114\end{pmatrix}=\begin{pmatrix}1173 & 1696 & 2083\\ 149 & 204 & 210\end{pmatrix}.$$

下半年比上半年增加的销售额和利润矩阵为

$$\boldsymbol{B}-\boldsymbol{A}=\begin{pmatrix}628-545 & 914-782 & 1120-963\\ 89-60 & 110-94 & 114-96\end{pmatrix}=\begin{pmatrix}83 & 132 & 157\\ 29 & 16 & 18\end{pmatrix}.$$

而下一年度预计该厂三个产品的销售量和利润均能翻一番，那么，下一年度的销售额和利润矩阵为

$$2(\boldsymbol{A}+\boldsymbol{B})=\begin{pmatrix}2\times1173 & 2\times1696 & 2\times2083\\ 2\times149 & 2\times204 & 2\times210\end{pmatrix}=\begin{pmatrix}2346 & 3392 & 4166\\ 298 & 408 & 420\end{pmatrix}.$$

三、矩阵与矩阵的乘法

引例 设有线性变换

$$\begin{cases}z_1=a_{11}y_1+a_{12}y_2+a_{13}y_3,\\ z_2=a_{21}y_1+a_{22}y_2+a_{23}y_3\end{cases}\tag{1}$$

和线性变换

$$\begin{cases}y_1=b_{11}x_1+b_{12}x_2,\\ y_2=b_{21}x_1+b_{22}x_2,\\ y_3=b_{31}x_1+b_{32}x_2,\end{cases}\tag{2}$$

它们的系数矩阵依次为

$$\boldsymbol{A}=\begin{pmatrix}a_{11} & a_{12} & a_{13}\\ a_{21} & a_{22} & a_{23}\end{pmatrix},\quad \boldsymbol{B}=\begin{pmatrix}b_{11} & b_{12}\\ b_{21} & b_{22}\\ b_{31} & b_{32}\end{pmatrix}.$$

则由(1)式、(2)式得到从 x_1,x_2 到 z_1,z_2 的线性变换为

$$\begin{cases}z_1=(a_{11}b_{11}+a_{12}b_{21}+a_{13}b_{31})x_1+(a_{11}b_{12}+a_{12}b_{22}+a_{13}b_{32})x_2,\\ z_2=(a_{21}b_{11}+a_{22}b_{21}+a_{23}b_{31})x_1+(a_{21}b_{12}+a_{22}b_{22}+a_{23}b_{32})x_2.\end{cases}\tag{3}$$

线性变换(3)称为线性变换(1)与(2)的**乘积**，它的系数矩阵为

$$\boldsymbol{C}=\begin{pmatrix}a_{11}b_{11}+a_{12}b_{21}+a_{13}b_{31} & a_{11}b_{12}+a_{12}b_{22}+a_{13}b_{32}\\ a_{21}b_{11}+a_{22}b_{21}+a_{23}b_{31} & a_{21}b_{12}+a_{22}b_{22}+a_{23}b_{32}\end{pmatrix}.\tag{4}$$

若记

$$\boldsymbol{C}=\begin{pmatrix}c_{11} & c_{12}\\ c_{21} & c_{22}\end{pmatrix},$$

则称 $\boldsymbol{C}$ 为矩阵 $\boldsymbol{A}$ 与 $\boldsymbol{B}$ 的乘积，记为 $\boldsymbol{C}=\boldsymbol{AB}$，其中

$$c_{ij}=a_{i1}b_{1j}+a_{i2}b_{2j}+a_{i3}b_{3j}\quad(i=1,2;j=1,2).$$

一般地，有

定义 4 设 $\boldsymbol{A}=(a_{ij})$ 是一个 $m\times s$ 矩阵，$\boldsymbol{B}=(b_{ij})$ 是一个 $s\times n$ 矩阵，那么规定矩阵 $\boldsymbol{A}$ 与 $\boldsymbol{B}$ 的**乘积**是一个 $m\times n$ 矩阵 $\boldsymbol{C}=(c_{ij})$，其中

$$\begin{aligned}c_{ij}&=a_{i1}b_{1j}+a_{i2}b_{2j}+\cdots+a_{is}b_{sj}\\&=\sum_{k=1}^{s}a_{ik}b_{kj}\quad(i=1,2,\cdots,m;j=1,2,\cdots,n),\end{aligned}\tag{5}$$

并将此乘积记做 $\boldsymbol{C}=\boldsymbol{AB}$.

值得注意的是,只有矩阵 $\boldsymbol{A}$(左因子矩阵)的列数与矩阵 $\boldsymbol{B}$(右因子矩阵)的行数相等时,$\boldsymbol{A}$ 乘以 $\boldsymbol{B}$ 才是可行的.

例 4 设

$$\boldsymbol{A}=\begin{pmatrix}1 & 0 & 1 & -1\\ 2 & -1 & 3 & 0\end{pmatrix},\quad \boldsymbol{B}=\begin{pmatrix}2 & 0 & 3\\ 1 & 2 & 8\\ -1 & 1 & 1\\ 0 & 2 & 1\end{pmatrix},$$

求 $\boldsymbol{AB}$.

解 因为 $\boldsymbol{A}$ 为 2×4 矩阵,$\boldsymbol{B}$ 为 4×3 矩阵,$\boldsymbol{A}$ 的列数等于 $\boldsymbol{B}$ 的行数,所以 $\boldsymbol{AB}$ 为 2×3 矩阵,并由公式(5)有

$$\boldsymbol{AB}=\begin{pmatrix}1 & 0 & 1 & -1\\ 2 & -1 & 3 & 0\end{pmatrix}\begin{pmatrix}2 & 0 & 3\\ 1 & 2 & 8\\ -1 & 1 & 1\\ 0 & 2 & 1\end{pmatrix}=\begin{pmatrix}1 & -1 & 3\\ 0 & 1 & 1\end{pmatrix}.$$

注意 此例中 $\boldsymbol{BA}$ 是不可行的.

例 5 设

$$\boldsymbol{A}=\begin{pmatrix}-1 & 2\\ \frac{1}{2} & -1\end{pmatrix},\quad \boldsymbol{B}=\begin{pmatrix}2 & 4\\ -3 & -6\end{pmatrix},$$

求 $\boldsymbol{AB}$ 与 $\boldsymbol{BA}$.

解 由公式(5)有

$$\boldsymbol{AB}=\begin{pmatrix}-1 & 2\\ \frac{1}{2} & -1\end{pmatrix}\begin{pmatrix}2 & 4\\ -3 & -6\end{pmatrix}=\begin{pmatrix}-8 & -16\\ 4 & 8\end{pmatrix},$$

$$\boldsymbol{BA}=\begin{pmatrix}2 & 4\\ -3 & -6\end{pmatrix}\begin{pmatrix}-1 & 2\\ \frac{1}{2} & -1\end{pmatrix}=\begin{pmatrix}0 & 0\\ 0 & 0\end{pmatrix}.$$

由以上两例知:

(1) 矩阵相乘不满足交换律,甚至交换后是不可行的. 即便可行,但 $\boldsymbol{AB}$ 与 $\boldsymbol{BA}$ 也不一定相等.

(2) 两个非零矩阵的乘积可以是零矩阵,但不能由 $\boldsymbol{AB}=\boldsymbol{0}$ 推出 $\boldsymbol{A}=\boldsymbol{0}$ 或 $\boldsymbol{B}=\boldsymbol{0}$,即矩阵相乘不满足消去律.

例 6 计算

$$(x_1 \quad x_2 \quad \cdots \quad x_n)\begin{pmatrix} x_1 \\ x_2 \\ \vdots \\ x_n \end{pmatrix}.$$

解

$$(x_1 \quad x_2 \quad \cdots \quad x_n)\begin{pmatrix} x_1 \\ x_2 \\ \vdots \\ x_n \end{pmatrix}=x_1^2+x_2^2+\cdots+x_n^2=\sum_{i=1}^{n}x_i^2.$$

例 7 将线性方程组

$$\begin{cases} a_{11}x_1+a_{12}x_2+\cdots+a_{1n}x_n=b_1, \\ a_{21}x_1+a_{22}x_2+\cdots+a_{2n}x_n=b_2, \\ \cdots\cdots\cdots\cdots\cdots\cdots\cdots\cdots\cdots\cdots \\ a_{m1}x_1+a_{m2}x_2+\cdots+a_{mn}x_n=b_m \end{cases}$$

写成矩阵形式.

解 令

$$\boldsymbol{A}=\begin{pmatrix} a_{11} & a_{12} & \cdots & a_{1n} \\ a_{21} & a_{22} & \cdots & a_{2n} \\ \vdots & \vdots & & \vdots \\ a_{m1} & a_{m2} & \cdots & a_{mn} \end{pmatrix}, \quad \boldsymbol{X}=\begin{pmatrix} x_1 \\ x_2 \\ \vdots \\ x_n \end{pmatrix}, \quad \boldsymbol{B}=\begin{pmatrix} b_1 \\ b_2 \\ \vdots \\ b_m \end{pmatrix},$$

由矩阵乘法及矩阵相等的定义,原方程组可以写成矩阵形式:

$$\boldsymbol{AX}=\boldsymbol{B}.$$

在矩阵运算中,矩阵乘法满足如下运算律(设下列矩阵运算是可行的):

(1) $(\boldsymbol{AB})\boldsymbol{C}=\boldsymbol{A}(\boldsymbol{BC})$;

(2) $\boldsymbol{A}(\boldsymbol{B}+\boldsymbol{C})=\boldsymbol{AB}+\boldsymbol{AC}$;

(3) $(\boldsymbol{B}+\boldsymbol{C})\boldsymbol{A}=\boldsymbol{BA}+\boldsymbol{CA}$;

(4) $(k\boldsymbol{A})\boldsymbol{B}=\boldsymbol{A}(k\boldsymbol{B})=k(\boldsymbol{AB})$($k$ 为常数).

证 仅证明(3).

设 $\boldsymbol{A}=(a_{kj})_{s\times n}$, $\boldsymbol{B}=(b_{ik})_{m\times s}$, $\boldsymbol{C}=(c_{ik})_{m\times s}$,则

$$\begin{aligned}(\boldsymbol{B}+\boldsymbol{C})\boldsymbol{A}&=[(b_{ik})_{m\times s}+(c_{ik})_{m\times s}](a_{kj})_{s\times n}\\&=(b_{ik}+c_{ik})_{m\times s}(a_{kj})_{s\times n}\\&=\left(\sum_{k=1}^{s}(b_{ik}+c_{ik})a_{kj}\right)_{m\times n}\end{aligned}$$

$$= \left(\sum_{k=1}^{s} b_{ik}a_{kj}\right)_{m\times n} + \left(\sum_{k=1}^{s} b_{ik}a_{kj}\right)_{m\times n}$$
$$= \boldsymbol{BA}+\boldsymbol{CA}.$$

注意 对于单位矩阵与矩阵的乘积,容易验证:

$$\boldsymbol{E}_m\boldsymbol{A}_{m\times n}=\boldsymbol{A}_{m\times n};$$
$$\boldsymbol{A}_{m\times n}\boldsymbol{E}_n=\boldsymbol{A}_{m\times n};$$
$$\boldsymbol{E}_n\boldsymbol{A}_{n\times n}=\boldsymbol{A}_{n\times n}\boldsymbol{E}_n=\boldsymbol{A}_{n\times n}.$$

设 $\boldsymbol{A}$ 为 n 阶方阵,规定 $\boldsymbol{A}$ 的 k 次幂 $\boldsymbol{A}^k$ 为

$$\boldsymbol{A}^1=\boldsymbol{A},\cdots,\boldsymbol{A}^k=\underbrace{\boldsymbol{AA}\cdots\boldsymbol{A}}_{k个}.$$

易知: $\boldsymbol{A}^k\boldsymbol{A}^l=\boldsymbol{A}^{k+l}$, $(\boldsymbol{A}^k)^l=\boldsymbol{A}^{kl}$(其中 k,l 均为正整数).

注意 由于矩阵乘法不满足交换律,故等式$(\boldsymbol{AB})^k=\boldsymbol{A}^k\boldsymbol{B}^k$ 一般不成立.

例 8 计算$\begin{pmatrix}1&1\\0&1\end{pmatrix}^n$,其中 n 为正整数.

解 设 $\boldsymbol{A}=\begin{pmatrix}1&1\\0&1\end{pmatrix}$,则

$$\boldsymbol{A}^2=\boldsymbol{AA}=\begin{pmatrix}1&1\\0&1\end{pmatrix}\begin{pmatrix}1&1\\0&1\end{pmatrix}=\begin{pmatrix}1&2\\0&1\end{pmatrix},$$
$$\boldsymbol{A}^3=\boldsymbol{A}^2\boldsymbol{A}=\begin{pmatrix}1&2\\0&1\end{pmatrix}\begin{pmatrix}1&1\\0&1\end{pmatrix}=\begin{pmatrix}1&3\\0&1\end{pmatrix}.$$

假设 $\boldsymbol{A}^{n-1}=\begin{pmatrix}1&n-1\\0&1\end{pmatrix}$,则

$$\boldsymbol{A}^n=\boldsymbol{A}^{n-1}\boldsymbol{A}=\begin{pmatrix}1&n-1\\0&1\end{pmatrix}\begin{pmatrix}1&1\\0&1\end{pmatrix}=\begin{pmatrix}1&n\\0&1\end{pmatrix}.$$

于是,由数学归纳法知,对于任意正整数 n,有

$$\begin{pmatrix}1&1\\0&1\end{pmatrix}^n=\begin{pmatrix}1&n\\1&1\end{pmatrix}.$$

例 9 求证$\begin{pmatrix}\cos\varphi&-\sin\varphi\\\sin\varphi&\cos\varphi\end{pmatrix}^n=\begin{pmatrix}\cos n\varphi&-\sin n\varphi\\\sin n\varphi&\cos n\varphi\end{pmatrix}$,其中 n 为正整数.

证 用数学归纳法.因为 $n=1$ 时显然成立,假设 $n=k$ 时等式成立,即

$$\begin{pmatrix}\cos\varphi&-\sin\varphi\\\sin\varphi&\cos\varphi\end{pmatrix}^k=\begin{pmatrix}\cos k\varphi&-\sin k\varphi\\\sin k\varphi&\cos k\varphi\end{pmatrix},$$

则当 $n=k+1$ 时,有

$$
\begin{aligned}
&\begin{pmatrix}\cos\varphi & -\sin\varphi\\ \sin\varphi & \cos\varphi\end{pmatrix}^{k+1}\\
&=\begin{pmatrix}\cos\varphi & -\sin\varphi\\ \sin\varphi & \cos\varphi\end{pmatrix}^{k}\begin{pmatrix}\cos\varphi & -\sin\varphi\\ \sin\varphi & \cos\varphi\end{pmatrix}=\begin{pmatrix}\cos k\varphi & -\sin k\varphi\\ \sin k\varphi & \cos k\varphi\end{pmatrix}\begin{pmatrix}\cos\varphi & -\sin\varphi\\ \sin\varphi & \cos\varphi\end{pmatrix}\\
&=\begin{pmatrix}\cos k\varphi\cos\varphi-\sin k\varphi\sin\varphi & -\cos k\varphi\sin\varphi-\sin k\varphi\cos\varphi\\ \sin k\varphi\cos\varphi+\cos k\varphi\sin\varphi & -\sin k\varphi\sin\varphi+\cos k\varphi\cos\varphi\end{pmatrix}=\begin{pmatrix}\cos(k+1)\varphi & -\sin(k+1)\varphi\\ \sin(k+1)\varphi & \cos(k+1)\varphi\end{pmatrix}.
\end{aligned}
$$

即等式也成立,故由数学归纳法知结论成立. **证毕**

下面讨论例 9 的几何解释. 由第一节例 2 知,对于线性变换(4)

$$
\begin{cases}u=(\cos\varphi)x+(-\sin\varphi)y,\\ v=(\sin\varphi)x+\ (\cos\varphi)y,\end{cases}
$$

若令

$$
\boldsymbol{A}=\begin{pmatrix}\cos\varphi & -\sin\varphi\\ \sin\varphi & \cos\varphi\end{pmatrix},\quad \boldsymbol{p}=\begin{pmatrix}x\\ y\end{pmatrix},\quad \boldsymbol{q}=\begin{pmatrix}u\\ v\end{pmatrix},
$$

并利用矩阵乘法,有

$$
\boldsymbol{q}=\boldsymbol{A}\boldsymbol{p}.
$$

第一节例 2 说明,(4)式可以解释为把向量 $\boldsymbol{p}$ 旋转 φ 角变为向量 $\boldsymbol{q}$ 的旋转变换(如图 2-1 所示),进而由本节的引例知,接连这样的变换 n 次,对应于 $\boldsymbol{A}$ 作 n 次幂,即

$$
\boldsymbol{q}=\boldsymbol{A}^n\boldsymbol{p}.
$$

它是把向量 $\boldsymbol{p}$ 作 n 次旋转 φ 角的变换,也就是旋转 $n\varphi$ 角,而旋转 $n\varphi$ 角的变换应是

$$
\begin{pmatrix}u\\ v\end{pmatrix}=\begin{pmatrix}\cos n\varphi & -\sin n\varphi\\ \sin n\varphi & \cos n\varphi\end{pmatrix}\begin{pmatrix}x\\ y\end{pmatrix},
$$

因此有

$$
\boldsymbol{A}^n=\begin{pmatrix}\cos n\varphi & -\sin n\varphi\\ \sin n\varphi & \cos n\varphi\end{pmatrix}.
$$

四、矩阵的转置

定义 5 把 $m\times n$ 矩阵 $\boldsymbol{A}$ 的行换成同序数的列得到一个 $n\times m$ 的新矩阵,称为 $\boldsymbol{A}$ 的**转置矩阵**,记做 $\boldsymbol{A}^{\mathrm{T}}$ 或 $\boldsymbol{A}'$. 例如,矩阵

$$
\boldsymbol{A}=\begin{pmatrix}2 & 3 & 1\\ 4 & 0 & 2\end{pmatrix}_{2\times 3}
$$

的转置矩阵为

$$
\boldsymbol{A}^{\mathrm{T}}=\begin{pmatrix}2 & 4\\ 3 & 0\\ 1 & 2\end{pmatrix}_{3\times 2}.
$$

显然,矩阵 $\boldsymbol{A}$ 的第 i 行第 j 列元素 a_{ij} 恰好是 $\boldsymbol{A}^{\mathrm{T}}$ 的第 j 行第 i 列元素.

矩阵的转置运算,满足如下运算律(矩阵运算都是可行的):

(1) $(\boldsymbol{A}^{\mathrm{T}})^{\mathrm{T}}=\boldsymbol{A}$;

(2) $(\boldsymbol{A}\pm\boldsymbol{B})^{\mathrm{T}}=\boldsymbol{A}^{\mathrm{T}}\pm\boldsymbol{B}^{\mathrm{T}}$;

(3) $(k\boldsymbol{A})^{\mathrm{T}}=k\boldsymbol{A}^{\mathrm{T}}$;

(4) $(\boldsymbol{AB})^{\mathrm{T}}=\boldsymbol{B}^{\mathrm{T}}\boldsymbol{A}^{\mathrm{T}}$.

证 仅证明(4).

设 $\boldsymbol{A}=(a_{ik})_{m\times s}$, $\boldsymbol{B}=(b_{kj})_{s\times m}$,记 $\boldsymbol{AB}=\boldsymbol{C}=(c_{ij})_{m\times n}$,$\boldsymbol{B}^{\mathrm{T}}\boldsymbol{A}^{\mathrm{T}}=\boldsymbol{D}=(d_{ij})_{n\times m}$,于是有

$$c_{ji}=\sum_{k=1}^{s}a_{jk}b_{ki},$$

而 $\boldsymbol{B}^{\mathrm{T}}$ 的第 i 行为 $(b_{1i}\quad b_{2i}\quad\cdots\quad b_{si})$,$\boldsymbol{A}^{\mathrm{T}}$ 的第 j 列为 $(a_{j1}\quad a_{j2}\quad\cdots\quad a_{js})^{\mathrm{T}}$,因此

$$d_{ij}=\sum_{k=1}^{s}b_{ki}a_{jk}=\sum_{k=1}^{s}a_{jk}b_{ki},$$

所以 $d_{ij}=c_{ji}(i=1,2,\cdots,n;\ j=1,2,\cdots,m)$,即

$$\boldsymbol{D}=\boldsymbol{C}^{\mathrm{T}},$$

亦即

$$\boldsymbol{B}^{\mathrm{T}}\boldsymbol{A}^{\mathrm{T}}=(\boldsymbol{AB})^{\mathrm{T}}.$$

证毕

例 10 设

$$\boldsymbol{A}=(1\quad -1\quad 2),\quad \boldsymbol{B}=\begin{pmatrix}2&-1&0\\1&1&3\\4&2&1\end{pmatrix},$$

求 $(\boldsymbol{AB})^{\mathrm{T}}$.

解 因为

$$\boldsymbol{AB}=(1\quad -1\quad 2)\begin{pmatrix}2&-1&0\\1&1&3\\4&2&1\end{pmatrix}=(9\quad 2\quad -1),$$

所以

$$(\boldsymbol{AB})^{\mathrm{T}}=\begin{pmatrix}9\\2\\-1\end{pmatrix}.$$

或者因为

$$\boldsymbol{A}^{\mathrm{T}}=\begin{pmatrix}1\\-1\\2\end{pmatrix},\quad \boldsymbol{B}^{\mathrm{T}}=\begin{pmatrix}2&1&4\\-1&1&2\\0&3&1\end{pmatrix},$$

所以

$$(\boldsymbol{AB})^{\mathrm{T}}=\boldsymbol{B}^{\mathrm{T}}\boldsymbol{A}^{\mathrm{T}}=\begin{pmatrix}2&1&4\\-1&1&2\\0&3&1\end{pmatrix}\begin{pmatrix}1\\-1\\2\end{pmatrix}=\begin{pmatrix}9\\2\\-1\end{pmatrix}.$$

五、方阵的行列式

设 $\boldsymbol{A},\boldsymbol{B}$ 均为 n 阶方阵，k 为数，方阵行列式有如下运算律：

(1) $|\boldsymbol{A}^{\mathrm{T}}|=|\boldsymbol{A}|$；

(2) $|k\boldsymbol{A}|=k^n|\boldsymbol{A}|$；

(3) $|\boldsymbol{AB}|=|\boldsymbol{A}||\boldsymbol{B}|$.

运算律(1),(2)是显然的，这里仅给出(3)的证明.

证 (3) 设 $\boldsymbol{A}=(a_{ij})_n$，$\boldsymbol{B}=(b_{ij})_n$，作 $2n$ 阶辅助行列式

$$D=\begin{vmatrix} a_{11} & \cdots & a_{1n} & & & \\ \vdots & \ddots & \vdots & & 0 & \\ a_{11} & \cdots & a_{nn} & & & \\ -1 & & & b_{11} & \cdots & b_{1n} \\ & \ddots & & \vdots & \ddots & \vdots \\ & & -1 & b_{n1} & \cdots & b_{nn} \end{vmatrix}=\begin{vmatrix} \boldsymbol{A} & \boldsymbol{O} \\ -\boldsymbol{E} & \boldsymbol{B} \end{vmatrix}.$$

一方面，利用第一章第二节例 8 的结论，知

$$D=\begin{vmatrix} \boldsymbol{A} & \boldsymbol{O} \\ -\boldsymbol{E} & \boldsymbol{B} \end{vmatrix}=|\boldsymbol{A}||\boldsymbol{B}|.$$

另一方面，利用行列式的性质 7，将 D 的第 $1,2,\cdots,n$ 列分别乘以数 $b_{1j},b_{2j},\cdots,b_{nj}$ 后都加到 D 的第 $n+j$ 列上去($j=1,2,\cdots,n$)，可将 D 的右下角的 n^2 个(i,j)元($n+1\leqslant i,j\leqslant 2n$)都化为 0，右上角的$(i,j)$元化为 c_{ij}($1\leqslant i\leqslant n,n+1\leqslant j\leqslant 2n$)，且 c_{ij} 恰好是乘积矩阵 $\boldsymbol{AB}=\boldsymbol{C}$ 的(i,j)元. 即

$$D\xlongequal[j=1,2,\cdots,n]{c_{n+j}+\sum_{k=1}^{n}b_{kj}c_k}\begin{vmatrix} a_{11} & \cdots & a_{1n} & c_{11} & \cdots & c_{1n} \\ \vdots & \ddots & \vdots & \vdots & \ddots & \vdots \\ a_{n1} & \cdots & a_{nn} & c_{n1} & \cdots & c_{nn} \\ -1 & & & & & \\ & \ddots & & & 0 & \\ & & -1 & & & \end{vmatrix}=D_1$$

其中 $c_{ij}=\sum_{k=1}^{n}b_{kj}a_{ik}=\sum_{k=1}^{n}a_{ik}b_{kj}$ 是 $\boldsymbol{AB}=\boldsymbol{C}$ 的(i,j)元($i,j=1,2,\cdots,n$). 再交换 D_1 的第 i 与 $n+i$ 行($i=1,2,\cdots,n$)，得

$$D=D_1\xlongequal[i=1,2,\cdots,n]{r_i\leftrightarrow r_{n+i}}(-1)^n\begin{vmatrix} -1 & & & & & \\ & \ddots & & & 0 & \\ & & -1 & & & \\ a_{11} & \cdots & a_{1n} & c_{11} & \cdots & c_{1n} \\ \vdots & \ddots & \vdots & \vdots & \ddots & \vdots \\ a_{n1} & \cdots & a_{nn} & c_{n1} & \cdots & c_{nn} \end{vmatrix}$$

$$=(-1)^n\begin{vmatrix}-1 & & \\ & \ddots & \\ & & -1\end{vmatrix}\begin{vmatrix}c_{11} & \cdots & c_{1n}\\ \vdots & \ddots & \vdots \\ c_{n1} & \cdots & c_{nn}\end{vmatrix}=|\boldsymbol{AB}|.$$

故
$$|\boldsymbol{AB}|=|\boldsymbol{A}||\boldsymbol{B}|.$$
证毕

例 11 设

$$\boldsymbol{A}=\begin{pmatrix}0 & 2 & 1\\ 2 & 0 & 3\\ 1 & -1 & 0\end{pmatrix},\quad \boldsymbol{B}=\begin{pmatrix}-1 & -1 & 0\\ 0 & 3 & 2\\ 2 & 2 & 1\end{pmatrix},$$

则

$$\boldsymbol{AB}=\begin{pmatrix}2 & 8 & 5\\ 4 & 4 & 3\\ -1 & -4 & -2\end{pmatrix},$$

易知$|\boldsymbol{A}|=4$,$|\boldsymbol{B}|=-3$,$|\boldsymbol{AB}|=-12$,所以

$$|\boldsymbol{AB}|=|\boldsymbol{A}||\boldsymbol{B}|.$$

注意到,方阵行列式与矩阵是两个不同的概念.另外,对于 n 阶方阵 $\boldsymbol{A}$ 与 $\boldsymbol{B}$,一般地,$\boldsymbol{AB}\neq\boldsymbol{BA}$,但却总有$|\boldsymbol{AB}|=|\boldsymbol{BA}|$.

习 题 2-2

1. 设

$$\begin{pmatrix}2 & x & y\\ 3 & z & 0\end{pmatrix}=\begin{pmatrix}w & x^2 & x-y\\ 3 & x+w & 0\end{pmatrix},$$

求 x,y,z,w.

2. 设

$$\boldsymbol{A}=\begin{pmatrix}1 & 1 & 1\\ 1 & 1 & -1\\ 1 & -1 & 1\end{pmatrix},\quad \boldsymbol{B}=\begin{pmatrix}1 & 2 & 3\\ -1 & -2 & 4\\ 0 & 5 & 1\end{pmatrix},$$

求 $3\boldsymbol{A}+2\boldsymbol{B}-6\boldsymbol{A}^{\mathrm{T}}$.

3. 设

$$\boldsymbol{A}=\begin{pmatrix}2 & 1 & 2 & 1\\ 1 & 2 & 1 & 2\\ 4 & 3 & 2 & 1\end{pmatrix},\quad \boldsymbol{B}=\begin{pmatrix}1 & 2 & 3 & 4\\ 1 & -2 & 1 & -2\\ -1 & 0 & -1 & 0\end{pmatrix},$$

求矩阵 $\boldsymbol{X}$,使 $2(\boldsymbol{A}-\boldsymbol{X})+(2\boldsymbol{B}-\boldsymbol{X})=\boldsymbol{O}$.

4. 计算

(1) $\begin{pmatrix}0&0&1\\0&1&0\\1&0&0\end{pmatrix}\begin{pmatrix}1&2&-3\\-2&4&6\\3&-6&9\end{pmatrix}$;　　(2) $(x\ \ y)\begin{pmatrix}a_{11}&a_{12}\\a_{21}&a_{22}\end{pmatrix}\begin{pmatrix}x\\y\end{pmatrix}$;

(3) $\begin{pmatrix}1&0\\\lambda&1\end{pmatrix}^{10}$($\lambda$ 为任意实数);　　(4) $\begin{pmatrix}\cos\varphi&\sin\varphi\\-\sin\varphi&\cos\varphi\end{pmatrix}^k$($k$ 为正整数).

5. 设

$$\boldsymbol{A}=\begin{pmatrix}1&2&-1\\2&3&0\\-1&2&2\end{pmatrix},\quad \boldsymbol{B}=\begin{pmatrix}0&2&-1\\1&-1&-1\\2&0&3\end{pmatrix},$$

计算:(1) $\boldsymbol{A}^{\mathrm{T}}+\boldsymbol{B}^{\mathrm{T}}$;　(2) $(\boldsymbol{AB})^{\mathrm{T}}$;　(3) $\boldsymbol{B}^{\mathrm{T}}\boldsymbol{A}^{\mathrm{T}}$.

第三节 逆 矩 阵

对于一元一次方程 $ax=b$,当 $a\neq 0$ 时,方程可变形为 $a^{-1}ax=a^{-1}b$,即 $1\cdot x=a^{-1}b$,它的解是 $x=a^{-1}b$.

类似地,对于矩阵方程 $\boldsymbol{AX}=\boldsymbol{B}$,若存在矩阵 $\boldsymbol{A}^{-1}$ 使 $\boldsymbol{A}^{-1}\boldsymbol{A}=\boldsymbol{E}$ 成立,则矩阵方程也可以变形为 $\boldsymbol{A}^{-1}\boldsymbol{AX}=\boldsymbol{A}^{-1}\boldsymbol{B}$,即 $\boldsymbol{EX}=\boldsymbol{A}^{-1}\boldsymbol{B}$,它的解为 $\boldsymbol{X}=\boldsymbol{A}^{-1}\boldsymbol{B}$.

现在的问题是,对于给定的矩阵 $\boldsymbol{A}$,$\boldsymbol{A}^{-1}$ 的含义是什么?当 $\boldsymbol{A}$ 满足什么条件时,$\boldsymbol{A}^{-1}$ 存在,并如何由 $\boldsymbol{A}$ 求 $\boldsymbol{A}^{-1}$?本节将讨论这些问题.

一、逆矩阵的概念及性质

定义 1 对于 n 阶方阵 $\boldsymbol{A}$,如果存在 n 阶方阵 $\boldsymbol{B}$,使 $\boldsymbol{AB}=\boldsymbol{BA}=\boldsymbol{E}$,则称 $\boldsymbol{B}$ 是 $\boldsymbol{A}$ 的**逆矩阵**,记做 $\boldsymbol{B}=\boldsymbol{A}^{-1}$,并称方阵 $\boldsymbol{A}$ 是**可逆的**.

由定义 1 知,当 n 阶方阵 $\boldsymbol{A}$ 可逆时,矩阵方程 $\boldsymbol{AX}=\boldsymbol{B}$ 的解为

$$\boldsymbol{X}=\boldsymbol{A}^{-1}\boldsymbol{B}.$$

这回答了第一个问题.为了回答第二个问题,下面再讨论逆矩阵的性质.

性质 1 若方阵 $\boldsymbol{A}$ 是可逆的,则 $\boldsymbol{A}^{-1}$ 也是可逆的,并且 $(\boldsymbol{A}^{-1})^{-1}=\boldsymbol{A}$.

性质 2 若方阵 $\boldsymbol{A}$ 是可逆的,则其转置矩阵 $\boldsymbol{A}^{\mathrm{T}}$ 也是可逆的,并且 $(\boldsymbol{A}^{\mathrm{T}})^{-1}=(\boldsymbol{A}^{-1})^{\mathrm{T}}$.

性质 3 若同阶方阵 $\boldsymbol{A}$ 与 $\boldsymbol{B}$ 都是可逆的,则 $\boldsymbol{AB}$ 也是可逆的,并且 $(\boldsymbol{AB})^{-1}=\boldsymbol{B}^{-1}\boldsymbol{A}^{-1}$.

证 仅证性质 3.

因为

$$(\boldsymbol{AB})(\boldsymbol{B}^{-1}\boldsymbol{A}^{-1})=\boldsymbol{A}(\boldsymbol{BB}^{-1})\boldsymbol{A}^{-1}=\boldsymbol{AEA}^{-1}=\boldsymbol{AA}^{-1}=\boldsymbol{E},$$

又

$$(\boldsymbol{B}^{-1}\boldsymbol{A}^{-1})(\boldsymbol{AB})=\boldsymbol{B}^{-1}(\boldsymbol{A}^{-1}\boldsymbol{A})\boldsymbol{B}=\boldsymbol{B}^{-1}\boldsymbol{EB}=\boldsymbol{B}^{-1}\boldsymbol{B}=\boldsymbol{E},$$

所以

$$(\boldsymbol{AB})^{-1}=\boldsymbol{B}^{-1}\boldsymbol{A}^{-1}.$$

二、逆矩阵的存在性及求法

定义 2 由 n 阶方阵 $\boldsymbol{A}=(a_{ij})$ 的行列式

$$|\boldsymbol{A}|=\begin{vmatrix} a_{11} & a_{12} & \cdots & a_{1n} \\ a_{21} & a_{22} & \cdots & a_{2n} \\ \vdots & \vdots & & \vdots \\ a_{n1} & a_{n2} & \cdots & a_{nn} \end{vmatrix}$$

中元素 a_{ij} 的代数余子式 $A_{ij}(i,j=1,2,\cdots,n)$ 按下列排列方式构成的 n 阶方阵:

$$\begin{pmatrix} A_{11} & A_{21} & \cdots & A_{n1} \\ A_{12} & A_{22} & \cdots & A_{n2} \\ \vdots & \vdots & & \vdots \\ A_{1n} & A_{2n} & \cdots & A_{nn} \end{pmatrix},$$

称为矩阵 $\boldsymbol{A}$ 的**伴随矩阵**,记做 $\boldsymbol{A}^*$.

例 1 设

$$\boldsymbol{A}=\begin{pmatrix} 1 & 2 & 3 \\ 2 & 2 & 1 \\ 3 & 4 & 3 \end{pmatrix},$$

求方阵 $\boldsymbol{A}$ 的伴随矩阵 $\boldsymbol{A}^*$.

解 $A_{11}=2,A_{21}=6,A_{31}=-4,A_{12}=-3,A_{22}=-6,A_{32}=5,A_{13}=2,A_{23}=2,A_{33}=-2$,故由 $\boldsymbol{A}^*$ 的定义,得

$$\boldsymbol{A}^*=\begin{pmatrix} 2 & 6 & -4 \\ -3 & -6 & 5 \\ 2 & 2 & -2 \end{pmatrix}.$$

定理 1 方阵 $\boldsymbol{A}$ 可逆的充分必要条件是 $|\boldsymbol{A}|\neq0$,且当 $\boldsymbol{A}$ 可逆时,有

$$\boldsymbol{A}^{-1}=\frac{1}{|\boldsymbol{A}|}\boldsymbol{A}^*.$$

证 *必要性* 设 $\boldsymbol{A}$ 可逆,即存在矩阵 $\boldsymbol{A}^{-1}$ 使 $\boldsymbol{AA}^{-1}=\boldsymbol{E}$,两端取行列式 $|\boldsymbol{AA}^{-1}|=|\boldsymbol{E}|=1$,即 $|\boldsymbol{A}||\boldsymbol{A}^{-1}|=1$. 所以,$|\boldsymbol{A}|\neq0$.

充分性 设 $|\boldsymbol{A}|\neq0$,由矩阵运算及行列式的性质(即第一章第二节性质 3 和第三节引理),有

$$\boldsymbol{A}\left(\frac{1}{|\boldsymbol{A}|}\boldsymbol{A}^*\right)=\frac{1}{|\boldsymbol{A}|}\boldsymbol{AA}^*$$

$$
=\frac{1}{|\boldsymbol{A}|}\begin{pmatrix} a_{11} & a_{12} & \cdots & a_{1n} \\ a_{21} & a_{22} & \cdots & a_{2n} \\ \vdots & \vdots & & \vdots \\ a_{n1} & a_{n2} & \cdots & a_{nn} \end{pmatrix}\begin{pmatrix} A_{11} & A_{21} & \cdots & A_{n1} \\ A_{12} & A_{22} & \cdots & A_{n2} \\ \vdots & \vdots & & \vdots \\ A_{1n} & A_{2n} & \cdots & A_{nn} \end{pmatrix}
$$

$$
=\frac{1}{|\boldsymbol{A}|}\begin{pmatrix} |\boldsymbol{A}| & 0 & \cdots & 0 \\ 0 & |\boldsymbol{A}| & \cdots & 0 \\ \vdots & \vdots & \ddots & \vdots \\ 0 & 0 & \cdots & |\boldsymbol{A}| \end{pmatrix}=\boldsymbol{E}.
$$

同理可得

$$
\left(\frac{1}{|\boldsymbol{A}|}\boldsymbol{A}^*\right)\boldsymbol{A}=\boldsymbol{E}.
$$

因此，由逆矩阵定义知

$$
\boldsymbol{A}^{-1}=\frac{1}{|\boldsymbol{A}|}\boldsymbol{A}^*.
$$

证毕

注意 从定理1的充分性证明中，可以知道，下列结论成立：

$$
\boldsymbol{A}\boldsymbol{A}^*=\boldsymbol{A}^*\boldsymbol{A}=|\boldsymbol{A}|\boldsymbol{E}.
$$

推论 设 $\boldsymbol{A}$ 为 n 阶方阵，若存在 n 阶方阵 $\boldsymbol{B}$，使 $\boldsymbol{AB}=\boldsymbol{E}$（或 $\boldsymbol{BA}=\boldsymbol{E}$），则 $\boldsymbol{B}$ 就是 $\boldsymbol{A}$ 的逆矩阵，即

$$
\boldsymbol{B}=\boldsymbol{A}^{-1}.
$$

证 因为 $\boldsymbol{AB}=\boldsymbol{E}$，两边取行列式，有

$$
|\boldsymbol{AB}|=|\boldsymbol{A}|\,|\boldsymbol{B}|=|\boldsymbol{E}|=1,
$$

所以 $|\boldsymbol{A}|\neq 0$，因而 $\boldsymbol{A}^{-1}$ 存在. 于是

$$
\boldsymbol{B}=\boldsymbol{EB}=(\boldsymbol{A}^{-1}\boldsymbol{A})\boldsymbol{B}=\boldsymbol{A}^{-1}(\boldsymbol{AB})=\boldsymbol{A}^{-1}\boldsymbol{E}=\boldsymbol{A}^{-1}\text{，即}
$$

$$
\boldsymbol{B}=\boldsymbol{A}^{-1}.
$$

证毕

例 2 验证矩阵

$$
\boldsymbol{A}=\begin{pmatrix} 1 & 2 & 3 \\ 2 & 2 & 1 \\ 3 & 4 & 3 \end{pmatrix},\quad \boldsymbol{B}=\begin{pmatrix} -1 & 3 & 2 \\ -11 & 15 & 1 \\ -3 & 3 & -1 \end{pmatrix}
$$

是否可逆，如果可逆，求其逆矩阵.

解 因为 $|\boldsymbol{A}|=2$，$|\boldsymbol{B}|=0$，所以 $\boldsymbol{A}$ 可逆，$\boldsymbol{B}$ 不可逆. 由例1的结果，有

$$
\boldsymbol{A}^{-1}=\frac{1}{|\boldsymbol{A}|}\boldsymbol{A}^*=\begin{pmatrix} 1 & 3 & -2 \\ -\frac{3}{2} & -3 & \frac{5}{2} \\ 1 & 1 & -1 \end{pmatrix}.
$$

定理 2 若方阵 $\boldsymbol{A}$ 的逆矩阵存在,则其逆矩阵是唯一的.

证 设 $\boldsymbol{B}_1,\boldsymbol{B}_2$ 都是 $\boldsymbol{A}$ 的逆矩阵,依逆矩阵定义,有

$$\boldsymbol{AB}_1=\boldsymbol{B}_1\boldsymbol{A}=\boldsymbol{E},\quad \boldsymbol{AB}_2=\boldsymbol{B}_2\boldsymbol{A}=\boldsymbol{E},$$

于是

$$\boldsymbol{B}_1=\boldsymbol{B}_1\boldsymbol{E}=\boldsymbol{B}_1(\boldsymbol{AB}_2)=(\boldsymbol{B}_1\boldsymbol{A})\boldsymbol{B}_2=\boldsymbol{EB}_2=\boldsymbol{B}_2.$$

证毕

三、对角矩阵与数量矩阵的性质

1. 对角矩阵

对于对角矩阵 $\boldsymbol{A}=\mathrm{diag}(a_1,a_2,\cdots,a_n)$,$\boldsymbol{B}=\mathrm{diag}(b_1,b_2,\cdots,b_n)$,由矩阵的运算可得

(1) $k\boldsymbol{A}=\mathrm{diag}(ka_1,ka_2,\cdots,ka_n)$($k$ 为常数);

(2) $\mathrm{diag}(a_1,a_2,\cdots,a_n)+\mathrm{diag}(b_1,b_2,\cdots,b_n)=\mathrm{diag}(a_1+b_1,a_2+b_2,\cdots,a_n+b_n)$;

(3) $\boldsymbol{AB}=\mathrm{diag}(a_1b_1,a_2b_2,\cdots,a_nb_n)$.

由此可见,若 $\boldsymbol{A},\boldsymbol{B}$ 为同阶对角矩阵,k 为常数,则 $k\boldsymbol{A},\boldsymbol{A}+\boldsymbol{B},\boldsymbol{AB}$ 仍为同阶对角矩阵,且满足矩阵乘法的交换律

$$\boldsymbol{AB}=\boldsymbol{BA}.$$

此外又易知,对于对角矩阵 $\boldsymbol{A}=\mathrm{diag}(a_1,a_2,\cdots,a_n)$,有

$$\boldsymbol{A}^{\mathrm{T}}=\boldsymbol{A};\quad |\boldsymbol{A}|=a_1a_2\cdots a_n;\quad \boldsymbol{A}^{-1}=\mathrm{diag}(a_1^{-1},a_2^{-1},\cdots,a_n^{-1}).$$

2. 数量矩阵

设 $\boldsymbol{B}$ 为 $m\times n$ 矩阵,$\lambda\boldsymbol{E}_m,\lambda\boldsymbol{E}_n$ 分别为 m 阶,n 阶数量矩阵,则有如下性质:

(1) $\lambda\boldsymbol{E}_m\boldsymbol{B}_{m\times n}=\boldsymbol{B}_{m\times n}\lambda\boldsymbol{E}_n=\lambda\boldsymbol{B}_{m\times n}$.

特别地,当 $m=n$ 时,有

$$\lambda\boldsymbol{E}_n\boldsymbol{B}_{n\times n}=\boldsymbol{B}_{n\times n}\lambda\boldsymbol{E}_n=\lambda\boldsymbol{B}_{n\times n}.$$

这说明 n 阶数量矩阵与任何 n 阶方阵的乘积是可交换的.

(2) $\lambda\boldsymbol{E}_n+k\boldsymbol{E}_n=(\lambda+k)\boldsymbol{E}_n$, $\lambda\boldsymbol{E}_n\cdot k\boldsymbol{E}_n=(\lambda k)\boldsymbol{E}_n$.

这说明数量矩阵的加法和数乘与数的加法和乘法是完全相同的.

四、逆矩阵对线性方程组的应用

对于含有 n 个未知数和 n 个方程的线性方程组

$$\begin{cases}a_{11}x_1+a_{12}x_2+\cdots+a_{1n}x_n=b_1,\\ a_{21}x_1+a_{22}x_2+\cdots+a_{2n}x_n=b_2,\\ \cdots\cdots\cdots\cdots\cdots\cdots\cdots\cdots\\ a_{n1}x_1+a_{n2}x_2+\cdots+a_{nn}x_n=b_n,\end{cases}\tag{1}$$

若令

$$A=\begin{pmatrix} a_{11} & a_{12} & \cdots & a_{1n} \\ a_{21} & a_{22} & \cdots & a_{2n} \\ \vdots & \vdots & & \vdots \\ a_{n1} & a_{n2} & \cdots & a_{nn} \end{pmatrix},\quad X=\begin{pmatrix} x_1 \\ x_2 \\ \vdots \\ x_n \end{pmatrix},\quad B=\begin{pmatrix} b_1 \\ b_2 \\ \vdots \\ b_n \end{pmatrix},$$

则线性方程组(1)有下面矩阵形式：

$$AX=B. \tag{2}$$

若$|A|\neq 0$,则方程(2)的解为

$$X=A^{-1}B.$$

例 3 解线性方程组

$$\begin{cases} x_1+2x_2+3x_3=1, \\ 2x_1+2x_2+x_3=2, \\ 3x_1+4x_2+3x_3=5. \end{cases}$$

解 设

$$A=\begin{pmatrix} 1 & 2 & 3 \\ 2 & 2 & 1 \\ 3 & 4 & 3 \end{pmatrix},\quad X=\begin{pmatrix} x_1 \\ x_2 \\ x_3 \end{pmatrix},\quad B=\begin{pmatrix} 1 \\ 2 \\ 5 \end{pmatrix},$$

原线性方程组的矩阵形式为

$$AX=B.$$

而

$$A^{-1}=\begin{pmatrix} 1 & 3 & -2 \\ -\frac{3}{2} & -3 & \frac{5}{2} \\ 1 & 1 & -1 \end{pmatrix},$$

所以

$$X=A^{-1}B=\begin{pmatrix} 1 & 3 & -2 \\ -\frac{3}{2} & -3 & \frac{5}{2} \\ 1 & 1 & -1 \end{pmatrix}\begin{pmatrix} 1 \\ 2 \\ 5 \end{pmatrix}=\begin{pmatrix} -3 \\ 5 \\ -2 \end{pmatrix},$$

即 $x_1=-3, x_2=5, x_3=-2$ 是原线性方程组的解.

最后指出,当$|A|\neq 0$ 时,可以定义 n 阶方阵 A 的整数次幂：

$$A^0=E,\quad A^{-k}=(A^{-1})^k, \text{其中 } k \text{ 为正整数}.$$

于是,有

$$A^{\lambda}A^{\mu}=A^{\lambda+\mu},\quad (A^{\lambda})^{\mu}=A^{\lambda\mu}, \text{其中 } \lambda,\mu \text{ 为整数}.$$

又设 $f(x)=a_0+a_1x+\cdots+a_mx^m$ 为 x 的 m 次多项式,A 为 n 阶方阵,记

$$f(\boldsymbol{A})=a_0\boldsymbol{E}+a_1\boldsymbol{A}+\cdots+a_m\boldsymbol{A}^m$$

称为**方阵 $\boldsymbol{A}$ 的 m 次多项式**.

习 题 2-3

1. 求下列矩阵的逆矩阵:

(1) $\begin{pmatrix}1&2\\3&4\end{pmatrix}$; (2) $\begin{pmatrix}1&1&1&1\\1&1&-1&-1\\1&-1&1&-1\\1&-1&-1&1\end{pmatrix}$;

(3) $\begin{pmatrix}a_{11}&0&\cdots&0\\0&a_{22}&\cdots&0\\\vdots&\vdots&\ddots&\vdots\\0&0&\cdots&a_{nn}\end{pmatrix}$ $(a_{ii}\neq0,i=1,2,\cdots,n)$.

2. 利用逆矩阵解下列线性方程组:

(1) $\begin{pmatrix}2&-1&1\\3&2&0\\1&6&-2\end{pmatrix}\begin{pmatrix}x_1\\x_2\\x_3\end{pmatrix}=\begin{pmatrix}1\\2\\3\end{pmatrix}$; (2) $\begin{cases}x_1-x_2-x_3=2,\\2x_1-x_2-3x_3=1,\\3x_1+2x_2-5x_3=0.\end{cases}$

3. 利用逆矩阵解下列矩阵方程:

(1) $\boldsymbol{X}\begin{pmatrix}1&2&1\\1&1&-1\\-1&0&1\end{pmatrix}=\begin{pmatrix}1&4&1\\1&3&2\\3&2&5\end{pmatrix}$; (2) $\begin{pmatrix}1&2&3\\2&2&1\\3&4&3\end{pmatrix}\boldsymbol{C}\begin{pmatrix}2&1\\5&3\end{pmatrix}=\begin{pmatrix}1&3\\2&0\\3&1\end{pmatrix}$.

4. 设 $\boldsymbol{A},\boldsymbol{B}$ 为同阶方阵,且满足 $\boldsymbol{AB}=\boldsymbol{BA}$(这时称 $\boldsymbol{A}$ 与 $\boldsymbol{B}$ 是**可交换的**),$\boldsymbol{A}^{-1}$存在,证明:

$$\boldsymbol{A}^{-1}\boldsymbol{B}=\boldsymbol{BA}^{-1}.$$

第四节 分 块 矩 阵

一、分块矩阵的概念

对于行数和列数较大的矩阵 $\boldsymbol{A}$,经常采用下述的方法——分块法,使它的运算可以简化为低阶矩阵的运算.也就是将一个矩阵 $\boldsymbol{A}$ 用若干条横线和纵线分成许多块低阶矩阵,每一块低阶矩阵称为 $\boldsymbol{A}$ 的**子块**,以子块为元素的矩阵称为 $\boldsymbol{A}$ 的**分块矩阵**.将一个矩阵化为分块矩阵的方法称为矩阵的**分块法**.

例如,设

$$\boldsymbol{A}=\begin{pmatrix} a_{11} & a_{12} & a_{13} & a_{14} \\ a_{21} & a_{22} & a_{23} & a_{24} \\ a_{31} & a_{32} & a_{33} & a_{34} \end{pmatrix},$$

将 $\boldsymbol{A}$ 分成子块的形式是多样的，下面是它的三种分块形式：

(1) $\left(\begin{array}{cc:cc} a_{11} & a_{12} & a_{13} & a_{14} \\ a_{21} & a_{22} & a_{23} & a_{24} \\ \hdashline a_{31} & a_{32} & a_{33} & a_{34} \end{array}\right)$； (2) $\left(\begin{array}{c:cc:c} a_{11} & a_{12} & a_{13} & a_{14} \\ \hdashline a_{21} & a_{22} & a_{23} & a_{24} \\ a_{31} & a_{32} & a_{33} & a_{34} \end{array}\right)$；

(3) $\left(\begin{array}{cccc} a_{11} & a_{12} & a_{13} & a_{14} \\ \hdashline a_{21} & a_{22} & a_{23} & a_{24} \\ a_{31} & a_{32} & a_{33} & a_{34} \end{array}\right)$.

对于情形(2)的分块矩阵为

$$\boldsymbol{A}=\begin{pmatrix} \boldsymbol{A}_{11} & \boldsymbol{A}_{12} & \boldsymbol{A}_{13} \\ \boldsymbol{A}_{21} & \boldsymbol{A}_{22} & \boldsymbol{A}_{23} \end{pmatrix},$$

其中，$\boldsymbol{A}_{11}=(a_{11})$，$\boldsymbol{A}_{12}=(a_{12}\ a_{13})$，$\boldsymbol{A}_{13}=(a_{14})$，$\boldsymbol{A}_{21}=\begin{pmatrix} a_{21} \\ a_{31} \end{pmatrix}$，$\boldsymbol{A}_{22}=\begin{pmatrix} a_{22} & a_{23} \\ a_{32} & a_{33} \end{pmatrix}$，$\boldsymbol{A}_{23}=\begin{pmatrix} a_{24} \\ a_{34} \end{pmatrix}$，即 $\boldsymbol{A}$ 是以 $\boldsymbol{A}_{11}$，$\boldsymbol{A}_{12}$，$\boldsymbol{A}_{13}$，$\boldsymbol{A}_{21}$，$\boldsymbol{A}_{22}$，$\boldsymbol{A}_{23}$ 为子块的 2×3 的分块矩阵. 情形(1)、(3)读者可以自己写出.

二、分块矩阵的运算

分块矩阵的运算与矩阵运算有着类似的运算法则.

1. 分块矩阵的加法

设同型矩阵

$$\boldsymbol{A}=\begin{pmatrix} a_{11} & a_{12} & \cdots & a_{1n} \\ a_{21} & a_{22} & \cdots & a_{2n} \\ \vdots & \vdots & & \vdots \\ a_{m1} & a_{m2} & \cdots & a_{mn} \end{pmatrix}, \quad \boldsymbol{B}=\begin{pmatrix} b_{11} & b_{12} & \cdots & b_{1n} \\ b_{21} & b_{22} & \cdots & b_{2n} \\ \vdots & \vdots & & \vdots \\ b_{m1} & b_{m2} & \cdots & b_{mn} \end{pmatrix},$$

对 $\boldsymbol{A}$,$\boldsymbol{B}$ 的行和列均采用相同的分法，将 $\boldsymbol{A}$ 和 $\boldsymbol{B}$ 化为同型的分块矩阵：

$$\boldsymbol{A}=\begin{pmatrix} \boldsymbol{A}_{11} & \boldsymbol{A}_{12} & \cdots & \boldsymbol{A}_{1s} \\ \vdots & \vdots & & \vdots \\ \boldsymbol{A}_{r1} & \boldsymbol{A}_{r2} & \cdots & \boldsymbol{A}_{rs} \end{pmatrix}, \quad \boldsymbol{B}=\begin{pmatrix} \boldsymbol{B}_{11} & \boldsymbol{B}_{12} & \cdots & \boldsymbol{B}_{1s} \\ \vdots & \vdots & & \vdots \\ \boldsymbol{B}_{r1} & \boldsymbol{B}_{r2} & \cdots & \boldsymbol{B}_{rs} \end{pmatrix},$$

其中子块 $\boldsymbol{A}_{ij}$ 与 $\boldsymbol{B}_{ij}$ $(i=1,2,\cdots,r;j=1,2,\cdots,s)$亦为同型矩阵，则

$$\boldsymbol{A}+\boldsymbol{B}=\begin{pmatrix} \boldsymbol{A}_{11}+\boldsymbol{B}_{11} & \boldsymbol{A}_{12}+\boldsymbol{B}_{12} & \cdots & \boldsymbol{A}_{1s}+\boldsymbol{B}_{1s} \\ \vdots & \vdots & & \vdots \\ \boldsymbol{A}_{r1}+\boldsymbol{B}_{r1} & \boldsymbol{A}_{r2}+\boldsymbol{B}_{r2} & \cdots & \boldsymbol{A}_{rs}+\boldsymbol{B}_{rs} \end{pmatrix}.$$

2. 数与分块矩阵的乘法

设矩阵 $\boldsymbol{A}$ 的分块矩阵为

$$\boldsymbol{A}=\begin{pmatrix}\boldsymbol{A}_{11} & \boldsymbol{A}_{12} & \cdots & \boldsymbol{A}_{1s}\\ \vdots & \vdots & & \vdots\\ \boldsymbol{A}_{r1} & \boldsymbol{A}_{r2} & \cdots & \boldsymbol{A}_{rs}\end{pmatrix},$$

则对任意常数 k,有

$$k\boldsymbol{A}=\begin{pmatrix}k\boldsymbol{A}_{11} & k\boldsymbol{A}_{12} & \cdots & k\boldsymbol{A}_{1s}\\ \vdots & \vdots & & \vdots\\ k\boldsymbol{A}_{r1} & k\boldsymbol{A}_{r2} & \cdots & k\boldsymbol{A}_{rs}\end{pmatrix}.$$

3. 分块矩阵的乘法

设 $\boldsymbol{A}$ 为 $m\times s$ 矩阵,$\boldsymbol{B}$ 为 $s\times n$ 矩阵,将 $\boldsymbol{A}$ 的列与 $\boldsymbol{B}$ 的行采用相同分法,分别化为 $p\times t$ 分块矩阵和 $t\times r$ 分块矩阵,即

$$\boldsymbol{A}=\begin{pmatrix}\boldsymbol{A}_{11} & \boldsymbol{A}_{12} & \cdots & \boldsymbol{A}_{1t}\\ \vdots & \vdots & & \vdots\\ \boldsymbol{A}_{p1} & \boldsymbol{A}_{p2} & \cdots & \boldsymbol{A}_{pt}\end{pmatrix},\quad \boldsymbol{B}=\begin{pmatrix}\boldsymbol{B}_{11} & \boldsymbol{B}_{12} & \cdots & \boldsymbol{B}_{1r}\\ \vdots & \vdots & & \vdots\\ \boldsymbol{B}_{t1} & \boldsymbol{B}_{t2} & \cdots & \boldsymbol{B}_{tr}\end{pmatrix},$$

且其子块 $\boldsymbol{A}_{i1},\boldsymbol{A}_{i2},\cdots,\boldsymbol{A}_{it}\ (i=1,2,\cdots,p)$ 的列数依次等于子块 $\boldsymbol{B}_{1j},\boldsymbol{B}_{2j},\cdots,\boldsymbol{B}_{tj}\ (j=1,2,\cdots,r)$ 的行数,则

$$\boldsymbol{AB}=\begin{pmatrix}\boldsymbol{C}_{11} & \boldsymbol{C}_{12} & \cdots & \boldsymbol{C}_{1r}\\ \vdots & \vdots & & \vdots\\ \boldsymbol{C}_{p1} & \boldsymbol{C}_{p2} & \cdots & \boldsymbol{C}_{pr}\end{pmatrix},$$

其中子块

$$\boldsymbol{C}_{ij}=\boldsymbol{A}_{i1}\boldsymbol{B}_{1j}+\boldsymbol{A}_{i2}\boldsymbol{B}_{2j}+\cdots+\boldsymbol{A}_{it}\boldsymbol{B}_{tj}=\sum_{k=1}^{t}\boldsymbol{A}_{ik}\boldsymbol{B}_{kj}\quad(i=1,2,\cdots,p;j=1,2,\cdots,r).$$

例 1 设

$$\boldsymbol{A}=\begin{pmatrix}1 & 0 & -1 & 2\\ 0 & 1 & 1 & 1\\ 0 & 0 & 1 & 0\\ 0 & 0 & 0 & 1\end{pmatrix},\quad \boldsymbol{B}=\begin{pmatrix}1 & 0 & 1 & 0\\ 1 & 2 & 1 & 1\\ 1 & 2 & 4 & 1\\ 0 & 1 & 2 & 0\end{pmatrix},$$

求 $\boldsymbol{AB}$.

解 把 $\boldsymbol{A},\boldsymbol{B}$ 分块成

$$\boldsymbol{A}=\left(\begin{array}{cc:cc}1 & 0 & -1 & 2\\ 0 & 1 & 1 & 1\\ \hdashline 0 & 0 & 1 & 0\\ 0 & 0 & 0 & 1\end{array}\right)=\begin{pmatrix}\boldsymbol{E} & \boldsymbol{A}_{12}\\ \boldsymbol{O} & \boldsymbol{E}\end{pmatrix},\quad \boldsymbol{B}=\left(\begin{array}{cc:cc}1 & 0 & 1 & 0\\ 1 & 2 & 1 & 1\\ \hdashline 1 & 2 & 4 & 1\\ 0 & 1 & 2 & 0\end{array}\right)=\begin{pmatrix}\boldsymbol{B}_{11} & \boldsymbol{B}_{12}\\ \boldsymbol{B}_{21} & \boldsymbol{B}_{22}\end{pmatrix},$$

则

$$\boldsymbol{AB}=\begin{pmatrix}\boldsymbol{E} & \boldsymbol{A}_{12}\\ \boldsymbol{O} & \boldsymbol{E}\end{pmatrix}\begin{pmatrix}\boldsymbol{B}_{11} & \boldsymbol{B}_{12}\\ \boldsymbol{B}_{21} & \boldsymbol{B}_{22}\end{pmatrix}=\begin{pmatrix}\boldsymbol{B}_{11}+\boldsymbol{A}_{12}\boldsymbol{B}_{21} & \boldsymbol{B}_{12}+\boldsymbol{A}_{12}\boldsymbol{B}_{22}\\ \boldsymbol{B}_{21} & \boldsymbol{B}_{22}\end{pmatrix},$$

而

$$\boldsymbol{B}_{11}+\boldsymbol{A}_{12}\boldsymbol{B}_{21}=\begin{pmatrix}1 & 0\\ 1 & 2\end{pmatrix}+\begin{pmatrix}-1 & 2\\ 1 & 1\end{pmatrix}\begin{pmatrix}1 & 2\\ 0 & 1\end{pmatrix}=\begin{pmatrix}1 & 0\\ 1 & 2\end{pmatrix}+\begin{pmatrix}-1 & 0\\ 1 & 3\end{pmatrix}=\begin{pmatrix}0 & 0\\ 2 & 5\end{pmatrix},$$

$$\boldsymbol{B}_{12}+\boldsymbol{A}_{12}\boldsymbol{B}_{22}=\begin{pmatrix}1 & 0\\ 1 & 1\end{pmatrix}+\begin{pmatrix}-1 & 2\\ 1 & 1\end{pmatrix}\begin{pmatrix}4 & 1\\ 2 & 0\end{pmatrix}=\begin{pmatrix}1 & 0\\ 1 & 1\end{pmatrix}+\begin{pmatrix}0 & -1\\ 6 & 1\end{pmatrix}=\begin{pmatrix}1 & -1\\ 7 & 2\end{pmatrix},$$

即

$$\boldsymbol{AB}=\left(\begin{array}{cc:cc}0 & 0 & 1 & -1\\ 2 & 5 & 7 & 2\\ \hdashline 1 & 2 & 4 & 1\\ 0 & 1 & 2 & 0\end{array}\right).$$

容易验证,这个结果与矩阵乘法的运算结果是一致的.

三、分块对角矩阵的逆矩阵

设 $\boldsymbol{A}$ 为 n 阶方阵,若 $\boldsymbol{A}$ 的分块矩阵中,主对角线上的子块都是非零方阵,其余子块都是零矩阵,即

$$\boldsymbol{A}=\begin{pmatrix}\boldsymbol{A}_{11} & \boldsymbol{O} & \cdots & \boldsymbol{O}\\ \boldsymbol{O} & \boldsymbol{A}_{22} & \cdots & \boldsymbol{O}\\ \vdots & \vdots & \ddots & \vdots\\ \boldsymbol{O} & \boldsymbol{O} & \cdots & \boldsymbol{A}_{ss}\end{pmatrix},$$

则称 $\boldsymbol{A}$ 为**分块对角矩阵**.

容易验证,如果 $\boldsymbol{A}_{ii}\,(i=1,2,\cdots,s)$ 均可逆,则 $\boldsymbol{A}$ 可逆,且

$$\boldsymbol{A}^{-1}=\begin{pmatrix}\boldsymbol{A}_{11}^{-1} & \boldsymbol{O} & \cdots & \boldsymbol{O}\\ \boldsymbol{O} & \boldsymbol{A}_{22}^{-1} & \cdots & \boldsymbol{O}\\ \vdots & \vdots & \ddots & \vdots\\ \boldsymbol{O} & \boldsymbol{O} & \cdots & \boldsymbol{A}_{ss}^{-1}\end{pmatrix}.$$

例 2 设

$$\boldsymbol{A}=\begin{pmatrix}2 & 0 & 0\\ 0 & 3 & 1\\ 0 & 2 & 1\end{pmatrix},$$

求 $\boldsymbol{A}^{-1}$.

解 将 $\boldsymbol{A}$ 分块为

$$A=\left(\begin{array}{c:cc}2 & 0 & 0 \\ \hdashline 0 & 3 & 1 \\ 0 & 2 & 1\end{array}\right)=\begin{pmatrix}A_1 & O \\ O & A_2\end{pmatrix},$$

其中,$A_1=2$,$A_1^{-1}=\frac{1}{2}$,$A_2=\begin{pmatrix}3 & 1 \\ 2 & 1\end{pmatrix}$,$A_2^{-1}=\begin{pmatrix}1 & -1 \\ -2 & 3\end{pmatrix}$,所以

$$A^{-1}=\left(\begin{array}{c:cc}\frac{1}{2} & 0 & 0 \\ \hdashline 0 & 1 & -1 \\ 0 & -2 & 3\end{array}\right).$$

四、矩阵按行、列分块

矩阵按行或列分块既简单又常用,需要予以注意.

设 $A=(a_{ij})_{m\times n}$,记

$$\alpha_i^{\mathrm{T}}=(a_{i1}\quad a_{i2}\quad \cdots \quad a_{in})\quad (i=1,2,\cdots,m),\quad a_j=\begin{pmatrix}a_{1j} \\ a_{2j} \\ \vdots \\ a_{mj}\end{pmatrix}\quad (j=1,2,\cdots,n),$$

则矩阵 A 的按行分块矩阵和按列分块矩阵依次为

$$A=\begin{pmatrix}\alpha_1^{\mathrm{T}} \\ \alpha_2^{\mathrm{T}} \\ \vdots \\ \alpha_m^{\mathrm{T}}\end{pmatrix},\quad A=(a_1\quad a_2\quad \cdots \quad a_n).$$

对于含 n 个未知数 m 个方程的线性方程组

$$\begin{cases}a_{11}x_1+a_{12}x_2+\cdots+a_{1n}x_n=b_1, \\ a_{21}x_1+a_{22}x_2+\cdots+a_{2n}x_n=b_2, \\ \cdots\cdots\cdots\cdots\cdots\cdots\cdots\cdots \\ a_{m1}x_1+a_{m2}x_2+\cdots+a_{mn}x_n=b_m,\end{cases}\tag{1}$$

其矩阵形式为

$$Ax=b,\tag{2}$$

其中 $A=(a_{ij})_{m\times n}$ 为系数矩阵,$x=\begin{pmatrix}x_1 \\ x_2 \\ \vdots \\ x_n\end{pmatrix}$,$b=\begin{pmatrix}b_1 \\ b_2 \\ \vdots \\ b_m\end{pmatrix}$.

如果将 $\boldsymbol{A}$ 按行分块，则(2)式变形为

$$\begin{pmatrix}\boldsymbol{\alpha}_1^{\mathrm{T}}\\ \boldsymbol{\alpha}_2^{\mathrm{T}}\\ \vdots\\ \boldsymbol{\alpha}_m^{\mathrm{T}}\end{pmatrix}\boldsymbol{x}=\begin{pmatrix}b_1\\ b_2\\ \vdots\\ b_m\end{pmatrix},\text{ 即 }\begin{cases}\boldsymbol{\alpha}_1^{\mathrm{T}}\boldsymbol{x}=b_1,\\ \boldsymbol{\alpha}_2^{\mathrm{T}}\boldsymbol{x}=b_2,\\ \cdots\cdots\\ \boldsymbol{\alpha}_m^{\mathrm{T}}\boldsymbol{x}=b_m.\end{cases} \tag{3}$$

如果把 $\boldsymbol{A}$ 按列分块，$\boldsymbol{x}$ 按行分块，则(2)式变形为

$$(\boldsymbol{a}_1\quad \boldsymbol{a}_2\quad \cdots\quad \boldsymbol{a}_n)\begin{pmatrix}x_1\\ x_2\\ \vdots\\ x_n\end{pmatrix}=\boldsymbol{b},$$

即

$$x_1\boldsymbol{a}_1+x_2\boldsymbol{a}_2+\cdots+x_n\boldsymbol{a}_n=\boldsymbol{b}. \tag{4}$$

(2)，(3)，(4)式都是线性方程组(1)的变形. 今后，它们与(1)将混同使用而不加区别.

习 题 2-4

1. 用矩阵的分块法计算：

(1) $\begin{pmatrix}1&0&1&0\\1&2&-1&0\\0&0&0&1\end{pmatrix}\begin{pmatrix}-1&2&0\\1&1&0\\2&3&0\\0&0&2\end{pmatrix}$；　　(2) $\begin{pmatrix}1&0&0&0\\0&1&0&0\\-1&2&1&0\\1&1&0&1\end{pmatrix}\begin{pmatrix}1&0&3&2\\-1&2&0&1\\1&0&4&1\\-1&-1&2&0\end{pmatrix}$；

(3) $\begin{pmatrix}1&0&0&0\\0&1&0&0\\0&0&0&1\\0&0&1&0\end{pmatrix}^{-1}$.

2. 利用分块矩阵求下列矩阵的逆矩阵：

(1) $\boldsymbol{A}=\begin{pmatrix}1&0&0&0\\1&2&0&0\\0&0&2&0\\0&0&1&1\end{pmatrix}$；　　(2) $\boldsymbol{B}=\begin{pmatrix}2&1&0&0\\1&1&0&0\\0&0&2&5\\0&0&1&3\end{pmatrix}$.

3. 设 n 阶方阵 $\boldsymbol{A}$ 及 s 阶方阵 $\boldsymbol{B}$ 都可逆，求 $\begin{pmatrix}\boldsymbol{O}&\boldsymbol{A}\\ \boldsymbol{B}&\boldsymbol{O}\end{pmatrix}^{-1}$.

4. 利用 3 题结果求 $\boldsymbol{A}^{-1}$：

$$\boldsymbol{A}=\begin{pmatrix} 0 & a_1 & 0 & \cdots & 0 \\ 0 & 0 & a_2 & \cdots & 0 \\ \vdots & \vdots & \vdots & \ddots & \vdots \\ 0 & 0 & 0 & \cdots & a_{n-1} \\ a_n & 0 & 0 & \cdots & 0 \end{pmatrix}，其中 a_i\neq 0, i=1,2,\cdots,n.$$

5. 设

$$\boldsymbol{A}=\begin{pmatrix} 1 & 1 & 0 & 0 & 0 \\ 1 & 3 & 0 & 0 & 0 \\ 0 & 0 & a & a^2 & a^3 \\ 0 & 0 & 0 & a & a^2 \\ 0 & 0 & 0 & 0 & a \end{pmatrix},$$

a 满足什么条件时 $\boldsymbol{A}$ 可逆？当 $\boldsymbol{A}$ 可逆时，求 $\boldsymbol{A}^{-1}$.

第五节 矩 阵 的 秩

矩阵的秩是矩阵理论中一个重要的概念，它在讨论线性方程组的解等方面起着重要作用.

定义 1 在 $m\times n$ 矩阵 $\boldsymbol{A}$ 中任取 k 行 k 列($1\leqslant k\leqslant \min(m,n)$)，由位于这些行、列相交处的元素按原来顺序构成的 k 阶行列式，称为矩阵 $\boldsymbol{A}$ 的一个 k **阶子式**，记做 $D_k(\boldsymbol{A})$.

矩阵 $\boldsymbol{A}$ 有各阶子式，阶数最小的子式是一阶子式，阶数最大的子式是 $\min(m,n)$ 阶子式，就 $k(1\leqslant k\leqslant \min(m,n))$ 阶子式而言，共有 $C_m^k\cdot C_n^k$ 个.

例如，4×3 矩阵

$$\boldsymbol{A}=\begin{pmatrix} a_{11} & a_{12} & a_{13} \\ a_{21} & a_{22} & a_{23} \\ a_{31} & a_{32} & a_{33} \\ a_{41} & a_{42} & a_{43} \end{pmatrix}$$

有 4 个三阶子式，18 个二阶子式.

定义 2 如果矩阵 $\boldsymbol{A}$ 中不等于零的子式的最高阶数是 r，则称 r 为矩阵 $\boldsymbol{A}$ 的**秩**，记做 $R(\boldsymbol{A})=r$. 如果 n 阶方阵 $\boldsymbol{A}$ 的秩 $R(\boldsymbol{A})=n$，则称 $\boldsymbol{A}$ 为**满秩方阵**，否则称为**降秩方阵**.

由矩阵秩的定义，容易得出下面的性质：

(1) 当且仅当矩阵 $\boldsymbol{A}$ 中所有的元素全为 0 时，$R(\boldsymbol{A})=0$；

(2) 设 $\boldsymbol{A}$ 为 $m\times n$ 矩阵，则 $0\leqslant R(\boldsymbol{A})\leqslant \min(m,n)$；

(3) 设 $R(\boldsymbol{A})=r$，当且仅当 $\boldsymbol{A}$ 中至少有一个 r 阶子式 $D_r(\boldsymbol{A})\neq 0$，而所有 $r+1$ 阶子式 $D_{r+1}(\boldsymbol{A})=0$；

(4) n 阶方阵 $\boldsymbol{A}$ 为满秩方阵的充分必要条件是 $|\boldsymbol{A}|\neq 0$；

(5) $R(\boldsymbol{A}^{\mathrm{T}})=R(\boldsymbol{A})$.

例 1　求下列矩阵的秩：

$$\boldsymbol{A}=\begin{pmatrix}3 & 2 & 1 & 1\\1 & 2 & -3 & 2\\4 & 4 & -2 & 3\end{pmatrix},\quad \boldsymbol{B}=\begin{pmatrix}1 & 2 & 3 & 4\\1 & 0 & 1 & 2\\1 & 2 & 0 & -5\\3 & -1 & -1 & 0\end{pmatrix}.$$

解　由于矩阵 $\boldsymbol{A}$ 的所有三阶子式(共 4 个) $D_3(\boldsymbol{A})=0$，而有一个二阶子式

$$D_2(\boldsymbol{A})=\begin{vmatrix}3 & 2\\1 & 2\end{vmatrix}=4\neq 0,$$

所以 $R(\boldsymbol{A})=2$.

又因为

$$|\boldsymbol{B}|=\begin{vmatrix}1 & 2 & 3 & 4\\1 & 0 & 1 & 2\\1 & 2 & 0 & -5\\3 & -1 & -1 & 0\end{vmatrix}=24\neq 0,$$

所以 $R(\boldsymbol{B})=4$，即 $\boldsymbol{B}$ 为满秩方阵.

习　题　2-5

1. 求下列矩阵的秩：

(1) $\begin{pmatrix}1 & -2 & 3 & 4\\1 & 2 & 4 & 5\\1 & -10 & 1 & 2\end{pmatrix}$；　　(2) $\begin{pmatrix}14 & 12 & 6 & 8 & 2\\6 & 104 & 21 & 9 & 17\\7 & 6 & 3 & 4 & 1\\42 & 36 & 18 & 24 & 6\end{pmatrix}$；

(3) $\begin{pmatrix}1 & 0 & 1 & 0 & 0\\1 & 1 & 0 & 0 & 0\\0 & 1 & 1 & 0 & 0\\0 & 0 & 1 & 1 & 0\\0 & 1 & 0 & 1 & 1\end{pmatrix}$.

2. 能否适当选取 k 值，使矩阵

$$\boldsymbol{A}=\begin{pmatrix}1 & 2 & 3 & 2\\2 & 4 & 6 & 4\\4 & 8 & 12 & k\end{pmatrix}$$

的秩分别为：(1) $R(\boldsymbol{A})=1$；　(2) $R(\boldsymbol{A})=2$；　(3) $R(\boldsymbol{A})=3$？

第六节　矩阵的初等变换

前面介绍的求逆矩阵及矩阵秩的方法都是最基本的，利用本节将要介绍的矩阵的初等变换及初等矩阵可以更方便地求出逆矩阵和矩阵的秩.

一、初等变换与初等矩阵

定义 1　对一矩阵施行如下的三种变换：

(1) 交换矩阵的第 i,j 两行(或列)，记为 $r_i \leftrightarrow r_j$(或 $c_i \leftrightarrow c_j$)；

(2) 以常数 $k \neq 0$ 乘矩阵的第 i 行(或列)的所有元素，记为 $r_i \times k$(或 $c_i \times k$)；

(3) 将矩阵的第 i 行(或列)的所有元素乘以常数 k 后，再加到第 j 行(或列)对应的元素上去，记为 $r_j + kr_i$(或 $c_j + kc_i$).

以上三种变换均称为矩阵的**初等行(或列)变换**，矩阵的初等行变换与初等列变换统称为矩阵的**初等变换**.

定义 2　若矩阵 $\boldsymbol{A}$ 经有限次初等行变换变成 $\boldsymbol{B}$，则称**矩阵 $\boldsymbol{A}$ 与 $\boldsymbol{B}$ 行等价**，记为 $\boldsymbol{A} \overset{r}{\sim} \boldsymbol{B}$；如果矩阵 $\boldsymbol{A}$ 经有限次初等列变换变成 $\boldsymbol{B}$，则称**矩阵 $\boldsymbol{A}$ 与 $\boldsymbol{B}$ 列等价**，记为 $\boldsymbol{A} \overset{c}{\sim} \boldsymbol{B}$；如果矩阵 $\boldsymbol{A}$ 经有限次初等变换变成 $\boldsymbol{B}$，则称**矩阵 $\boldsymbol{A}$ 与 $\boldsymbol{B}$ 等价**，记为 $\boldsymbol{A} \sim \boldsymbol{B}$.

定义 3　由单位矩阵经过一次初等变换得到的矩阵，称为**初等矩阵**.

三种初等变换分别对应下面三种初等矩阵：

(1) $\boldsymbol{E} \xrightarrow{r_i \leftrightarrow r_j} \boldsymbol{P}(i,j)$，或者 $\boldsymbol{E} \xrightarrow{c_i \leftrightarrow c_j} \boldsymbol{P}(i,j)$，即

$$
\boldsymbol{P}(i,j)=\begin{pmatrix}
1 &&&&&&&&& \\
& \ddots &&&&&&&& \\
&& 1 &&&&&&& \\
&&& 0 & \cdots & & 1 &&& \\
&&& \vdots & 1 & & \vdots &&& \\
&&& \vdots & & \ddots & \vdots &&& \\
&&& \vdots & & 1 & \vdots &&& \\
&&& 1 & \cdots & & 0 &&& \\
&&&&&&& 1 && \\
&&&&&&&& \ddots & \\
&&&&&&&&& 1
\end{pmatrix}
\begin{matrix} \\ \\ \\ i\text{行} \\ \\ \\ \\ j\text{行} \\ \\ \\ \\ \end{matrix}.
$$

i 列　j 列

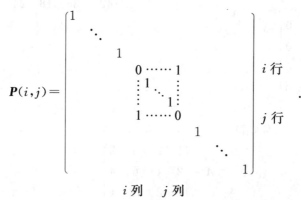

(2) $\boldsymbol{E}\xrightarrow{r_i\times k}\boldsymbol{P}(i(k))$,或者 $\boldsymbol{E}\xrightarrow{c_i\times k}\boldsymbol{P}(i(k))$,$(k\neq 0)$,即

$$\boldsymbol{P}(i(k))=\begin{pmatrix}1&&&&&&\\&\ddots&&&&&\\&&1&&&&\\&&&k&&&\\&&&&1&&\\&&&&&\ddots&\\&&&&&&1\end{pmatrix}\begin{matrix}\\\\\\i\text{ 行}.\\\\\\\\\end{matrix}$$

$$i\text{ 列}$$

(3) $\boldsymbol{E}\xrightarrow{r_j+kr_i}\boldsymbol{P}(i(k),j)$或 $\boldsymbol{E}\xrightarrow{c_i+kc_j}\boldsymbol{P}(j(k),i)$,即

$$\boldsymbol{P}(i(k),j)(\text{或 }\boldsymbol{P}(j(k),i))=\begin{pmatrix}1&&&&&&\\&\ddots&&&&&\\&&1&&&&\\&&\vdots&\ddots&&&\\&&k&\cdots&1&&\\&&&&&\ddots&\\&&&&&&1\end{pmatrix}\begin{matrix}\\\\i\text{ 行}\\\\j\text{ 行}\\\\\\\end{matrix}.$$

$$i\text{ 列}\qquad j\text{ 列}$$

易知三种初等矩阵均可逆,且它们的逆矩阵

$$\boldsymbol{P}^{-1}(i,j)=\boldsymbol{P}(i,j);$$

$$\boldsymbol{P}^{-1}(i(k))=\boldsymbol{P}\left(i\left(\frac{1}{k}\right)\right);$$

$$\boldsymbol{P}^{-1}(i(k),j)=\boldsymbol{P}(i(-k),j)$$

也是同种初等矩阵.

二、初等变换与逆矩阵

上面引入的初等矩阵,我们将会看到其重要作用是,要对矩阵 $\boldsymbol{A}$ 施行某种初等行(或列)变换,可以通过用同种初等矩阵左乘(或右乘)该矩阵 $\boldsymbol{A}$ 来实现. 首先看对矩阵 $\boldsymbol{A}$ 施行初等行变换的情况.

设矩阵 $\boldsymbol{A}=(a_{ij})_{m\times n}$,则

$$
\boldsymbol{P}_m(i,j)\boldsymbol{A}=\begin{pmatrix}
1 &&&&&&&& \\
& \ddots &&&&&&& \\
&& 1 &&&&&& \\
&&& 0 & \cdots & 1 &&& \\
&&& \vdots & 1 \ \ddots \ 1 & \vdots &&& \\
&&& 1 & \cdots & 0 &&& \\
&&&&&& 1 && \\
&&&&&&& \ddots & \\
&&&&&&&& 1
\end{pmatrix}
\begin{pmatrix}
a_{11} & a_{12} & \cdots & a_{1n} \\
\vdots & \vdots & & \vdots \\
a_{i1} & a_{i2} & \cdots & a_{in} \\
\vdots & \vdots & & \vdots \\
a_{j1} & a_{j2} & \cdots & a_{jn} \\
\vdots & \vdots & & \vdots \\
a_{m1} & a_{m2} & \cdots & a_{mn}
\end{pmatrix}
=\begin{pmatrix}
a_{11} & a_{12} & \cdots & a_{1n} \\
\vdots & \vdots & & \vdots \\
a_{j1} & a_{j2} & \cdots & a_{jn} \\
\vdots & \vdots & & \vdots \\
a_{i1} & a_{i2} & \cdots & a_{in} \\
\vdots & \vdots & & \vdots \\
a_{m1} & a_{m2} & \cdots & a_{mn}
\end{pmatrix};
$$

$$
\boldsymbol{P}_m(i(k))\boldsymbol{A}=i\text{ 行}\begin{pmatrix}
1 &&&&& \\
& \ddots &&&& \\
&& 1 &&& \\
&&& k && \\
&&&& 1 & \\
&&&&& \ddots \\
&&&&&& 1
\end{pmatrix}
\begin{pmatrix}
a_{11} & a_{12} & \cdots & a_{1n} \\
\vdots & & & \vdots \\
a_{i1} & a_{i2} & \cdots & a_{in} \\
\vdots & & & \vdots \\
a_{m1} & a_{m2} & \cdots & a_{mn}
\end{pmatrix}
=\begin{pmatrix}
a_{11} & a_{12} & \cdots & a_{1n} \\
\vdots & & & \vdots \\
ka_{i1} & ka_{i2} & \cdots & ka_{in} \\
\vdots & & & \vdots \\
a_{m1} & a_{m2} & \cdots & a_{mn}
\end{pmatrix};
$$

$$
\boldsymbol{P}_m(i(k),j)\boldsymbol{A}=\begin{matrix} \\ \\ i\text{ 行} \\ \\ j\text{ 行} \\ \\ \\ \end{matrix}\begin{pmatrix}
1 &&&& \\
& \ddots &&& \\
&& 1 && \\
&& \vdots & \ddots & \\
&& k & \cdots & 1 \\
&&&&& \ddots \\
&&&&&& 1
\end{pmatrix}
\begin{pmatrix}
a_{11} & a_{12} & \cdots & a_{1n} \\
\vdots & & & \vdots \\
a_{i1} & a_{i2} & \cdots & a_{in} \\
\vdots & & & \vdots \\
a_{j1} & a_{j2} & \cdots & a_{jn} \\
\vdots & & & \vdots \\
a_{m1} & a_{m2} & \cdots & a_{mn}
\end{pmatrix}
=\begin{pmatrix}
a_{11} & \cdots & a_{1n} \\
\vdots & & \vdots \\
a_{i1} & \cdots & a_{in} \\
\vdots & & \vdots \\
ka_{i1}+a_{j1} & \cdots & ka_{in}+a_{jn} \\
\vdots & & \vdots \\
a_{m1} & \cdots & a_{mn}
\end{pmatrix}.
$$

由上面矩阵乘法的运算结果就可清楚地看出,交换矩阵 $\boldsymbol{A}$ 的第 i 行与第 j 行,相当于用初等矩阵 $\boldsymbol{P}_m(i,j)$ 左乘以 $\boldsymbol{A}$;以非零常数 k 乘以矩阵 $\boldsymbol{A}$ 的第 i 行,相当于用初等矩阵 $\boldsymbol{P}_m(i(k))$ 左乘以 $\boldsymbol{A}$;以非零常数 k 乘以矩阵 $\boldsymbol{A}$ 的第 i 行加到第 j 行上,相当于用 $P_m(i(k),j)$ 左乘以 $\boldsymbol{A}$. 对 $\boldsymbol{A}$ 施以初等列变换也有类似结果. 于是有,

定理 1 设有矩阵 $\boldsymbol{A}=(a_{ij})_{m\times n}$,则

(1) 对 $\boldsymbol{A}_{m\times n}$ 进行一次初等行变换,相当于用同种的 m 阶初等矩阵 $\boldsymbol{P}_m$ 左乘以 $\boldsymbol{A}_{m\times n}$,即

$$\boldsymbol{P}_m\boldsymbol{A}_{m\times n};$$

(2) 对 $\boldsymbol{A}_{m\times n}$ 进行一次初等列变换,相当于用同种的 n 阶初等矩阵 $\boldsymbol{P}_n$ 右乘以 $\boldsymbol{A}_{m\times n}$,即

$$\boldsymbol{A}_{m\times n}\boldsymbol{P}_n.$$

推论 矩阵 $\boldsymbol{A}_{m\times n}$ 经过一系列的初等变换化为矩阵 $\boldsymbol{B}_{m\times n}$,相当于用一系列的初等矩阵 $\boldsymbol{P}_i(i=1,2,\cdots,s)$, $\boldsymbol{Q}_j(j=1,2,\cdots,t)$ 左乘或右乘以 $\boldsymbol{A}$ 等于 $\boldsymbol{B}$,即

$$\boldsymbol{B}_{m\times n}=\boldsymbol{P}_s\cdots\boldsymbol{P}_2\boldsymbol{P}_1\boldsymbol{A}\boldsymbol{Q}_1\boldsymbol{Q}_2\cdots\boldsymbol{Q}_t. \tag{1}$$

定理 2 n 阶方阵 $\boldsymbol{A}_n=(a_{ij})_{n\times n}$ 可逆的充分必要条件是 $\boldsymbol{A}_n$ 行等价于单位矩阵 $\boldsymbol{E}_n$.

证 *充分性* 由(1)式立即得证.

必要性 因为 $\boldsymbol{A}_n$ 可逆,所以 $|\boldsymbol{A}_n|\neq 0$,由此 $\boldsymbol{A}_n$ 的第一列至少有一个非零元素,经过有限次初等行变换可以化为

$$\boldsymbol{B}_n=\begin{pmatrix} 1 & * & \cdots & * \\ 0 & & & \\ \vdots & & \boldsymbol{A}_{n-1} & \\ 0 & & & \end{pmatrix},$$

其中 $*$ 表示矩阵 $\boldsymbol{B}_n$ 的元素,$\boldsymbol{A}_{n-1}$ 为 $n-1$ 阶方阵. 由行列式的性质易知

$$|\boldsymbol{A}_{n-1}|=|\boldsymbol{B}_n|=k|\boldsymbol{A}_n|\neq 0,\ k\neq 0,$$

由此 $\boldsymbol{A}_{n-1}$ 的第一列中至少有一个非零元素,对 $\boldsymbol{B}_n$ 再施以有限次初等行变换又可化为

$$\boldsymbol{C}_n=\begin{pmatrix} 1 & 0 & * & \cdots & * \\ 0 & 1 & * & \cdots & * \\ 0 & 0 & & & \\ \vdots & \vdots & & \boldsymbol{A}_{n-2} & \\ 0 & 0 & & & \end{pmatrix}.$$

依此类推,矩阵 $\boldsymbol{A}_n$ 可经过一系列初等行变换化为单位矩阵 $\boldsymbol{E}_n$,即 $\boldsymbol{A}_n$ 行等价于单位矩阵 $\boldsymbol{E}_n$,亦即

$$\boldsymbol{A}_n \overset{r}{\sim} \boldsymbol{B}_n \overset{r}{\sim} \boldsymbol{C}_n \overset{r}{\sim} \cdots \overset{r}{\sim} \boldsymbol{E}_n.$$

证毕

定理 2 也可简捷地表述为:$\boldsymbol{A}_n$ 可逆 $\Longleftrightarrow \boldsymbol{A}_n \overset{r}{\sim} \boldsymbol{E}_n \Longleftrightarrow$ 存在 s 个初等矩阵 $\boldsymbol{P}_1,\boldsymbol{P}_2,\cdots,\boldsymbol{P}_s$,使

$$\boldsymbol{P}_s\cdots\boldsymbol{P}_2\boldsymbol{P}_1\boldsymbol{A}_n=\boldsymbol{E}_n, \tag{2}$$

即

$$\boldsymbol{P}_s\cdots\boldsymbol{P}_2\boldsymbol{P}_1\boldsymbol{E}_n=\boldsymbol{A}_n^{-1}. \tag{3}$$

根据分块矩阵的乘法,(2),(3)两式可合并为

$$\boldsymbol{P}_s\cdots\boldsymbol{P}_2\boldsymbol{P}_1(\boldsymbol{A}_n \quad \boldsymbol{E}_n)=(\boldsymbol{E}_n \quad \boldsymbol{A}_n^{-1}), \tag{4}$$

其中 $(\boldsymbol{A}_n \quad \boldsymbol{E}_n)$ 和 $(\boldsymbol{E}_n \quad \boldsymbol{A}_n^{-1})$ 都是 $n\times 2n$ 的分块矩阵.

注 1 (4) 式恰好就是我们要寻求的**逆矩阵的初等变换求法**. 也就是,将 $\boldsymbol{A}_n$ 和 $\boldsymbol{E}_n$ 拼成分块矩阵 $(\boldsymbol{A}_n \quad \boldsymbol{E}_n)$,并对其施行一系列初等行变换,当左子块 $\boldsymbol{A}_n$ 变成 $\boldsymbol{E}_n$ 时,右子块 $\boldsymbol{E}_n$ 就变成了 $\boldsymbol{A}_n^{-1}$.

例 1 利用初等变换法求矩阵

$$\boldsymbol{A}=\begin{pmatrix} 1 & 0 & 1 \\ -1 & 1 & 1 \\ 2 & -1 & 1 \end{pmatrix}$$

的逆矩阵.

解 因为

$$(\boldsymbol{A},\ \boldsymbol{E})=\left(\begin{array}{ccc:ccc}1&0&1&1&0&0\\-1&1&1&0&1&0\\2&-1&1&0&0&1\end{array}\right)\xrightarrow[r_3-2r_1]{r_2+r_1}\left(\begin{array}{ccc:ccc}1&0&1&1&0&0\\0&1&2&1&1&0\\0&-1&-1&-2&0&1\end{array}\right)$$

$$\xrightarrow{r_3+r_2}\left(\begin{array}{ccc:ccc}1&0&1&1&0&0\\0&1&2&1&1&0\\0&0&1&-1&1&1\end{array}\right)\xrightarrow[r_2-2r_3]{r_1-r_3}\left(\begin{array}{ccc:ccc}1&0&0&2&-1&-1\\0&1&0&3&-1&-2\\0&0&1&-1&1&1\end{array}\right)$$

$$=(\boldsymbol{E}\quad \boldsymbol{A}^{-1}),$$

所以

$$\boldsymbol{A}^{-1}=\begin{pmatrix}2&-1&-1\\3&-1&-2\\-1&1&1\end{pmatrix}.$$

事实上,从上述利用初等行变换求逆矩阵的过程可以看出,矩阵的逆矩阵是否存在,不必先行判定.或者说,上述过程也可用于判定矩阵是否可逆.

例 2 判断矩阵

$$\boldsymbol{A}=\begin{pmatrix}1&1&-1&1\\2&3&1&4\\-1&0&4&1\\1&2&3&4\end{pmatrix}$$

的逆矩阵是否存在,若存在,求其逆矩阵.

解 因为

$$(\boldsymbol{A}\quad \boldsymbol{E})=\left(\begin{array}{cccc:cccc}1&1&-1&1&1&0&0&0\\2&3&1&4&0&1&0&0\\-1&0&4&1&0&0&1&0\\1&2&3&4&0&0&0&1\end{array}\right)\xrightarrow[r_4-r_1]{\substack{r_2-2r_1\\ r_3+r_1}}\left(\begin{array}{cccc:cccc}1&1&-1&1&1&0&0&0\\0&1&3&2&-2&1&0&0\\0&1&3&2&1&0&1&0\\0&1&4&3&-1&0&0&1\end{array}\right),$$

左子块的第 2,3 行相同,其行列式为 0,即

$$\begin{vmatrix}1&1&-1&1\\0&1&3&2\\0&1&3&2\\0&1&4&3\end{vmatrix}=0,$$

所以$|\boldsymbol{A}|=0$,故矩阵 $\boldsymbol{A}$ 不可逆.

注 2 在注 1 中提到的求逆矩阵的方法,就是求矩阵方程 $\boldsymbol{AX}=\boldsymbol{E}$ 的解 $\boldsymbol{X}=\boldsymbol{A}^{-1}$.实际上,这一方法完全可以推广成求矩阵方程 $\boldsymbol{A}_n\boldsymbol{X}=\boldsymbol{B}$ 解的方法: $\boldsymbol{A}_n\boldsymbol{X}=\boldsymbol{B}$ 有解$\Leftrightarrow$存在 s 个初等矩阵 $\boldsymbol{P}_1$, $\boldsymbol{P}_2,\cdots,\boldsymbol{P}_s$,使

$$\boldsymbol{P}_s\cdots\boldsymbol{P}_2\boldsymbol{P}_1(\boldsymbol{A}_n\quad \boldsymbol{B})=(\boldsymbol{E}_n\quad \boldsymbol{A}_n^{-1}\boldsymbol{B}).$$

即对分块矩阵$(\boldsymbol{A}_n \quad \boldsymbol{B})$施行一系列初等行变换，当左子块$\boldsymbol{A}_n$变成$\boldsymbol{E}_n$时，右子块$\boldsymbol{B}$就变成了$\boldsymbol{X}=\boldsymbol{A}_n^{-1}\boldsymbol{B}$.

例 3 求解矩阵方程$\boldsymbol{AX}=\boldsymbol{B}$，其中$\boldsymbol{A}=\begin{pmatrix}2&1&-3\\1&2&-2\\-1&3&2\end{pmatrix}$，$\boldsymbol{B}=\begin{pmatrix}1&-1\\2&0\\-2&5\end{pmatrix}$.

解
$$(\boldsymbol{A}\quad\boldsymbol{B})=\left(\begin{array}{ccc:cc}2&1&-3&1&-1\\1&2&-2&2&0\\-1&3&2&-2&5\end{array}\right)\xrightarrow[r_3+r_1]{\substack{r_1\leftrightarrow r_2\\ r_2-2r_1}}\left(\begin{array}{ccc:cc}1&2&-2&2&0\\0&-3&1&-3&-1\\0&5&0&0&5\end{array}\right)$$
$$\xrightarrow[r_3+3r_2]{\substack{r_3\leftrightarrow r_2\\ r_2\times\frac{1}{5}}}\left(\begin{array}{ccc:cc}1&2&-2&2&0\\0&1&0&0&1\\0&0&1&-3&2\end{array}\right)\xrightarrow[r_1+2r_3]{r_1-2r_2}\left(\begin{array}{ccc:cc}1&0&0&-4&2\\0&1&0&0&1\\0&0&1&-3&2\end{array}\right).$$

可见$\boldsymbol{A}$可逆，且
$$\boldsymbol{X}=\boldsymbol{A}^{-1}\boldsymbol{B}=\begin{pmatrix}-4&2\\0&1\\-3&2\end{pmatrix},$$
即为所给方程的唯一解.

三、初等变换与矩阵的秩

定理 3 设$\boldsymbol{A}\overset{r}{\sim}\boldsymbol{B}$，或$\boldsymbol{A}\overset{c}{\sim}\boldsymbol{B}$，或$\boldsymbol{A}\sim\boldsymbol{B}$，则
$$R(\boldsymbol{A})=R(\boldsymbol{B}).$$

证 我们只需对三种变换分别证明即可. 为此设$R(\boldsymbol{A})=r$.

(1) 设矩阵$\boldsymbol{A}$的第i行与第j行交换后得到矩阵$\boldsymbol{B}$.

因为交换行列式的两行，行列式仅改变正负号，所以$\boldsymbol{B}$的各阶子式与$\boldsymbol{A}$相应的各阶子式或者相等，或者仅改变正负号，故$R(\boldsymbol{A})=R(\boldsymbol{B})$.

(2) 设以常数$k\neq0$乘以矩阵$\boldsymbol{A}$的某行得到矩阵$\boldsymbol{B}$.

因为$\boldsymbol{B}$的各阶子式与$\boldsymbol{A}$相应的各阶子式或者相等，或者相差k倍，故$R(\boldsymbol{A})=R(\boldsymbol{B})$.

(3) 设以常数k乘以矩阵$\boldsymbol{A}$的第i行加到第j行上得到矩阵$\boldsymbol{B}$.

首先证$R(\boldsymbol{B})\leqslant R(\boldsymbol{A})$. 设$\boldsymbol{B}$的$r+1$阶子式为$B_1$. 若$B_1$不含$\boldsymbol{B}$的第$j$行，它就是$\boldsymbol{A}$的$r+1$阶子式，故$B_1=0$；若$B_1$含$\boldsymbol{B}$的第$j$行又含$\boldsymbol{B}$的第$i$行，由行列式性质知，$B_1$与$\boldsymbol{A}$的$r+1$阶子式$A_1$相等，故$B_1=0$；若$B_1$含$\boldsymbol{B}$的第$j$行但不含$\boldsymbol{B}$的第$i$行，由行列式性质有$B_1=A_1+kA_2$，其中$A_1$和$A_2$都是$\boldsymbol{A}$的$r+1$阶子式，因此$B_1=0$，于是有
$$R(\boldsymbol{B})\leqslant R(\boldsymbol{A}).\tag{5}$$

再证 $R(\boldsymbol{A})\leqslant R(\boldsymbol{B})$. 以 $-k$ 乘以 $\boldsymbol{B}$ 的第 i 行后再加到第 j 行上得到矩阵 $\boldsymbol{A}$，由上面证明知

$$R(\boldsymbol{A})\leqslant R(\boldsymbol{B}). \tag{6}$$

由(5),(6)两式得

$$R(\boldsymbol{A})=R(\boldsymbol{B})=r.$$

同理可证，对矩阵进行初等列变换也不改变矩阵的秩，所以对矩阵进行初等变换不改变矩阵的秩. **证毕**

由定理 3 知，当一个矩阵的秩不易求出时，可将这个矩阵进行适当次数的初等行变换，简化求矩阵秩的运算. 例如，易知一个行阶梯形矩阵的秩就是它的非零行数. 因此，对一矩阵 $\boldsymbol{A}$，我们可经有限次初等行变换变成它的行阶梯形而求出它的秩. 这是求矩阵秩的有效方法，通常称为**矩阵秩的初等变换求法**.

例 4 求矩阵 $\boldsymbol{A}$ 的秩，其中

$$\boldsymbol{A}=\begin{pmatrix} 1 & -2 & -1 & 0 & 2 \\ -2 & 4 & 2 & 6 & -6 \\ 2 & -1 & 0 & 2 & 3 \\ 3 & 3 & 3 & 3 & 4 \end{pmatrix}.$$

解 因为

$$\boldsymbol{A}=\begin{pmatrix} 1 & -2 & -1 & 0 & 2 \\ -2 & 4 & 2 & 6 & -6 \\ 2 & -1 & 0 & 2 & 3 \\ 3 & 3 & 3 & 3 & 4 \end{pmatrix} \xrightarrow[r_4-3r_1]{\substack{r_2+2r_1\\ r_3-2r_1}} \begin{pmatrix} 1 & -2 & -1 & 0 & 2 \\ 0 & 0 & 0 & 6 & -2 \\ 0 & 3 & 2 & 2 & -1 \\ 0 & 9 & 6 & 3 & -2 \end{pmatrix}$$

$$\xrightarrow[r_3\leftrightarrow r_4]{r_2\leftrightarrow r_3} \begin{pmatrix} 1 & -2 & -1 & 0 & 2 \\ 0 & 3 & 2 & 2 & -1 \\ 0 & 9 & 6 & 3 & -2 \\ 0 & 0 & 0 & 6 & -2 \end{pmatrix} \xrightarrow{r_3-3r_2} \begin{pmatrix} 1 & -2 & -1 & 0 & 2 \\ 0 & 3 & 2 & 2 & -1 \\ 0 & 0 & 0 & -3 & 1 \\ 0 & 0 & 0 & 6 & -2 \end{pmatrix}$$

$$\xrightarrow{r_4+2r_3} \begin{pmatrix} 1 & -2 & -1 & 0 & 2 \\ 0 & 3 & 2 & 2 & -1 \\ 0 & 0 & 0 & -3 & 1 \\ 0 & 0 & 0 & 0 & 0 \end{pmatrix}=\boldsymbol{B}_1,$$

这里 $\boldsymbol{B}_1$ 是行阶梯形矩阵，它有 3 个非零行，所以 $R(\boldsymbol{B}_1)=3$，从而 $R(\boldsymbol{A})=3$.

这里顺便指出，如果一个行阶梯形矩阵的非零行的首非零元为 1，且 1 所在的列的其余元素均为 0，则称其为**行最简形矩阵**. 如果行最简形矩阵的元素 1 紧排在矩阵的左上角且其余元素均为 0，则称之为**标准形矩阵**，如下例.

例 5 在例 4 中继续对 $\boldsymbol{A}$ 的行阶梯形 $\boldsymbol{B}_1$ 进行初等行变换就可变为它的行最简形：

$$
B_1 \xrightarrow[r_3\times\left(\frac{-1}{3}\right)]{r_2\times\frac{1}{3}} \begin{pmatrix} 1 & -2 & -1 & 0 & 2 \\ 0 & 1 & \frac{2}{3} & \frac{2}{3} & -\frac{1}{3} \\ 0 & 0 & 0 & 1 & -\frac{1}{3} \\ 0 & 0 & 0 & 0 & 0 \end{pmatrix} \xrightarrow[r_1+2r_2]{r_2-\frac{2}{3}r_3} \begin{pmatrix} 1 & 0 & \frac{1}{3} & 0 & \frac{16}{9} \\ 0 & 1 & \frac{2}{3} & 0 & -\frac{1}{9} \\ 0 & 0 & 0 & 1 & -\frac{1}{3} \\ 0 & 0 & 0 & 0 & 0 \end{pmatrix} = B_2
$$

$$
\xrightarrow{c_3\leftrightarrow c_4} \begin{pmatrix} 1 & 0 & 0 & \frac{1}{3} & \frac{16}{9} \\ 0 & 1 & 0 & \frac{2}{3} & -\frac{1}{9} \\ 0 & 0 & 1 & 0 & -\frac{1}{3} \\ 0 & 0 & 0 & 0 & 0 \end{pmatrix} \xrightarrow{c} \begin{pmatrix} 1 & 0 & 0 & 0 & 0 \\ 0 & 1 & 0 & 0 & 0 \\ 0 & 0 & 1 & 0 & 0 \\ 0 & 0 & 0 & 0 & 0 \end{pmatrix} = F,
$$

其中 B_2 为 A 的行最简形矩阵；F 为 A 的标准形矩阵，其元素 1 的个数为 $R(A)=3$.

习 题 2-6

1. 利用初等行变换求下列矩阵的逆矩阵：

(1) $A=\begin{pmatrix} 3 & 2 & 1 \\ 3 & 1 & 5 \\ 3 & 2 & 3 \end{pmatrix}$；　　(2) $B=\begin{pmatrix} 3 & -2 & 0 & -1 \\ 0 & 2 & 2 & 1 \\ 1 & -2 & -3 & -2 \\ 0 & 1 & 2 & 1 \end{pmatrix}$；

(3) $C=\begin{pmatrix} 1 & 0 & 0 & 0 \\ 3 & 1 & 0 & 0 \\ 2 & -3 & 1 & 0 \\ -5 & 2 & 3 & 1 \end{pmatrix}$.

2. 设 $a_i\neq 0(i=1,2,\cdots,n)$，求下列矩阵的逆矩阵：

(1) $A=\begin{pmatrix} a_1 & 0 & \cdots & 0 \\ 0 & a_2 & \cdots & 0 \\ \vdots & \vdots & \ddots & \vdots \\ 0 & 0 & \cdots & a_n \end{pmatrix}$；　　(2) $B=\begin{pmatrix} 0 & a_1 & 0 & \cdots & 0 \\ 0 & 0 & a_2 & \cdots & 0 \\ \vdots & \vdots & \vdots & \ddots & \vdots \\ 0 & 0 & 0 & \cdots & a_{n-1} \\ a_n & 0 & 0 & \cdots & 0 \end{pmatrix}$.

3. 利用初等变换求下列矩阵的秩：

(1) $A=\begin{pmatrix} 1 & 2 \\ 2 & 7 \end{pmatrix}$；　　(2) $B=\begin{pmatrix} 1 & 2 & 3 \\ -1 & 2 & 3 \end{pmatrix}$；

(3) $\boldsymbol{C}=\begin{pmatrix} 1 & 2 & 3 & 4 \\ 2 & 3 & 1 & 2 \\ -1 & -1 & -1 & 1 \\ -1 & 0 & 2 & 6 \end{pmatrix}$;　　(4) $\boldsymbol{D}=\begin{pmatrix} 1 & 2 & -1 & 0 & 3 \\ 2 & -1 & 0 & 1 & -1 \\ 3 & 1 & -1 & 1 & 2 \\ 0 & -5 & 2 & 1 & -7 \end{pmatrix}$.

4. 设

$$\boldsymbol{A}=\begin{pmatrix} 0 & 10 & 6 \\ 1 & -3 & -3 \\ -2 & 10 & 8 \end{pmatrix},\quad \boldsymbol{B}=\begin{pmatrix} 2 & 2 & 3 \\ 1 & -1 & 0 \\ -1 & 2 & 1 \end{pmatrix},$$

求 $\boldsymbol{B}^{-1}\boldsymbol{A}\boldsymbol{B}$.

5. 利用初等变换解矩阵方程 $\boldsymbol{AX}=\boldsymbol{B}$,其中

$$\boldsymbol{A}=\begin{pmatrix} 4 & 1 & -2 \\ 2 & 2 & 1 \\ 3 & 1 & -1 \end{pmatrix},\quad \boldsymbol{B}=\begin{pmatrix} 1 & -3 \\ 2 & 2 \\ 3 & -1 \end{pmatrix}.$$

第三章 n 维向量与线性方程组

在前两章,我们已经以行列式和逆矩阵为工具解决了一类线性方程组的求解问题.本章将系统地讨论一般线性方程组解存在的条件、求解方法,并研究解的结构等.这些都是线性代数最基本的问题.

第一节 高斯消元法

一、高斯(Gauss)消元法示例

高斯消元法是解线性方程组行之有效的方法,下面以例说明用此法解线性方程组的大意.

例 1 解线性方程组

$$\begin{cases} -3x_1+2x_2-8x_3=17, \\ 2x_1-5x_2+3x_3=3, \\ x_1+7x_2-5x_3=2. \end{cases}$$

解 将第一个方程与第三个方程互换,得同解方程组:

$$\xrightarrow{r_1 \leftrightarrow r_3} \begin{cases} x_1+7x_2-5x_3=2, \\ 2x_1-5x_2+3x_3=3, \\ -3x_1+2x_2-8x_3=17; \end{cases}$$

将第二个方程减去第一个方程的 2 倍,将第三个方程加上第一个方程的 3 倍,这样两个方程的未知量 x_1 被消去,得同解方程组:

$$\xrightarrow[r_3+3r_1]{r_2-2r_1} \begin{cases} x_1+7x_2-5x_3=2, \\ -19x_2+13x_3=-1, \\ 23x_2-23x_3=23; \end{cases}$$

将第三个方程乘以$\frac{1}{23}$并与第二个方程互换,得同解方程组:

$$\xrightarrow[r_3 \leftrightarrow r_2]{r_3 \times \frac{1}{23}} \begin{cases} x_1+7x_2-5x_3=2, \\ x_2-x_3=1, \\ -19x_2+13x_3=-1; \end{cases}$$

将第二个方程乘以 19 加到第三个方程上,得同解方程组:

$$\xrightarrow{r_3+19r_2}\begin{cases}x_1+7x_2-5x_3=2,\\ \qquad x_2-\ x_3=1,\\ \qquad\quad -6x_3=18;\end{cases}$$

从第三个方程直接解得 $x_3=-3$,将 $x_3=-3$ 代入第二个方程解得 $x_2=-2$,将 $x_3=-3,x_2=-2$ 代入第一个方程解得 $x_1=1$.故原方程组的解为

$$\begin{cases}x_1=1,\\ x_2=-2,\\ x_3=-3.\end{cases}$$

例 2 解线性方程组

$$\begin{cases}2x_1+\ x_2-5x_3=-1,\\ 4x_1+2x_2-2x_3=6,\\ 6x_1+3x_2-8x_3=4.\end{cases}$$

解 将第二个方程减去第一个方程的 2 倍,将第三个方程减去第一个方程的 3 倍,方程组化为

$$\xrightarrow[r_3-3r_1]{r_2-2r_1}\begin{cases}2x_1+x_2-5x_3=-1,\\ \qquad\qquad 8x_3=8,\\ \qquad\qquad 7x_3=7;\end{cases}$$

将第二个方程乘以 $\frac{1}{8}$,第三个方程减去第二个方程的 7 倍,方程组化为

$$\xrightarrow[r_3-7r_2]{r_2\times\frac{1}{8}}\begin{cases}2x_1+x_2-5x_3=-1,\\ \qquad\qquad x_3=1,\\ \qquad\qquad 0=0.\end{cases}$$

由此可得原方程组的解为

$$\begin{cases}x_1=2-\frac{1}{2}c,\\ x_2=c,\\ x_3=1,\end{cases}$$

其中 c 为任意常数.原方程组有无穷多个解.

例 3 解线性方程组

$$\begin{cases}2x_1+\ x_2-\ 5x_3=-1,\\ 4x_1+2x_2-\ 2x_3=6,\\ 6x_1+3x_2-11x_3=9.\end{cases}$$

解 与例 2 类似,原方程组可化为

$$\xrightarrow[r_3-3r_1]{r_2-2r_1}\begin{cases}2x_1+x_2-5x_3=-1,\\ \qquad\qquad 8x_3=8,\\ \qquad\qquad 4x_3=12;\end{cases}$$

将第二个方程乘以$\frac{1}{8}$,第三个方程减去第二个方程的 4 倍,方程组化为

$$\xrightarrow[r_3-4r_2]{r_2\times\frac{1}{8}}\begin{cases}2x_1+x_2-5x_3=-1,\\ \qquad\qquad x_3=1,\\ \qquad\qquad 0=8.\end{cases}$$

容易看出原方程组无解.

二、高斯消元法的矩阵表示

分析上面三个例子,线性方程组的消元过程就是对线性方程组进行以下三种变换:

(1) 互换两个方程的位置;

(2) 用一个非零数乘以某一个方程;

(3) 用一个数乘以某一个方程后加到另一个方程上.

由于一个方程是由这个方程未知量的系数及常数项确定的,如果去掉线性方程组中的未知量、加号与等号,只保留线性方程组未知量的系数及常数项,线性方程组就可以用它的增广矩阵来表示;而对线性方程组的消元过程是通过这些系数及常数项来进行的,所以线性方程组的消元过程就相当于对线性方程组的增广矩阵进行初等行变换;且变换前后的线性方程组为同解方程组.从而我们可以利用线性方程组的增广矩阵与初等变换解线性方程组.

例 4 解线性方程组

$$\begin{cases}2x_1-2x_2+3x_3-4x_4=6,\\ 2x_1+2x_2-x_3+x_4=5,\\ x_1-2x_2+x_4=-1,\\ -4x_2+5x_3-2x_4=-2.\end{cases}$$

解 设方程组的增广矩阵为 $\boldsymbol{B}$,并对 $\boldsymbol{B}$ 施以初等行变换:

$$\boldsymbol{B}=\left(\begin{array}{cccc:c}2&-2&3&-4&6\\2&2&-1&1&5\\1&-2&0&1&-1\\0&-4&5&-2&-2\end{array}\right)\xrightarrow{r_3\leftrightarrow r_1}\left(\begin{array}{cccc:c}1&-2&0&1&-1\\2&2&-1&1&5\\2&-2&3&-4&6\\0&-4&5&-2&-2\end{array}\right)$$

$$\xrightarrow[r_3-2r_1]{r_2-2r_1}\left(\begin{array}{cccc:c}1&-2&0&1&-1\\0&6&-1&-1&7\\0&2&3&-6&8\\0&-4&5&-2&-2\end{array}\right)\xrightarrow{r_2\leftrightarrow r_3}\left(\begin{array}{cccc:c}1&-2&0&1&-1\\0&2&3&-6&8\\0&6&-1&-1&7\\0&-4&5&-2&-2\end{array}\right)$$

$$\xrightarrow[r_4+2r_2]{r_3-3r_2}\left(\begin{array}{cccc:c}1&-2&0&1&-1\\0&2&3&-6&8\\0&0&-10&17&-17\\0&0&11&-14&14\end{array}\right)\xrightarrow[r_4\times\frac{10}{47}]{r_4+\frac{11}{10}r_3}\left(\begin{array}{cccc:c}1&-2&0&1&-1\\0&2&3&-6&8\\0&0&-10&17&-17\\0&0&0&1&-1\end{array}\right).$$

最后一个矩阵对应的线性方程组为

$$\begin{cases}x_1-2x_2\qquad\quad+\ \ x_4=-1,\\ \qquad 2x_2+\ 3x_3-\ 6x_4=8,\\ \qquad\quad -10x_3+17x_4=-17,\\ \qquad\qquad\qquad\quad x_4=-1.\end{cases}$$

通过最后一个方程逐个回代,得方程组的解为 $x_1=2,x_2=1,x_3=0,x_4=-1$.

例 5 解线性方程组

$$\begin{cases}x_1+\ x_2+2x_3+3x_4=1,\\ \qquad x_2+\ x_3-4x_4=1,\\ x_1+2x_2+3x_3-\ x_4=4,\\ 2x_1+3x_2-\ x_3-\ x_4=-6.\end{cases}$$

解 对线性方程组的增广矩阵 $\boldsymbol{B}$ 进行初等行变换:

$$\boldsymbol{B}=\left(\begin{array}{cccc:c}1&1&2&3&1\\0&1&1&-4&1\\1&2&3&-1&4\\2&3&-1&-1&-6\end{array}\right)\xrightarrow[r_4-2r_1]{r_3-r_1}\left(\begin{array}{cccc:c}1&1&2&3&1\\0&1&1&-4&1\\0&1&1&-4&3\\0&1&-5&-7&-8\end{array}\right)$$

$$\xrightarrow[r_4-r_2]{r_3-r_2}\left(\begin{array}{cccc:c}1&1&2&3&1\\0&1&1&-4&1\\0&0&0&0&2\\0&0&-6&-3&-9\end{array}\right)\xrightarrow{r_3\leftrightarrow r_4}\left(\begin{array}{cccc:c}1&1&2&3&1\\0&1&1&-4&1\\0&0&-6&-3&-9\\0&0&0&0&2\end{array}\right).$$

注意到最后一个矩阵的最后一行代表方程 $0=2$,故原线性方程组无解.

三、线性方程组解的判定及求法

由上面两例知,这种解线性方程组的方法有效且可行,并在消元过程中可以判定线性方程组是否有解及有多少解.

对于一般的线性方程组

$$\begin{cases}a_{11}x_1+a_{12}x_2+\cdots+a_{1n}x_n=b_1,\\ a_{21}x_1+a_{22}x_2+\cdots+a_{2n}x_n=b_2,\\ \cdots\cdots\cdots\cdots\cdots\cdots\cdots\cdots\\ a_{m1}x_1+a_{m2}x_2+\cdots+a_{mn}x_n=b_m,\end{cases}\tag{1}$$

其系数矩阵与增广矩阵分别为

$$A=\begin{pmatrix} a_{11} & a_{12} & \cdots & a_{1n} \\ a_{21} & a_{22} & \cdots & a_{2n} \\ \vdots & \vdots & & \vdots \\ a_{m1} & a_{m2} & \cdots & a_{mn} \end{pmatrix},\quad B=\left(\begin{array}{cccc:c} a_{11} & a_{12} & \cdots & a_{1n} & b_1 \\ a_{21} & a_{22} & \cdots & a_{2n} & b_2 \\ \vdots & \vdots & & \vdots & \vdots \\ a_{m1} & a_{m2} & \cdots & a_{mn} & b_m \end{array}\right),$$

用初等行变换将增广矩阵 $\boldsymbol{B}$ 化为行阶梯形矩阵，不妨设 $\boldsymbol{B}\xrightarrow{r}\boldsymbol{D}$，其中 $c_{ii}\neq 0(i=1,2,\cdots,r)$，即

$$B=\left(\begin{array}{cccc:c} a_{11} & a_{12} & \cdots & a_{1n} & b_1 \\ a_{21} & a_{22} & \cdots & a_{2n} & b_2 \\ \vdots & \vdots & & \vdots & \vdots \\ a_{m1} & a_{m2} & \cdots & a_{mn} & b_m \end{array}\right)\xrightarrow{r} D=\left(\begin{array}{cccccc:c} c_{11} & c_{12} & \cdots & c_{1r} & \cdots & c_{1n} & d_1 \\ 0 & c_{22} & \cdots & c_{2r} & \cdots & c_{2n} & d_2 \\ \vdots & \vdots & \ddots & \vdots & & \vdots & \vdots \\ 0 & 0 & \cdots & c_{rr} & \cdots & c_{rn} & d_r \\ 0 & 0 & \cdots & 0 & \cdots & 0 & d_{r+1} \\ 0 & 0 & \cdots & 0 & \cdots & 0 & 0 \\ \vdots & \vdots & & \vdots & & \vdots & \vdots \\ 0 & 0 & \cdots & 0 & \cdots & 0 & 0 \end{array}\right).$$

从而线性方程组(1)可化为与它同解的**阶梯形线性方程组**

$$\begin{cases} c_{11}x_1+c_{12}x_2+\cdots+c_{1r}x_r+\cdots+c_{1n}x_n=d_1, \\ \qquad c_{22}x_2+\cdots+c_{2r}x_r+\cdots+c_{2n}x_n=d_2, \\ \qquad\qquad \cdots\cdots\cdots\cdots\cdots\cdots \\ \qquad\qquad c_{rr}x_r+\cdots+c_{rn}x_n=d_r, \\ \qquad\qquad\qquad 0=d_{r+1}, \\ \qquad\qquad\qquad 0=0, \\ \qquad\qquad\qquad \cdots \\ \qquad\qquad\qquad 0=0, \end{cases} \tag{2}$$

其中，$c_{ii}\neq 0(i=1,2,\cdots,r)$，线性方程组(2)中“$0=0$”是一些恒等式，去掉它们不影响线性方程组的解.

我们知道线性方程组(1)与(2)是同解的，而线性方程组(2)是否有解取决于其中的一个方程

$$0=d_{r+1}$$

是否有解，或者说，它是不是恒等式. 于是有

(1) 若 $d_{r+1}\neq 0$，则线性方程组(2)无解，从而线性方程组(1)无解；

(2) 若 $d_{r+1}=0$，且 $r=n$，则线性方程组(2)为

$$\begin{cases} c_{11}x_1+c_{12}x_2+\cdots+c_{1n}x_n=d_1, \\ \qquad c_{22}x_2+\cdots+c_{2n}x_n=d_2, \\ \qquad\qquad \cdots\cdots\cdots\cdots \\ \qquad\qquad c_{nn}x_n=d_n, \end{cases} \tag{3}$$

其系数行列式显然不等于零,由克拉默法则,方程组(3)有唯一解,从而方程组(1)有唯一解.

若 $d_{r+1}=0$,且 $r<n$,则线性方程组(2)可以写成

$$\begin{cases} c_{11}x_1+c_{12}x_2+\cdots+c_{1r}x_r=d_1-c_{1,r+1}x_{r+1}-\cdots-c_{1n}x_n, \\ \qquad c_{22}x_2+\cdots+c_{2r}x_r=d_2-c_{2,r+1}x_{r+1}-\cdots-c_{2n}x_n, \\ \qquad \cdots\cdots\cdots\cdots\cdots\cdots\cdots\cdots\cdots\cdots \\ \qquad\qquad c_{rr}x_r=d_r-c_{r,r+1}x_{r+1}-\cdots-c_{rn}x_n. \end{cases} \tag{4}$$

因为 $c_{ii}\neq 0(i=1,2,\cdots,r)$,所以线性方程组(4)的系数行列式

$$\begin{vmatrix} c_{11} & c_{12} & \cdots & c_{1r} \\ 0 & c_{22} & \cdots & c_{2r} \\ \vdots & \vdots & \ddots & \vdots \\ 0 & 0 & \cdots & c_{rr} \end{vmatrix}\neq 0.$$

于是,任意给定 $x_{r+1},\cdots,x_n$ 一组值,由克拉默法则可以唯一确定 $x_1,x_2,\cdots,x_r$ 的值.由于 $x_{r+1},\cdots,x_n$ 可以任意取值,从而线性方程组(1)有无穷多解,并称 $x_{r+1},\cdots,x_n$ 为**自由未知量**,用自由未知量表示的解,称为**一般解**(或**通解**).

由上面讨论知,$d_{r+1}=0$ 是线性方程组(1)有解的充分必要条件,我们要问,数量 r 表示线性方程组(1)的系数矩阵及增广矩阵的什么特征呢?

因为初等行变换不改变矩阵的秩,所以,当 $d_{r+1}=0$ 时,由行阶梯形矩阵 $\boldsymbol{D}$ 有

$$R(\boldsymbol{B})=R(\boldsymbol{A})=r;$$

当 $d_{r+1}\neq 0$ 时,由行阶梯形矩阵 $\boldsymbol{D}$ 有

$$R(\boldsymbol{B})=r+1\neq R(\boldsymbol{A}).$$

综上所述,可以得到线性方程组(1)有解的判别定理.

定理 1 线性方程组(1)有解的充分必要条件是,它的系数矩阵 $\boldsymbol{A}$ 与增广矩阵 $\boldsymbol{B}$ 的秩相等,即

$$R(\boldsymbol{A})=R(\boldsymbol{B}).$$

定理 2 若线性方程组(1)的系数矩阵 $\boldsymbol{A}$ 和增广矩阵 $\boldsymbol{B}$ 的秩相等,且等于 r,即 $R(\boldsymbol{A})=R(\boldsymbol{B})=r$,则

(1) 线性方程组(1)有唯一解的充分必要条件是 $r=n$;

(2) 线性方程组(1)有无穷多解的充分必要条件是 $r<n$.

推论 对于齐次线性方程组

$$\begin{cases} a_{11}x_1+a_{12}x_2+\cdots+a_{1n}x_n=0, \\ a_{21}x_1+a_{22}x_2+\cdots+a_{2n}x_n=0, \\ \cdots\cdots\cdots\cdots\cdots\cdots\cdots\cdots\cdots \\ a_{m1}x_1+a_{m2}x_2+\cdots+a_{mn}x_n=0, \end{cases} \tag{5}$$

(1) 线性方程组(5)有非零解的充分必要条件是系数矩阵 $\boldsymbol{A}$ 的秩 $R(\boldsymbol{A})<n$；

(2) 当 $m=n$ 时，线性方程组(5)有非零解的充分必要条件是它的系数行列式 $|\boldsymbol{A}|=0$；

(3) 当 $m<n$ 时，线性方程组(5)必有非零解.

证　因为(5)式的系数矩阵 $\boldsymbol{A}$ 与增广矩阵 $\boldsymbol{B}$ 分别为

$$\boldsymbol{A}=\begin{pmatrix} a_{11} & a_{12} & \cdots & a_{1n} \\ a_{21} & a_{22} & \cdots & a_{2n} \\ \vdots & \vdots & & \vdots \\ a_{m1} & a_{m2} & \cdots & a_{mn} \end{pmatrix},\quad \boldsymbol{B}=\left(\begin{array}{cccc:c} a_{11} & a_{12} & \cdots & a_{1n} & 0 \\ a_{21} & a_{22} & \cdots & a_{2n} & 0 \\ \vdots & \vdots & & \vdots & \vdots \\ a_{m1} & a_{m2} & \cdots & a_{mn} & 0 \end{array}\right),$$

显然有 $R(\boldsymbol{A})=R(\boldsymbol{B})$，又 $|\boldsymbol{A}|=0$ 或 $m<n$ 时，$R(\boldsymbol{A})=R(\boldsymbol{B})<n$，由定理 1 和定理 2 知，线性方程组(5)必有非零解.　　**证毕**

例 6　λ 取何值时，线性方程组

$$\begin{cases} \lambda x_1+x_2+x_3=1, \\ x_1+\lambda x_2+x_3=\lambda, \\ x_1+x_2+\lambda x_3=\lambda^2 \end{cases}$$

无解，有唯一解，有无穷多解？在有解时，求出解的表示式.

解　将线性方程组的增广矩阵 $\boldsymbol{B}$ 化为行阶梯形矩阵

$$\boldsymbol{B}=\left(\begin{array}{ccc:c} \lambda & 1 & 1 & 1 \\ 1 & \lambda & 1 & \lambda \\ 1 & 1 & \lambda & \lambda^2 \end{array}\right) \xrightarrow{r_1\leftrightarrow r_3} \left(\begin{array}{ccc:c} 1 & 1 & \lambda & \lambda^2 \\ 1 & \lambda & 1 & \lambda \\ \lambda & 1 & 1 & 1 \end{array}\right)$$

$$\xrightarrow[r_3-\lambda r_1]{r_2-r_1} \left(\begin{array}{ccc:c} 1 & 1 & \lambda & \lambda^2 \\ 0 & \lambda-1 & 1-\lambda & \lambda-\lambda^2 \\ 0 & 1-\lambda & 1-\lambda^2 & 1-\lambda^3 \end{array}\right)$$

$$\xrightarrow{r_3+r_2} \left(\begin{array}{ccc:c} 1 & 1 & \lambda & \lambda^2 \\ 0 & \lambda-1 & 1-\lambda & \lambda-\lambda^2 \\ 0 & 0 & 2-\lambda-\lambda^2 & 1+\lambda-\lambda^2-\lambda^3 \end{array}\right)$$

$$\xrightarrow{r_3\times(-1)} \left(\begin{array}{ccc:c} 1 & 1 & \lambda & \lambda^2 \\ 0 & \lambda-1 & 1-\lambda & \lambda-\lambda^2 \\ 0 & 0 & (\lambda-1)(\lambda+2) & (\lambda-1)(\lambda+1)^2 \end{array}\right).$$

(1) 当 $\lambda=-2$ 时，线性方程组的系数矩阵 $\boldsymbol{A}$ 的秩为 2，增广矩阵 $\boldsymbol{B}$ 的秩为 3，故线性方程组

无解;

(2) 当 $\lambda\neq 1,-2$ 时,线性方程组的系数矩阵与增广矩阵的秩都是 3,故线性方程组有唯一解:

$$x_1=-\frac{\lambda+1}{\lambda+2},\quad x_2=\frac{1}{\lambda+2},\quad x_3=\frac{(\lambda+1)^2}{\lambda+2};$$

(3) 当 $\lambda=1$ 时,线性方程组的系数矩阵与增广矩阵的秩都是 1,线性方程组的同解方程组为

$$x_1+x_2+x_3=1,$$

其一般解 $x_1=1-x_2-x_3$, x_2, x_3 为自由未知量.

例 7 求解齐次线性方程组

$$\begin{cases}x_1-x_2-\ x_3+\ x_4=0,\\ x_1-x_2+\ x_3-3x_4=0,\\ x_1-x_2-2x_3+3x_4=0.\end{cases}$$

解 由于方程组中方程个数小于未知量的个数,所以方程组有非零解,求一般解如下:写出方程组的系数矩阵 $\boldsymbol{A}$,并利用初等行变换将 $\boldsymbol{A}$ 化为阶梯形矩阵

$$\boldsymbol{A}=\begin{pmatrix}1&-1&-1&1\\1&-1&1&-3\\1&-1&-2&3\end{pmatrix}\xrightarrow[r_3-r_1]{r_2-r_1}\begin{pmatrix}1&-1&-1&1\\0&0&2&-4\\0&0&-1&2\end{pmatrix}\xrightarrow[r_3+r_2]{r_2\times\frac{1}{2}}\begin{pmatrix}1&-1&-1&1\\0&0&1&-2\\0&0&0&0\end{pmatrix},$$

由此可得同解方程组

$$\begin{cases}x_1-x_2-\ x_3+\ x_4=0,\\ \qquad\qquad x_3-2x_4=0,\end{cases}$$

其通解为

$$\begin{cases}x_1=x_2+x_4,\\ x_3=\quad 2x_4,\end{cases}$$

其中 x_2, x_4 为自由未知量.

习 题 3-1

1. 用消元法解下列线性方程组:

(1) $\begin{cases}x_1-2x_2+3x_3-4x_4=4,\\ \qquad x_2-\ x_3+\ x_4=-3,\\ x_1+3x_2\qquad\ +\ x_4=1,\\ \quad -7x_2+3x_3+\ x_4=-3;\end{cases}$

(2) $\begin{cases}2x_1+\ x_2-\ x_3+\ x_4=1,\\ 3x_1-2x_2+2x_3-3x_4=2,\\ 5x_1+\ x_2-\ x_3+2x_4=-1,\\ 2x_1-\ x_2+\ x_3-3x_4=4;\end{cases}$

(3) $\begin{cases} x_1+3x_2+5x_3-4x_4 \qquad =1, \\ x_1+3x_2+2x_3-2x_4+x_5=-1, \\ x_1-2x_2+x_3-x_4-x_5=3, \\ x_1-4x_2+x_3+x_4-x_5=3, \\ x_1+2x_2+x_3-x_4+x_5=-1. \end{cases}$

2. 问 λ 取何值时，线性方程组

$$\begin{cases} x_1+2x_2+\lambda x_3=2, \\ 2x_1+\frac{4}{3}\lambda x_2+6x_3=4, \\ \lambda x_1+6x_2+9x_3=6 \end{cases}$$

无解，有唯一解，有无穷多解？在有解时，求出解的表示式.

3. 问 a,b 取何值时，线性方程组

$$\begin{cases} x_1+x_2+x_3+x_4+x_5=1, \\ 3x_1+2x_2+x_3+x_4-3x_5=a, \\ x_2+2x_3-2x_4+6x_5=3, \\ 5x_1+4x_2+3x_3+3x_4-x_5=b \end{cases}$$

有解？并在有解时求其解.

4. 证明线性方程组

$$\begin{cases} x_1-x_2=a_1, \\ x_2-x_3=a_2, \\ x_3-x_4=a_3, \\ x_4-x_5=a_4, \\ x_5-x_1=a_5 \end{cases}$$

有解的充分必要条件是 $\sum_{i=1}^{5} a_i=0$，并在有解的条件下，求出它的通解.

5. 求解齐次线性方程组

$$\begin{cases} 2x_1+3x_2-x_3+5x_4=0, \\ 3x_1-x_2+2x_3-7x_4=0, \\ 4x_1+x_2-3x_3+6x_4=0, \\ x_1-2x_2+4x_3-7x_4=0. \end{cases}$$

第二节　向量的线性关系

将消元法转化为矩阵表示，有效地解决了求解线性方程组的问题. 但是，当线性方程组有多

个解时,还需要研究解与解之间的关系.为此,需要引入 n 维向量的工具.

一、向量的概念及运算

定义 1 n 个数 $a_1,a_2,\cdots,a_n$ 组成的有序数组 $(a_1,a_2,\cdots,a_n)$ 称为 n **维向量**,记做 $\boldsymbol{\alpha}=(a_1,a_2,\cdots,a_n)$,且称 $a_i(i=1,2,\cdots,n)$ 为向量 $\boldsymbol{\alpha}$ 的**第 i 个分量**(**或坐标**).

向量有时也记做

$$\boldsymbol{\alpha}=\begin{pmatrix}a_1\\a_2\\\vdots\\a_n\end{pmatrix},$$

称为**列向量**.相应地,$\boldsymbol{\alpha}=(a_1,a_2,\cdots,a_n)$ 称为**行向量**.分量都是零的向量称为**零向量**,记做 $\boldsymbol{\theta}=(0,0,\cdots,0)$ 或 $\mathbf{0}$.称向量 $(-a_1,-a_2,\cdots,-a_n)$ 为 n 维向量 $\boldsymbol{\alpha}=(a_1,a_2,\cdots,a_n)$ 的**负向量**,记做 $-\boldsymbol{\alpha}$.

分量全为实数的向量称为**实向量**,分量为复数的向量称为**复向量**,本书中如无特别声明,均讨论实向量.

几何上的向量可以认为是 n 维向量的特殊情形,即一维向量、二维向量及三维向量,当 $n>3$ 时,n 维向量就没有几何意义了.

定义 2 若两个 n 维向量 $\boldsymbol{\alpha}=(a_1,a_2,\cdots,a_n)$,$\boldsymbol{\beta}=(b_1,b_2,\cdots,b_n)$ 的分量对应相等,即 $a_i=b_i$ $(i=1,2,\cdots,n)$,则称向量 $\boldsymbol{\alpha}$ 与 $\boldsymbol{\beta}$ **相等**,记做 $\boldsymbol{\alpha}=\boldsymbol{\beta}$.

定义 3 设 $\boldsymbol{\alpha}=(a_1,a_2,\cdots,a_n)$,$\boldsymbol{\beta}=(b_1,b_2,\cdots,b_n)$ 为 n 维向量,则称 n 维向量 $(a_1+b_1,a_2+b_2,\cdots,a_n+b_n)$ 为向量 $\boldsymbol{\alpha}$ 与 $\boldsymbol{\beta}$ 的**和**,记做 $\boldsymbol{\alpha}+\boldsymbol{\beta}$,即

$$\boldsymbol{\alpha}+\boldsymbol{\beta}=(a_1+b_1,a_2+b_2,\cdots,a_n+b_n).$$

由负向量即可定义向量的减法:

$$\boldsymbol{\alpha}-\boldsymbol{\beta}=\boldsymbol{\alpha}+(-\boldsymbol{\beta})=(a_1-b_1,a_2-b_2,\cdots,a_n-b_n).$$

定义 4 设 $\boldsymbol{\alpha}=(a_1,a_2,\cdots,a_n)$ 为 n 维向量,k 为实数,则称 n 维向量 $(ka_1,ka_2,\cdots,ka_n)$ 为数 k 与向量 $\boldsymbol{\alpha}$ 的**乘积**,记做 $k\boldsymbol{\alpha}$,即

$$k\boldsymbol{\alpha}=(ka_1,ka_2,\cdots,ka_n).$$

向量的加法和数与向量的乘法统称为向量的**线性运算**,它满足下面的运算律($\boldsymbol{\alpha},\boldsymbol{\beta},\boldsymbol{\gamma}$ 都是 n 维向量,k,k_1,k_2 都是任意常数):

(1) $\boldsymbol{\alpha}+\boldsymbol{\beta}=\boldsymbol{\beta}+\boldsymbol{\alpha}$;

(2) $(\boldsymbol{\alpha}+\boldsymbol{\beta})+\boldsymbol{\gamma}=\boldsymbol{\alpha}+(\boldsymbol{\beta}+\boldsymbol{\gamma})$;

(3) $k_1(k_2\boldsymbol{\alpha})=(k_1k_2)\boldsymbol{\alpha}$;

(4) $k(\boldsymbol{\alpha}+\boldsymbol{\beta})=k\boldsymbol{\alpha}+k\boldsymbol{\beta}$;

(5) $(k_1+k_2)\boldsymbol{\alpha}=k_1\boldsymbol{\alpha}+k_2\boldsymbol{\alpha}$.

二、向量的线性相关性

对于线性方程组

$$\begin{cases}x_1-x_2+3x_3=2,\\4x_1+x_2-5x_3=1,\\2x_1+3x_2-11x_3=-3,\end{cases}$$

容易看出,用-2乘以第一个方程后加到第二个方程上,可得第三个方程.

上述三个方程可由向量组

$$\boldsymbol{\alpha}_1=(1,-1,3,2),\ \boldsymbol{\alpha}_2=(4,1,-5,1),\ \boldsymbol{\alpha}_3=(2,3,-11,-3)$$

来表示.线性方程组中方程之间的关系反映到向量之间就是

$$\boldsymbol{\alpha}_3=-2\boldsymbol{\alpha}_1+\boldsymbol{\alpha}_2,$$

即 $\boldsymbol{\alpha}_3$ 可以由 $\boldsymbol{\alpha}_1,\boldsymbol{\alpha}_2$ 线性表示.一般地,我们有

定义 5　设 $\boldsymbol{\alpha},\boldsymbol{\alpha}_1,\boldsymbol{\alpha}_2,\cdots,\boldsymbol{\alpha}_m$ 为 $m+1$ 个 n 维向量.如果存在 m 个数 $k_1,k_2,\cdots,k_m$,使得

$$\boldsymbol{\alpha}=k_1\boldsymbol{\alpha}_1+k_2\boldsymbol{\alpha}_2+\cdots+k_m\boldsymbol{\alpha}_m$$

成立,则称 $\boldsymbol{\alpha}$ 是 $\boldsymbol{\alpha}_1,\boldsymbol{\alpha}_2,\cdots,\boldsymbol{\alpha}_m$ 的**线性组合**,或者说 $\boldsymbol{\alpha}$ 可由 $\boldsymbol{\alpha}_1,\boldsymbol{\alpha}_2,\cdots,\boldsymbol{\alpha}_m$ **线性表示**.

例 1　设三维向量 $\boldsymbol{\alpha}_1=(1,1,1)$, $\boldsymbol{\alpha}_2=(1,-2,-3)$, $\boldsymbol{\alpha}=(1,4,5)$,问 $\boldsymbol{\alpha}$ 是否可以由 $\boldsymbol{\alpha}_1,\boldsymbol{\alpha}_2$ 线性表示?

解　设 $\boldsymbol{\alpha}$ 可以由 $\boldsymbol{\alpha}_1,\boldsymbol{\alpha}_2$ 线性表示,那么存在一组数 k_1,k_2,有

$$\boldsymbol{\alpha}=k_1\boldsymbol{\alpha}_1+k_2\boldsymbol{\alpha}_2,$$

即

$$\begin{pmatrix}1\\4\\5\end{pmatrix}=k_1\begin{pmatrix}1\\1\\1\end{pmatrix}+k_2\begin{pmatrix}1\\-2\\-3\end{pmatrix}.$$

由向量的线性运算与向量相等的定义,可得线性方程组

$$\begin{cases}k_1+k_2=1,\\k_1-2k_2=4,\\k_1-3k_2=5.\end{cases}$$

用消元法解此线性方程组:

$$\left(\begin{array}{cc:c}1&1&1\\1&-2&4\\1&-3&5\end{array}\right)\xrightarrow[r_3-r_1]{r_2-r_1}\left(\begin{array}{cc:c}1&1&1\\0&-3&3\\0&-4&4\end{array}\right)\xrightarrow[r_3\times\frac{-1}{4}]{r_2\times\frac{-1}{3}}\left(\begin{array}{cc:c}1&1&1\\0&1&-1\\0&1&-1\end{array}\right)\xrightarrow{r_3-r_2}\left(\begin{array}{cc:c}1&1&1\\0&1&-1\\0&0&0\end{array}\right),$$

由同解方程组$\begin{cases}k_1+k_2=1,\\ \qquad k_2=-1,\end{cases}$解得 $k_1=2,k_2=-1$,所以 $\boldsymbol{\alpha}$ 可以由 $\boldsymbol{\alpha}_1,\boldsymbol{\alpha}_2$ 线性表示,即

$$\boldsymbol{\alpha}=2\boldsymbol{\alpha}_1-\boldsymbol{\alpha}_2.$$

定义 6 对于 m 个 n 维向量 $\boldsymbol{\alpha}_1,\boldsymbol{\alpha}_2,\cdots,\boldsymbol{\alpha}_m(m\geqslant 1)$,如果存在不全为零的数 $k_1,k_2,\cdots,k_m$,使得

$$k_1\boldsymbol{\alpha}_1+k_2\boldsymbol{\alpha}_2+\cdots+k_m\boldsymbol{\alpha}_m=\boldsymbol{\theta} \tag{1}$$

成立,则称 $\boldsymbol{\alpha}_1,\boldsymbol{\alpha}_2,\cdots,\boldsymbol{\alpha}_m$ **线性相关**. 否则,称 $\boldsymbol{\alpha}_1,\boldsymbol{\alpha}_2,\cdots,\boldsymbol{\alpha}_m$ **线性无关**,即只有当 $k_1,k_2,\cdots,k_m$ 全为零时,$k_1\boldsymbol{\alpha}_1+k_2\boldsymbol{\alpha}_2+\cdots+k_m\boldsymbol{\alpha}_m=\boldsymbol{\theta}$ 成立.

由定义 6 可得下面结论:

(1) 含零向量的向量组线性相关.

事实上,设含零向量的向量组为

$$\boldsymbol{\alpha}_1,\ \cdots,\ \boldsymbol{\alpha}_{s-1},\ \boldsymbol{\theta},\ \boldsymbol{\alpha}_{s+1},\ \cdots,\ \boldsymbol{\alpha}_m,$$

取 $k_s=1$,其余 k 值全取零就有

$$0\boldsymbol{\alpha}_1+\cdots+0\boldsymbol{\alpha}_{s-1}+1\cdot\boldsymbol{\theta}+0\boldsymbol{\alpha}_{s+1}+\cdots+0\boldsymbol{\alpha}_m=\boldsymbol{\theta}$$

成立,所以含零向量的向量组线性相关.

(2) 两个 n 维向量 $\boldsymbol{\alpha}=(a_1,a_2,\cdots,a_n)$ 与 $\boldsymbol{\beta}=(b_1,b_2,\cdots,b_n)$ 线性相关的充分必要条件是,它们的分量对应成比例.

事实上,设向量 $\boldsymbol{\alpha}$ 与 $\boldsymbol{\beta}$ 线性相关,即存在不全为零的数 k_1,k_2,不妨设 $k_1\neq 0$,使得

$$k_1\boldsymbol{\alpha}+k_2\boldsymbol{\beta}=\boldsymbol{\theta},$$

从而 $\boldsymbol{\alpha}=-\dfrac{k_2}{k_1}\boldsymbol{\beta}$,于是 $\boldsymbol{\alpha}$ 与 $\boldsymbol{\beta}$ 的分量对应成比例,反之亦然.

关于 m 个 n 维向量的线性相关性,有下面一些常用的定理.

定理 1 m 个 n 维向量 $\boldsymbol{\alpha}_i=(a_{i1},\ a_{i2},\ \cdots,\ a_{in})(i=1,\ 2,\ \cdots,\ m)$ 线性相关的充分必要条件是线性方程组

$$\begin{cases}a_{11}k_1+a_{21}k_2+\cdots+a_{m1}k_m=0,\\ a_{12}k_1+a_{22}k_2+\cdots+a_{m2}k_m=0,\\ \cdots\cdots\cdots\cdots\cdots\cdots\cdots\cdots\cdots\cdots\cdots\\ a_{1n}k_1+a_{2n}k_2+\cdots+a_{mn}k_m=0\end{cases} \tag{2}$$

或

$$\begin{pmatrix}a_{11} & a_{21} & \cdots & a_{m1}\\ a_{12} & a_{22} & \cdots & a_{m2}\\ \vdots & \vdots & & \vdots\\ a_{1n} & a_{2n} & \cdots & a_{mn}\end{pmatrix}\begin{pmatrix}k_1\\ k_2\\ \vdots\\ k_m\end{pmatrix}=\begin{pmatrix}0\\ 0\\ \vdots\\ 0\end{pmatrix} \tag{3}$$

有非零解.

事实上,线性方程组(2)是(1)式的分量表达. 存在不全为零的数 $k_1,k_2,\cdots,k_m$ 使(1)式成立,也就是线性方程组(2)有非零解,所以 $\boldsymbol{\alpha}_1,\boldsymbol{\alpha}_2,\cdots,\boldsymbol{\alpha}_m$ 线性相关的充分必要条件是线性方程组(2)有非零解.

推论 1　n 个 n 维向量 $\boldsymbol{\alpha}_1=(a_{11}, a_{12}, \cdots, a_{1n})$，$\boldsymbol{\alpha}_2=(a_{21}, a_{22}, \cdots, a_{2n})$，$\cdots$，$\boldsymbol{\alpha}_n=(a_{n1}, a_{n2}, \cdots, a_{nn})$线性相关的充分必要条件是

$$\begin{vmatrix} a_{11} & a_{12} & \cdots & a_{1n} \\ a_{21} & a_{22} & \cdots & a_{2n} \\ \vdots & \vdots & & \vdots \\ a_{n1} & a_{n2} & \cdots & a_{nn} \end{vmatrix}=0.$$

推论 2　m 个 n 维向量 $\boldsymbol{\alpha}_1=(a_{11}, a_{12}, \cdots, a_{1n})$，$\boldsymbol{\alpha}_2=(a_{21}, a_{22}, \cdots, a_{2n})$，$\cdots$，$\boldsymbol{\alpha}_m=(a_{m1}, a_{m2}, \cdots, a_{mn})$线性相关的充分必要条件是矩阵

$$\begin{pmatrix} a_{11} & a_{12} & \cdots & a_{1n} \\ a_{21} & a_{22} & \cdots & a_{2n} \\ \vdots & \vdots & & \vdots \\ a_{m1} & a_{m2} & \cdots & a_{mn} \end{pmatrix}$$

的秩小于 m.

证　因为 $\boldsymbol{\alpha}_1, \boldsymbol{\alpha}_2, \cdots, \boldsymbol{\alpha}_m$ 线性相关的充分必要条件是线性方程组(3)有非零解，而(3)式有非零解的充分必要条件是其系数矩阵

$$\begin{pmatrix} a_{11} & a_{21} & \cdots & a_{m1} \\ a_{12} & a_{22} & \cdots & a_{m2} \\ \vdots & \vdots & & \vdots \\ a_{1n} & a_{2n} & \cdots & a_{mn} \end{pmatrix}$$

的秩小于未知量的个数 m，即矩阵

$$\begin{pmatrix} a_{11} & a_{12} & \cdots & a_{1n} \\ a_{21} & a_{22} & \cdots & a_{2n} \\ \vdots & \vdots & & \vdots \\ a_{m1} & a_{m2} & \cdots & a_{mn} \end{pmatrix}$$

的秩小于 m.　　**证毕**

例 2　判断向量组 $\boldsymbol{\alpha}_1=(2, 1, 1)$，$\boldsymbol{\alpha}_2=(1, 2, -1)$，$\boldsymbol{\alpha}_3=(-2, 3, 0)$的线性相关性.

解　由于

$$\begin{vmatrix} 2 & 1 & 1 \\ 1 & 2 & -1 \\ -2 & 3 & 0 \end{vmatrix}=15\neq 0,$$

所以由推论 1 知，向量 $\boldsymbol{\alpha}_1, \boldsymbol{\alpha}_2, \boldsymbol{\alpha}_3$ 线性无关.

例 3　判断向量组 $\boldsymbol{\alpha}_1=(2, -1, 7, 3)$，$\boldsymbol{\alpha}_2=(1, 4, 11, -2)$，$\boldsymbol{\alpha}_3=(3, -6, 3, 8)$的线性相关性.

解 解法1 设 $x_1\boldsymbol{\alpha}_1+x_2\boldsymbol{\alpha}_2+x_3\boldsymbol{\alpha}_3=\boldsymbol{\theta}$,可得线性方程组

$$\begin{cases}2x_1+x_2+3x_3=0,\\-x_1+4x_2-6x_3=0,\\7x_1+11x_2+3x_3=0,\\3x_1-2x_2+8x_3=0.\end{cases}$$

此线性方程组有非零解 $x_1=-2,x_2=1,x_3=1$,故由定理1知,$\boldsymbol{\alpha}_1,\boldsymbol{\alpha}_2,\boldsymbol{\alpha}_3$ 线性相关.

解法2 求向量 $\boldsymbol{\alpha}_1,\boldsymbol{\alpha}_2,\boldsymbol{\alpha}_3$ 构成矩阵的秩.因为

$$\boldsymbol{A}=\begin{pmatrix}2&-1&7&3\\1&4&11&-2\\3&-6&3&8\end{pmatrix}\xrightarrow{r_1\leftrightarrow r_2}\begin{pmatrix}1&4&11&-2\\2&-1&7&3\\3&-6&3&8\end{pmatrix}$$

$$\xrightarrow[r_3-3r_1]{r_2-2r_1}\begin{pmatrix}1&4&11&-2\\0&-9&-15&7\\0&-18&-30&14\end{pmatrix}\xrightarrow[r_3-2r_2]{r_2\times(-1)}\begin{pmatrix}1&4&11&-2\\0&9&15&-7\\0&0&0&0\end{pmatrix}.$$

可知 $R(\boldsymbol{A})=2<3$,所以,$\boldsymbol{\alpha}_1,\boldsymbol{\alpha}_2,\boldsymbol{\alpha}_3$ 线性相关.

推论3 任意 $n+1$ 个 n 维向量线性相关.

显然,线性方程组(3)的系数矩阵的秩小于向量个数 $n+1$,所以推论3成立.

定理2 m 个 n 维向量 $\boldsymbol{\alpha}_1,\boldsymbol{\alpha}_2,\cdots,\boldsymbol{\alpha}_m(m\geqslant 2)$ 线性相关的充分必要条件是,其中至少有一个向量是其余 $m-1$ 个向量的线性组合.

证 *必要性* 设 $\boldsymbol{\alpha}_1,\boldsymbol{\alpha}_2,\cdots,\boldsymbol{\alpha}_m$ 线性相关,即存在不全为零的 m 个数 $k_1,k_2,\cdots,k_m$,使得

$$k_1\boldsymbol{\alpha}_1+k_2\boldsymbol{\alpha}_2+\cdots+k_m\boldsymbol{\alpha}_m=\boldsymbol{\theta},$$

不妨设 $k_m\neq 0$,于是有

$$\boldsymbol{\alpha}_m=-\frac{k_1}{k_m}\boldsymbol{\alpha}_1-\frac{k_2}{k_m}\boldsymbol{\alpha}_2-\cdots-\frac{k_{m-1}}{k_m}\boldsymbol{\alpha}_{m-1},$$

即 $\boldsymbol{\alpha}_m$ 为 $\boldsymbol{\alpha}_1,\boldsymbol{\alpha}_2,\cdots,\boldsymbol{\alpha}_{m-1}$ 的线性组合.

充分性 不妨设 $\boldsymbol{\alpha}_m$ 为其余向量的线性组合,即

$$\boldsymbol{\alpha}_m=k_1\boldsymbol{\alpha}_1+k_2\boldsymbol{\alpha}_2+\cdots+k_{m-1}\boldsymbol{\alpha}_{m-1},$$

移项得

$$k_1\boldsymbol{\alpha}_1+k_2\boldsymbol{\alpha}_2+\cdots+k_{m-1}\boldsymbol{\alpha}_{m-1}+(-1)\boldsymbol{\alpha}_m=\boldsymbol{\theta}.$$

显然 m 个系数 $k_1,\cdots,k_{m-1},-1$ 不全为零,所以 $\boldsymbol{\alpha}_1,\boldsymbol{\alpha}_2,\cdots,\boldsymbol{\alpha}_m$ 线性相关. **证毕**

定理3 若 m 个 n 维向量 $\boldsymbol{\alpha}_1,\boldsymbol{\alpha}_2,\cdots,\boldsymbol{\alpha}_m$ 线性无关,则 $\boldsymbol{\alpha}_1,\boldsymbol{\alpha}_2,\cdots,\boldsymbol{\alpha}_m$ 中任意一个部分向量组都线性无关.

证 反证法.不妨设 $\boldsymbol{\alpha}_1,\boldsymbol{\alpha}_2,\cdots,\boldsymbol{\alpha}_m$ 中的前 r 个向量线性相关,即存在不全为零的数 $k_1,k_2,\cdots,k_r$,使 $k_1\boldsymbol{\alpha}_1+k_2\boldsymbol{\alpha}_2+\cdots+k_r\boldsymbol{\alpha}_r=\boldsymbol{\theta}$ 成立,于是有

$$k_1\boldsymbol{\alpha}_1+k_2\boldsymbol{\alpha}_2+\cdots+k_r\boldsymbol{\alpha}_r+0\boldsymbol{\alpha}_{r+1}+\cdots+0\boldsymbol{\alpha}_m=\boldsymbol{\theta}$$

成立，即 $\boldsymbol{\alpha}_1, \boldsymbol{\alpha}_2, \cdots, \boldsymbol{\alpha}_m$ 线性相关，与已知矛盾，故定理成立. **证毕**

定理 4　若 n 维向量组 $\boldsymbol{\alpha}_1, \boldsymbol{\alpha}_2, \cdots, \boldsymbol{\alpha}_m$ 线性无关，则在每个向量上添加 r 个分量得到的 $n+r$ 维向量组 $\boldsymbol{\beta}_1, \boldsymbol{\beta}_2, \cdots, \boldsymbol{\beta}_m$ 也线性无关.

证　设 $\boldsymbol{\alpha}_i=(a_{i1}, a_{i2}, \cdots, a_{in})(i=1,2,\cdots,m)$ 添加 r 个分量后所得向量 $\boldsymbol{\beta}_i=(a_{i1}, a_{i2}, \cdots, a_{in}, a_{i,n+1}, \cdots, a_{i,n+r})(i=1,2,\cdots,m)$，由于 $\boldsymbol{\alpha}_1, \boldsymbol{\alpha}_2, \cdots, \boldsymbol{\alpha}_m$ 线性无关，由定理 1 知，齐次线性方程组

$$\begin{cases} a_{11}k_1+a_{21}k_2+\cdots+a_{m1}k_m=0, \\ a_{12}k_1+a_{22}k_2+\cdots+a_{m2}k_m=0, \\ \cdots\cdots\cdots\cdots\cdots\cdots\cdots\cdots \\ a_{1n}k_1+a_{2n}k_2+\cdots+a_{mn}k_m=0 \end{cases} \tag{4}$$

只有零解. 向量组 $\boldsymbol{\beta}_1, \boldsymbol{\beta}_2, \cdots, \boldsymbol{\beta}_m$ 的线性相关性对应的方程组为

$$\begin{cases} a_{11}k_1+a_{21}k_2+\cdots+a_{m1}k_m=0, \\ a_{12}k_1+a_{22}k_2+\cdots+a_{m2}k_m=0, \\ \cdots\cdots\cdots\cdots\cdots\cdots\cdots\cdots\cdots\cdots \\ a_{1n}k_1+a_{2n}k_2+\cdots+a_{mn}k_m=0, \\ a_{1,n+1}k_1+a_{2,n+1}k_2+\cdots+a_{m,n+1}k_m=0, \\ \cdots\cdots\cdots\cdots\cdots\cdots\cdots\cdots\cdots\cdots \\ a_{1,n+r}k_1+a_{2,n+r}k_2+\cdots+a_{m,n+r}k_m=0. \end{cases} \tag{5}$$

因为线性方程组(5)的解必是线性方程组(4)的解，而线性方程组(4)只有零解，所以线性方程组(5)只有零解，故 $\boldsymbol{\beta}_1, \boldsymbol{\beta}_2, \cdots, \boldsymbol{\beta}_m$ 线性无关. **证毕**

值得注意的是，定理 4 的逆命题不成立，例如，$\boldsymbol{\beta}_1=(1,2,1)$，$\boldsymbol{\beta}_2=(2,4,3)$ 线性无关，但去掉最后一个分量得 $\boldsymbol{\alpha}_1=(1,2)$，$\boldsymbol{\alpha}_2=(2,4)$，却线性相关.

定理 5　设 n 维向量组 $\boldsymbol{\alpha}_1, \boldsymbol{\alpha}_2, \cdots, \boldsymbol{\alpha}_m$ 线性无关，则 n 维向量 $\boldsymbol{\beta}$ 能由 $\boldsymbol{\alpha}_1, \boldsymbol{\alpha}_2, \cdots, \boldsymbol{\alpha}_m$ 唯一线性表示的充分必要条件是向量组 $\boldsymbol{\alpha}_1, \boldsymbol{\alpha}_2, \cdots, \boldsymbol{\alpha}_m, \boldsymbol{\beta}$ 线性相关.

证　必要性显然，下面再证充分性. 因为 $\boldsymbol{\alpha}_1, \boldsymbol{\alpha}_2, \cdots, \boldsymbol{\alpha}_m, \boldsymbol{\beta}$ 线性相关，即存在不全为零的数 $k_1, k_2, \cdots, k_m, k$，使得

$$k_1\boldsymbol{\alpha}_1+k_2\boldsymbol{\alpha}_2+\cdots+k_m\boldsymbol{\alpha}_m+k\boldsymbol{\beta}=\boldsymbol{\theta}. \tag{6}$$

若 $k=0$，(6)式为 $k_1\boldsymbol{\alpha}_1+k_2\boldsymbol{\alpha}_2+\cdots+k_m\boldsymbol{\alpha}_m=\boldsymbol{\theta}$，其中 $k_1, k_2, \cdots, k_m$ 不全为零，即 $\boldsymbol{\alpha}_1, \boldsymbol{\alpha}_2, \cdots, \boldsymbol{\alpha}_m$ 线性相关，与已知矛盾，所以 $k\neq 0$. 于是，由(6)式得

$$\boldsymbol{\beta}=\left(\frac{-k_1}{k}\right)\boldsymbol{\alpha}_1+\left(\frac{-k_2}{k}\right)\boldsymbol{\alpha}_2+\cdots+\left(\frac{-k_m}{k}\right)\boldsymbol{\alpha}_m,$$

即 $\boldsymbol{\beta}$ 可以由 $\boldsymbol{\alpha}_1, \boldsymbol{\alpha}_2, \cdots, \boldsymbol{\alpha}_m$ 线性表示.

再证表示式是唯一的. 若

$$\boldsymbol{\beta}=t_1\boldsymbol{\alpha}_1+t_2\boldsymbol{\alpha}_2+\cdots+t_m\boldsymbol{\alpha}_m,$$

$$\boldsymbol{\beta}=l_1\boldsymbol{\alpha}_1+l_2\boldsymbol{\alpha}_2+\cdots+l_m\boldsymbol{\alpha}_m,$$

两式相减得

$$(l_1-t_1)\boldsymbol{\alpha}_1+(l_2-t_2)\boldsymbol{\alpha}_2+\cdots+(l_m-t_m)\boldsymbol{\alpha}_m=\boldsymbol{\theta}.$$

由于 $\boldsymbol{\alpha}_1, \boldsymbol{\alpha}_2, \cdots, \boldsymbol{\alpha}_m$ 线性无关,所以必有

$$l_1-t_1=l_2-t_2=\cdots=l_m-t_m=0,$$

即 $l_1=t_1, l_2=t_2, \cdots, l_m=t_m$,这表明 $\boldsymbol{\beta}$ 的表示式唯一. **证毕**

定义 7 设 $\boldsymbol{\alpha}_1, \boldsymbol{\alpha}_2, \cdots, \boldsymbol{\alpha}_m$ 为一个向量组Ⅰ中的 m 个向量,如果

(1) $\boldsymbol{\alpha}_1, \boldsymbol{\alpha}_2, \cdots, \boldsymbol{\alpha}_m$ 线性无关;

(2) 向量组Ⅰ中任一向量都可以由 $\boldsymbol{\alpha}_1, \boldsymbol{\alpha}_2, \cdots, \boldsymbol{\alpha}_m$ 线性表示,

则称 $\boldsymbol{\alpha}_1, \boldsymbol{\alpha}_2, \cdots, \boldsymbol{\alpha}_m$ 是该向量组Ⅰ的一个**极大无关组**,m 称为向量组Ⅰ的**秩**,记为 $R(\mathrm{I})=m$.

例 4 讨论 n 维向量 $\boldsymbol{e}_1=(1,0,\cdots,0), \boldsymbol{e}_2=(0,1,\cdots,0), \cdots, \boldsymbol{e}_n=(0,0,\cdots,1)$ 及 $\boldsymbol{e}_1, \boldsymbol{e}_2, \cdots, \boldsymbol{e}_n, \boldsymbol{\alpha}=(a_1, a_2, \cdots, a_n)$ 的线性相关性.

解 由于

$$\begin{vmatrix} 1 & 0 & \cdots & 0 \\ 0 & 1 & \cdots & 0 \\ \vdots & \vdots & \ddots & \vdots \\ 0 & 0 & \cdots & 1 \end{vmatrix}=1\neq 0,$$

所以由推论 1 知,向量 $\boldsymbol{e}_1, \boldsymbol{e}_2, \cdots, \boldsymbol{e}_n$ 线性无关. 而向量 $\boldsymbol{e}_1, \boldsymbol{e}_2, \cdots, \boldsymbol{e}_n, \boldsymbol{\alpha}$ 为 $n+1$ 个 n 维向量,由推论 3 知,该向量组线性相关.

由例 4 知,向量 $\boldsymbol{e}_1, \boldsymbol{e}_2, \cdots, \boldsymbol{e}_n$ 为全体 n 维向量 R^n 的一个极大无关组,且任意一个 n 维向量 $\boldsymbol{\alpha}=(a_1, a_2, \cdots, a_n)$ 可以表示为

$$\boldsymbol{\alpha}=a_1\boldsymbol{e}_1+a_2\boldsymbol{e}_2+\cdots+a_n\boldsymbol{e}_n.$$

例 5 向量组 $\boldsymbol{\alpha}_1=(3,2,1,1), \boldsymbol{\alpha}_2=(1,2,-3,2), \boldsymbol{\alpha}_3=(4,4,-2,3)$ 中,$\boldsymbol{\alpha}_1, \boldsymbol{\alpha}_2$ 是它的一个极大无关组;$\boldsymbol{\alpha}_1, \boldsymbol{\alpha}_3$ 也是它的一个极大无关组.

由例 5 知,一个向量组的极大无关组不唯一,但极大无关组所含向量个数相等. 下面给出求极大无关组的方法:

设向量组 $\boldsymbol{\alpha}_1=(a_{11}, a_{12}, \cdots, a_{1n}), \boldsymbol{\alpha}_2=(a_{21}, a_{22}, \cdots, a_{2n}), \cdots, \boldsymbol{\alpha}_m=(a_{m1}, a_{m2}, \cdots, a_{mn})$.

(1) 用向量组 $\boldsymbol{\alpha}_1, \boldsymbol{\alpha}_2, \cdots, \boldsymbol{\alpha}_m$ 的分量构造矩阵

$$\boldsymbol{A}=\begin{pmatrix} a_{11} & a_{12} & \cdots & a_{1n} \\ a_{21} & a_{22} & \cdots & a_{2n} \\ \vdots & \vdots & & \vdots \\ a_{m1} & a_{m2} & \cdots & a_{mn} \end{pmatrix};$$

(2) 利用初等行变换求矩阵 $\boldsymbol{A}$ 的秩，并设 $R(\boldsymbol{A})=r$.
则 $\boldsymbol{A}$ 中 $D_r\neq 0$ 的 r 阶子式所在行的这些向量即为该向量组的一个极大无关组.

例 6　求向量组 $\boldsymbol{\alpha}_1=(1,-1,2,3)$，$\boldsymbol{\alpha}_2=(3,-7,8,9)$，$\boldsymbol{\alpha}_3=(-1,-3,0,-3)$，$\boldsymbol{\alpha}_4=(1,-9,6,3)$的极大无关组.

解　用 $\boldsymbol{\alpha}_1,\boldsymbol{\alpha}_2,\boldsymbol{\alpha}_3,\boldsymbol{\alpha}_4$ 的分量构造矩阵 $\boldsymbol{A}$，并进行初等行变换：

$$\boldsymbol{A}=\begin{pmatrix}1&-1&2&3\\3&-7&8&9\\-1&-3&0&-3\\1&-9&6&3\end{pmatrix}\xrightarrow[r_4-r_1]{\substack{r_2-3r_1\\r_3+r_1}}\begin{pmatrix}1&-1&2&3\\0&-4&2&0\\0&-4&2&0\\0&-8&4&0\end{pmatrix}\xrightarrow[r_4-2r_2]{r_3-r_2}\begin{pmatrix}1&-1&2&3\\0&-4&2&0\\0&0&0&0\\0&0&0&0\end{pmatrix},$$

所以 $R(\boldsymbol{A})=2$，$\boldsymbol{A}$ 中二阶子式

$$D_2=\begin{vmatrix}1&-1\\3&-7\end{vmatrix}=-4\neq 0,$$

它所在行的向量为 $\boldsymbol{\alpha}_1,\boldsymbol{\alpha}_2$，于是 $\boldsymbol{\alpha}_1,\boldsymbol{\alpha}_2$ 就是这个向量组的一个极大无关组.

习　题　3-2

1. 设 $\boldsymbol{\alpha}=(1,0,-1,2)$，$\boldsymbol{\beta}=(3,2,4,-1)$，计算 $5\boldsymbol{\alpha}+4\boldsymbol{\beta}$.

2. 设 $\boldsymbol{\alpha}=(6,-2,0,4)$，$\boldsymbol{\beta}=(-3,1,5,7)$，求向量 $\boldsymbol{r}$，使得 $2\boldsymbol{\alpha}+\boldsymbol{r}=3\boldsymbol{\beta}$.

3. 设 $\boldsymbol{\beta}=(0,0,0,1)$，$\boldsymbol{\alpha}_1=(1,1,0,1)$，$\boldsymbol{\alpha}_2=(2,1,3,1)$，$\boldsymbol{\alpha}_3=(1,1,0,0)$，$\boldsymbol{\alpha}_4=(0,1,-1,-1)$，试将 $\boldsymbol{\beta}$ 表示为 $\boldsymbol{\alpha}_1,\boldsymbol{\alpha}_2,\boldsymbol{\alpha}_3,\boldsymbol{\alpha}_4$ 的线性组合.

4. 判别下列向量组的线性相关性：

(1) $\boldsymbol{\alpha}_1=(1,1,1)$，$\boldsymbol{\alpha}_2=(1,2,3)$，$\boldsymbol{\alpha}_3=(1,3,6)$；

(2) $\boldsymbol{\alpha}_1=(1,2,1,-2)$，$\boldsymbol{\alpha}_2=(2,-1,1,3)$，$\boldsymbol{\alpha}_3=(1,-1,2,-1)$，$\boldsymbol{\alpha}_4=(2,1,-3,1)$.

5. 求下列向量组的极大无关组：

(1) $\boldsymbol{\alpha}_1=(2,1,3,-1)$，$\boldsymbol{\alpha}_2=(3,-1,2,0)$，$\boldsymbol{\alpha}_3=(1,3,4,-2)$，$\boldsymbol{\alpha}_4=(4,-3,1,1)$；

(2) $\boldsymbol{\alpha}_1=(1,1,1,1)$，$\boldsymbol{\alpha}_2=(1,1,-1,-1)$，$\boldsymbol{\alpha}_3=(1,-1,-1,1)$，$\boldsymbol{\alpha}_4=(-1,-1,-1,1)$.

第三节　线性方程组解的结构

有了 n 维向量的知识，我们就可以探讨线性方程组解与解之间的关系，即线性方程组的任意一个解是否可以用有限个解来线性表示的问题.

一、齐次线性方程组

设齐次线性方程组

$$\begin{cases} a_{11}x_1+a_{12}x_2+\cdots+a_{1n}x_n=0, \\ a_{21}x_1+a_{22}x_2+\cdots+a_{2n}x_n=0, \\ \cdots\cdots\cdots\cdots\cdots\cdots\cdots\cdots\cdots \\ a_{m1}x_1+a_{m2}x_2+\cdots+a_{mn}x_n=0. \end{cases} \tag{1}$$

若令

$$\boldsymbol{A}=\begin{pmatrix} a_{11} & a_{12} & \cdots & a_{1n} \\ a_{21} & a_{22} & \cdots & a_{2n} \\ \vdots & \vdots & & \vdots \\ a_{m1} & a_{m2} & \cdots & a_{mn} \end{pmatrix}, \quad \boldsymbol{x}=\begin{pmatrix} x_1 \\ x_2 \\ \vdots \\ x_n \end{pmatrix}^{①}, \quad \boldsymbol{\theta}=\begin{pmatrix} 0 \\ 0 \\ \vdots \\ 0 \end{pmatrix},$$

则线性方程组(1)可以写成

$$\boldsymbol{A}\boldsymbol{x}=\boldsymbol{\theta}. \tag{2}$$

我们可以将齐次线性方程组(1)的解 $x_1,x_2,\cdots,x_n$ 写成向量 $\boldsymbol{x}=(x_1,x_2,\cdots,x_n)^{\mathrm{T}}$ 的形式，称为齐次线性方程组(1)的**解向量**. 齐次线性方程组(1)的解向量具有以下性质：

性质 1 若 $\boldsymbol{\xi}_1,\boldsymbol{\xi}_2$ 为方程组(1)的两个解向量，则 $\boldsymbol{\xi}_1+\boldsymbol{\xi}_2$ 也是(1)式的解向量.

证 因为

$$\boldsymbol{A}(\boldsymbol{\xi}_1+\boldsymbol{\xi}_2)=\boldsymbol{A}\boldsymbol{\xi}_1+\boldsymbol{A}\boldsymbol{\xi}_2=\boldsymbol{\theta}+\boldsymbol{\theta}=\boldsymbol{\theta},$$

所以 $\boldsymbol{\xi}_1+\boldsymbol{\xi}_2$ 是(1)式的解向量. **证毕**

性质 2 若 $\boldsymbol{\xi}$ 是方程组(1)的解向量，k 为实数，则 $k\boldsymbol{\xi}$ 也是(1)式的解向量.

证 因为

$$\boldsymbol{A}(k\boldsymbol{\xi})=k(\boldsymbol{A}\boldsymbol{\xi})=k\boldsymbol{\theta}=\boldsymbol{\theta},$$

所以 $k\boldsymbol{\xi}$ 是(1)式的解向量. **证毕**

由性质 1、2 知，方程组(1)的有限个解向量的线性组合仍是(1)式的解向量. 我们自然要问：方程组(1)的任意一个解向量是否可以用有限个解向量线性表示？为此引入下面定义.

定义 1 设 $\boldsymbol{\xi}_1,\boldsymbol{\xi}_2,\cdots,\boldsymbol{\xi}_k$ 是齐次线性方程组(1)的 k 个解向量，如果

(1) $\boldsymbol{\xi}_1,\boldsymbol{\xi}_2,\cdots,\boldsymbol{\xi}_k$ 线性无关；

(2) 齐次线性方程组(1)的任意一个解向量都是 $\boldsymbol{\xi}_1,\boldsymbol{\xi}_2,\cdots,\boldsymbol{\xi}_k$ 的线性组合，

则称 $\boldsymbol{\xi}_1,\boldsymbol{\xi}_2,\cdots,\boldsymbol{\xi}_k$ 为齐次线性方程组(1)的一个**基础解系**.

定理 1 设齐次线性方程组(1)的系数矩阵的秩 $R(\boldsymbol{A})=r$，则

(1) 当 $r=n$ 时，方程组(1)只有零解，从而方程组(1)无基础解系；

(2) 当 $r<n$ 时，方程组(1)除零解外，还有非零解，从而方程组(1)有基础解系，且基础解系包含 $n-r$ 个解向量.

证 因为 $R(\boldsymbol{A})=r$，所以利用消元法可以得到方程组(1)的同解方程组，不妨设为

---

① 为便于运算，今后向量均表示为列向量.

$$\begin{cases} c_{11}x_1+c_{12}x_2+\cdots+c_{1r}x_r=-c_{1,r+1}x_{r+1}-\cdots-c_{1n}x_n, \\ \qquad\quad c_{22}x_2+\cdots+c_{2r}x_r=-c_{2,r+1}x_{r+1}-\cdots-c_{2n}x_n, \\ \qquad\qquad\qquad\cdots\cdots\cdots\cdots\cdots\cdots \\ \qquad\qquad\qquad c_{rr}x_r=-c_{r,r+1}x_{r+1}-\cdots-c_{rn}x_n, \end{cases} \tag{3}$$

其中 $c_{ii}\neq0(i=1,2,\cdots,r)$.

当 $r=n$ 时,方程组(3)只有零解,从而方程组(1)无基础解系.

当 $r<n$ 时,方程组(3)有无穷多解,一般解中包含 $n-r$ 个自由未知量 $x_{r+1},x_{r+2},\cdots,x_n$. 为求出基础解系,在(3)式中可以分别取

$$\begin{pmatrix} x_{r+1} \\ x_{r+2} \\ \vdots \\ x_n \end{pmatrix}=\begin{pmatrix} 1 \\ 0 \\ \vdots \\ 0 \end{pmatrix},\begin{pmatrix} 0 \\ 1 \\ \vdots \\ 0 \end{pmatrix},\cdots,\begin{pmatrix} 0 \\ 0 \\ \vdots \\ 1 \end{pmatrix}, \tag{4}$$

即 $n-r$ 个 $n-r$ 维向量,由此可以得(3)式的 $n-r$ 个解. 设这 $n-r$ 个解依次为

$$\begin{pmatrix} x_1 \\ x_2 \\ \vdots \\ x_r \end{pmatrix}=\begin{pmatrix} b_{11} \\ b_{21} \\ \vdots \\ b_{r1} \end{pmatrix},\begin{pmatrix} b_{12} \\ b_{22} \\ \vdots \\ b_{r2} \end{pmatrix},\cdots,\begin{pmatrix} b_{1,n-r} \\ b_{2,n-r} \\ \vdots \\ b_{r,n-r} \end{pmatrix}. \tag{5}$$

从而得到方程组(1)的 $n-r$ 个解

$$\boldsymbol{\xi}_1=\begin{pmatrix} b_{11} \\ \vdots \\ b_{r1} \\ 1 \\ 0 \\ \vdots \\ 0 \end{pmatrix},\ \boldsymbol{\xi}_2=\begin{pmatrix} b_{12} \\ \vdots \\ b_{r2} \\ 0 \\ 1 \\ \vdots \\ 0 \end{pmatrix},\ \cdots,\ \boldsymbol{\xi}_{n-r}=\begin{pmatrix} b_{1,n-r} \\ \vdots \\ b_{r,n-r} \\ 0 \\ 0 \\ \vdots \\ 1 \end{pmatrix}. \tag{6}$$

由于(4)式中向量组线性无关,根据第二节定理 4,该向量组的每个向量添加 r 个分量后所得 $n-r$ 个 n 维向量 $\boldsymbol{\xi}_1,\boldsymbol{\xi}_2,\cdots,\boldsymbol{\xi}_{n-r}$ 也线性无关.

下面证明方程组(1)的任一解 $\boldsymbol{\xi}=(\lambda_1,\lambda_2,\cdots,\lambda_r,\lambda_{r+1},\cdots,\lambda_n)^{\mathrm{T}}$ 都可以由 $\boldsymbol{\xi}_1,\boldsymbol{\xi}_2,\cdots,\boldsymbol{\xi}_{n-r}$ 线性表示.

作向量 $\boldsymbol{\eta}=\lambda_{r+1}\boldsymbol{\xi}_1+\lambda_{r+2}\boldsymbol{\xi}_2+\cdots+\lambda_n\boldsymbol{\xi}_{n-r}$,由齐次线性方程组解的性质知 $\boldsymbol{\eta}$ 是方程组(1)的解向量.

比较 $\boldsymbol{\xi}$ 与 $\boldsymbol{\eta}$,显然它们的后 $n-r$ 个分量对应相等,由克拉默法则知,方程组(3)的任一解的前 r 个分量是由它的后 $n-r$ 个分量唯一决定的,因此 $\boldsymbol{\xi}$ 与 $\boldsymbol{\eta}$ 的前 r 个分量也对应相等,即

$\boldsymbol{\xi}=\boldsymbol{\eta}$,从而

$$\boldsymbol{\xi}=\lambda_{r+1}\boldsymbol{\xi}_1+\lambda_{r+2}\boldsymbol{\xi}_2+\cdots+\lambda_n\boldsymbol{\xi}_{n-r}. \qquad (*)$$

综上所述,$\boldsymbol{\xi}_1,\boldsymbol{\xi}_2,\cdots,\boldsymbol{\xi}_{n-r}$是齐次线性方程组(1)的一个基础解系. **证毕**

注意 (*)为方程组(1)的**通解**或**一般解**.

例1 求齐次线性方程组

$$\begin{cases}x_1+x_2-3x_3-x_4=0,\\3x_1-x_2-3x_3+4x_4=0,\\x_1+5x_2-9x_3-8x_4=0\end{cases}$$

的一个基础解系,并求出一般解.

解 用初等行变换将方程组的系数矩阵化为行阶梯形矩阵:

$$\begin{pmatrix}1&1&-3&-1\\3&-1&-3&4\\1&5&-9&-8\end{pmatrix}\xrightarrow[r_3-r_1]{r_2-3r_1}\begin{pmatrix}1&1&-3&-1\\0&-4&6&7\\0&4&-6&-7\end{pmatrix}\xrightarrow{r_3+r_2}\begin{pmatrix}1&1&-3&-1\\0&-4&6&7\\0&0&0&0\end{pmatrix}.$$

可见,$R(\mathbf{A})=2$,原方程组的同解方程组为

$$\begin{cases}x_1+x_2-3x_3-x_4=0,\\-4x_2+6x_3+7x_4=0,\end{cases}$$

即

$$\begin{cases}x_1=\dfrac{3}{2}x_3-\dfrac{3}{4}x_4,\\x_2=\dfrac{3}{2}x_3+\dfrac{7}{4}x_4\end{cases}\quad(x_3,x_4\text{ 为自由未知量}),$$

分别取

$$\begin{pmatrix}x_3\\x_4\end{pmatrix}=\begin{pmatrix}1\\0\end{pmatrix},\begin{pmatrix}0\\1\end{pmatrix},\text{ 得 }\begin{pmatrix}x_1\\x_2\end{pmatrix}=\begin{pmatrix}\dfrac{3}{2}\\\dfrac{3}{2}\end{pmatrix},\begin{pmatrix}-\dfrac{3}{4}\\\dfrac{7}{4}\end{pmatrix}.$$

由此得基础解系 $\boldsymbol{\xi}_1=\left(\dfrac{3}{2},\dfrac{3}{2},1,0\right)^{\mathrm{T}}$,$\boldsymbol{\xi}_2=\left(-\dfrac{3}{4},\dfrac{7}{4},0,1\right)^{\mathrm{T}}$,一般解为

$$\boldsymbol{\xi}=k_1\boldsymbol{\xi}_1+k_2\boldsymbol{\xi}_2,\quad k_1,k_2\in\mathbf{R}.$$

例2 求齐次线性方程组

$$\begin{cases}x_1+x_2+x_3+x_4+x_5=0,\\3x_1+2x_2+x_3-3x_5=0,\\x_2+2x_3+3x_4+6x_5=0,\\5x_1+4x_2+3x_3+2x_4+6x_5=0\end{cases}$$

的一个基础解系.

解　利用初等行变换将方程组的系数矩阵化为行阶梯形矩阵

$$A=\begin{pmatrix}1&1&1&1&1\\3&2&1&0&-3\\0&1&2&3&6\\5&4&3&2&6\end{pmatrix}\xrightarrow[r_4-5r_1]{r_2-3r_1}\begin{pmatrix}1&1&1&1&1\\0&-1&-2&-3&-6\\0&1&2&3&6\\0&-1&-2&-3&1\end{pmatrix}$$

$$\xrightarrow[r_2\times(-1)]{\substack{r_3+r_2\\r_4-r_2}}\begin{pmatrix}1&1&1&1&1\\0&1&2&3&6\\0&0&0&0&0\\0&0&0&0&7\end{pmatrix}\xrightarrow[r_3\leftrightarrow r_4]{r_4\times\frac{1}{7}}\begin{pmatrix}1&1&1&1&1\\0&1&2&3&6\\0&0&0&0&1\\0&0&0&0&0\end{pmatrix}.$$

于是，$R(A)=3$，与原方程组同解的方程组为

$$\begin{cases}x_1+x_2+x_3+x_4+x_5=0,\\ \quad x_2+2x_3+3x_4+6x_5=0,\\ \quad x_5=0,\end{cases}\ \text{即}\ \begin{cases}x_1+x_2+x_5=-x_3-x_4,\\ \quad x_2+6x_5=-2x_3-3x_4,\\ \quad x_5=0.\end{cases}$$

分别取

$$\begin{pmatrix}x_3\\x_4\end{pmatrix}=\begin{pmatrix}1\\0\end{pmatrix},\ \begin{pmatrix}0\\1\end{pmatrix},\ \text{得}\ \begin{pmatrix}x_1\\x_2\end{pmatrix}=\begin{pmatrix}1\\-2\end{pmatrix},\ \begin{pmatrix}2\\-3\end{pmatrix},$$

于是得方程组的一个基础解系 $\boldsymbol{\xi}_1=(1,-2,1,0,0)^T$，$\boldsymbol{\xi}_2=(2,-3,0,1,0)^T$.

二、非齐次线性方程组

对于非齐次线性方程组

$$\begin{cases}a_{11}x_1+a_{12}x_2+\cdots+a_{1n}x_n=b_1,\\a_{21}x_1+a_{22}x_2+\cdots+a_{2n}x_n=b_2,\\\cdots\cdots\cdots\cdots\cdots\cdots\cdots\cdots\\a_{m1}x_1+a_{m2}x_2+\cdots+a_{mn}x_n=b_m,\end{cases}\tag{7}$$

令

$$A=\begin{pmatrix}a_{11}&a_{12}&\cdots&a_{1n}\\a_{21}&a_{22}&\cdots&a_{2n}\\\vdots&\vdots&&\vdots\\a_{m1}&a_{m2}&\cdots&a_{mn}\end{pmatrix},\quad \boldsymbol{x}=\begin{pmatrix}x_1\\x_2\\\vdots\\x_n\end{pmatrix},\quad \boldsymbol{b}=\begin{pmatrix}b_1\\b_2\\\vdots\\b_m\end{pmatrix},$$

非齐次线性方程组(7)可以写成

$$A\boldsymbol{x}=\boldsymbol{b}.\tag{8}$$

非齐次线性方程组(7)对应的齐次线性方程组可以写成

$$A\boldsymbol{x}=\boldsymbol{\theta}.\tag{9}$$

非齐次线性方程组(7)与对应的齐次线性方程组(9)的解有着密切联系,即有如下性质.

性质 3 设 $\boldsymbol{\eta}_1$ 及 $\boldsymbol{\eta}_2$ 是非齐次线性方程组(7)的解,则 $\boldsymbol{\eta}_1-\boldsymbol{\eta}_2$ 为对应的齐次线性方程组(9)的解.

证 因为

$$\boldsymbol{A}(\boldsymbol{\eta}_1-\boldsymbol{\eta}_2)=\boldsymbol{A}\boldsymbol{\eta}_1-\boldsymbol{A}\boldsymbol{\eta}_2=\boldsymbol{b}-\boldsymbol{b}=\boldsymbol{\theta},$$

所以 $\boldsymbol{x}=\boldsymbol{\eta}_1-\boldsymbol{\eta}_2$ 是齐次线性方程组(9)的解. **证毕**

定理 2 设非齐次线性方程组(7)的某一特解为 $\boldsymbol{\xi}_0$,$\boldsymbol{\xi}$ 是对应的齐次线性方程组(9)的通解,则非齐次线性方程组(7)的任意一个解 $\boldsymbol{x}$(即**通解**)可以表示成

$$\boldsymbol{x}=\boldsymbol{\xi}+\boldsymbol{\xi}_0.$$

证 因为 $\boldsymbol{x},\boldsymbol{\xi}_0$ 为(7)式的解,所以由性质 3 知,$\boldsymbol{x}-\boldsymbol{\xi}_0$ 为(9)式的解. 令 $\boldsymbol{\xi}=\boldsymbol{x}-\boldsymbol{\xi}_0$,即可得

$$\boldsymbol{x}=\boldsymbol{\xi}+\boldsymbol{\xi}_0,$$

所以定理 2 成立. **证毕**

推论 在非齐次线性方程组(7)有解的条件下,解唯一的充分必要条件是,它对应的齐次线性方程组(9)只有零解.

例 3 求非齐次线性方程组

$$\begin{cases} x_1+x_2+x_3+x_4+x_5=2, \\ 2x_1+3x_2+x_3+x_4-3x_5=0, \\ 4x_1+5x_2+3x_3+3x_4-x_5=4, \\ x_1+2x_3+2x_4+6x_5=6 \end{cases}$$

的通解.

解 利用初等行变换将方程组的增广矩阵化为行阶梯形矩阵

$$\boldsymbol{A}=\left(\begin{array}{ccccc:c} 1 & 1 & 1 & 1 & 1 & 2 \\ 2 & 3 & 1 & 1 & -3 & 0 \\ 4 & 5 & 3 & 3 & -1 & 4 \\ 1 & 0 & 2 & 2 & 6 & 6 \end{array}\right) \xrightarrow[r_4-r_1]{\substack{r_2-2r_1 \\ r_3-4r_1}} \left(\begin{array}{ccccc:c} 1 & 1 & 1 & 1 & 1 & 2 \\ 0 & 1 & -1 & -1 & -5 & -4 \\ 0 & 1 & -1 & -1 & -5 & -4 \\ 0 & -1 & 1 & 1 & 5 & 4 \end{array}\right)$$

$$\xrightarrow[r_4+r_2]{r_3-r_2} \left(\begin{array}{ccccc:c} 1 & 1 & 1 & 1 & 1 & 2 \\ 0 & 1 & -1 & -1 & -5 & -4 \\ 0 & 0 & 0 & 0 & 0 & 0 \\ 0 & 0 & 0 & 0 & 0 & 0 \end{array}\right).$$

先求原方程组的一个特解. 由最后一个矩阵知原方程组的同解方程组为

$$\begin{cases} x_1+x_2+x_3+x_4+x_5=2, \\ x_2-x_3-x_4-5x_5=-4, \end{cases}$$

令 $x_3=x_4=x_5=0$,代入上面方程组中得 $x_1=6,x_2=-4$,于是得原方程组的一个特解

$$\boldsymbol{\xi}_0=(6,-4,0,0,0)^{\mathrm{T}}.$$

再求原方程组对应的齐次线性方程组的基础解系,齐次线性方程组的同解方程组为

$$\begin{cases}x_1+x_2+x_3+x_4+\ \ x_5=0,\\ \qquad\ x_2-x_3-x_4-5x_5=0.\end{cases}$$

以 x_3,x_4,x_5 为自由未知量有

$$\begin{cases}x_1+x_2=-x_3-x_4-\ \ x_5,\\ \qquad\ x_2=\ \ x_3+x_4+5x_5,\end{cases}$$

分别取

$$\begin{pmatrix}x_3\\x_4\\x_5\end{pmatrix}=\begin{pmatrix}1\\0\\0\end{pmatrix},\begin{pmatrix}0\\1\\0\end{pmatrix},\begin{pmatrix}0\\0\\1\end{pmatrix},$$

有

$$\begin{pmatrix}x_1\\x_2\end{pmatrix}=\begin{pmatrix}-2\\1\end{pmatrix},\begin{pmatrix}-2\\1\end{pmatrix},\begin{pmatrix}-6\\5\end{pmatrix}.$$

得基础解系为 $\boldsymbol{\xi}_1=(-2,1,1,0,0)^{\mathrm{T}}$, $\boldsymbol{\xi}_2=(-2,1,0,1,0)^{\mathrm{T}}$, $\boldsymbol{\xi}_3=(-6,5,0,0,1)^{\mathrm{T}}$,所以原方程组的通解为

$$\boldsymbol{x}=\boldsymbol{\xi}_0+k_1\boldsymbol{\xi}_1+k_2\boldsymbol{\xi}_2+k_3\boldsymbol{\xi}_3,$$

其中 k_1, k_2, k_3 为任意常数.

习 题 3-3

1. 求下列齐次线性方程组的一个基础解系:

(1) $\begin{cases}x_1-2x_2+3x_3-4x_4=0,\\ \qquad\ x_2-\ \ x_3+\ \ x_4=0,\\ x_1+3x_2\qquad\quad\ -3x_4=0,\\ x_1-4x_2+3x_3-2x_4=0;\end{cases}$

(2) $\begin{cases}2x_1-4x_2+\ \ 5x_3+\ \ 3x_4=0,\\ 3x_1-6x_2+\ \ 4x_3+\ \ 2x_4=0,\\ 4x_1-8x_2+17x_3+11x_4=0.\end{cases}$

2. 求下列非齐次线性方程组的通解:

(1) $\begin{cases}2x_1+\ \ x_2-\ \ x_3+x_4=1,\\ \ \ x_1+2x_2+\ \ x_3-x_4=2,\\ \ \ x_1+\ \ x_2+2x_3+x_4=3;\end{cases}$

(2) $\begin{cases}-3x_1+\ \ x_2-4x_3+2x_4=-5,\\ \quad\ x_1-5x_2+2x_3-3x_4=11,\\ \ -x_1-9x_2\qquad\quad\ -4x_4=17,\\ \quad 5x_1+3x_2+6x_3-\ \ x_4=-1.\end{cases}$

3. 设向量 $\boldsymbol{\alpha}_1$, $\boldsymbol{\alpha}_2$, $\boldsymbol{\alpha}_3$ 是某个齐次线性方程组的基础解系,试问:向量 $\boldsymbol{\alpha}_1+\boldsymbol{\alpha}_2$, $\boldsymbol{\alpha}_2+\boldsymbol{\alpha}_3$, $\boldsymbol{\alpha}_3+\boldsymbol{\alpha}_1$ 是否也是它的基础解系?

4. 设 $\boldsymbol{\eta}_1,\cdots,\boldsymbol{\eta}_s$ 是非齐次线性方程组

$$\boldsymbol{A}\boldsymbol{x}=\boldsymbol{b}$$

的 s 个解向量,且 $k_1+\cdots+k_s=1$($k_1,\cdots,k_s$ 为实数),试证明:

$$\boldsymbol{x}=k_1\boldsymbol{\eta}_1+k_2\boldsymbol{\eta}_2+\cdots+k_s\boldsymbol{\eta}_s$$

也是它的解向量.

第四节　向量空间

定义 1　设 V 为 n 维向量的集合,如果集合 V 非空,且对于向量的加法及数乘两种运算封闭,即对任意的 $\boldsymbol{\alpha},\boldsymbol{\beta}\in V$ 和常数 k 都有

$$\boldsymbol{\alpha}+\boldsymbol{\beta}\in V,\quad k\boldsymbol{\alpha}\in V,$$

则称集合 V 为一个**向量空间**.

例 1　n 维实向量的全体之集 $\mathbf{R}^n$ 构成一个向量空间.特别地,三维向量可以用有向线段来表示,所以 $\mathbf{R}^3$ 也可以看做以坐标原点为起点的有向线段的全体.$n>3$ 时,$\mathbf{R}^n$ 没有直观的几何意义.n 维零向量所形成的集合$\{\mathbf{0}\}$也构成一个向量空间.

例 2　判断下列集合是否可以构成向量空间:

(1) $V_1=\{(0,x_2,x_3,\cdots,x_n)^{\mathrm{T}}\mid x_2,x_3,\cdots,x_n\in\mathbf{R}\}$;

(2) $V_2=\{(x_1,x_2,\cdots,x_n)^{\mathrm{T}}\mid x_1+x_2+\cdots+x_n=1\}$.

解　(1) 显然 V_1 非空,任取

$$\boldsymbol{\alpha}=(0,x_2,x_3,\cdots,x_n)^{\mathrm{T}}\in V_1,\quad \boldsymbol{\beta}=(0,y_2,y_3,\cdots,y_n)^{\mathrm{T}}\in V_1,$$

有

$$\boldsymbol{\alpha}+\boldsymbol{\beta}=(0,x_2+y_2,x_3+y_3,\cdots,x_n+y_n)^{\mathrm{T}}\in V_1,\quad k\boldsymbol{\alpha}=(0,kx_2,kx_3,\cdots,kx_n)^{\mathrm{T}}\in V_1.$$

故 V_1 是一个向量空间.

(2) 取

$$\boldsymbol{\alpha}=(x_1,x_2,x_3,\cdots,x_n)^{\mathrm{T}}\in V_2,\quad \boldsymbol{\beta}=(y_1,y_2,y_3,\cdots,y_n)^{\mathrm{T}}\in V_2,$$

其中 $\sum\limits_{i=1}^{n}x_i=1,\ \sum\limits_{i=1}^{n}y_i=1$,有

$$\boldsymbol{\alpha}+\boldsymbol{\beta}=(x_1+y_1,x_2+y_2,x_3+y_3,\cdots,x_n+y_n)^{\mathrm{T}},$$

其中

$$\sum_{i=1}^{n}(x_i+y_i)=\sum_{i=1}^{n}x_i+\sum_{i=1}^{n}y_i=2\neq 1,$$

因此

$$\boldsymbol{\alpha}+\boldsymbol{\beta}=(x_1+y_1,x_2+y_2,x_3+y_3,\cdots,x_n+y_n)^{\mathrm{T}}\notin V_2.$$

故 V_2 不能构成向量空间.

例 3　设 $\boldsymbol{\alpha}_1,\boldsymbol{\alpha}_2,\cdots,\boldsymbol{\alpha}_m$ 为一个 n 维向量组,它们的线性组合

$$V=\{k_1\boldsymbol{\alpha}_1+k_2\boldsymbol{\alpha}_2+\cdots+k_m\boldsymbol{\alpha}_m\mid k_1,k_2,\cdots,k_m\in\mathbf{R}\}$$

构成一个向量空间. 这个向量空间称为由 $\boldsymbol{\alpha}_1, \boldsymbol{\alpha}_2, \cdots, \boldsymbol{\alpha}_m$ 所生成的向量空间,记为

$$\mathrm{L}(\boldsymbol{\alpha}_1, \boldsymbol{\alpha}_2, \cdots, \boldsymbol{\alpha}_m).$$

例 4 设有两个 n 维向量组 I_1 和 I_2. 若对任一 $\boldsymbol{\alpha}\in \mathrm{I}_1$ 都可由 I_2 的向量线性表示,则称向量组 I_1 可由向量组 I_2 **线性表示**. 如果 I_1 与 I_2 能够相互线性表示,则称 I_1 **与** I_2 **等价**. 证明:由等价的向量组所生成的向量空间必相等.

证 设 $\boldsymbol{\alpha}_1, \boldsymbol{\alpha}_2, \cdots, \boldsymbol{\alpha}_m$ 和 $\boldsymbol{\beta}_1, \boldsymbol{\beta}_2, \cdots, \boldsymbol{\beta}_s$ 是两个等价的向量组. 对任意的 $\boldsymbol{\alpha}\in \mathrm{L}(\boldsymbol{\alpha}_1, \boldsymbol{\alpha}_2, \cdots, \boldsymbol{\alpha}_m)$ 都可由 $\boldsymbol{\alpha}_1, \boldsymbol{\alpha}_2, \cdots, \boldsymbol{\alpha}_m$ 线性表示. 而向量组 $\boldsymbol{\alpha}_1, \boldsymbol{\alpha}_2, \cdots, \boldsymbol{\alpha}_m$ 又可由 $\boldsymbol{\beta}_1, \boldsymbol{\beta}_2, \cdots, \boldsymbol{\beta}_s$ 线性表示,所以 α 可由 $\boldsymbol{\beta}_1, \boldsymbol{\beta}_2, \cdots, \boldsymbol{\beta}_s$ 线性表示,即 $\boldsymbol{\alpha}\in \mathrm{L}(\boldsymbol{\beta}_1, \boldsymbol{\beta}_2, \cdots, \boldsymbol{\beta}_s)$. 由 $\boldsymbol{\alpha}$ 的任意性,得

$$\mathrm{L}(\boldsymbol{\alpha}_1, \boldsymbol{\alpha}_2, \cdots, \boldsymbol{\alpha}_m)\subset \mathrm{L}(\boldsymbol{\beta}_1, \boldsymbol{\beta}_2, \cdots, \boldsymbol{\beta}_s).$$

同理,可证

$$\mathrm{L}(\boldsymbol{\beta}_1, \boldsymbol{\beta}_2, \cdots, \boldsymbol{\beta}_s)\subset \mathrm{L}(\boldsymbol{\alpha}_1, \boldsymbol{\alpha}_2, \cdots, \boldsymbol{\alpha}_m).$$

于是

$$\mathrm{L}(\boldsymbol{\alpha}_1, \boldsymbol{\alpha}_2, \cdots, \boldsymbol{\alpha}_m)= \mathrm{L}(\boldsymbol{\beta}_1, \boldsymbol{\beta}_2, \cdots, \boldsymbol{\beta}_s).$$

例 5 齐次线性方程组的解集 $S=\{\boldsymbol{x}\mid \boldsymbol{A}\boldsymbol{x}=\boldsymbol{\theta}\}$ 是一个向量空间(称为齐次线性方程组的解空间). 因为由齐次线性方程组解的性质知道其解集 S 对向量的线性运算封闭.

非齐次线性方程组的解集 $S=\{\boldsymbol{x}\mid \boldsymbol{A}\boldsymbol{x}=\boldsymbol{b}\}$ 不是向量空间. 因为当 S 为空集时,S 不是向量空间;当 S 非空时,若 $\boldsymbol{\eta}\in S$,则 $\boldsymbol{A}(2\boldsymbol{\eta})=2\boldsymbol{b}\neq \boldsymbol{b}$,知 $2\boldsymbol{\eta}\notin S$,$S$ 不是向量空间.

定义 2 如果 V_1 和 V_2 都是向量空间,且 $V_1\subset V_2$,则称 V_1 是 V_2 的**子空间**.

任何由 n 维向量所组成的向量空间都是 $\mathbf{R}^n$ 的子空间. $\mathbf{R}^n$ 和 $\{\mathbf{0}\}$ 称为 $\mathbf{R}^n$ 的**平凡子空间**,其他子空间称为 $\mathbf{R}^n$ 的**非平凡子空间**. 例如,例 2 中的 V_1 就是 $\mathbf{R}^n$ 的一个非平凡子空间.

定义 3 设 V 是一个向量空间. 如果 V 中的向量组 $\boldsymbol{\alpha}_1, \boldsymbol{\alpha}_2, \cdots, \boldsymbol{\alpha}_r$ 满足

(1) $\boldsymbol{\alpha}_1, \boldsymbol{\alpha}_2, \cdots, \boldsymbol{\alpha}_r$ 线性无关;

(2) V 中任意向量都可由 $\boldsymbol{\alpha}_1, \boldsymbol{\alpha}_2, \cdots, \boldsymbol{\alpha}_r$ 线性表示,

则称向量组 $\boldsymbol{\alpha}_1, \boldsymbol{\alpha}_2, \cdots, \boldsymbol{\alpha}_r$ 为向量空间 V 的一个**基**,r 称为 V 的**维数**,记为 $\dim V$,并称 V 为一个 r **维向量空间**.

如果向量空间 V 没有基,则称 V 的维数为 0,0 维向量空间只含一个零向量.

如果把向量空间 V 看做向量组,那么 V 的基就是它的一个极大无关组,V 的维数就是它的秩. 当 V 由 n 维向量组成时,它的维数不会超过 n.

例如,基本单位向量组 $\boldsymbol{e}_1, \boldsymbol{e}_2, \cdots, \boldsymbol{e}_n$ 是 $\mathbf{R}^n$ 的一个基,$\mathbf{R}^n$ 为 n 维向量空间;而例 2 中的 V_1 是 $n-1$ 维向量空间,它的一个基可取为 $\boldsymbol{e}_2, \boldsymbol{e}_3, \cdots, \boldsymbol{e}_n$.

注意 如果 $\dim V=r$,则 V 中的任意 r 个线性无关的向量都可以作为 V 的一个基. 因此,一般来说,向量空间的基是不唯一的,但基所含向量的个数是唯一确定的.

定义 4 设 $\boldsymbol{\alpha}_1, \boldsymbol{\alpha}_2, \cdots, \boldsymbol{\alpha}_r$ 是 r 维向量空间 V 的一个基,则对于任意向量 $\boldsymbol{\alpha}\in V$,有且仅有

一组数 $x_1, x_2, \cdots, x_r$,使 $\boldsymbol{\alpha}=x_1\boldsymbol{\alpha}_1+x_2\boldsymbol{\alpha}_2+\cdots+x_r\boldsymbol{\alpha}_r$,则有序数组 $x_1,x_2,\cdots,x_r$ 称为 $\boldsymbol{\alpha}$ 在基 $\boldsymbol{\alpha}_1, \boldsymbol{\alpha}_2, \cdots, \boldsymbol{\alpha}_r$ 下的**坐标**.

特别地,在 n 维向量空间 $\mathbf{R}^n$ 中取基本单位向量组 $\boldsymbol{e}_1, \boldsymbol{e}_2, \cdots, \boldsymbol{e}_n$ 为基,则以 $x_1, x_2, \cdots, x_n$ 为分量的向量 $\boldsymbol{x}=(x_1, x_2, \cdots, x_n)^{\mathrm{T}}$ 可表示为

$$\boldsymbol{x}=x_1\boldsymbol{e}_1+x_2\boldsymbol{e}_2+\cdots+x_n\boldsymbol{e}_n.$$

可见,向量 $\boldsymbol{x}$ 在基 $\boldsymbol{e}_1, \boldsymbol{e}_2, \cdots, \boldsymbol{e}_n$ 下的坐标就是该向量的分量.因此,$\boldsymbol{e}_1, \boldsymbol{e}_2, \cdots, \boldsymbol{e}_n$ 称为 $\mathbb{R}^n$ 中的**自然基**.

例 6 设

$$\boldsymbol{A}=(\boldsymbol{\alpha}_1\quad \boldsymbol{\alpha}_2\quad \boldsymbol{\alpha}_3)=\begin{pmatrix}2&2&-1\\2&-1&2\\-1&2&2\end{pmatrix},\quad \boldsymbol{B}=(\boldsymbol{\beta}_1\quad \boldsymbol{\beta}_2)=\begin{pmatrix}1&4\\0&3\\-4&2\end{pmatrix}.$$

验证 $\boldsymbol{\alpha}_1, \boldsymbol{\alpha}_2, \boldsymbol{\alpha}_3$ 是 $\mathbf{R}^3$ 的一个基,并求 $\boldsymbol{\beta}_1, \boldsymbol{\beta}_2$ 在这个基下的坐标.

解 由于 $|\boldsymbol{A}|=-27\neq 0$,所以,$R(\boldsymbol{A})=3$,且 $\boldsymbol{\alpha}_1, \boldsymbol{\alpha}_2, \boldsymbol{\alpha}_3$ 线性无关.由于 $\dim\mathbf{R}^3=3$,因此,$\boldsymbol{\alpha}_1, \boldsymbol{\alpha}_2, \boldsymbol{\alpha}_3$ 是 $\mathbf{R}^3$ 的一个基.

设 $\boldsymbol{\beta}_1=x_{11}\boldsymbol{\alpha}_1+x_{21}\boldsymbol{\alpha}_2+x_{31}\boldsymbol{\alpha}_3$, $\boldsymbol{\beta}_2=x_{12}\boldsymbol{\alpha}_1+x_{22}\boldsymbol{\alpha}_2+x_{32}\boldsymbol{\alpha}_3$,即

$$(\boldsymbol{\beta}_1\quad \boldsymbol{\beta}_2)=(\boldsymbol{\alpha}_1\quad \boldsymbol{\alpha}_2\quad \boldsymbol{\alpha}_3)\begin{pmatrix}x_{11}&x_{12}\\x_{21}&x_{22}\\x_{31}&x_{32}\end{pmatrix},\text{记做 } \boldsymbol{B}=\boldsymbol{A}\boldsymbol{X}.$$

利用初等变换法,求解上述矩阵方程,得 $\boldsymbol{X}=\boldsymbol{A}^{-1}\boldsymbol{B}$:

$$(\boldsymbol{A},\boldsymbol{B})=\left(\begin{array}{ccc:cc}2&2&-1&1&4\\2&-1&2&0&3\\-1&2&2&-4&2\end{array}\right)\xrightarrow[\substack{r_2-2r_1\\r_3+r_1}]{\frac{1}{3}(r_1+r_2+r_3)}\left(\begin{array}{ccc:cc}1&1&1&-1&3\\0&-3&0&2&-3\\0&3&3&-5&5\end{array}\right)$$

$$\xrightarrow[r_2\times\frac{1}{3}]{r_3\times\left(-\frac{1}{3}\right)}\left(\begin{array}{ccc:cc}1&1&1&-1&3\\0&1&0&-\frac{2}{3}&1\\0&1&1&-\frac{5}{3}&\frac{5}{3}\end{array}\right)\xrightarrow[r_3-r_2]{r_1-r_3}\left(\begin{array}{ccc:cc}1&0&0&\frac{2}{3}&\frac{4}{3}\\0&1&0&-\frac{2}{3}&1\\0&0&1&-1&\frac{2}{3}\end{array}\right).$$

因此

$$\boldsymbol{X}=\boldsymbol{A}^{-1}\boldsymbol{B}=\begin{pmatrix}\frac{2}{3}&\frac{4}{3}\\-\frac{2}{3}&1\\-1&\frac{2}{3}\end{pmatrix}.$$

所以，
$$\boldsymbol{\beta}_1=\frac{2}{3}\boldsymbol{\alpha}_1-\frac{2}{3}\boldsymbol{\alpha}_2-\boldsymbol{\alpha}_3,\quad \boldsymbol{\beta}_2=\frac{4}{3}\boldsymbol{\alpha}_1+\boldsymbol{\alpha}_2+\frac{2}{3}\boldsymbol{\alpha}_3,$$
即 $\boldsymbol{\beta}_1,\boldsymbol{\beta}_2$ 在基 $\boldsymbol{\alpha}_1,\boldsymbol{\alpha}_2,\boldsymbol{\alpha}_3$ 下的坐标依次为
$$\frac{2}{3},-\frac{2}{3},-1\ 和\ \frac{4}{3},1,\frac{2}{3}.$$

例 7　在 $\mathbf{R}^3$ 中取定一个基 $\boldsymbol{\alpha}_1,\boldsymbol{\alpha}_2,\boldsymbol{\alpha}_3$，再取一个新基 $\boldsymbol{\beta}_1,\boldsymbol{\beta}_2,\boldsymbol{\beta}_3$，设 $\boldsymbol{A}=(\boldsymbol{\alpha}_1\ \ \boldsymbol{\alpha}_2\ \ \boldsymbol{\alpha}_3)$，$\boldsymbol{B}=(\boldsymbol{\beta}_1\ \ \boldsymbol{\beta}_2\ \ \boldsymbol{\beta}_3)$. 求用 $\boldsymbol{\alpha}_1,\boldsymbol{\alpha}_2,\boldsymbol{\alpha}_3$ 表示 $\boldsymbol{\beta}_1,\boldsymbol{\beta}_2,\boldsymbol{\beta}_3$ 的表示式(**基变换公式**)，并求任一向量在两组基下的坐标之间的关系式(**坐标变换公式**).

解　因 $(\boldsymbol{\alpha}_1\ \ \boldsymbol{\alpha}_2\ \ \boldsymbol{\alpha}_3)=(\boldsymbol{e}_1\ \ \boldsymbol{e}_2\ \ \boldsymbol{e}_3)\boldsymbol{A}$，　$(\boldsymbol{e}_1\ \ \boldsymbol{e}_2\ \ \boldsymbol{e}_3)=(\boldsymbol{\alpha}_1\ \ \boldsymbol{\alpha}_2\ \ \boldsymbol{\alpha}_3)\boldsymbol{A}^{-1}$.

故
$$(\boldsymbol{\beta}_1,\boldsymbol{\beta}_2,\boldsymbol{\beta}_3)=(\boldsymbol{e}_1,\boldsymbol{e}_2,\boldsymbol{e}_3)\boldsymbol{B}=(\boldsymbol{\alpha}_1,\boldsymbol{\alpha}_2,\boldsymbol{\alpha}_3)\boldsymbol{A}^{-1}\boldsymbol{B},$$
即基变换公式为
$$(\boldsymbol{\beta}_1,\boldsymbol{\beta}_2,\boldsymbol{\beta}_3)=(\boldsymbol{\alpha}_1,\boldsymbol{\alpha}_2,\boldsymbol{\alpha}_3)\boldsymbol{P},$$
其中表示式的系数矩阵 $\boldsymbol{P}=\boldsymbol{A}^{-1}\boldsymbol{B}$ 称为从旧基到新基的**过渡矩阵**.

设向量 $\boldsymbol{x}$ 在基 $\boldsymbol{\alpha}_1,\boldsymbol{\alpha}_2,\boldsymbol{\alpha}_3$ 和基 $\boldsymbol{\beta}_1,\boldsymbol{\beta}_2,\boldsymbol{\beta}_3$ 下的坐标分别为 y_1,y_2,y_3 和 z_1,z_2,z_3，即
$$\boldsymbol{x}=(\boldsymbol{\alpha}_1\ \ \boldsymbol{\alpha}_2\ \ \boldsymbol{\alpha}_3)\begin{pmatrix}y_1\\y_2\\y_3\end{pmatrix},\quad \boldsymbol{x}=(\boldsymbol{\beta}_1\ \ \boldsymbol{\beta}_2\ \ \boldsymbol{\beta}_3)\begin{pmatrix}z_1\\z_2\\z_3\end{pmatrix},$$
故
$$\boldsymbol{A}\begin{pmatrix}y_1\\y_2\\y_3\end{pmatrix}=\boldsymbol{B}\begin{pmatrix}z_1\\z_2\\z_3\end{pmatrix},$$
得
$$\begin{pmatrix}z_1\\z_2\\z_3\end{pmatrix}=\boldsymbol{B}^{-1}\boldsymbol{A}\begin{pmatrix}y_1\\y_2\\y_3\end{pmatrix},\ 即\ \begin{pmatrix}z_1\\z_2\\z_3\end{pmatrix}=\boldsymbol{P}^{-1}\begin{pmatrix}y_1\\y_2\\y_3\end{pmatrix},$$
这就是向量在两组基下的坐标变换公式.

习　题　3-4

1. 集合 $V_1=\{(x_1,x_2,\cdots,x_n)^{\mathrm{T}}\mid x_1,x_2,\cdots,x_n\in\mathbf{R},x_1+x_2+\cdots+x_n=0\}$ 是否构成向量空间？为什么？

2. 试证：由 $\boldsymbol{\alpha}_1=(1,1,0)^{\mathrm{T}}$，$\boldsymbol{\alpha}_2=(1,0,1)^{\mathrm{T}}$，$\boldsymbol{\alpha}_3=(0,1,1)^{\mathrm{T}}$ 生成的向量空间恰是 $\mathbf{R}^3$.

3. 求由向量 $\boldsymbol{\alpha}_1=(1,2,1,0)^{\mathrm{T}}$，$\boldsymbol{\alpha}_2=(1,1,1,2)^{\mathrm{T}}$，$\boldsymbol{\alpha}_3=(3,4,3,4)^{\mathrm{T}}$，$\boldsymbol{\alpha}_4=(1,1,2,1)^{\mathrm{T}}$，$\boldsymbol{\alpha}_5=(4,5,6,4)^{\mathrm{T}}$ 所生成的向量空间 $\mathrm{L}(\boldsymbol{\alpha}_1,\boldsymbol{\alpha}_2,\boldsymbol{\alpha}_3,\boldsymbol{\alpha}_4)$的一个基及其维数.

4. 设 $\boldsymbol{\alpha}_1=(1,1,0,0)^{\mathrm{T}}$，$\boldsymbol{\alpha}_2=(1,0,1,1)^{\mathrm{T}}$，$\boldsymbol{\beta}_1=(2,-1,3,3)^{\mathrm{T}}$，$\boldsymbol{\beta}_2=(0,1,-1,-1)^{\mathrm{T}}$. 证明：$\mathrm{L}(\boldsymbol{\alpha}_1,\boldsymbol{\alpha}_2)=\mathrm{L}(\boldsymbol{\beta}_1,\boldsymbol{\beta}_2)$.

5. 验证：$\boldsymbol{\alpha}_1=(1,-1,0)^{\mathrm{T}}$，$\boldsymbol{\alpha}_2=(2,1,3)^{\mathrm{T}}$，$\boldsymbol{\alpha}_3=(3,1,2)^{\mathrm{T}}$ 为 $\mathbf{R}^3$ 的一个基，并把 $\boldsymbol{\beta}_1=(5,0,7)^{\mathrm{T}}$，$\boldsymbol{\beta}_2=(-9,-8,-13)^{\mathrm{T}}$ 用这个基线性表示.

6. 验证：$\boldsymbol{\alpha}_1=(1,1,1)^{\mathrm{T}}$，$\boldsymbol{\alpha}_2=(1,0,-1)^{\mathrm{T}}$，$\boldsymbol{\alpha}_3=(1,0,1)^{\mathrm{T}}$ 及 $\boldsymbol{\beta}_1=(1,2,1)^{\mathrm{T}}$，$\boldsymbol{\beta}_2=(2,3,4)^{\mathrm{T}}$，$\boldsymbol{\beta}_3=(3,4,3)^{\mathrm{T}}$ 都是 $\mathbf{R}^3$ 的基，并求由基 $\boldsymbol{\alpha}_1$，$\boldsymbol{\alpha}_2$，$\boldsymbol{\alpha}_3$ 到基 $\boldsymbol{\beta}_1$，$\boldsymbol{\beta}_2$，$\boldsymbol{\beta}_3$ 的过渡矩阵 $\boldsymbol{P}$.

第四章 相似矩阵与二次型

第一节 向量的内积

定义 1 设 n 维向量 $\boldsymbol{\alpha}=(a_1,a_2,\cdots,a_n)^{\mathrm{T}}$，$\boldsymbol{\beta}=(b_1,b_2,\cdots,b_n)^{\mathrm{T}}$，令

$$[\boldsymbol{\alpha},\boldsymbol{\beta}]=a_1b_1+a_2b_2+\cdots+a_nb_n,$$

则称$[\boldsymbol{\alpha},\boldsymbol{\beta}]$为向量 $\boldsymbol{\alpha}$ 与 $\boldsymbol{\beta}$ 的**内积**.

由定义可知，向量的内积满足以下运算律：

(1) $[\boldsymbol{\alpha},\boldsymbol{\beta}]=[\boldsymbol{\beta},\boldsymbol{\alpha}]=\boldsymbol{\alpha}^{\mathrm{T}}\boldsymbol{\beta}$；

(2) $[k\boldsymbol{\alpha},\boldsymbol{\beta}]=k[\boldsymbol{\alpha},\boldsymbol{\beta}]$（$k$ 为任意实数）；

(3) $[\boldsymbol{\alpha}_1+\boldsymbol{\alpha}_2,\boldsymbol{\beta}]=[\boldsymbol{\alpha}_1,\boldsymbol{\beta}]+[\boldsymbol{\alpha}_2,\boldsymbol{\beta}]$.

在上册向量代数中我们引入过向量的数量积 $\boldsymbol{\alpha}\cdot\boldsymbol{\beta}=|\boldsymbol{\alpha}|\,|\boldsymbol{\beta}|\cos\varphi$（$\varphi$ 为向量 $\boldsymbol{\alpha}$ 与 $\boldsymbol{\beta}$ 的夹角），且当$\boldsymbol{\alpha}=(a_1,a_2,a_3)^{\mathrm{T}}$，$\boldsymbol{\beta}=(b_1,b_2,b_3)^{\mathrm{T}}$ 时，有

$$[\boldsymbol{\alpha},\boldsymbol{\beta}]=a_1b_1+a_2b_2+a_3b_3,$$

于是 n 维向量的内积是几何向量数量积的推广.

定义 2 设 $\boldsymbol{\alpha}=(a_1,a_2,\cdots,a_n)^{\mathrm{T}}$ 是一个 n 维向量，令

$$\|\boldsymbol{\alpha}\|=\sqrt{a_1^2+a_2^2+\cdots+a_n^2}=\sqrt{[\boldsymbol{\alpha},\boldsymbol{\alpha}]},$$

则称 $\|\boldsymbol{\alpha}\|$ 为 $\boldsymbol{\alpha}$ 的**长度（模或范数）**. 当 $\|\boldsymbol{\alpha}\|=1$ 时，称 $\boldsymbol{\alpha}$ 为**单位向量**.

例 1 向量 $\boldsymbol{\alpha}_1=\left(\frac{1}{\sqrt{2}},\frac{1}{\sqrt{2}},0\right)^{\mathrm{T}}$，$\boldsymbol{\alpha}_2=(1,0,0)^{\mathrm{T}}$ 都是单位向量.

定义 3 如果 n 维向量 $\boldsymbol{\alpha}$ 与 $\boldsymbol{\beta}$ 的内积等于零，即$[\boldsymbol{\alpha},\boldsymbol{\beta}]=0$，则称 $\boldsymbol{\alpha}$ 与 $\boldsymbol{\beta}$ **正交**.

显然零向量与任何向量正交.

定义 4 如果 n 维向量 $\boldsymbol{\alpha}_1,\boldsymbol{\alpha}_2,\cdots,\boldsymbol{\alpha}_s$ 中任何两个向量都正交，且每个向量都不是零向量，则称 $\boldsymbol{\alpha}_1,\boldsymbol{\alpha}_2,\cdots,\boldsymbol{\alpha}_s$ 为**正交向量组**.

例 2 向量组 $\boldsymbol{\alpha}_1=(1,0,0)^{\mathrm{T}}$，$\boldsymbol{\alpha}_2=(0,-2,0)^{\mathrm{T}}$，$\boldsymbol{\alpha}_3=(0,0,3)^{\mathrm{T}}$ 为正交向量组.

下面讨论正交向量组的性质.

定理 正交向量组一定线性无关.

证 设 $\boldsymbol{\alpha}_1,\boldsymbol{\alpha}_2,\cdots,\boldsymbol{\alpha}_s$ 为正交向量组，$k_1,k_2,\cdots,k_s$ 为任意常数，且满足

$$k_1\boldsymbol{\alpha}_1+k_2\boldsymbol{\alpha}_2+\cdots+k_s\boldsymbol{\alpha}_s=\boldsymbol{\theta},$$

则
$$[\boldsymbol{\alpha}_1,k_1\boldsymbol{\alpha}_1+k_2\boldsymbol{\alpha}_2+\cdots+k_s\boldsymbol{\alpha}_s]=[\boldsymbol{\alpha}_1,\boldsymbol{\theta}]=0,$$

亦即
$$k_1[\boldsymbol{\alpha}_1,\boldsymbol{\alpha}_1]+k_2[\boldsymbol{\alpha}_1,\boldsymbol{\alpha}_2]+\cdots+k_s[\boldsymbol{\alpha}_1,\boldsymbol{\alpha}_s]=0,$$

由于 $\boldsymbol{\alpha}_1, \boldsymbol{\alpha}_2, \cdots, \boldsymbol{\alpha}_s$ 为正交向量组,于是有

$$[\boldsymbol{\alpha}_1, \boldsymbol{\alpha}_i]=0 \quad (i=2,3,\cdots,s);\ [\boldsymbol{\alpha}_1, \boldsymbol{\alpha}_1]\neq 0,$$

所以 $k_1=0$,类似地可以证明 $k_2=0,\cdots,k_s=0$. 这就证明了向量 $\boldsymbol{\alpha}_1, \boldsymbol{\alpha}_2, \cdots, \boldsymbol{\alpha}_s$ 是线性无关的.

证毕

定理的逆命题不成立,即线性无关的向量组不一定是正交向量组. 但是可以将一个线性无关的向量组化为与它等价的正交向量组,下面所使用的方法称为**施密特(Schmit)正交化方法**:

设 $\boldsymbol{\alpha}_1, \boldsymbol{\alpha}_2, \cdots, \boldsymbol{\alpha}_s$ 线性无关,令

$$\boldsymbol{\beta}_1=\boldsymbol{\alpha}_1,$$

$$\boldsymbol{\beta}_2=\boldsymbol{\alpha}_2-\frac{[\boldsymbol{\beta}_1,\boldsymbol{\alpha}_2]}{[\boldsymbol{\beta}_1,\boldsymbol{\beta}_1]}\boldsymbol{\beta}_1,$$

$$\boldsymbol{\beta}_3=\boldsymbol{\alpha}_3-\frac{[\boldsymbol{\beta}_1,\boldsymbol{\alpha}_3]}{[\boldsymbol{\beta}_1,\boldsymbol{\beta}_1]}\boldsymbol{\beta}_1-\frac{[\boldsymbol{\beta}_2,\boldsymbol{\alpha}_3]}{[\boldsymbol{\beta}_2,\boldsymbol{\beta}_2]}\boldsymbol{\beta}_2,$$

$$\cdots\cdots\cdots\cdots$$

$$\boldsymbol{\beta}_s=\boldsymbol{\alpha}_s-\frac{[\boldsymbol{\beta}_1,\boldsymbol{\alpha}_s]}{[\boldsymbol{\beta}_1,\boldsymbol{\beta}_1]}\boldsymbol{\beta}_1-\frac{[\boldsymbol{\beta}_2,\boldsymbol{\alpha}_s]}{[\boldsymbol{\beta}_2,\boldsymbol{\beta}_2]}\boldsymbol{\beta}_2-\cdots-\frac{[\boldsymbol{\beta}_{s-1},\boldsymbol{\alpha}_s]}{[\boldsymbol{\beta}_{s-1},\boldsymbol{\beta}_{s-1}]}\boldsymbol{\beta}_{s-1},$$

于是 $\boldsymbol{\beta}_1, \boldsymbol{\beta}_2, \cdots, \boldsymbol{\beta}_s$ 为正交向量组,且与向量组 $\boldsymbol{\alpha}_1,\boldsymbol{\alpha}_2,\cdots,\boldsymbol{\alpha}_s$ 等价.

如果再将正交向量组 $\boldsymbol{\beta}_1, \boldsymbol{\beta}_2, \cdots, \boldsymbol{\beta}_s$ 中的每个向量都单位化,即令

$$\boldsymbol{\gamma}_i=\frac{\boldsymbol{\beta}_i}{\|\boldsymbol{\beta}_i\|} \quad (i=1,2,\cdots,s),$$

就可以得到**正交规范向量组** $\boldsymbol{\gamma}_1, \boldsymbol{\gamma}_2, \cdots, \boldsymbol{\gamma}_s$,它与向量组 $\boldsymbol{\alpha}_1,\boldsymbol{\alpha}_2,\cdots,\boldsymbol{\alpha}_s$ 也等价.

例 3 将线性无关组 $\boldsymbol{\alpha}_1=(1,2,-1)^{\mathrm{T}}$, $\boldsymbol{\alpha}_2=(-1,3,1)^{\mathrm{T}}$, $\boldsymbol{\alpha}_3=(4,-1,0)^{\mathrm{T}}$ 正交规范化.

解 (1) 正交化,令

$$\boldsymbol{\beta}_1=\boldsymbol{\alpha}_1,$$

$$\boldsymbol{\beta}_2=\boldsymbol{\alpha}_2-\frac{[\boldsymbol{\beta}_1,\boldsymbol{\alpha}_2]}{[\boldsymbol{\beta}_1,\boldsymbol{\beta}_1]}\boldsymbol{\beta}_1=(-1,3,1)^{\mathrm{T}}-\frac{4}{6}(1,2,-1)^{\mathrm{T}}=\frac{5}{3}(-1,1,-1)^{\mathrm{T}},$$

$$\boldsymbol{\beta}_3=\boldsymbol{\alpha}_3-\frac{[\boldsymbol{\beta}_1,\boldsymbol{\alpha}_3]}{[\boldsymbol{\beta}_1,\boldsymbol{\beta}_1]}\boldsymbol{\beta}_1-\frac{[\boldsymbol{\beta}_2,\boldsymbol{\alpha}_3]}{[\boldsymbol{\beta}_2,\boldsymbol{\beta}_2]}\boldsymbol{\beta}_2$$

$$=(4,-1,0)^{\mathrm{T}}-\frac{1}{3}(1,2,-1)^{\mathrm{T}}+\frac{5}{3}(-1,1,-1)^{\mathrm{T}}=(2,0,2)^{\mathrm{T}}.$$

(2) 单位化,取

$$\boldsymbol{\gamma}_1=\frac{\boldsymbol{\beta}_1}{\|\boldsymbol{\beta}_1\|}=\frac{1}{\sqrt{6}}(1,2,-1)^{\mathrm{T}},$$

$$\boldsymbol{\gamma}_2=\frac{\boldsymbol{\beta}_2}{\|\boldsymbol{\beta}_2\|}=\frac{1}{\sqrt{3}}(-1,1,1)^{\mathrm{T}},$$

$$\boldsymbol{\gamma}_3=\frac{\boldsymbol{\beta}_3}{\|\boldsymbol{\beta}_3\|}=\frac{1}{\sqrt{2}}(1,0,1)^{\mathrm{T}}.$$

注意　先正交化、后单位化得到的向量组仍然是正交向量组，但是，先单位化、后正交化得到的向量组却不一定是单位向量组.

定义 5　如果 n 阶方阵 $\boldsymbol{A}$ 满足

$$\boldsymbol{A}\boldsymbol{A}^{\mathrm{T}}=\boldsymbol{A}^{\mathrm{T}}\boldsymbol{A}=\boldsymbol{E},$$

则称 $\boldsymbol{A}$ 为**正交矩阵**.

设 n 阶正交矩阵

$$\boldsymbol{A}=\begin{pmatrix} a_{11} & a_{12} & \cdots & a_{1n} \\ a_{21} & a_{22} & \cdots & a_{2n} \\ \vdots & \vdots & & \vdots \\ a_{n1} & a_{n2} & \cdots & a_{nn} \end{pmatrix},$$

由 $\boldsymbol{A}\boldsymbol{A}^{\mathrm{T}}=\boldsymbol{E}$，有

$$a_{i1}a_{j1}+a_{i2}a_{j2}+\cdots+a_{in}a_{jn}=\delta_{ij}=\begin{cases}1, & i=j\\ 0, & i\neq j\end{cases}\quad (i,j=1,2,\cdots,n).$$

因此，得正交矩阵有如下性质：

性质 1　$\boldsymbol{A}$ 为正交矩阵的充分必要条件是 $\boldsymbol{A}^{-1}=\boldsymbol{A}^{\mathrm{T}}$.

性质 2　$\boldsymbol{A}$ 为正交矩阵的充分必要条件是 $\boldsymbol{A}$ 的行(列)向量组为正交规范向量组.

性质 3　若 $\boldsymbol{A},\boldsymbol{B}$ 都是 n 阶正交矩阵，则 $\boldsymbol{A}\boldsymbol{B}$ 也是正交矩阵.

性质 4　若 $\boldsymbol{A}$ 是正交矩阵，则 $|\boldsymbol{A}|=1$ 或 $|\boldsymbol{A}|=-1$.

定义 6　若 $\boldsymbol{P}$ 为正交矩阵，则线性变换 $\boldsymbol{y}=\boldsymbol{P}\boldsymbol{x}$ 称为**正交变换**.

这时由

$$\|\boldsymbol{y}\|=\sqrt{\boldsymbol{y}^{\mathrm{T}}\boldsymbol{y}}=\sqrt{\boldsymbol{x}^{\mathrm{T}}\boldsymbol{P}^{\mathrm{T}}\boldsymbol{P}\boldsymbol{x}}=\sqrt{\boldsymbol{x}^{\mathrm{T}}\boldsymbol{x}}=\|\boldsymbol{x}\|$$

知，正交变换保线段长度不变(从而三角形的形状保持不变)，这是正交变换的优点.

例 4　容易验证，矩阵

$$\boldsymbol{A}=\begin{pmatrix} \frac{1}{2} & -\frac{1}{2} & \frac{1}{2} & -\frac{1}{2} \\ \frac{1}{2} & -\frac{1}{2} & -\frac{1}{2} & \frac{1}{2} \\ \frac{1}{\sqrt{2}} & \frac{1}{\sqrt{2}} & 0 & 0 \\ 0 & 0 & \frac{1}{\sqrt{2}} & \frac{1}{\sqrt{2}} \end{pmatrix}$$

为正交矩阵.

习 题 4-1

1. 将线性无关组 $\boldsymbol{\alpha}_1=(1,0,1)^{\mathrm{T}}$，$\boldsymbol{\alpha}_2=(2,1,0)^{\mathrm{T}}$，$\boldsymbol{\alpha}_3=(0,1,1)^{\mathrm{T}}$ 正交规范化.

2. 已知向量组 $\boldsymbol{\alpha}_1=(1,1,1)^{\mathrm{T}}$，$\boldsymbol{\alpha}_2=(1,-2,1)^{\mathrm{T}}$ 是正交的,求一个非零向量 $\boldsymbol{\alpha}_3=(x_1,x_2,x_3)^{\mathrm{T}}$,使 $\boldsymbol{\alpha}_1$，$\boldsymbol{\alpha}_2$，$\boldsymbol{\alpha}_3$ 仍为正交向量组.

3. 已知 $\boldsymbol{\alpha}_1=(1,1,1)^{\mathrm{T}}$,求一组非零向量 $\boldsymbol{\alpha}_2$，$\boldsymbol{\alpha}_3$,使 $\boldsymbol{\alpha}_1$，$\boldsymbol{\alpha}_2$，$\boldsymbol{\alpha}_3$ 两两正交.

4. 证明：如果 $\boldsymbol{\alpha}$ 与 $\boldsymbol{\beta}_1$，$\boldsymbol{\beta}_2$，…，$\boldsymbol{\beta}_n$ 都正交,则 $\boldsymbol{\alpha}$ 与 $\boldsymbol{\beta}_1$，$\boldsymbol{\beta}_2$，…，$\boldsymbol{\beta}_n$ 的任意一个线性组合也正交.

5. 设 $\boldsymbol{A}$ 与 $\boldsymbol{B}$ 都是 n 阶正交矩阵,证明：$\boldsymbol{AB}$ 也是正交矩阵.

第二节 方阵的特征值与特征向量

工程技术中的一些问题,例如,振动问题及稳定性问题常可归结为求一个方阵的特征值与特征向量的问题.

定义 设 $\boldsymbol{A}=(a_{ij})$是 n 阶方阵,λ 是一个数,如果有非零向量 $\boldsymbol{x}=(x_1,\ x_2,\ \cdots,\ x_n)^{\mathrm{T}}$,使得

$$\boldsymbol{Ax}=\lambda\boldsymbol{x} \tag{1}$$

成立,则称 λ 为方阵 $\boldsymbol{A}$ 的一个**特征值**,非零向量 $\boldsymbol{x}$ 为 $\boldsymbol{A}$ 对应于特征值 λ 的**特征向量**.

下面导出求方阵的特征值和特征向量的方法.

由(1)式有

$$(\boldsymbol{A}-\lambda\boldsymbol{E})\boldsymbol{x}=\boldsymbol{\theta}, \tag{2}$$

这是 n 个未知量 n 个方程的齐次线性方程组,它有非零解的充分必要条件是系数行列式

$$|\boldsymbol{A}-\lambda\boldsymbol{E}|=0, \tag{3}$$

即

$$\begin{vmatrix} a_{11}-\lambda & a_{12} & \cdots & a_{1n} \\ a_{21} & a_{22}-\lambda & \cdots & a_{2n} \\ \vdots & \vdots & & \vdots \\ a_{n1} & a_{n2} & \cdots & a_{nn}-\lambda \end{vmatrix}=0.$$

若记 $f(\lambda)=|\boldsymbol{A}-\lambda\boldsymbol{E}|$,则 $f(\lambda)$为 λ 的 n 次多项式,称为 $\boldsymbol{A}$ 的**特征多项式**,$f(\lambda)=0$ 是 λ 的 n 次方程,称为 $\boldsymbol{A}$ 的**特征方程**.

综上所述,可以得到**求 $\boldsymbol{A}$ 的特征值与特征向量的方法**：

(1) 写出 $\boldsymbol{A}$ 的特征多项式 $f(\lambda)$,并求出特征方程的根,即得全部特征值；

(2) 对每一特征值 $\lambda_i(i=1,\ 2,\ \cdots,\ n)$,求相应的齐次线性方程组

$$(\boldsymbol{A}-\lambda_i\boldsymbol{E})\boldsymbol{x}=\boldsymbol{\theta} \tag{*}$$

的非零解向量，即为 $\boldsymbol{A}$ 对应于特征值 $\lambda_i(i=1, 2, \cdots, n)$ 的特征向量.

注意　为求出 $\boldsymbol{A}$ 对应于特征值 λ_i 的全部特征向量，只须求出（$*$）式的一个基础解系 $\boldsymbol{\xi}_1$，$\boldsymbol{\xi}_2$，$\cdots$，$\boldsymbol{\xi}_s$，则 $\boldsymbol{A}$ 对应于特征值 λ_i 的全部特征向量为

$$k_1\boldsymbol{\xi}_1+k_2\boldsymbol{\xi}_2+\cdots+k_s\boldsymbol{\xi}_s \quad (\text{其中 } k_1, k_2, \cdots, k_s \text{ 不全为零}).$$

需要指出的是 $\boldsymbol{A}$ 的一个特征值对应着无穷多个特征向量，反之，一个特征向量只对应一个特征值.

例 1　求 $\boldsymbol{A}=\begin{pmatrix} 3 & -1 \\ -1 & 3 \end{pmatrix}$ 的特征值和特征向量.

解　先写出 $\boldsymbol{A}$ 的特征多项式，并求特征值. 因为

$$|\boldsymbol{A}-\lambda\boldsymbol{E}|=\begin{vmatrix} 3-\lambda & -1 \\ -1 & 3-\lambda \end{vmatrix}=(4-\lambda)(2-\lambda),$$

所以，特征值为 $\lambda_1=2, \lambda_2=4$.

再求特征向量.

当 $\lambda_1=2$ 时，由(2)式得齐次线性方程组

$$(\boldsymbol{A}-2\boldsymbol{E})\boldsymbol{x}=\boldsymbol{\theta}, \text{ 即 } \begin{cases} x_1-x_2=0, \\ -x_1+x_2=0. \end{cases}$$

解得 $x_1=x_2$，对应的一个特征向量可取为 $\boldsymbol{\xi}_1=(1,1)^{\mathrm{T}}$，则 $\boldsymbol{A}$ 对应于特征值 $\lambda_1=2$ 的全部特征向量为 $k_1\boldsymbol{\xi}_1(k_1\neq 0)$.

当 $\lambda_2=4$ 时，由(2)式得齐次线性方程组

$$(\boldsymbol{A}-4\boldsymbol{E})\boldsymbol{x}=\boldsymbol{\theta}, \text{ 即 } \begin{cases} -x_1-x_2=0, \\ -x_1-x_2=0. \end{cases}$$

解得 $x_1=-x_2$，对应的一个特征向量可取为 $\boldsymbol{\xi}_2=(1,-1)^{\mathrm{T}}$，则 $\boldsymbol{A}$ 对应于特征值 $\lambda_2=4$ 的全部特征向量为 $k_2\boldsymbol{\xi}_2(k_2\neq 0)$.

例 2　求矩阵 $\boldsymbol{A}=\begin{pmatrix} -2 & 1 & 1 \\ 0 & 2 & 0 \\ -4 & 1 & 3 \end{pmatrix}$ 的特征值与特征向量.

解　先写出 $\boldsymbol{A}$ 的特征多项式，并求特征值. 因为

$$|\boldsymbol{A}-\lambda\boldsymbol{E}|=\begin{vmatrix} -2-\lambda & 1 & 1 \\ 0 & 2-\lambda & 0 \\ -4 & 1 & 3-\lambda \end{vmatrix}=(2-\lambda)(\lambda^2-\lambda-2)=-(\lambda+1)(\lambda-2)^2,$$

所以，特征值为 $\lambda_1=-1, \lambda_2=\lambda_3=2$.

再求特征向量.

当 $\lambda_1=-1$ 时，由(2)式得齐次线性方程组 $(\boldsymbol{A}+\boldsymbol{E})\boldsymbol{x}=\boldsymbol{\theta}$，由于其系数矩阵

$$\begin{pmatrix} -1 & 1 & 1 \\ 0 & 3 & 0 \\ -4 & 1 & 4 \end{pmatrix} \xrightarrow{r} \begin{pmatrix} -1 & 0 & 1 \\ 0 & 1 & 0 \\ 0 & 0 & 0 \end{pmatrix},$$

即$\begin{cases} -x_1+x_3=0 \\ x_2 \qquad\quad =0 \end{cases}$为同解方程组.由此可取其基础解系对应的一个特征向量为$\boldsymbol{\xi}_1=(1,0,1)^{\mathrm{T}}$,则$\boldsymbol{A}$对应于特征值$\lambda_1=1$的全部特征向量为$k_1\boldsymbol{\xi}_1(k_1\neq 0)$.

当$\lambda_2=\lambda_3=2$时,由(2)式得齐次线性方程组$(\boldsymbol{A}-2\boldsymbol{E})\boldsymbol{x}=\boldsymbol{\theta}$,易知其同解方程组为

$$-4x_1+x_2+x_3=0,$$

由此可取其基础解系对应的两个特征向量为$\boldsymbol{\xi}_2=(0,1,-1)^{\mathrm{T}}$, $\boldsymbol{\xi}_3=(1,0,4)^{\mathrm{T}}$,则$\boldsymbol{A}$对应于特征值$\lambda_2=\lambda_3=2$的全部特征向量为$k_2\boldsymbol{\xi}_2+k_3\boldsymbol{\xi}_3(k_2,k_3$不全为零).

例 3 求矩阵$\boldsymbol{A}=\begin{pmatrix} -1 & 1 & 0 \\ -4 & 3 & 0 \\ 1 & 0 & 2 \end{pmatrix}$的特征值和特征向量.

解 先写出特征多项式,并求特征值.因为

$$|\boldsymbol{A}-\lambda\boldsymbol{E}|=\begin{vmatrix} -1-\lambda & 1 & 0 \\ -4 & 3-\lambda & 0 \\ 1 & 0 & 2-\lambda \end{vmatrix}=(2-\lambda)(1-\lambda)^2,$$

所以,特征值为$\lambda_1=2,\lambda_2=\lambda_3=1$.

当$\lambda_1=2$时,由(2)式得齐次线性方程组

$$\begin{cases} -3x_1+x_2=0 \\ -4x_1+x_2=0 \\ x_1 \qquad\;\; =0 \end{cases},$$

由此可取其基础解系对应的一个特征向量为$\boldsymbol{\xi}_1=(0,0,1)^{\mathrm{T}}$,则$\boldsymbol{A}$对应于特征值$\lambda_1=2$的全部特征向量为$k_1\boldsymbol{\xi}_1(k_1\neq 0)$.

当$\lambda_2=\lambda_3=1$时,由(2)式得齐次线性方程组

$$\begin{cases} -2x_1+\ x_2=0 \\ -4x_1+2x_2=0 \\ \quad x_1+\ x_3=0 \end{cases},$$

由此可取其基础解系对应的一个特征向量为$\boldsymbol{\xi}_2=(1,2,-1)^{\mathrm{T}}$,则$\boldsymbol{A}$对应于特征值$\lambda_2=\lambda_3=1$的全部特征向量为$k_2\boldsymbol{\xi}_2(k_2\neq 0)$.

下面讨论特征向量间的线性关系.

定理 1 n阶方阵$\boldsymbol{A}$对应于不同特征值的特征向量一定线性无关.

证　设 $\boldsymbol{x}_1, \boldsymbol{x}_2, \cdots, \boldsymbol{x}_m$ 为 $\boldsymbol{A}$ 对应于不同特征值 $\lambda_1, \lambda_2, \cdots, \lambda_m$ 的特征向量，对特征向量的个数 m 用数学归纳法.

当 $m=1$ 时，只有一个特征向量 $\boldsymbol{x}_1$（非零向量），当然线性无关.

假设 $m=k$ 时，特征向量 $\boldsymbol{x}_1, \boldsymbol{x}_2, \cdots, \boldsymbol{x}_k$ 线性无关，则对于 $m=k+1$ 时，设

$$a_1\boldsymbol{x}_1+a_2\boldsymbol{x}_2+\cdots+a_k\boldsymbol{x}_k+a_{k+1}\boldsymbol{x}_{k+1}=\boldsymbol{\theta}, \tag{4}$$

两边左乘 $\boldsymbol{A}$ 得

$$a_1\boldsymbol{A}\boldsymbol{x}_1+a_2\boldsymbol{A}\boldsymbol{x}_2+\cdots+a_k\boldsymbol{A}\boldsymbol{x}_k+a_{k+1}\boldsymbol{A}\boldsymbol{x}_{k+1}=\boldsymbol{\theta}. \tag{5}$$

由已知 $\boldsymbol{A}\boldsymbol{x}_i=\lambda_i\boldsymbol{x}_i(i=1,2,\cdots,k+1)$，代入(5)式得

$$a_1\lambda_1\boldsymbol{x}_1+a_2\lambda_2\boldsymbol{x}_2+\cdots+a_k\lambda_k\boldsymbol{x}_k+a_{k+1}\lambda_{k+1}\boldsymbol{x}_{k+1}=\boldsymbol{\theta}, \tag{6}$$

(6)$-\lambda_{k+1}$(4)，得到

$$a_1(\lambda_1-\lambda_{k+1})\boldsymbol{x}_1+a_2(\lambda_2-\lambda_{k+1})\boldsymbol{x}_2+\cdots+a_k(\lambda_k-\lambda_{k+1})\boldsymbol{x}_k=\boldsymbol{\theta}. \tag{7}$$

由于 $\boldsymbol{x}_1, \boldsymbol{x}_2, \cdots, \boldsymbol{x}_k$ 线性无关，且 $\lambda_1,\lambda_2,\cdots,\lambda_k,\lambda_{k+1}$ 互不相同，所以由(7)式得

$$a_1=a_2=\cdots=a_k=0. \tag{8}$$

将(8)式代入(4)式得 $a_{k+1}\boldsymbol{x}_{k+1}=\boldsymbol{\theta}$，因为 $\boldsymbol{x}_{k+1}\neq\boldsymbol{\theta}$，所以

$$a_{k+1}=0. \tag{9}$$

(8)、(9)两式表明 $a_1=a_2=\cdots=a_k=a_{k+1}=0$.

这就证明了 $\boldsymbol{x}_1, \boldsymbol{x}_2, \cdots, \boldsymbol{x}_k, \boldsymbol{x}_{k+1}$ 线性无关.　　**证毕**

定理 2　设 λ_1,λ_2 是 n 阶方阵 $\boldsymbol{A}$ 的两个不同的特征值，又 $\boldsymbol{x}_1, \boldsymbol{x}_2, \cdots, \boldsymbol{x}_m$ 是 $\boldsymbol{A}$ 对应于特征值 λ_1 的线性无关的特征向量，$\boldsymbol{y}_1, \boldsymbol{y}_2, \cdots, \boldsymbol{y}_k$ 为 $\boldsymbol{A}$ 对应于特征值 λ_2 的线性无关的特征向量，则 $\boldsymbol{x}_1, \boldsymbol{x}_2, \cdots, \boldsymbol{x}_m, \boldsymbol{y}_1, \boldsymbol{y}_2, \cdots, \boldsymbol{y}_k$ 也线性无关.

（证明从略）

习　题　4-2

1. 求下列方阵的特征值与特征向量，并说明它们的特征向量是否正交？

(1) $\boldsymbol{A}=\begin{pmatrix}1 & -1\\ 2 & 4\end{pmatrix}$；　　(2) $\boldsymbol{A}=\begin{pmatrix}1 & 2 & 3\\ 2 & 1 & 3\\ 3 & 3 & 6\end{pmatrix}$.

2. 试证：假设方阵 $\boldsymbol{A}$ 满足 $\boldsymbol{A}^2=\boldsymbol{E}$，则 $\boldsymbol{A}$ 的特征值是 ±1.

3. 设 λ 是方阵 $\boldsymbol{A}$ 的特征值，证明：λ^2 是 $\boldsymbol{A}^2$ 的特征值.

4. 设 $\boldsymbol{x}$ 是方阵 $\boldsymbol{A}$ 对应于特征值 λ 的特征向量，k 是一个正整数，证明：$\boldsymbol{x}$ 是 $\boldsymbol{A}^k$ 对应于特征值 λ^k 的特征向量.

第三节 相似矩阵

一、相似矩阵

定义 1 设 $\boldsymbol{A},\boldsymbol{B}$ 都是 n 阶方阵,若存在 n 阶可逆方阵 $\boldsymbol{P}$,使

$$\boldsymbol{P}^{-1}\boldsymbol{A}\boldsymbol{P}=\boldsymbol{B},$$

则称方阵 $\boldsymbol{A}$ 与 $\boldsymbol{B}$ **相似**,记做 $\boldsymbol{A}\backsim\boldsymbol{B}$,称 $\boldsymbol{P}$ 为将 $\boldsymbol{A}$ 变为 $\boldsymbol{B}$ 的**相似变换矩阵**.

例 1 设 $\boldsymbol{A}=\begin{pmatrix}1&2\\3&4\end{pmatrix}$, $\boldsymbol{B}=\begin{pmatrix}-38&-102\\16&43\end{pmatrix}$, $\boldsymbol{P}=\begin{pmatrix}2&5\\1&3\end{pmatrix}$,则可验证 $\boldsymbol{P}^{-1}\boldsymbol{A}\boldsymbol{P}=\boldsymbol{B}$,故$\boldsymbol{A}\backsim\boldsymbol{B}$.

容易知,若 $\boldsymbol{A}\backsim\boldsymbol{B}$,则 $\boldsymbol{A}\sim\boldsymbol{B}$,反之不成立.

定理 1 相似矩阵有相同的特征多项式,从而也有相同的特征值.

证 设 $\boldsymbol{A}\backsim\boldsymbol{B}$,即存在可逆矩阵 $\boldsymbol{P}$,使 $\boldsymbol{B}=\boldsymbol{P}^{-1}\boldsymbol{A}\boldsymbol{P}$,从而

$$\begin{aligned}|\boldsymbol{B}-\lambda\boldsymbol{E}|&=|\boldsymbol{P}^{-1}\boldsymbol{A}\boldsymbol{P}-\boldsymbol{P}^{-1}(\lambda\boldsymbol{E})\boldsymbol{P}|\\&=|\boldsymbol{P}^{-1}(\boldsymbol{A}-\lambda\boldsymbol{E})\boldsymbol{P}|=|\boldsymbol{P}^{-1}|\cdot|\boldsymbol{A}-\lambda\boldsymbol{E}|\cdot|\boldsymbol{P}|=|\boldsymbol{A}-\lambda\boldsymbol{E}|,\end{aligned}$$

即 $\boldsymbol{A}$ 与 $\boldsymbol{B}$ 具有相同的特征多项式,从而有相同的特征值. **证毕**

推论 若 n 阶方阵 $\boldsymbol{A}$ 与对角矩阵

$$\boldsymbol{\Lambda}=\begin{pmatrix}\lambda_1&0&\cdots&0\\0&\lambda_2&\cdots&0\\\vdots&\vdots&\ddots&\vdots\\0&0&\cdots&\lambda_n\end{pmatrix}$$

相似,则 $\lambda_1,\lambda_2,\cdots,\lambda_n$ 为 $\boldsymbol{A}$ 的 n 个特征值.

注意 定理 1 的逆命题不成立,也就是说,即使 $\boldsymbol{A}$ 与 $\boldsymbol{B}$ 有相同的特征多项式,$\boldsymbol{A}$ 也不一定与 $\boldsymbol{B}$ 相似. 例如,

$$\boldsymbol{A}=\begin{pmatrix}1&0\\0&1\end{pmatrix},\quad \boldsymbol{B}=\begin{pmatrix}1&1\\0&1\end{pmatrix},$$

易知 $\boldsymbol{A}$ 与 $\boldsymbol{B}$ 的特征多项式都是$(1-\lambda)^2$,但 $\boldsymbol{A}$ 是一个单位矩阵,假若 $\boldsymbol{B}$ 与 $\boldsymbol{A}$ 相似,则有可逆方阵 $\boldsymbol{P}$,使 $\boldsymbol{P}^{-1}\boldsymbol{B}\boldsymbol{P}=\boldsymbol{A}=\boldsymbol{E}$,从而 $\boldsymbol{B}=\boldsymbol{P}\boldsymbol{P}^{-1}=\boldsymbol{E}$,与已知矛盾. 所以 $\boldsymbol{B}$ 不可能相似于 $\boldsymbol{A}$.

在相似矩阵理论中,一个方阵与对角矩阵相似的问题占有重要地位. 若 $\boldsymbol{A}$ 与对角矩阵 $\boldsymbol{\Lambda}$ 相似,则称 $\boldsymbol{A}$ 能**对角化**.

定理 2 n 阶方阵 $\boldsymbol{A}$ 与对角矩阵 $\boldsymbol{\Lambda}$ 相似的充分必要条件是 $\boldsymbol{A}$ 有 n 个线性无关的特征向量.

证 必要性 设 $\boldsymbol{A}$ 与对角矩阵

$$\boldsymbol{\Lambda}=\begin{pmatrix}\lambda_1 & 0 & \cdots & 0\\ 0 & \lambda_2 & \cdots & 0\\ \vdots & \vdots & \ddots & \vdots\\ 0 & 0 & \cdots & \lambda_n\end{pmatrix}$$

相似,即存在可逆矩阵 $\boldsymbol{P}=(\boldsymbol{p}_1,\boldsymbol{p}_2,\cdots,\boldsymbol{p}_n)$(其中 $\boldsymbol{p}_i$ 为 $\boldsymbol{P}$ 的第 i 列元素所构成的 n 维向量,$i=1,2,\cdots,n$),使 $\boldsymbol{P}^{-1}\boldsymbol{AP}=\boldsymbol{\Lambda}$,即 $\boldsymbol{AP}=\boldsymbol{P\Lambda}$. 于是有

$$\boldsymbol{A}(\boldsymbol{p}_1,\boldsymbol{p}_2,\cdots,\boldsymbol{p}_n)=(\boldsymbol{p}_1,\boldsymbol{p}_2,\cdots,\boldsymbol{p}_n)\begin{pmatrix}\lambda_1 & 0 & \cdots & 0\\ 0 & \lambda_2 & \cdots & 0\\ \vdots & \vdots & \ddots & \vdots\\ 0 & 0 & \cdots & \lambda_n\end{pmatrix},$$

即

$$(\boldsymbol{Ap}_1,\boldsymbol{Ap}_2,\cdots,\boldsymbol{Ap}_n)=(\lambda_1\boldsymbol{p}_1,\lambda_2\boldsymbol{p}_2,\cdots,\lambda_n\boldsymbol{p}),$$

所以

$$\boldsymbol{Ap}_i=\lambda_i\boldsymbol{p}_i\quad(i=1,2,\cdots,n).$$

这组等式表明:$\boldsymbol{p}_1,\boldsymbol{p}_2,\cdots,\boldsymbol{p}_n$ 为 $\boldsymbol{A}$ 的 n 个特征向量. 由于 $\boldsymbol{P}$ 可逆,所以 $\boldsymbol{P}$ 的列向量线性无关.

综上所述,$\boldsymbol{A}$ 有 n 个线性无关的特征向量.

充分性 设 $\boldsymbol{A}$ 有 n 个线性无关的特征向量 $\boldsymbol{p}_1,\boldsymbol{p}_2,\cdots,\boldsymbol{p}_n$,它们所对应的特征值分别为 $\lambda_1,\lambda_2,\cdots,\lambda_n$,即有

$$\boldsymbol{Ap}_i=\lambda_i\boldsymbol{p}_i\quad(i=1,2,\cdots,n).$$

以 $\boldsymbol{p}_1,\boldsymbol{p}_2,\cdots,\boldsymbol{p}_n$ 为列向量作 n 阶矩阵 $\boldsymbol{P}=(\boldsymbol{p}_1,\boldsymbol{p}_2,\cdots,\boldsymbol{p}_n)$. 由于 $\boldsymbol{p}_1,\boldsymbol{p}_2,\cdots,\boldsymbol{p}_n$ 线性无关,所以矩阵 $\boldsymbol{P}$ 可逆. 由 $\boldsymbol{Ap}_i=\lambda_i\boldsymbol{p}_i(i=1,2,\cdots,n)$知

$$\boldsymbol{A}(\boldsymbol{p}_1,\boldsymbol{p}_2,\cdots,\boldsymbol{p}_n)=(\boldsymbol{p}_1,\boldsymbol{p}_2,\cdots,\boldsymbol{p}_n)\begin{pmatrix}\lambda_1 & 0 & \cdots & 0\\ 0 & \lambda_2 & \cdots & 0\\ \vdots & \vdots & \ddots & \vdots\\ 0 & 0 & \cdots & \lambda_n\end{pmatrix},$$

即

$$\boldsymbol{AP}=\boldsymbol{P}\begin{pmatrix}\lambda_1 & 0 & \cdots & 0\\ 0 & \lambda_2 & \cdots & 0\\ \vdots & \vdots & \ddots & \vdots\\ 0 & 0 & \cdots & \lambda_n\end{pmatrix},$$

进而有

$$\boldsymbol{P}^{-1}\boldsymbol{AP}=\begin{pmatrix}\lambda_1 & 0 & \cdots & 0\\ 0 & \lambda_2 & \cdots & 0\\ \vdots & \vdots & \ddots & \vdots\\ 0 & 0 & \cdots & \lambda_n\end{pmatrix}.$$

所以 $\boldsymbol{A}$ 与对角矩阵相似. **证毕**

推论 若 n 阶矩阵 $\boldsymbol{A}$ 有 n 个不同的特征值 $\lambda_1, \lambda_2, \cdots, \lambda_n$,则 $\boldsymbol{A}$ 与对角矩阵

$$\boldsymbol{\Lambda}=\begin{pmatrix}\lambda_1 & 0 & \cdots & 0\\ 0 & \lambda_2 & \cdots & 0\\ \vdots & \vdots & \ddots & \vdots\\ 0 & 0 & \cdots & \lambda_n\end{pmatrix}$$

相似.

定理 2 的证明过程给出了化 n 阶方阵 $\boldsymbol{A}$ 为相似对角矩阵的方法:

(1) 求出矩阵 $\boldsymbol{A}$ 的 n 个线性无关的特征向量 $\boldsymbol{p}_1, \boldsymbol{p}_2, \cdots, \boldsymbol{p}_n$;

(2) 构造可逆矩阵 $\boldsymbol{P}=(\boldsymbol{p}_1, \boldsymbol{p}_2, \cdots, \boldsymbol{p}_n)$;

(3) 写出与 $\boldsymbol{A}$ 相似的对角矩阵,即

$$\boldsymbol{P}^{-1}\boldsymbol{A}\boldsymbol{P}=\begin{pmatrix}\lambda_1 & 0 & \cdots & 0\\ 0 & \lambda_2 & \cdots & 0\\ \vdots & \vdots & \ddots & \vdots\\ 0 & 0 & \cdots & \lambda_n\end{pmatrix},$$

其中 $\lambda_1, \lambda_2, \cdots, \lambda_n$ 分别为与 $\boldsymbol{p}_1, \boldsymbol{p}_2, \cdots, \boldsymbol{p}_n$ 对应的 $\boldsymbol{A}$ 的特征值.

例 2 将矩阵

$$\boldsymbol{A}=\begin{pmatrix}0 & 0 & 1\\ 0 & 1 & 0\\ 1 & 0 & 0\end{pmatrix}$$

对角化.

解 由特征多项式

$$f(\lambda)=|\boldsymbol{A}-\lambda\boldsymbol{E}|=\begin{vmatrix}-\lambda & 0 & 1\\ 0 & 1-\lambda & 0\\ 1 & 0 & -\lambda\end{vmatrix}=-(\lambda+1)(\lambda-1)^2$$

可得特征值 $\lambda_1=\lambda_2=1, \lambda_3=-1$.

(1) 求三个线性无关的特征向量.

由计算可得,$\boldsymbol{A}$ 对应于 $\lambda_1=\lambda_2=1, \lambda_3=-1$ 的三个线性无关的特征向量分别为

$$\boldsymbol{p}_1=\begin{pmatrix}0\\1\\0\end{pmatrix},\quad \boldsymbol{p}_2=\begin{pmatrix}1\\0\\1\end{pmatrix},\quad \boldsymbol{p}_3=\begin{pmatrix}1\\0\\-1\end{pmatrix}.$$

(2) 构造可逆矩阵

$$\boldsymbol{P}=(\boldsymbol{p}_1, \boldsymbol{p}_2, \boldsymbol{p}_3)=\begin{pmatrix}0 & 1 & 1\\ 1 & 0 & 0\\ 0 & 1 & -1\end{pmatrix}.$$

(3) 写出对角矩阵

$$\boldsymbol{\Lambda}=\boldsymbol{P}^{-1}\boldsymbol{A}\boldsymbol{P}=\begin{pmatrix}1&0&0\\0&1&0\\0&0&-1\end{pmatrix}.$$

值得说明的是,并不是所有 n 阶方阵都有 n 个线性无关的特征向量,因而并不是所有 n 阶方阵都可以与一个对角矩阵相似,上节例 3 就找不到 3 个线性无关的特征向量,因而例 3 所给矩阵就不能与对角矩阵相似. 但是,从下面的讨论可知,实对称矩阵可以与对角矩阵相似.

二、实对称矩阵的对角化

定义 2 如果 n 阶方阵 $\boldsymbol{A}=(a_{ij})$ 和它的转置矩阵 $\boldsymbol{A}^{\mathrm{T}}$ 相等,则称 $\boldsymbol{A}$ 为**对称矩阵**,即

$$a_{ij}=a_{ji}\quad(i,j=1,2,\cdots,n).$$

例 3 $\boldsymbol{A}=\begin{pmatrix}2&1&2\\1&0&4\\2&4&3\end{pmatrix}$是三阶实对称矩阵.

以下讨论实对称矩阵的对角化问题,即用正交矩阵将实对称矩阵化为对角矩阵的问题. 下面不加证明地给出如下两个定理.

定理 3 实对称矩阵的特征值为实数,且不同特征值所对应的特征向量正交.

定理 4 设 $\boldsymbol{A}$ 为实对称矩阵,λ 是 $\boldsymbol{A}$ 的特征方程的 r 重根,则 $\boldsymbol{A}$ 对应于特征值 λ 恰有 r 个线性无关的特征向量.

定理 5 设 $\boldsymbol{A}$ 是 n 阶实对称矩阵,则必有 n 阶正交矩阵 $\boldsymbol{P}$,使得

$$\boldsymbol{P}^{-1}\boldsymbol{A}\boldsymbol{P}=\boldsymbol{P}^{\mathrm{T}}\boldsymbol{A}\boldsymbol{P}$$

成为对角矩阵.

证 设 $\boldsymbol{A}$ 的互不相等的特征值为 $\lambda_1,\lambda_2,\cdots,\lambda_k$,且它们的重数分别为 $r_1,r_2,\cdots,r_k$,其中 $r_1+r_2+\cdots+r_k=n$.

由定理 4 知,$\boldsymbol{A}$ 对应于特征值 $\lambda_i(i=1,2,\cdots,k)$,恰有 r_i 个线性无关的特征向量,先把它们正交化后,再单位化,即可得 r_i 个正交规范的特征向量. 由 $r_1+r_2+\cdots+r_k=n$ 知,这样的特征向量共有 n 个,又由定理 3 知,$\boldsymbol{A}$ 对应于不同特征值的特征向量正交,所以这 n 个单位特征向量两两正交. 于是以它们为列向量构成正交矩阵 $\boldsymbol{P}$,使得

$$\boldsymbol{P}^{-1}\boldsymbol{A}\boldsymbol{P}=\boldsymbol{P}^{\mathrm{T}}\boldsymbol{A}\boldsymbol{P}$$

为对角矩阵,其中对角矩阵的对角元素含 r_1 个 $\lambda_1,\cdots$,含 r_k 个 λ_k,恰是 $\boldsymbol{A}$ 的 n 个特征值. **证毕**

上面的证明过程给出了求正交矩阵 $\boldsymbol{P}$ 的步骤:

(1) 求出 $\boldsymbol{A}$ 的全部特征值:λ_1, λ_2, $\cdots$, λ_m 与其重数 r_1, r_2, $\cdots$, r_m(这里必有 $r_1+r_2+\cdots+r_m=n$);

(2) 对每个 $\lambda_i(i=1,\ 2,\ \cdots,\ m)$求出 $\boldsymbol{A}$ 对应的 r_i 个线性无关的特征向量,即求出相应的齐次线性方程组$(\boldsymbol{A}-\lambda_i\boldsymbol{E})\boldsymbol{x}=\boldsymbol{\theta}$ 的基础解系:$\boldsymbol{\alpha}_1^{(i)}$, $\boldsymbol{\alpha}_2^{(i)}$, $\cdots$, $\boldsymbol{\alpha}_{r_i}^{(i)}$,并将其正交规范化为 $\boldsymbol{p}_1^{(i)}$, $\boldsymbol{p}_2^{(i)}$,

…, $\boldsymbol{p}_{r_i}^{(i)}$ $(i=1, 2, \cdots, m)$;

(3) 以正交规范向量组 $\boldsymbol{p}_1^{(1)}, \boldsymbol{p}_2^{(1)}, \boldsymbol{p}_{r_1}^{(1)}; \cdots; \boldsymbol{p}_1^{(m)}, \cdots, \boldsymbol{p}_{r_m}^{(m)}$ 为列向量构成的矩阵 $\boldsymbol{P}=(\boldsymbol{p}_1^{(1)}, \boldsymbol{p}_2^{(1)}, \cdots, \boldsymbol{p}_{r_1}^{(1)}, \cdots, \boldsymbol{p}_1^{(m)}, \cdots, \boldsymbol{p}_{r_m}^{(m)})$就是所求的正交变换矩阵.

注意 这里的正交变换矩阵 $\boldsymbol{P}$ 不唯一,因此,$\boldsymbol{A}$ 的相似对角矩阵也不唯一.

例 4 设 $\boldsymbol{A}=\begin{pmatrix}4&0&0\\0&3&1\\0&1&3\end{pmatrix}$,求一个正交矩阵 $\boldsymbol{P}$,使 $\boldsymbol{P}^{-1}\boldsymbol{AP}$ 为对角矩阵.

解 (1) 由 $\boldsymbol{A}$ 的特征多项式

$$f(\lambda)=|\boldsymbol{A}-\lambda\boldsymbol{E}|=\begin{vmatrix}4-\lambda&0&0\\0&3-\lambda&1\\0&1&3-\lambda\end{vmatrix}=(2\lambda)(4-\lambda)^2$$

得特征值 $\lambda_1=2, \lambda_2=\lambda_3=4$.

(2) 求三个线性无关的特征向量.

对于 $\lambda_1=2$,由$(\boldsymbol{A}-2\boldsymbol{E})\boldsymbol{x}=\boldsymbol{\theta}$,得齐次线性方程组

$$\begin{cases}2x_1=0,\\x_2+x_3=0.\end{cases}$$

由此可取对应的一个特征向量为 $\boldsymbol{\alpha}_1=(0, 1, -1)^{\mathrm{T}}$,单位化 $\boldsymbol{p}_1=\left(0, \frac{1}{\sqrt{2}}, -\frac{1}{\sqrt{2}}\right)^{\mathrm{T}}$.

对于 $\lambda_2=\lambda_3=4$,由$(\boldsymbol{A}-4\boldsymbol{E})\boldsymbol{x}=\boldsymbol{\theta}$,即

$$-x_2+x_3=0.$$

可得 $\boldsymbol{A}$ 属于特征值 $\lambda_2=\lambda_3=4$ 的两个线性无关的特征向量 $\boldsymbol{\alpha}_2=(1, 0, 0)^{\mathrm{T}}$, $\boldsymbol{\alpha}_3=(0, 1, 1)^{\mathrm{T}}$,它们恰好正交,单位化后有

$$\boldsymbol{p}_2=(1, 0, 0)^{\mathrm{T}}, \ \boldsymbol{p}_3=\left(0, \frac{1}{\sqrt{2}}, \frac{1}{\sqrt{2}}\right)^{\mathrm{T}}.$$

(3) 构造正交矩阵

$$\boldsymbol{P}=(\boldsymbol{p}_1, \boldsymbol{p}_2, \boldsymbol{p}_3)=\begin{pmatrix}0&1&0\\\frac{1}{\sqrt{2}}&0&\frac{1}{\sqrt{2}}\\-\frac{1}{\sqrt{2}}&0&\frac{1}{\sqrt{2}}\end{pmatrix}.$$

(4) 容易验证

$$\boldsymbol{P}^{-1}\boldsymbol{AP}=\boldsymbol{P}^{\mathrm{T}}\boldsymbol{AP}=\begin{pmatrix}2&0&0\\0&4&0\\0&0&4\end{pmatrix}$$

为所求的对角矩阵.

习　题　4-3

1. 证明相似矩阵有相同的行列式.

2. 设 $\boldsymbol{A}\backsim\boldsymbol{B}$,且 $\boldsymbol{A},\boldsymbol{B}$ 均可逆,证明:$\boldsymbol{A}^{-1}\backsim\boldsymbol{B}^{-1}$.

3. 下列矩阵中,哪些可以化为对角矩阵?对于可以对角化的矩阵 $\boldsymbol{A}$,试求出可逆矩阵 $\boldsymbol{P}$,使 $\boldsymbol{P}^{-1}\boldsymbol{AP}$ 成为对角矩阵.

(1) $\boldsymbol{A}=\begin{pmatrix}3&4\\5&2\end{pmatrix}$;　(2) $\boldsymbol{A}=\begin{pmatrix}1&0&0\\4&-1&3\\-2&0&2\end{pmatrix}$;　(3) $\boldsymbol{A}=\begin{pmatrix}2&-1&2\\5&-3&3\\-1&0&-2\end{pmatrix}$.

4. 设

$$\boldsymbol{A}=\begin{pmatrix}1&2&2\\2&1&2\\2&2&1\end{pmatrix},$$

求 $\boldsymbol{A}^k$,k 为自然数.

5. 对下列矩阵求其正交矩阵 $\boldsymbol{P}$,使 $\boldsymbol{P}^{-1}\boldsymbol{AP}$ 成为对角矩阵:

(1) $\boldsymbol{A}=\begin{pmatrix}0&-2&-1\\-2&3&2\\-1&2&0\end{pmatrix}$;　(2) $\boldsymbol{A}=\begin{pmatrix}1&-2&2\\-2&-2&4\\2&4&-2\end{pmatrix}$;

(3) $\boldsymbol{A}=\begin{pmatrix}1&-1&0&0\\-1&1&0&0\\0&0&1&-1\\0&0&-1&1\end{pmatrix}$.

6. 设 3 阶方阵 $\boldsymbol{A}$ 的特征值为 $\lambda_1=1,\lambda_2=0,\lambda_3=-1$;对应的特征向量依次为 $\boldsymbol{\alpha}_1=(1,2,3)^{\mathrm{T}}$,$\boldsymbol{\alpha}_2=(2,-2,1)^{\mathrm{T}}$,$\boldsymbol{\alpha}_3=(-2,-1,2)^{\mathrm{T}}$,求 $\boldsymbol{A}$.

7. 求两个 4 阶正交矩阵 $\boldsymbol{P}_1,\boldsymbol{P}_2$,它们均以 $\boldsymbol{\alpha}_1=\left(\frac{1}{2},\frac{1}{2},\frac{1}{2},\frac{1}{2}\right)^{\mathrm{T}}$,$\boldsymbol{\alpha}_2=\left(\frac{1}{2},\frac{1}{2},-\frac{1}{2},-\frac{1}{2}\right)^{\mathrm{T}}$ 为前两列.

第四节　二次型的概念

平面解析几何中,二次曲线

$$ax^2+bxy+cy^2=1\quad(a,b,c\text{ 不全为零})$$

通过坐标轴的旋转变换

$$\begin{cases}x=x'\cos\theta-y'\sin\theta,\\y=x'\sin\theta+y'\cos\theta\end{cases}$$

可以化为只含有平方项的形式

$$mx'^2+ny'^2=1.$$

这类问题就是二次型标准化问题.

定义 含有 n 个变量 $x_1,x_2,\cdots,x_n$ 的实系数二次齐次多项式

$$\begin{aligned}f(x_1,x_2,\cdots,x_n)=&a_{11}x_1^2+2a_{12}x_1x_2+\cdots+2a_{1n}x_1x_n\\&+a_{22}x_2^2+2a_{23}x_2x_3+\cdots+2a_{2n}x_2x_n\\&+\cdots+a_{nn}x_n^2\end{aligned}\tag{1}$$

称为 n **元实二次型**,简称**二次型**.

例 1 由定义可知:

(1) $f(x,y,z)=3x^2+2xy+2y^2+xz$ 为三元二次型;

(2) $f(x_1,x_2,x_3,x_4)=x_1^2+x_2^2+x_3^2-x_4^2-x_1x_4$ 为四元二次型.

在(1)式中,令 $a_{ij}=a_{ji}$,则 $2a_{ij}x_ix_j=a_{ij}x_ix_j+a_{ji}x_jx_i(i,j=1,\cdots,n)$,那么(1)式可以写成

$$\begin{aligned}f=&a_{11}x_1^2+a_{12}x_1x_2+\cdots+a_{1n}x_1x_n\\&+a_{21}x_2x_1+a_{22}x_2^2+\cdots+a_{2n}x_2x_n\\&\cdots\cdots\cdots\cdots\cdots\cdots\cdots\cdots\cdots\cdots\cdots\cdots\\&+a_{n1}x_nx_1+a_{n2}x_nx_2+\cdots+a_{nn}x_n^2\\=&\sum_{i,j=1}^{n}a_{ij}x_ix_j.\end{aligned}\tag{2}$$

由(2)式,(1)式可改写为

$$\begin{aligned}f(x_1,x_2,\cdots,x_n)&=x_1\sum_{j=1}^{n}a_{1j}x_j+x_2\sum_{j=1}^{n}a_{2j}x_j+\cdots+x_n\sum_{j=1}^{n}a_{nj}x_j\\&=(x_1\ x_2\ \cdots\ x_n)\begin{pmatrix}\sum_{j=1}^{n}a_{1j}x_j\\\sum_{j=1}^{n}a_{2j}x_j\\\vdots\\\sum_{j=1}^{n}a_{nj}x_j\end{pmatrix}=(x_1\ x_2\ \cdots\ x_n)\begin{pmatrix}a_{11}&a_{12}&\cdots&a_{1n}\\a_{21}&a_{22}&\cdots&a_{2n}\\\vdots&\vdots&&\vdots\\a_{n1}&a_{n2}&\cdots&a_{nn}\end{pmatrix}\begin{pmatrix}x_1\\x_2\\\vdots\\x_n\end{pmatrix}\\&=\boldsymbol{x}^{\mathrm{T}}\boldsymbol{A}\boldsymbol{x},\end{aligned}\tag{3}$$

其中

$$\boldsymbol{x}=\begin{pmatrix}x_1\\x_2\\\vdots\\x_n\end{pmatrix},\quad \boldsymbol{A}=\begin{pmatrix}a_{11}&a_{12}&\cdots&a_{1n}\\a_{21}&a_{22}&\cdots&a_{2n}\\\vdots&\vdots&&\vdots\\a_{n1}&a_{n2}&\cdots&a_{nn}\end{pmatrix}.$$

这里 $\boldsymbol{A}$ 为实对称矩阵，$\boldsymbol{A}$ 中元素 $a_{11}, a_{22}, \cdots, a_{nn}$ 为二次型 f 的平方项的系数，而 $a_{ij}=a_{ji}(i\neq j=1,\cdots,n)$ 为 x_ix_j 的系数之半.(3)式就是二次型 f 的矩阵表示.

由二次型的系数所确定的实对称矩阵 $\boldsymbol{A}$ 称为**二次型的系数矩阵**；$\boldsymbol{A}$ 的秩称为所对应的**二次型的秩**.

例 2　将二次型 $f(x_1,x_2,x_3)=x_1^2+2x_1x_2-x_1x_3+2x_3^2$ 用矩阵表示，并求 f 的秩.

解　该二次型的矩阵表示为

$$f(x_1, x_2, x_3)=(x_1\ x_2\ x_3)\begin{pmatrix} 1 & 1 & -\frac{1}{2} \\ 1 & 0 & 0 \\ -\frac{1}{2} & 0 & 2 \end{pmatrix}\begin{pmatrix} x_1 \\ x_2 \\ x_3 \end{pmatrix},$$

易知其系数矩阵 $\boldsymbol{A}$ 的行列式 $|\boldsymbol{A}|=\begin{vmatrix} 1 & 1 & -\frac{1}{2} \\ 1 & 0 & 0 \\ -\frac{1}{2} & 0 & 2 \end{vmatrix}=-2\neq 0$，所以 f 的秩为 3.

习　题　4-4

1. 写出下列二次型的矩阵表示：

(1) $f(x_1,x_2,x_3)=x_1^2+3x_2^2+4x_1x_2-5x_1x_3$；

(2) $f(x_1,x_2,x_3)=2x_1^2-x_2^2+x_3^2$；

(3) $f(x_1,x_2,x_3,x_4)=x_1x_2-x_1x_3+x_1x_4+x_2x_3+x_2x_4+x_3x_4$.

2. 求二次型 $f(x_1,x_2,x_3)=x_1^2-2x_2^2+3x_3^2-4x_1x_2+2x_2x_3$ 的秩.

3. 已知二次型的系数矩阵

$$\boldsymbol{A}=\begin{pmatrix} 1 & -2 & 0 \\ -2 & 0 & \frac{1}{2} \\ 0 & \frac{1}{2} & -3 \end{pmatrix},$$

写出这个二次型.

第五节　化二次型为标准形

一、正交变换法

定义　只含有平方项的二次型，称为二次型的**标准形**，即

$$f(x_1,x_2,\cdots,x_n)=a_{11}x_1^2+a_{22}x_2^2+\cdots+a_{nn}x_n^2$$
$$=(x_1\ x_2\cdots\ x_n)\begin{pmatrix}a_{11}&0&\cdots&0\\0&a_{22}&\cdots&0\\\vdots&\vdots&\ddots&\vdots\\0&0&\cdots&a_{nn}\end{pmatrix}\begin{pmatrix}x_1\\x_2\\\vdots\\x_n\end{pmatrix}.$$

由定义可知,二次型的标准形的系数矩阵为对角矩阵.

最简单的二次型是二次型的标准形,但对于不是标准形的二次型,如何选择可逆线性变换,将二次型化为标准形,这正是我们要讨论的问题.

设二次型

$$f(\boldsymbol{x})=\boldsymbol{x}^{\mathrm{T}}\boldsymbol{A}\boldsymbol{x} \tag{1}$$

与可逆线性变换 $\boldsymbol{x}=\boldsymbol{P}\boldsymbol{y}$,讨论二次型 f 经此线性变换后的变形.

将 $\boldsymbol{x}=\boldsymbol{P}\boldsymbol{y}$ 代入(1)式得

$$f(\boldsymbol{P}\boldsymbol{y})=(\boldsymbol{P}\boldsymbol{y})^{\mathrm{T}}\boldsymbol{A}(\boldsymbol{P}\boldsymbol{y})=\boldsymbol{y}^{\mathrm{T}}(\boldsymbol{P}^{\mathrm{T}}\boldsymbol{A}\boldsymbol{P})\boldsymbol{y}=\boldsymbol{y}^{\mathrm{T}}\boldsymbol{B}\boldsymbol{y}, \tag{2}$$

其中 $\boldsymbol{B}=\boldsymbol{P}^{\mathrm{T}}\boldsymbol{A}\boldsymbol{P}$.

由于 $\boldsymbol{B}^{\mathrm{T}}=(\boldsymbol{P}^{\mathrm{T}}\boldsymbol{A}\boldsymbol{P})^{\mathrm{T}}=\boldsymbol{P}^{\mathrm{T}}\boldsymbol{A}^{\mathrm{T}}\boldsymbol{P}=\boldsymbol{P}^{\mathrm{T}}\boldsymbol{A}\boldsymbol{P}=\boldsymbol{B}$,所以 $\boldsymbol{B}$ 为实对称矩阵,$\boldsymbol{y}^{\mathrm{T}}\boldsymbol{B}\boldsymbol{y}$ 仍然是二次型,且 $\boldsymbol{B}$ 为对角矩阵时,二次型 $\boldsymbol{y}^{\mathrm{T}}\boldsymbol{B}\boldsymbol{y}$ 即为标准形. 所以,欲将二次型 $\boldsymbol{x}^{\mathrm{T}}\boldsymbol{A}\boldsymbol{x}$ 经可逆线性变换 $\boldsymbol{x}=\boldsymbol{P}\boldsymbol{y}$ 化为它的标准形 $\boldsymbol{y}^{\mathrm{T}}\boldsymbol{B}\boldsymbol{y}$,只须将实对称矩阵 $\boldsymbol{A}$ 化为对角矩阵 $\boldsymbol{B}$ 即可. 而由第三节定理 5 知,对任一实对称矩阵 $\boldsymbol{A}$,必存在正交矩阵 $\boldsymbol{P}$,使得 $\boldsymbol{P}^{\mathrm{T}}\boldsymbol{A}\boldsymbol{P}=\boldsymbol{B}$ 成为对角矩阵. 于是可得下面定理.

定理 1 任何一个二次型 $f(\boldsymbol{x})=\boldsymbol{x}^{\mathrm{T}}\boldsymbol{A}\boldsymbol{x}$,都可以经过正交变换 $\boldsymbol{x}=\boldsymbol{P}\boldsymbol{y}$ 化为标准形

$$f(\boldsymbol{y})=\lambda_1y_1^2+\lambda_2y_2^2+\cdots+\lambda_ny_n^2,$$

其中 $\lambda_1,\lambda_2,\cdots,\lambda_n$ 是 $\boldsymbol{A}$ 的全部特征值.

例 1 用正交变换化二次型

$$f=x_1^2+4x_1x_2+2x_2^2+4x_2x_3+3x_3^2$$

为标准形,并求出正交变换矩阵.

解 (1) 写出二次型 f 的系数矩阵

$$\boldsymbol{A}=\begin{pmatrix}1&2&0\\2&2&2\\0&2&3\end{pmatrix}.$$

(2) 求出 $\boldsymbol{A}$ 的特征值.

由 $|\boldsymbol{A}-\lambda\boldsymbol{E}|=-(\lambda+1)(\lambda-2)(\lambda-5)=0$,解得特征值 $\lambda_1=-1,\lambda_2=2,\lambda_3=5$.

(3) 求出对应的特征向量:

当 $\lambda_1=-1$ 时,对应的特征向量为 $\boldsymbol{\alpha}_1=(2,-2,1)^{\mathrm{T}}$;

当 $\lambda_2=2$ 时,对应的特征向量为 $\boldsymbol{\alpha}_2=(2,1,-2)^{\mathrm{T}}$;

当 $\lambda_3=5$ 时,对应的特征向量为 $\boldsymbol{\alpha}_3=(1,2,2)^{\mathrm{T}}$.

(4) 构造正交矩阵 $\boldsymbol{P}$.

因为 $\boldsymbol{\alpha}_1$, $\boldsymbol{\alpha}_2$, $\boldsymbol{\alpha}_3$ 已是两两正交,所以只须把它们单位化,得 $\boldsymbol{p}_1=\left(\frac{2}{3},-\frac{2}{3},\frac{1}{3}\right)^{\mathrm{T}}$, $\boldsymbol{p}_2=\left(\frac{2}{3},\frac{1}{3},-\frac{2}{3}\right)^{\mathrm{T}}$, $\boldsymbol{p}_3=\left(\frac{1}{3},\frac{2}{3},\frac{2}{3}\right)^{\mathrm{T}}$,于是有正交矩阵

$$\boldsymbol{P}=\begin{pmatrix} \frac{2}{3} & \frac{2}{3} & \frac{1}{3} \\ -\frac{2}{3} & \frac{1}{3} & \frac{2}{3} \\ \frac{1}{3} & -\frac{2}{3} & \frac{2}{3} \end{pmatrix}.$$

(5) 写出 f 的标准形.

因为 $\boldsymbol{p}_1$, $\boldsymbol{p}_2$, $\boldsymbol{p}_3$ 分别对应于特征值 $-1,2,5$,所以

$$\boldsymbol{P}^{\mathrm{T}}\boldsymbol{A}\boldsymbol{P}=\begin{pmatrix} -1 & 0 & 0 \\ 0 & 2 & 0 \\ 0 & 0 & 5 \end{pmatrix},$$

即二次型 $f=x_1^2+4x_1x_2+2x_2^2+4x_2x_3+3x_3^2$ 经正交变换 $\boldsymbol{x}=\boldsymbol{P}\boldsymbol{y}$ 化为标准形

$$f(y_1,y_2,y_3)=-y_1^2+2y_2^2+5y_3^2.$$

例 2　用正交变换化二次型

$$f=2x_1x_2+2x_1x_3-2x_1x_4-2x_2x_3+2x_2x_4+2x_3x_4$$

为标准形,并求出正交变换矩阵.

解　(1) 写出二次型的系数矩阵

$$\boldsymbol{A}=\begin{pmatrix} 0 & 1 & 1 & -1 \\ 1 & 0 & -1 & 1 \\ 1 & -1 & 0 & 1 \\ -1 & 1 & 1 & 0 \end{pmatrix}.$$

(2) 求出 $\boldsymbol{A}$ 的特征值.

由 $|\boldsymbol{A}-\lambda\boldsymbol{E}|=(\lambda-1)^3(\lambda+3)=0$,解得特征值 $\lambda_1=\lambda_2=\lambda_3=1$, $\lambda_4=-3$.

(3) 求出对应的特征向量.

特征值 $\lambda_1=\lambda_2=\lambda_3=1$ 对应的三个线性无关的特征向量分别为 $\boldsymbol{\alpha}_1=(1,1,0,0)^{\mathrm{T}}$, $\boldsymbol{\alpha}_2=(1,0,1,0)^{\mathrm{T}}$, $\boldsymbol{\alpha}_3=(-1,0,0,1)^{\mathrm{T}}$;特征值 $\lambda_4=-3$ 对应的特征向量为 $\boldsymbol{\alpha}_4=(1,-1,-1,1)^{\mathrm{T}}$.

(4) 构造正交矩阵 $\boldsymbol{P}$.

将向量 $\boldsymbol{\alpha}_1$, $\boldsymbol{\alpha}_2$, $\boldsymbol{\alpha}_3$, $\boldsymbol{\alpha}_4$ 正交化,再单位化得向量

$$p_1=\left(\frac{1}{\sqrt{2}},\frac{1}{\sqrt{2}},0,0\right)^{\mathrm{T}},$$

$$p_2=\left(\frac{1}{\sqrt{6}},-\frac{1}{\sqrt{6}},\frac{2}{\sqrt{6}},0\right)^{\mathrm{T}},$$

$$p_3=\left(-\frac{1}{2\sqrt{3}},\frac{1}{2\sqrt{3}},\frac{1}{2\sqrt{3}},\frac{\sqrt{3}}{2}\right)^{\mathrm{T}},$$

$$p_4=\left(\frac{1}{2},-\frac{1}{2},-\frac{1}{2},\frac{1}{2}\right)^{\mathrm{T}}.$$

于是有正交矩阵

$$P=\begin{pmatrix}\frac{1}{\sqrt{2}} & \frac{1}{\sqrt{6}} & -\frac{1}{2\sqrt{3}} & \frac{1}{2}\\ \frac{1}{\sqrt{2}} & -\frac{1}{\sqrt{6}} & \frac{1}{2\sqrt{3}} & -\frac{1}{2}\\ 0 & \frac{2}{\sqrt{6}} & \frac{1}{2\sqrt{3}} & -\frac{1}{2}\\ 0 & 0 & \frac{\sqrt{3}}{2} & \frac{1}{2}\end{pmatrix}.$$

(5) 写出 f 的标准形.

因为 p_1, p_2, p_3, p_4 分别对应于特征值 1,1,1,−3,所以

$$P^{\mathrm{T}}AP=\begin{pmatrix}1 & 0 & 0 & 0\\ 0 & 1 & 0 & 0\\ 0 & 0 & 1 & 0\\ 0 & 0 & 0 & -3\end{pmatrix},$$

即二次型 f 经正交变换 $x=Py$ 化为标准形

$$f(y_1,y_2,y_3,y_4)=y_1^2+y_2^2+y_3^2-3y_4^2.$$

二、配方法

用正交变换化二次型成标准形,具有保持几何形状不变的优点.如果不限于用正交变换,而仅用可逆线性变换,则有多种方法.常用的方法就是中学学过的**拉格朗日配方法**.在此,将以例说明之.

例3 用配方法化二次型

$$f=x_1^2+2x_2^2+2x_1x_2+2x_1x_3+6x_2x_3+6x_3^2$$

为标准形,并求出所用的可逆线性变换.

解 先把含有变量 x_1 的项归并起来,再经配方得

$$
\begin{aligned}
f &= (x_1^2+2x_1x_2+2x_1x_3)+2x_2^2+6x_2x_3+6x_3^2 \\
&= (x_1+x_2+x_3)^2+x_2^2+4x_2x_3+5x_3^2 \\
&= (x_1+x_2+x_3)^2+(x_2+2x_3)^2+x_3^2.
\end{aligned}
$$

令

$$
\begin{cases}
y_1 = x_1+x_2+x_3, \\
y_2 = x_2+2x_3, \\
y_3 = x_3,
\end{cases}
$$

它的逆变换为

$$
\begin{cases}
x_1 = y_1-y_2+y_3, \\
x_2 = y_2-2y_3, \\
x_3 = y_3,
\end{cases}
$$

则二次型 f 化为标准形

$$
f=y_1^2+y_2^2+y_3^2.
$$

例 4　化二次型

$$
f=2x_1x_2+2x_1x_3-6x_2x_3
$$

为标准形,并求出所用的可逆线性变换.

解　由于 f 中不含平方项,且 x_1x_2 项的系数 $2a_{12}=2\neq 0$,则可令

$$
\begin{cases}
x_1 = y_1+y_2, \\
x_2 = y_1-y_2, \\
x_3 = y_3,
\end{cases} \tag{3}
$$

代入 f 得

$$
\begin{aligned}
f &= 2(y_1+y_2)(y_1-y_2)+2(y_1+y_2)y_3-6(y_1-y_2)y_3=2y_1^2-2y_2^2-4y_1y_3+8y_2y_3 \\
&= 2(y_1-y_3)^2-2y_3^2-2y_2^2+8y_2y_3=2(y_1-y_3)^2-2(y_2-2y_3)^2+6y_3^2.
\end{aligned}
$$

令

$$
\begin{cases}
z_1 = y_1-y_3, \\
z_2 = y_2-2y_3, \\
z_3 = y_3,
\end{cases}
$$

它的逆变换为

$$
\begin{cases}
y_1 = z_1+z_3, \\
y_2 = z_2+2z_3, \\
y_3 = z_3,
\end{cases} \tag{4}
$$

则将二次型 f 化为标准形 $f=2z_1^2-2z_2^2+6z_3^2$,其线性变换为(3)与(4)的积:

$$\begin{cases} x_1 = z_1 + z_2 + 3z_3, \\ x_2 = z_1 - z_2 - z_3, \\ x_3 = z_3. \end{cases}$$

需要指出,二次型经不同的实可逆线性变换可以有不同的标准形,但在不同的标准形中正项与负项的个数固定不变,即有下面的"**惯性定理**".

定理 2　设有二次型 $f = \boldsymbol{x}^{\mathrm{T}} \boldsymbol{A} \boldsymbol{x}$,它的秩为 r,若有两个实可逆线性变换

$$\boldsymbol{x} = \boldsymbol{P}_1 \boldsymbol{y} \quad \text{及} \quad \boldsymbol{x} = \boldsymbol{P}_2 \boldsymbol{y}$$

分别将二次型 f 化为标准形:

$$f = k_1 y_1^2 + k_2 y_2^2 + \cdots + k_r y_r^2 \quad (k_i \neq 0, i = 1, \cdots, r)$$

和

$$f = \lambda_1 y_1^2 + \lambda_2 y_2^2 + \cdots + \lambda_r y_r^2 \quad (\lambda_i \neq 0, i = 1, \cdots, r),$$

则 $k_1, k_2, \cdots, k_r$ 中正数的个数与 $\lambda_1, \lambda_2, \cdots, \lambda_r$ 中正数的个数相等.

（证明从略）

二次型的标准形中正项的个数 p 称为二次型的**正惯性指数**,负项的个数 q 称为二次型的**负惯性指数**,其中 $p + q = r$ 为二次型的秩.

习　题　4-5

1. 用配方法将下列二次型化为标准形,并写出所用的实可逆线性变换:

(1) $f = x_1^2 + 2x_1 x_2 + 2x_2^2 + 4x_2 x_3 + 4x_3^2$;　　　　　(2) $f = x_1 x_2 + x_1 x_3 + x_2 x_3$.

2. 求一个正交变换,化下列二次型为标准形:

(1) $f = x_1^2 + 2x_2^2 + 3x_3^2 - 4x_1 x_2 - 4x_2 x_3$;　　　　　(2) $f = 2x_1 x_2 + 2x_3 x_4$;

(3) $f = x_1^2 + x_2^2 + x_3^2 + x_4^2 + 4x_1 x_2 + 4x_1 x_3 + 4x_1 x_4 - 4x_2 x_3 - 4x_2 x_4 - 4x_3 x_4$.

第六节　正定二次型

对于二次型 $f(x_1, x_2, \cdots, x_n)$,如果取定变量 $x_1, x_2, \cdots, x_n$ 的一组值,那么可以计算二次型 $f(x_1, x_2, \cdots, x_n)$ 的值.下面就二次型的取值特点介绍一种特殊的二次型——正定二次型.

定义 1　一个二次型 $f(\boldsymbol{x}) = \boldsymbol{x}^{\mathrm{T}} \boldsymbol{A} \boldsymbol{x}$,如果对任一 $\boldsymbol{x} \neq \boldsymbol{\theta}$ 都有 $f(\boldsymbol{x}) > 0$,就称二次型 f 为**正定二次型**,并称对称矩阵 $\boldsymbol{A}$ 为**正定矩阵**.

讨论二次型是否为正定二次型是必要的.

首先我们注意到,二次型

$$f(y_1, y_2, \cdots, y_n) = a_1 y_1^2 + a_2 y_2^2 + \cdots + a_n y_n^2$$

正定的充分必要条件是 $a_i>0(i=1,2,\cdots,n)$.

若二次型 $f(x_1, x_2, \cdots, x_n)$经过实可逆线性变换 $\boldsymbol{x}=\boldsymbol{P}\boldsymbol{y}$ 化为标准形

$$f(y_1, y_2, \cdots, y_n)= a_1y_1^2+a_2y_2^2+\cdots+a_ny_n^2,$$

则可以利用系数 $a_i(i=1, 2, \cdots, n)$的正负判定二次型 $f(x_1, x_2, \cdots, x_n)$是否正定. 于是有

定理 1　二次型 $f=\boldsymbol{x}^{\mathrm{T}}\boldsymbol{A}\boldsymbol{x}$ 正定的充分必要条件是它的标准形的系数全为正.

证　二次型 $f(x_1, x_2, \cdots, x_n)$经过实可逆线性变换 $\boldsymbol{x}=\boldsymbol{P}\boldsymbol{y}$ 化为标准形

$$f(y_1, y_2, \cdots, y_n)=a_1y_1^2+a_2y_2^2+\cdots+a_ny_n^2.$$

充分性　已知 $a_i>0(i=1,2,\cdots,n)$. 取定变量 $\boldsymbol{x}$ 的一组值

$$(x_1, x_2, \cdots, x_n)^{\mathrm{T}}=(c_1, c_2, \cdots, c_n)^{\mathrm{T}}\neq\boldsymbol{\theta},$$

由于实可逆线性变换 $\boldsymbol{x}=\boldsymbol{P}\boldsymbol{y}$,所以相应地有

$$(y_1, y_2, \cdots, y_n)^{\mathrm{T}}=(k_1, k_2, \cdots, k_n)^{\mathrm{T}}\neq\boldsymbol{\theta},$$

即

$$\begin{pmatrix} c_1\\ c_2\\ \vdots\\ c_n \end{pmatrix}=\boldsymbol{P}\begin{pmatrix} k_1\\ k_2\\ \vdots\\ k_n \end{pmatrix}.$$

将 $x_i=c_i(i=1, 2, \cdots, n)$代入二次型 $f(x_1, x_2, \cdots, x_n)$表示式中,计算得二次型的值为 $f(c_1,c_2, \cdots, c_n)$;再将 $y_i=k_i(i=1, 2, \cdots, n)$代入它的标准形中,计算得二次型标准形的值为 $a_1k_1^2+a_2k_2^2+\cdots+a_nk_n^2$. 显然有

$$f(c_1,c_2,\cdots,c_n)=a_1k_1^2+a_2k_2^2+\cdots+a_ny_n^2>0,$$

所以 $f(x_1,x_2,\cdots,x_n)$是正定的.

必要性　用反证法. 已知二次型 $f(x_1, x_2, \cdots, x_n)$是正定的,若假设它的标准形的系数 a_i $(i=1, 2, \cdots, n)$不全大于零,不妨设 $a_1\leqslant 0$. 令 $y_2=y_3=\cdots=y_n=0, y_1=1$,代入实可逆线性变换 $\boldsymbol{x}=\boldsymbol{P}\boldsymbol{y}$,得 x_i 的一组值 $x_i=c_i(i=1, 2, \cdots, n)$. 由于线性变换 $\boldsymbol{x}=\boldsymbol{P}\boldsymbol{y}$ 是实可逆的,所以 $c_i(i=1, 2, \cdots, n)$不全为零. 将 x_i 和 y_i 相应的值分别代入二次型及它的标准形中,有

$$f(c_1, c_2, \cdots, c_n)=a_1\leqslant 0.$$

这与二次型 $f(x_1, x_2, \cdots, x_n)$是正定的矛盾,所以 $a_i>0\ (i=1, 2, \cdots, n)$. 　　**证毕**

推论　二次型 $f=\boldsymbol{x}^{\mathrm{T}}\boldsymbol{A}\boldsymbol{x}$ 为正定的充分必要条件是系数矩阵 $\boldsymbol{A}$ 的特征值全为正.

定义 2　设

$$\boldsymbol{A}=\begin{pmatrix} a_{11} & a_{12} & \cdots & a_{1n}\\ a_{21} & a_{22} & \cdots & a_{2n}\\ \vdots & \vdots & & \vdots\\ a_{n1} & a_{n2} & \cdots & a_{nn} \end{pmatrix}$$

是 n 阶方阵,于是称下列行列式

$$a_{11},\quad \begin{vmatrix} a_{11} & a_{12} \\ a_{21} & a_{22} \end{vmatrix},\quad \begin{vmatrix} a_{11} & a_{12} & a_{13} \\ a_{21} & a_{22} & a_{23} \\ a_{31} & a_{32} & a_{33} \end{vmatrix},\quad \cdots,\quad \begin{vmatrix} a_{11} & a_{12} & \cdots & a_{1n} \\ a_{21} & a_{22} & \cdots & a_{2n} \\ \vdots & \vdots & & \vdots \\ a_{n1} & a_{n2} & \cdots & a_{nn} \end{vmatrix}$$

为 $\boldsymbol{A}$ **的各阶主子式.**

例如,若 $\boldsymbol{A}=\begin{pmatrix} 1 & 2 & 3 \\ 0 & 5 & -1 \\ -2 & 0 & 4 \end{pmatrix}$,则 $\boldsymbol{A}$ 的各阶主子式共有 3 个,分别为

$$1,\quad \begin{vmatrix} 1 & 2 \\ 0 & 5 \end{vmatrix},\quad \begin{vmatrix} 1 & 2 & 3 \\ 0 & 5 & -1 \\ -2 & 0 & 4 \end{vmatrix}.$$

定理 2 实对称矩阵 $\boldsymbol{A}$ 正定的充分必要条件是 $\boldsymbol{A}$ 的各阶主子式都为正,即

$$a_{11}>0,\quad \begin{vmatrix} a_{11} & a_{12} \\ a_{21} & a_{22} \end{vmatrix}>0,\quad \cdots,\quad \begin{vmatrix} a_{11} & a_{12} & \cdots & a_{1n} \\ a_{21} & a_{22} & \cdots & a_{2n} \\ \vdots & \vdots & & \vdots \\ a_{n1} & a_{n2} & \cdots & a_{nn} \end{vmatrix}>0.$$

(证明从略)

例 1 判别二次型 $f(x_1, x_2)=2x_1^2+2\sqrt{2}x_1x_2+3x_2^2$ 是否正定.

解 因为 f 的系数矩阵

$$\boldsymbol{A}=\begin{pmatrix} 2 & \sqrt{2} \\ \sqrt{2} & 3 \end{pmatrix},$$

所以 $\boldsymbol{A}$ 的特征多项式为

$$|\boldsymbol{A}-\lambda\boldsymbol{E}|=\lambda^2-5\lambda+4=(\lambda-4)(\lambda-1).$$

于是 $\boldsymbol{A}$ 的特征值 $\lambda_1=4,\lambda_2=1$ 都大于零,故 f 为正定二次型.

或由特征值知二次型的标准形

$$f=4y_1^2+y_2^2,$$

所以 f 为正定二次型.

例 2 判别下列二次型的正定性:

(1) $f=x_1^2+2x_2^2+3x_3^2-2x_1x_2+2x_2x_3$;

(2) $f=-2x_1^2-x_2^2+8x_2x_3+6x_3^2$.

解 (1) 因为 f 的系数矩阵

$$A=\begin{pmatrix}1&-1&0\\-1&2&1\\0&1&3\end{pmatrix},$$

又因为 A 的各阶主子式

$$1>0,\quad \begin{vmatrix}1&-1\\-1&2\end{vmatrix}=1>0,\quad \begin{vmatrix}1&-1&0\\-1&2&1\\0&1&3\end{vmatrix}=2>0,$$

所以 f 为正定二次型.

(2) 因为 f 的系数矩阵

$$A=\begin{pmatrix}-2&0&0\\0&-1&4\\0&4&6\end{pmatrix},$$

又因为 A 的各阶主子式

$$-2<0,\quad \begin{vmatrix}-2&0\\0&-1\end{vmatrix}=2>0,\quad \begin{vmatrix}-2&0&0\\0&-1&4\\0&4&6\end{vmatrix}=44>0,$$

所以 f 不是正定二次型.

习　题　4-6

1. 判别下列二次型是否正定:

(1) $f=2x_1^2+5x_2^2+5x_3^2+4x_1x_2-4x_1x_3-8x_2x_3$;

(2) $f=x^2+2y^2+5z^2+2xy+2xz+6yz$;

(3) $f=2x_1x_2+2x_1x_3-6x_2x_3$;

(4) $f=x_1^2+x_2^2+4x_3^2+7x_4^2+6x_1x_3+4x_1x_4-4x_2x_3+2x_2x_4+4x_3x_4$.

2. 试确定 λ 的值,使下列二次型为正定二次型:

(1) $f=x_1^2+x_2^2+5x_3^2-2\lambda x_1x_2-2x_1x_3+4x_2x_3$;

(2) $f=\lambda x_1^2+\lambda x_2^2+\lambda x_3^2+2x_1x_2-2x_2x_3+2x_1x_3+x_4^2$.

第五篇　概率论与数理统计

人类社会和自然界所发生的现象多种多样.其中有一类称为**必然现象**,其规律是,只要具备一定条件,某确定的现象一定发生(或一定不发生).而另一类现象是,在一定条件下,这类现象可能发生,也可能不发生,我们称这类现象为**随机现象**.

概率论与数理统计就是研究和揭示随机现象中的数量规律的一门数学学科.概率论的中心课题是要给"可能性"以确切的描述,并给出科学的估计方法.数理统计和概率论具有相同的背景,它以概率论为基础,同时也补充和丰富了概率论的内容.一般地说,概率论是从数学模型出发来推导实际模型的性质;而数理统计则是从观察资料出发来推断模型的性质,概括地说,数理统计是搜集资料然后进行分析和推断的数学理论和方法.随着科学技术的不断发展,概率论与数理统计已被广泛地运用到了各个科学分支、工农业生产和国民经济各部门.

第一章　随机事件及其概率

本章从随机试验出发引入概率论的两个最基本的概念——事件与概率,接着讨论古典概型中概率的计算.在此基础上介绍事件概率的统计定义和公理化定义,然后讨论独立性概念和独立试验概型.

第一节　随机事件

一、随机试验

研究随机现象,必然要进行各种观察与试验.今后把这种观察与试验统称为**随机试验**,并简称为**试验**,用记号 E 表示.现举例说明如下.

E_1　掷一枚硬币,观察其正面、反面出现的情况.易知,这一试验可以在相同的条件下重复地进行.每次试验的可能结果不止一个,而且所有可能结果只有两个,但在每次试验之前,不能确定哪一个结果出现.

E_2　从含有 10 件次品的一批产品中任意抽取 4 件,检查次品的件数.则次品的件数可能是 0,1,2,3,4,但抽取前不能确定被抽到的次品是几件.

E_3　某战士打靶，观察其命中的环数. 则在一次射击中，可能是“不中”、“中 1 环”、“中 2 环”、……、“中 10 环”. 但这 11 种结果究竟出现哪一种，在射击之前也是不能肯定的.

E_4　在某段时间间隔内，记录某电话总机接到的呼唤次数. 则可能的次数是 0,1,2,…，而且事先不能肯定是几次.

E_5　在一个均匀陀螺的圆周上，均匀地刻上区间[0,1)上的诸数字. 旋转这陀螺，当它停下时，把圆周与桌面接触处的刻度记下来. 多次做这种试验，则各次刻度未必相同，且每次的刻度是区间[0,1)上的一个数.

综上所述，随机试验具有以下**三个特征**：

(1) 可以在相同条件下重复进行；

(2) 每次试验的可能结果不止一个，并且能事先明确试验的所有可能结果；

(3) 每进行一次试验之前，不能确定哪个可能结果出现.

二、随机事件的概念

从以上五个试验知，一个随机试验有多个可能结果. 一般地，在随机试验中，每一个可能出现、也可能不出现的结果均称为一个**随机事件**(简称**事件**)，用大写拉丁字母 $A,B,C,\cdots$ 表示.

有两种事件值得特别提一下：其一是在每次试验中都一定出现的事件，称为**必然事件**，记为 U；其二是在每次试验中都一定不出现的事件，称为**不可能事件**，记为$\varnothing$. 例如，在 E_2 中“次品件数不超过 4”是必然事件；在 E_5 中“出现的刻度大于等于 1”是不可能事件.

这两种事件实质上都是确定性现象的表现，但是为了讨论方便，仍把它们当作一种特殊的随机事件.

事件是随机试验的某种结果. 随机试验的结果多种多样，有的简单些，有的复杂些，复杂的可以分解成简单的. 如 E_2 中“恰有两件次品”和“次品不多于两件”都是随机事件，但显然不同. 若记 e_i=“恰有 i 件次品”($i=0,1,2,3,4$)，B=“次品不多于两件”，则 e_0,e_1,e_2,e_3,e_4,B 都是 E_2 中的随机事件，而且在一次试验中，当且仅当 e_0,e_1,e_2 有一个出现，那么 B 就出现. 所以，事件 B 是由事件 e_0,e_1,e_2 构成的，记为 $B=\{e_0,e_1,e_2\}$，或称事件 B 可以分解成事件 e_0,e_1,e_2. 更确切地说，在试验 E_2 中事件 B 是**可分解的**；而事件 e_0,e_1,e_2,e_3,e_4 是**不可分解的**(**最简单的**)，它们在一次试验中不可能同时出现. 在随机试验中，不可分解的事件称为**基本事件**，记做 e_i($i=0,1,2,\cdots$).

如上所述，e_0,e_1,e_2,e_3,e_4 是 E_2 的全部基本事件，$B=\{e_0,e_1,e_2\}$是由基本事件 e_0,e_1,e_2 构成. 再如，在试验 E_3(打靶)中，记 e_i=“命中 i 环”($i=0,1,2,3,\cdots,10$)，则 e_i($i=0,1,2,\cdots,10$)是基本事件，A=“至少命中 8 环”$=\{e_8,e_9,e_{10}\}$由基本事件 e_8,e_9,e_{10}构成.

综上所述，基本事件具有以下**两个特征**：

1. 互斥性　两两不可同时出现，即在任何一次试验中，所有的基本事件至多只有一个出现.

2. 完备性　其他事件可由它们构成,即在任何一次试验中,至少有一个基本事件出现.

例 1　考察一次掷甲、乙两个可辨骰子的试验,写出它的基本事件全体.

解　记 $e_{ij}=(i,j)=$“甲出现 i 点且乙出现 j 点”的结果,则基本事件全体为

$$e_{11}=(1,1),\ e_{12}=(1,2),\ \cdots,\ e_{16}=(1,6),$$
$$e_{21}=(2,1),\ e_{22}=(2,2),\ \cdots,\ e_{26}=(2,6),$$
$$\cdots\ \cdots\ \cdots\ \cdots\ \cdots\ \cdots\ \cdots\ \cdots\ \cdots\ \cdots$$
$$e_{61}=(6,1),\ e_{62}=(6,2),\ \cdots,\ e_{66}=(6,6),$$

共 36 个.

例 2　对于例 1 给出的基本事件,写出下列事件是由哪些基本事件构成的:

(1) $A=$“两骰子出现的点数之和不超过 4”;

(2) $B=$“两骰子出现的点数之和等于 5”;

(3) $C=$“两骰子出现的点数之积等于 6”.

解　(1) $A=\{e_{11},e_{12},e_{13},e_{21},e_{22},e_{31}\}$;

(2) $B=\{e_{14},e_{23},e_{32},e_{41}\}$;

(3) $C=\{e_{16},e_{23},e_{32},e_{61}\}$.

如果把试验 E 的每个基本事件作为集合的一个元素,则试验 E 的全体基本事件的集合称为**基本事件全集或基本空间**,记为 U. 显然随机试验 E 的每一个事件均是 U 的一个子集. 例如,在例 1 中,基本空间为

$$U=\{e_{11},e_{12},\cdots,e_{16},e_{21},\cdots,e_{26},\cdots,e_{61},e_{62},\cdots,e_{66}\}=\{e_{ij}\mid i,j=1,2,3,4,5,6\}.$$

而例 2 中的事件 A,B,C 都是 U 的子集.

由此看出,随机事件以及它们之间的关系及运算实际上就是集合间的关系与运算.

三、事件间的关系及运算

因为随机事件可以看做基本空间 U 的一个子集,所以,可以用集合的观点讨论事件之间的关系及运算.

1. 子事件(或事件的包含关系)

如果事件 A 出现必然导致事件 B 出现,则称事件 A 为事件 B 的**子事件**,记为 $A\subset B$ 或者 $B\supset A$,也称**事件 B 包含事件 A**,如图 1-1 所示.

例如,在试验 E_2 中,事件 $A=$“次品件数不超过 1”出现时,事件 $B=$“次品不多于两件”必然出现,所以 $A\subset B$.

从基本事件来说,$A\subset B$ 就是 A 的每一个基本事件 $e_i\,(i=0,1)$ 均属于 B,如图 1-2 所示.

如果 $A\supset B$,又 $B\supset A$,则称事件 A 和事件 B **相等**,记为 $A=B$. 这时 A,B 所包含的基本事件是一样的.

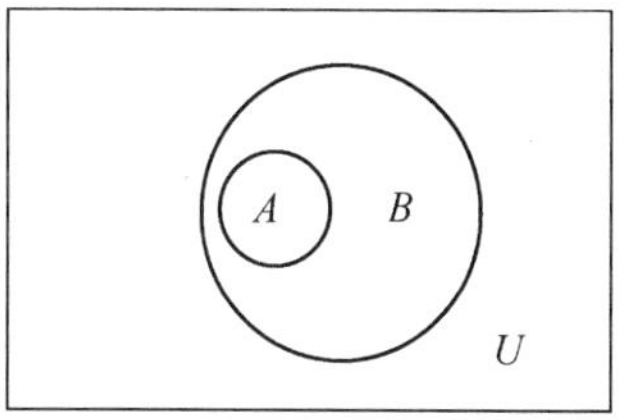

图 1-1

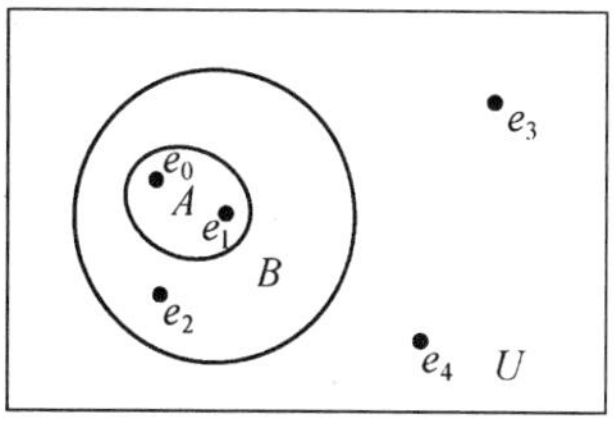

图 1-2

2. 和事件(或事件的**并**)

对于事件 A,B,C,若 C 出现就是 A 与 B 至少有一个出现,则称事件 C 为事件 A 与 B 的**和事件**,记为 $C=A\cup B$. 这时也称 C 为 A 与 B 的**并**.

从基本事件来说,和事件 $A\cup B$ 所包含的基本事件就是属于事件 A 或属于事件 B 的基本事件全体,如图 1-3 的阴影部分所示.

3. 积事件(或事件的**交**)

对于事件 A,B,C,若 C 的出现就是事件 A 与 B 同时出现,则称事件 C 是事件 A 与 B 的**积**(或**交**)**事件**,记为 $C=A\cap B$(或 $C=AB$).

如图 1-4 的阴影部分所示,积事件 $A\cap B$ 的基本事件就是既属于事件 A,又属于事件 B 的基本事件全体.

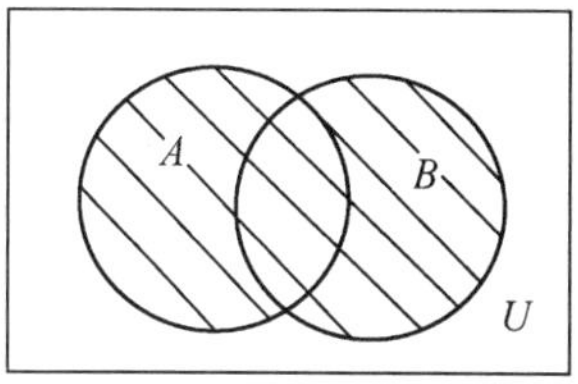

图 1-3

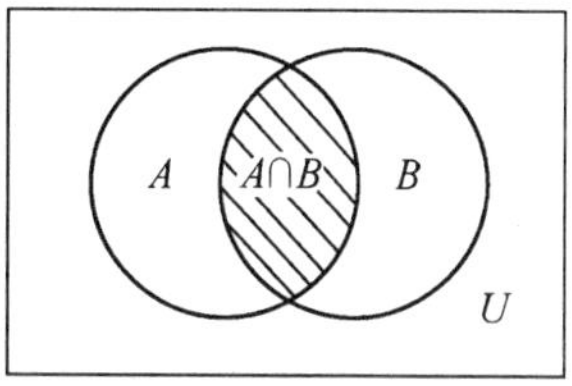

图 1-4

如果事件 A 与事件 B 的积事件是不可能事件,即 $A\cap B=\varnothing$,则称 A,B 两事件**互斥**.

从基本事件来说,互斥事件没有公共的基本事件. 任何两个基本事件都是互斥的. 当 A 与 B 互斥时,$A\cup B$ 有时记为 $A+B$.

如果一列事件 $A_1,A_2,\cdots$ 中任意两个都互斥,则称这列事件**两两互斥**,这时 $\bigcup\limits_{i=1}^{\infty}A_i$ 记为

$$A_1+A_2+\cdots=\sum_{i=1}^{\infty}A_i.$$

4. 逆事件

如果两事件 A,B 满足 $A+B=U$,则称事件 A,B 为**互逆**(或**对立**)**事件**(简称**互逆**或**对立**). 事件 A 的逆事件记为 $\overline{A}$. $\overline{A}$ 的基本事件是不属于 A 的基本事件全体,如图 1-5 的阴影部分

所示.

显然,$A\overline{A}=\varnothing$,$A+\overline{A}=U$.

5. 差事件

对于事件 A,B,C,若 C 的出现,就是 A 出现而 B 不出现,则称 C 是 A 与 B 的**差事件**,记做

$$C=A-B.$$

从基本事件来说,$A-B$ 的基本事件就是属于 A 而不属于 B 的基本事件全体,如图 1-6 的阴影部分所示.

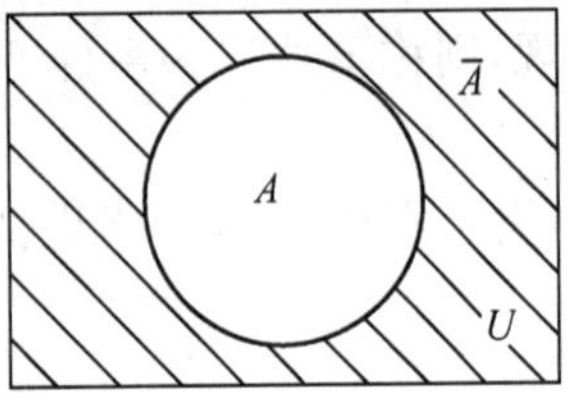

图 1-5

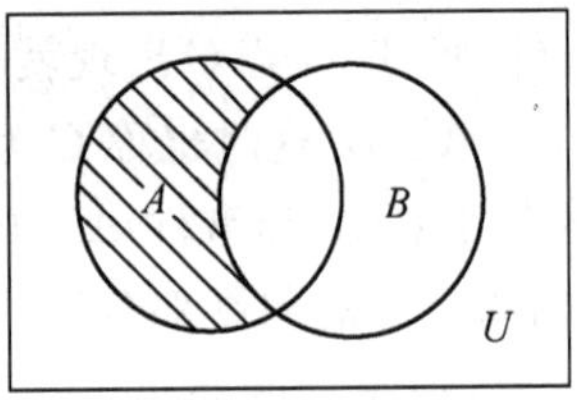

图 1-6

6. 事件的运算律

由定义可以验证,事件的运算满足以下规律:

(1) **交换律** $A\cup B=B\cup A,AB=BA$;

(2) **结合律** $(A\cup B)\cup C=A\cup(B\cup C),(AB)C=A(BC)$;

(3) **分配律** $(A\cup B)C=(AC)\cup(BC),(AB)\cup C=(A\cup C)(B\cup C)$;

(4) **反演律** $\overline{A\cup B}=\overline{A}\,\overline{B}$;$\overline{AB}=\overline{A}\cup\overline{B}$.

例 3 在如图 1-7 所示的电路中,设事件 A_i=“电子元件 a_i 发生故障”($i=1,2,3$),试用 A_1,A_2,A_3 表示事件 A=“线路中断”.

解 因为线路中断意味着电子元件 a_1 发生故障或者电子元件 a_2,a_3 同时发生故障. 而事件“a_1 发生故障,或者 a_2,a_3 同时发生故障”$=A_1\cup A_2A_3$,所以事件 $A=A_1\cup A_2A_3$.

以后,常可把对事件的分析转化为对集合的分析,利用已经知道的集合的运算来分析事件之间的关系.

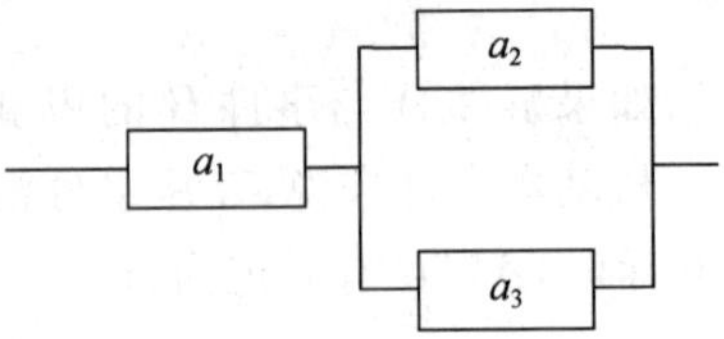

图 1-7

例 4 设 A,B,C 为三个事件,试利用 A,B,C 表达下列事件:

(1) D_1=“三个事件中至少有两个出现”;

(2) D_2=“三个事件中至多有两个出现”;

(3) D_3=“三个事件中恰有两个事件出现”.

解 (1) $D_1=(AB)\cup(BC)\cup(CA)$ 或 $D_1=(AB\overline{C})+(A\overline{B}C)+(\overline{A}BC)+(ABC)$;

(2) $D_2=\overline{ABC}$　或　$D_2=(\bar{A}\,\bar{B}\,\bar{C})+(A\bar{B}\,\bar{C})+(\bar{A}B\bar{C})+(\bar{A}\,\bar{B}C)+(AB\bar{C})+(A\bar{B}C)+(\bar{A}BC)$.

(3) $D_3=(AB\bar{C})+(A\bar{B}C)+(\bar{A}BC)$.

例 5　设 A,B 为随机事件，试用文字说明下列各事件的含义：

(1) $\bar{A}\cup B$;　　(2) $\bar{A}\cup\bar{B}$;　　(3) $\bar{A}B$;

(4) $\bar{A}\,\bar{B}$;　　(5) $\bar{A}A$;　　(6) $\overline{A\cup B}$.

解　由事件间的关系及运算可知

(1) 表示 A 的逆事件与 B 事件至少有一个出现；

(2) 表示 A 的逆事件与 B 的逆事件至少有一个出现，又因 $\bar{A}\cup\bar{B}=\overline{AB}$，所以它又表示 A，B 不可能同时出现；

(3) 表示 A 的逆事件与 B 事件同时出现；

(4) 表示事件 A,B 同时不出现；

(5) $\bar{A}A$ 是不可能事件；

(6) 表示事件 A,B 没有一个出现，与(4)相同.

习　题　1-1

1. 指出下列事件中，哪些是随机事件？哪些是必然事件？哪些是不可能事件？

(1)"从含有 5 只次品的 100 只同类产品中任意取出 5 只，结果都是次品"；

(2)"在常压下 50℃的纯水沸腾"；

(3)"异性电荷相吸"；

(4)"用导弹打飞机，飞机被击落"；

(5)"某手机在一小时内至少接到 10 条短信"；

2. 试写出下列随机试验的基本空间：

(1) 接连抛三次硬币，观察各次正、反面出现的情况；

(2) 10 只产品中有 3 只是次品，每次从中取出 1 只，取后不放回，直到将 3 只次品都取出为止，记录抽取的次数；

(3) 生产某种产品直到得到 10 件正品为止，记录生产该产品的总件数.

3. 设事件 A="被检验的 3 件产品中至少有 1 件是次品"，B="被检验的 3 件产品都是正品"，问 $A\cup B$ 及 AB 各表示什么事件？

4. 设某车间生产的产品中有正品也有次品，从中随机地抽取 4 件，设 A_i="抽出的第 i 件是正品"($i=1,2,3,4$)，试用 A_i 表示下列各事件：

(1)"没有一件产品是次品"；　(2)"至少有一件产品是次品"；

(3)"只有一件产品是次品"；　(4)"至少有 3 件产品不是次品".

5. 设试验 E 的基本空间 $U=\{1,2,\cdots,10\}$，事件 $A=\{2,3,4\}$，$B=\{3,4,5\}$，$C=\{5,6,7\}$，试写出下列各事件所包含的基本事件：

(1) $\overline{A}B$；　(2) $\overline{A}\cup B$；　(3) $\overline{\overline{A}\,\overline{B}}$；　(4) $\overline{A\overline{BC}}$；　(5) $\overline{A(B\cup C)}$.

第二节　事件的概率

随机事件的出现虽不确定，但其出现的可能性有大有小. 因而人们自然会想到对它的大小进行"度量"，即对随机事件 A 与实数 $P(A)$ 建立联系，使当 $P(A)$ 较大时，A 出现的可能性也较大. 这种用来表示随机事件出现的可能性大小的数 $P(A)$，称为事件 A 的**概率**. 然而怎样确定实数 $P(A)$ 呢？在概率论的发展过程中，人们针对不同情况，从不同角度，给出了概率的精确定义与计算方法，我们分别介绍如下.

一、古典概率

一般地，称具有以下两个特征的随机试验 E 为**古典概型**：

(1) **有限性**　基本空间 $U=\{e_1,e_2,\cdots,e_n\}$为有限集；

(2) **等可能性**　两两互斥的诸基本事件 $e_1,e_2,\cdots,e_n$ 出现的可能性相等.

古典概型是概率论发展初期的主要研究对象，**概率的古典定义**便是在古典概型中引入的.

定义 1　设古典概型 E 的基本空间 $U=\{e_1,e_2,\cdots,e_n\}$，事件 $A=\{e_{k_1},e_{k_2},\cdots,e_{k_r}\}(r=1,2,\cdots,n)$，则事件 A 的概率 $P(A)$ 定义为

$$P(A)=\frac{r}{n}. \tag{1}$$

(1)式说明，事件 A 的概率为 A 所包含的基本事件个数与基本空间所包含的基本事件总数之比. 由等可能性的假定，便容易理解上述定义确实客观地反映了随机事件出现的可能性的大小.

例 1　将甲、乙两枚可辨的骰子抛掷一次，试求下列事件的概率：

(1) 两骰子出现的点数之和不超过 4；

(2) 两骰子出现的点数之和等于 5.

解　记 e_{ij}＝"甲出现 i 点且乙出现 j 点"的结果，A＝"两骰子出现的点数之和不超过 4"，B＝"两骰子出现的点数之和等于 5". 易知基本空间为

$$U=\{e_{ij}\,|\,i,j=1,2,3,4,5,6\},$$

共有 36 个元素，即 $n=36$，则 $A=\{e_{11},e_{12},e_{13},e_{21},e_{22},e_{31}\}$含有 6 个基本事件；$B=\{e_{14},e_{23},e_{32},e_{41}\}$含有 4 个基本事件. 所以由公式(1)得

$$P(A)=\frac{6}{36}=\frac{1}{6},\quad P(B)=\frac{4}{36}=\frac{1}{9}.$$

例 2　一袋中装有 8 个大小形状相同的球，其中 5 个为黑色，3 个为白色. 现从袋中随机地取出两个球，求取出的两球是黑球的概率.

解　从 8 个球中取出两个，不同的取法有 C_8^2 种，所谓“随机”或“任意”地取，是指这 C_8^2 种取法有等可能性. 若令 A=“取出的两球是黑色球”，那么使事件 A 出现的取法，或者说有利于事件 A 的取法为 C_5^2 种. 如果将每个组合看做基本空间的一个元素，则元素总数 $n=C_8^2$，而 A 包含的基本事件的个数 $r=C_5^2$. 从而由公式(1)得

$$P(A) = C_5^2/C_8^2 = 5/14.$$

从以上两例看出，用古典概型计算概率 $P(A)$ 首先要分析所考虑的试验 E 是否满足古典概型条件. 如果满足，便确定试验 E 的基本事件总数 n 和事件 A 所包含的基本事件的个数 r. 至于是否将基本事件一一列出来，那是无关紧要的.

例 3　在 100 支同类型的三极管中，按电流放大系数分类，有 60 支属于Ⅰ类，40 支属于Ⅱ类. 现在从中任意接连取 3 次，每次取 1 支，求事件 A=“被取出的 3 支都是Ⅰ类”的概率，假定**抽样**按下面的两种方式进行：

(1) 每次取一支，经测试后放回，再取下一支(这种抽样称为**有放回抽样**)；

(2) 每次取一支，经测试后不放回，再取下一支(这种抽样称为**不放回抽样**).

解　(1) 有放回抽样的情形：

因为抽样是有放回的，所以每次都有 100 种取法. 接连取 3 次，总共有 100^3 种不同的取法，即基本事件的总数为 $n=100^3$.

事件 A 所包含的基本事件数，相当于从 60 支Ⅰ类三极管中接连取 3 次(每次取 1 支)的所有可能取法的种类数，即 $r=60^3$. 所求概率为

$$P(A) = \frac{60^3}{100^3} = 0.216.$$

(2) 不放回抽样的情形：

因为是不放回的，所以每抽取一次要减少一支三极管，于是

$$n = 100 \times 99 \times 98, \quad r = 60 \times 59 \times 58,$$

则所求概率为

$$P(A) = \frac{60 \times 59 \times 58}{100 \times 99 \times 98} \approx 0.212.$$

例 4　一个 5 位数码的密码箱，每位上有 0～9 的 10 个数码. 若不知道该箱密码，求试一次就把该箱打开的概率.

解　这里，每试一次就是做一次试验，其试验结果是，一个 5 位数码为一个基本事件，则基本事件总数 $n=10^5$. 设 A=“一次开箱成功”，则 A 只包含一个基本事件，即 $r=1$. 于是，所求概率为

$$P(A) = \frac{1}{10^5} = 0.00001.$$

可见,若不知道该箱密码,要想试一次就把箱子打开的可能性是很小的.通常把这种概率很小的事件称为**小概率事件**.小概率事件虽然不是不可能事件,但在一次试验中发生的可能性很小.因此可以认为,**在一次试验中小概率事件是几乎不会发生的**.这就是实用中的**小概率原理**.

按定义,古典概率有以下性质:

性质 1 对于任一事件 $A\subset U$,有 $0\leqslant P(A)\leqslant 1$;

性质 2 $P(U)=1$, $P(\varnothing)=0$;

性质 3(概率的加法公式) 两个互斥事件 A,B 的和事件 $A+B$ 的概率等于事件 A 的概率与事件 B 的概率之和,即

$$P(A+B)=P(A)+P(B).$$

性质 1 和性质 2 的证明从略,仅给出性质 3 的证明.

证 设 $U=\{e_1,e_2,\cdots,e_n\}$,$A=\{e_{k_1},e_{k_2},\cdots,e_{k_r}\}$,$B=\{e_{i_1},e_{i_2},\cdots,e_{i_s}\}$.因此,按定义

$$P(A)=\frac{r}{n},\quad P(B)=\frac{s}{n}.$$

又因为 A 与 B 互斥,所以 A,B 没有公共元素,于是

$$A+B=\{e_{k_1},e_{k_2},\cdots,e_{k_r},e_{i_1},e_{i_2},\cdots,e_{i_s}\}$$

是由 $r+s$ 个元素组成的.从而,按定义

$$P(A+B)=\frac{r+s}{n}=\frac{r}{n}+\frac{s}{n}=P(A)+P(B).$$

证毕

推论(可加性) 设事件 $A_1,A_2,\cdots,A_m,\cdots$ 两两互斥,则

$$P\Big(\sum_{i=1}^{\infty}A_i\Big)=\sum_{i=1}^{\infty}P(A_i).$$

可以利用概率的加法公式简化某些事件概率的计算.

例 5 从 0,1,2,3 这 4 个数字中任取 3 个不同的数字进行排列,求取得的 3 个数字排成的数是 3 位数且是偶数的概率.

解 令 A=“排成的数是 3 位数且是偶数”;

A_0=“排成的数是 3 位数且末位是 0”;

A_2=“排成的数是 3 位数且末位是 2”.

由于首位数不能取 0,所以

$$P(A_0)=\frac{3\times 2}{4\times 3\times 2}=\frac{1}{4},\quad P(A_2)=\frac{2\times 2}{4\times 3\times 2}=\frac{1}{6}.$$

显然 A_0 与 A_2 互斥,按概率的加法公式,得

$$P(A)=P(A_0)+P(A_2)=\frac{1}{4}+\frac{1}{6}=\frac{5}{12}.$$

二、几何概率

在古典概型中，除基本事件的等可能性要求外还要求基本事件的总数 n 为有限，所以对于基本事件为无穷多个的情形，概率的古典定义显然已不适用了. 然而有些情形，可以利用几何图形的度量（如线段的长度、平面区域的面积或空间立体的体积等）来定义其事件的概率. 如此定义的概率称为**几何概率**，如下例.

例 6（约会问题） 甲、乙两人相约于 6 时至 7 时在某地会面，先到者等待后来者 20 分钟，过时就离去. 如果每个人在指定的这一小时内任一时刻到达是等可能的，求事件 A =“两人能会面”的概率.

解 设甲、乙两人到达预定地点的时刻分别为 x,y，则 x,y 可以取区间 $[0,60]$ 上的任意一个值，即

$$0\leqslant x\leqslant 60,\quad 0\leqslant y\leqslant 60.$$

而两人能会面的充分必要条件是

$$|x-y|\leqslant 20.$$

以 (x,y) 表示直角坐标系中的点，则所有基本事件可用边长为 60 的正方形内的点表示（如图 1-8 所示）. 而事件 A 所包含的基本事件可用这个正方形内介于两直线 $x-y=\pm 20$ 之间的区域（图 1-8 中的阴影部分）来表示. 所以可将 A 的概率定义为两区域面积之比，即所求的概率为

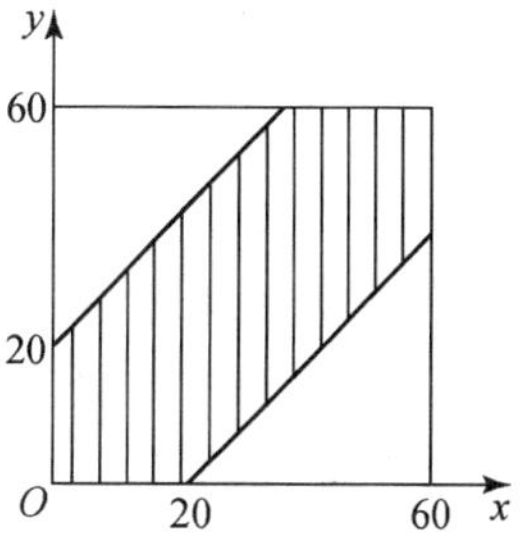

图 1-8

$$P(A)=\frac{60^2-40^2}{60^2}=\frac{5}{9}.$$

几何概率也有与古典概率相同的性质：

性质 1 对于任何随机事件 $A\subset U$，有 $0\leqslant P(A)\leqslant 1$；

性质 2 $P(U)=1,\quad P(\varnothing)=0$；

性质 3 设事件 $A_1,A_2,\cdots,A_n,\cdots$ 两两互斥，则

$$P\left(\sum_{i=1}^{\infty}A_i\right)=\sum_{i=1}^{\infty}P(A_i).$$

三、概率的统计定义

1. 事件的频率

概率的古典定义与几何定义都是以等可能性为基础的. 对于一般的随机试验当然不一定有这样的等可能性存在. 这时应如何用数字来“度量”随机事件出现可能性的大小呢？最直观、最简单的方法是用所谓事件的频率来度量.

定义 2 在相同的条件下将试验 E 重复进行 n 次,如果事件 A 发生了 μ 次,则将比值 $\frac{\mu}{n}$ 称为事件 A 的**频率**,记为 $W(A)$,即

$$W(A)=\frac{\mu}{n}. \tag{2}$$

显然,任何随机事件的频率都是介于 0 与 1 之间的数,即

$$0\leqslant W(A)\leqslant 1.$$

对于必然事件 U,恒有 $\mu=n$,所以有

$$W(U)=1.$$

对于不可能事件$\varnothing$,恒有 $\mu=0$,所以有

$$W(\varnothing)=0.$$

2. 事件的概率

用频率来度量随机事件出现可能性的大小基本上是合理的,但也有不足之处,主要表现在频率有波动性. 由公式(2)知,事件的频率会随着试验次数 n 的变化而变化,即使 n 不变,试验的条件也不变,频率也还会波动.

尽管如此,长期的经验表明,当试验重复多次时,随机事件 A 的频率具有一定的**稳定性**. 就是说,在不同的试验序列中,当试验次数充分大时,随机事件 A 的频率常常在一个确定的数值附近摆动. 例如,在抛硬币试验中,观察出现正面(记为 A)的次数. 现将硬币连抛 5 次、50 次和 500 次,各做 10 遍. 正面出现的次数 μ 和频率 $W(A)$ 如表 1-1 所示.

表 1-1

试验序号	$n=5$		$n=50$		$n=500$	
	μ	W	μ	W	μ	W
1	2	0.4	22	0.44	251	0.502
2	3	0.6	25	0.50	249	0.498
3	1	0.2	21	0.42	256	0.512
4	5	1.0	25	0.50	253	0.506
5	1	0.2	24	0.48	251	0.502
6	2	0.4	21	0.42	246	0.492
7	4	0.8	18	0.36	244	0.488
8	2	0.4	24	0.48	258	0.516
9	3	0.6	27	0.54	262	0.524
10	3	0.6	31	0.62	247	0.494

从表 1-1 可以看出,当抛硬币次数较少时,事件 A 的频率波动较大. 但是,随着抛掷次数的增多,频率越来越明显地呈现稳定性. 这种试验,历史上已有多人做过,其结果如表 1-2 所示.

表 1-2

试验者	n	μ	$W(A)$
蒲丰	4040	2048	0.5069
费勒	10000	4979	0.4979
卡尔·皮尔逊	12000	6019	0.5016
卡尔·皮尔逊	24000	12012	0.5005
罗曼诺夫斯基	80640	39699	0.4923

从表 1-2 可知，不论何人何时何地抛硬币，当试验次数逐渐增加时，频率 $W(A)$ 总在 0.5 附近摆动并逐渐地稳定于 0.5. 这个稳定值 0.5 是事件 A 的固有属性，是客观存在的. 也就是说，**“频率的稳定性”是隐藏在随机现象中的规律性，即统计规律性**. 它是可以对事件出现可能性的大小进行度量的客观基础. 因此可如下定义事件的概率.

定义 3 将试验 E 重复 n 次，如果随着 n 的增大事件 A 出现的频率在一个确定的数值 p 附近摆动，则称这个数值 p 为事件 A 的**概率**. 记做 $P(A)$，即

$$P(A) = p.$$

我们称定义 3 为**概率的统计定义**，称 p 为事件 A 的**统计概率**. 根据这个定义，在试验中，任何一个事件 A，都有一个常数 p 与之对应. 这个常数虽然是未知的，但只要试验次数足够多，就可近似地认为 $p=W(A)$. 由于统计概率只要求每次试验在相同条件下进行(即重复试验)而不再需要别的条件，因此，应用十分广泛. 如产品合格率、天气预报准确率、疾病发病率、种子发芽率、翻译电码的成功率等都是通过频率来近似代替的.

根据概率的统计定义，可以推得统计概率有如下性质：

性质 1 对于任一事件 $A\subset U$，有 $0\leqslant P(A)\leqslant 1$；

性质 2 $P(U)=1$，$P(\varnothing)=0$；

性质 3 对于两两互斥的事件 $A_1, A_2, \cdots, A_n, \cdots$，有

$$P\left(\sum_{i=1}^{\infty} A_i\right) = \sum_{i=1}^{\infty} P(A_i).$$

四、概率的公理化定义

概率的统计定义无论在应用上或在理论研究上都受到很大限制. 为了克服这一不足，可以根据概率的以上几种定义所具有的共同性质，提出一组关于随机事件概率的公理，而得到概率的公理化定义.

定义 4(概率的公理化定义) 设 U 是试验 E 的基本空间，对于 E 的每一事件 $A\subset U$，赋予一个实值函数 $P(A)$. 如果 $P(A)$ 满足

公理 1 对于任何事件 $A\subset U$，有 $0\leqslant P(A)\leqslant 1$；

公理 2 $P(U)=1$；

公理 3 对于两两互斥的随机事件 $A_1,A_2,\cdots,A_n,\cdots$，有

$$P\Big(\sum_{i=1}^{\infty}A_i\Big)=\sum_{i=1}^{\infty}P(A_i),\tag{3}$$

则称 $P(A)$ 为事件 A 的**概率**.

可以验证，古典概率、几何概率和统计概率的定义均符合这个定义中的要求. 因此，它们都是这个一般定义范围内的特殊情形.

在概率的公理化定义中的三条公理的基础上，可以很方便地得到许多关于概率的重要性质.

性质 4 不可能事件的概率为 0，即 $P(\varnothing)=0$.

证 因为 $\varnothing=\varnothing+\varnothing+\cdots+\varnothing+\cdots$，且诸 $\varnothing$ 两两互斥. 由公理 3，得 $P(\varnothing)=P(\varnothing)+P(\varnothing)+\cdots$，所以

$$P(\varnothing)=0.$$ **证毕**

性质 5 设有限个随机事件 $A_1,A_2,\cdots,A_n$ 两两互斥，则

$$P\Big(\sum_{i=1}^{n}A_i\Big)=\sum_{i=1}^{n}P(A_i).$$

证 在公理 3 中令

$$A_{n+1}=A_{n+2}=\cdots=\varnothing,$$

由性质 4 知 $P(\varnothing)=0$，于是

$$P\Big(\sum_{i=1}^{n}A_i\Big)=P\Big(\sum_{i=1}^{\infty}A_i\Big)=\sum_{i=1}^{\infty}P(A_i)=\sum_{i=1}^{n}P(A_i)+0+\cdots=\sum_{i=1}^{n}P(A_i).$$ **证毕**

习惯上，把性质 5 称为**概率的有限可加性**，而把公理 3 称为**概率的可列可加性**. 它们统称为**概率的可加性(或加法定理)**.

推论 1 两互逆事件的概率之和为 1，即

$$P(A)+P(\overline{A})=1,\quad \text{或}\quad P(\overline{A})=1-P(A).\tag{4}$$

证 根据互逆事件的定义知，A 与 $\overline{A}$ 互斥且 $A+\overline{A}=U$，所以

$$P(A+\overline{A})=P(U)=1.$$

另一方面，由性质 5，得

$$P(A+\overline{A})=P(A)+P(\overline{A}).$$

于是，得

$$P(A)+P(\overline{A})=1,\quad \text{或}\quad P(\overline{A})=1-P(A).$$

推论 2 设事件 $A\subset B$，则

$$P(B-A)=P(B)-P(A),\tag{5}$$

从而

$$P(A)\leqslant P(B).$$

证　如图 1-9 知，当 $A\subset B$ 时，$B=A+(B-A)$. 由性质 5，得

$$P(B)=P(A)+P(B-A),$$

于是

$$P(B-A)=P(B)-P(A).$$

又因为 $P(B-A)\geqslant 0$，所以 $P(B)-P(A)\geqslant 0$，从而

$$P(A)\leqslant P(B).$$

证毕

推论 3　设 A,B 为任意两个随机事件，则

$$P(A\cup B)=P(A)+P(B)-P(AB). \tag{6}$$

证　如图 1-10 知

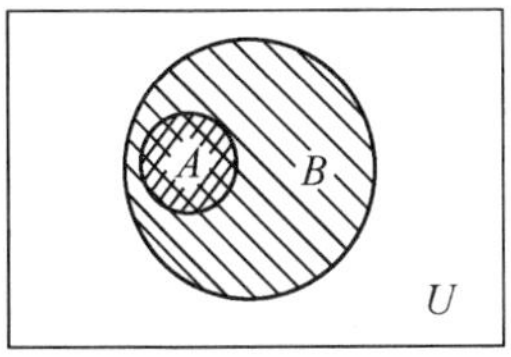

图　1-9

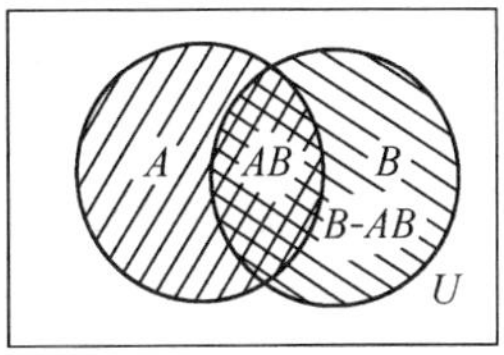

图　1-10

$$A\cup B=A+(B-AB),$$

所以，由性质 5，得

$$P(A\cup B)=P(A)+P(B-AB).$$

又由于 $AB\subset B$，所以由推论 2，得

$$P(B-AB)=P(B)-P(AB),$$

从而

$$P(A\cup B)=P(A)+P(B)-P(AB).$$

证毕

习惯上，称公式(6)为**概率的广义加法公式**.

由于 $P(AB)\geqslant 0$，所以由公式(6)立即推得

$$P(A\cup B)\leqslant P(A)+P(B). \tag{7}$$

又从公式(6)不难推得

$$P(A\cup B\cup C)=P(A)+P(B)+P(C)-P(AB)-P(AC)-P(BC)+P(ABC). \tag{8}$$

例 7　袋中装有 17 只红球及 3 只白球，从中任取 3 只，试求这 3 只球中至少有 1 只白球的概率.

解　设 A="取出的 3 只球中至少有 1 只是白球"，A_i="取出的 3 只球中恰好有 i 只白球"($i=1,2,3$)，则 A_1,A_2,A_3 两两互斥，且

$$A=A_1+A_2+A_3.$$

于是，由公式(3)，得

$$P(A)=P(A_1)+P(A_2)+P(A_3)=\frac{C_3^1C_{17}^2}{C_{20}^3}+\frac{C_3^2C_{17}^1}{C_{20}^3}+\frac{C_3^3}{C_{20}^3}=\frac{408}{1140}+\frac{51}{1140}+\frac{1}{1140}=\frac{23}{57}.$$

也可以按下面解法:

先求 $\overline{A}$,因为 $\overline{A}$="取出的 3 只球都是红球",所以

$$P(\overline{A})=\frac{C_{17}^3}{C_{20}^3}=\frac{34}{57};$$

再由公式(4),得

$$P(A)=1-P(\overline{A})=1-\frac{34}{57}=\frac{23}{57}.$$

例 8 设某地有甲、乙、丙三种报纸,据统计,该地成年人中有 20%读甲报,16%读乙报,14%读丙报.其中 8%的人兼读甲、乙两报,5%的人兼读甲、丙两报,4%的人兼读乙、丙两报,2%的人兼读三报.求该地成年人至少读一种报纸的概率.

解 设 A="该地成年人读甲报",

B="该地成年人读乙报",

C="该地成年人读丙报",

则 AB="该地成年人读甲、乙两报",

AC="该地成年人读甲、丙两报",

BC="该地成年人读乙、丙两报",

ABC="该地成年人读甲、乙、丙三报",

$A\cup B\cup C$="该地成年人至少读一种报纸".

于是,由公式(8)得所求概率为

$$\begin{aligned}P(A\cup B\cup C)&=P(A)+P(B)+P(C)-P(AB)-P(AC)-P(BC)+P(ABC)\\&=0.2+0.16+0.14-0.08-0.05-0.04+0.02\\&=0.35.\end{aligned}$$

例 9 已知 $P(A)=p, P(B)=q, P(A\cup B)=r$,求 $P(A\overline{B})$ 及 $P(\overline{A}\cup\overline{B})$.

解 由 $A\overline{B}=(A\cup B)-B$ 及公式(5),得

$$P(A\overline{B})=P(A\cup B)-P(B)=r-q.$$

又由 $\overline{A}\cup\overline{B}=\overline{AB}$,以及公式(4)和公式(6),得

$$P(\overline{A}\cup\overline{B})=P(\overline{AB})=1-P(AB)=1-[P(A)+P(B)-P(A\cup B)]=1-p-q+r.$$

例 9 的问题是,已知一些事件的概率,求有关事件的概率,解这类问题的关键是找出事件之间的运算关系,然后利用概率的性质求得结果.

习 题 1-2

1. 从一批由 45 件正品、5 件次品组成的产品中任取 3 件产品,求其中恰有 1 件次品的概率.

2. 从 1,2,3,4,5 这 5 个数码中任取 3 个不同的数排成一个 3 位数,求:

(1) 所得 3 位数为偶数的概率；　　(2) 所得 3 位数为奇数的概率.

3. 在 10 件同类型产品中，有 6 件一等品、4 件二等品. 今从中任取 4 件，求下列事件的概率：

(1) A=“4 件全是一等品”；　　(2) B=“4 件中有 1 件二等品”；

(3) C=“4 件中二等品数不超过 1 件”.

4. 某射手射击一次命中 10 环的概率为 0.28，命中 9 环的概率为 0.24，命中 8 环的概率为 0.19. 求这射手：

(1) 一次射击至少击中 9 环的概率；　　(2) 一次射击至少击中 8 环的概率.

5. 设有 n 个不同的球，每一球以等可能落入 $N(N\geqslant n)$ 个格子中的每一个格子里，并设每个格子能容纳的球数大于 n. 求某预先指定的 n 个格子中各含一球的概率.

6. 在一个均匀陀螺的圆周上均匀地刻上区间 $[0,3)$ 上的诸数字，旋转该陀螺，求“陀螺停下时，其圆周与桌面接触点的刻度位于区间 $[1/2,2]$ 上”的概率.

7. 长为 L 的电话线 OB，在某一点 C 处被切断，求“点 C 与点 O 的距离小于 l”的概率.

8. 设一质点一定落在 Oxy 坐标面上的由 x 轴、y 轴及直线 $x+y=1$ 所围成的三角形区域内，且落在这三角形内各点处的可能性相等. 求“这质点落在直线 $x=\dfrac{1}{3}$ 的左侧”的概率.

9. 两封信随机地投入四个邮筒，求前两个邮筒没有信的概率以及第一个邮筒内只有一封信的概率.

10. 在 100 件同型产品中，有 8 件次品，其余为正品. 今从中任取 10 件，求至少取得 1 件次品的概率.

11. 甲、乙二人射击同一目标，已知甲击中目标的概率是 0.8，乙击中目标的概率是 0.5，目标被击中的概率是 0.9. 求二人都击中目标的概率.

12. 已知 $P(A)=\dfrac{1}{3}$，$P(B)=\dfrac{1}{2}$，求在下列三种情况下的 $P(B\overline{A})$：

(1) A 与 B 互斥；　　(2) $A\subset B$；　　(3) $P(AB)=\dfrac{1}{8}$.

第三节　条件概率

一、条件概率的概念

在实际问题中，有时会遇到在事件 B 已经出现的条件下求事件 A 的概率. 这时，由于有了附加条件“事件 B 已经出现”，因此称这种概率为事件 A 在事件 B 出现条件下的**条件概率**，记做 $P(A|B)$.

相对于条件概率的概念，我们称上节中的概率为**无条件概率**. 那么，条件概率与无条件概率有什么联系呢?如何计算条件概率呢?下面逐一讨论这些问题.

首先,在一般情况下,条件概率与无条件概率不相等,即 $P(A|B)\neq P(A)$.

例 1 现有甲、乙两工人加工同一种机器零件,如表 1-3 所示. 从这 100 只零件中任取 1 只,记 A=“取得的零件是正品”,B=“取得的零件是甲加工的”. 求:(1) $P(A)$;(2) $P(A|B)$.

表 1-3

	正品数	次品数	总计
甲加工的零件	48	12	60
乙加工的零件	36	4	40
总计	84	16	100

解 将所有零件按甲加工的正品、次品和乙加工的正品、次品的次序编号为 1~100,且记 e_i=“取得第 i 号零件”($i=1,2,\cdots,100$),则基本空间 $U=\{e_i \mid i=1,2,\cdots,100\}$. 于是

$$A=\{e_1,\cdots,e_{48},e_{61},\cdots,e_{96}\},$$
$$B=\{e_1,\cdots,e_{48},e_{49},\cdots,e_{60}\}.$$

(1) $P(A)=\dfrac{84}{100}=0.84$;

(2) 在事件 B 已出现的条件下,事件 A 出现就意味着取得的零件 $e_i\in B$ 且 e_i 是正品. 所以

$$P(A|B)=\frac{48}{60}=0.8. \tag{1}$$

注意,首先易见,$P(A)\neq P(A|B)$. 也就是说,事件 B 的出现的确影响了事件 A 出现的概率. 其次,求条件概率的公式(1),实际上相当于以 B 为基本空间(称为 U 的**减缩空间**)时,事件 A 的概率. 最后,(1)式可以转化为

$$P(A|B)=\frac{48}{60}=\frac{48/100}{60/100}=\frac{P(AB)}{P(B)}\quad (P(B)>0), \tag{2}$$

即 $P(A|B)$的分母是事件 B 所包含的基本事件个数,分子是事件 AB 所包含的基本事件个数.

对于古典概型的条件概率,容易证明(2)式总是成立的,即

$$P(A|B)=\frac{P(AB)}{P(B)}\quad (P(B)>0). \tag{3}$$

在一般情况下,完全有理由将 $P(A|B)$规定为$\dfrac{P(AB)}{P(B)}$,即有如下定义:

定义 设 A,B 为随机试验 E 的两个事件且 $P(B)>0$,则称

$$P(A|B)=\frac{P(AB)}{P(B)} \tag{4}$$

为在事件 B 出现的条件下**事件 A 的条件概率**. 同样还有

$$P(B|A)=\frac{P(AB)}{P(A)}\quad (P(A)>0). \tag{5}$$

二、概率的乘法公式

由(4)式或(5)式,得

$$P(AB)=P(B)P(A|B) \tag{6}$$

或

$$P(AB)=P(A)P(B|A). \tag{7}$$

公式(6)、(7)统称为**概率的乘法公式**. 即有

定理 1(乘法定理)　两事件之积的概率等于其中一事件的概率与另一事件在前一事件出现下的条件概率的乘积,即

$$P(AB)=P(A)P(B|A)=P(B)P(A|B). \tag{8}$$

概率的乘法公式可以推广到多于两个事件积的情形. 例如,对于三事件 A,B,C,若 $P(AB)>0$,则有

$$P(ABC)=P[(AB)C]=P(AB)P(C|AB)=P(A)P(B|A)P(C|AB). \tag{9}$$

例 2　某厂生产的日光灯管使用寿命在 5 000 小时以上的概率为 0.6,在 10 000 小时以上的概率为 0.3. 如果现在有一根使用了 5 000 小时的这种灯管,问它的寿命为 10 000 小时以上的概率是多少?

解　设 A="灯管寿命为 5 000 小时以上";

B="灯管寿命为 10 000 小时以上".

据题意,$P(A)=0.6>0$,由 $B\subset A$,得 $AB=B$,因此 $P(AB)=P(B)=0.3$,所以由条件概率的定义式(5),得

$$P(B|A)=\frac{P(AB)}{P(A)}=\frac{0.3}{0.6}=\frac{1}{2}.$$

例 3　一批产品中次品率为 4%,正品中一等品率为 55%. 从这批产品中任抽一件,求这件产品是一等品的概率.

解　设 A="抽出的是一等品";

B="抽出的是正品".

于是,由题意和条件概率的概念知 $P(A|B)=0.55$.

$$P(B)=1-P(\bar{B})=1-0.04=0.96.$$

注意到 $A\subset B$,所以有 $A=AB$,因此有

$$P(A)=P(AB)=P(B)P(A|B)=0.96\times0.55=0.528.$$

例 4　一批零件共 100 个,次品率为 10%,每次从中任取一个,采取不放回抽样,求第三次才取得正品的概率.

解　据题意,第 1 次和第 2 次取出的零件都是次品,第 3 次取出的零件是正品,设 A_i="第 i 次取出的是次品"($i=1,2,3$),那么 $P(A_1)=\frac{1}{10}$,按条件概率的概念知 $P(A_2|A_1)=\frac{9}{99}=\frac{1}{11}$,

$P(\overline{A}_3|A_1A_2)=\frac{90}{98}=\frac{45}{49}$. 因此,由概率的乘法公式,得所求概率为

$$P(A_1A_2\overline{A}_3)=P(A_1)P(A_2|A_1)P(\overline{A}_3|A_1A_2)=\frac{1}{10}\times\frac{1}{11}\times\frac{45}{49}=\frac{9}{22\times 49}=0.0083.$$

三、全概率公式

当计算比较复杂事件的概率时,往往必须同时利用概率的加法公式和乘法公式. 我们先看下面的例子.

例 5 某工厂有Ⅰ、Ⅱ、Ⅲ三个车间,生产同一种产品,每个车间的产量分别占全厂的 25%、35%和 40%,各车间产品的次品率分别为 5%、4%和 2%. 问从总产品中任意抽取一件产品是次品的概率(即全厂产品的次品率).

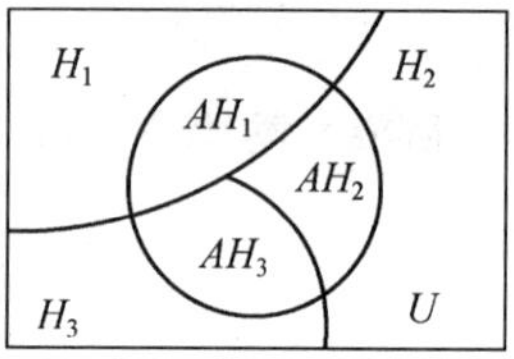

图 1-11

解 令 H_i="从总产品中任取一件产品是第 i 车间生产的"($i=1,2,3$),A="从总产品中任取一件产品是次品". 如图 1-11 所示,因 H_1,H_2,H_3 两两互斥且 $H_1+H_2+H_3=U$(因此称 H_1,H_2,H_3 是 U 的**一组划分**),于是

$$A=AU=A(H_1+H_2+H_3)=AH_1+AH_2+AH_3,$$

所以

$$\begin{aligned}P(A)&=P(AH_1+AH_2+AH_3)\\&=P(AH_1)+P(AH_2)+P(AH_3)\\&=P(H_1)P(A|H_1)+P(H_2)P(A|H_2)+P(H_3)P(A|H_3)\\&=\frac{25}{100}\times\frac{5}{100}+\frac{35}{100}\times\frac{4}{100}+\frac{40}{100}\times\frac{2}{100}\\&=3.45\%.\end{aligned}$$

一般地,有

定理 2(全概率公式) 设事件 $H_1,H_2,\cdots,H_n$ 是基本空间 U 的一组划分(即 $H_1+H_2+\cdots+H_n=U$)且 $P(H_i)>0(i=1,2,\cdots,n)$,则对任何事件 A 都有

$$P(A)=\sum_{i=1}^{n}P(H_i)P(A|H_i).\tag{10}$$

全概率公式(10)的证明与例 5 的解法相同,故从略.

全概率公式(10)的作用在于将事件 A 加以分解(如图 1-11 所示),然后在各种补充条件之下分别计算条件概率 $P(A|H_i)$,而 H_i 的选取要使得便于计算 $P(H_i)$ 及 $P(A|H_i)(i=1,2,\cdots,n)$.

例 6 保险公司的统计表明,某地人群可分为两类:第一类是容易出事故的,这类人在固定

的一年内出一次事故的概率为 0.4；另一类是较谨慎的，这类人在固定的一年内出一次事故的概率为 0.2. 若假定第一类人占总人口的 30%，试求一个新保险客户在他购买了保险单后一年内将出一次事故的概率.

解 设 A=“保险客户在一年内出一次事故”；H=“保险客户是容易出事的人”，则 $H,\overline{H}$ 是 U 的一组划分，即 $H+\overline{H}=U$，又已知

$$P(H)=0.3,\quad P(\overline{H})=0.7,\quad P(A|H)=0.4,\ P(A|\overline{H})=0.2.$$

因此，由全概率公式得所求概率为

$$P(A)=P(H)P(A|H)+P(\overline{H})P(A|\overline{H})=0.3\times0.4+0.7\times0.2=0.26.$$

例 7 经临床统计表明，利用血清甲胎蛋白的方法诊断肝癌很有效. 即对患者使用该法有 95% 的把握将其诊断出来，而当一个健康人接受这种诊断时，误诊此人为肝癌患者(伪阳性)的概率仅为 1%. 设肝癌在某地的发病率为 0.5%，如果用这种方法在该地进行肝癌普查，从该地人群中任抽一人接受检查，求此人被诊断为肝癌的概率.

解 设 A=“此人被诊断为肝癌”；H=“受检人患肝癌”，则

$$H+\overline{H}=U,\ P(H)=0.005,\ P(\overline{H})=0.995,$$
$$P(A|H)=0.95,\ P(A|\overline{H})=0.01.$$

于是，由全概率公式，得

$$\begin{aligned}P(A)&=P(H)P(A|H)+P(\overline{H})P(A|\overline{H})\\&=0.005\times0.95+0.995\times0.01=0.0147\approx1.5\%.\end{aligned}$$

注意，从此题可以看出，虽然用此法诊断肝癌的成功率很高($P(A|H)=95\%$，$P(\overline{A}|\overline{H})=99\%$)，但是如果将此法用于肝癌普查，其可信度就会大大降低(普查结果中被诊断为肝癌率高达 1.5%，是该地肝癌真实发病率的 3 倍).

四、贝叶斯(Bayes)公式

全概率公式是讨论事件出现的一种“因果关系”，例如，诸 H_i 代表原因，则全概率公式(10)是根据我们对各种原因 H_i 的情况($P(H_i)$及 $P(A|H_i)$)来推算结果 A 出现的可能性大小. 这是由原因导出结果的过程. 讨论“因果关系”还有另一方面，即已知结果出现，反过来追查原因. 例如，如果事件 A 在一次试验中果然出现了，我们有必要反过来估价一下它是由各原因 H_i 造成的可能性分别是多少？并从中进行比较，以便知道哪个原因造成的可能性最大，这是由结果追查原因的过程，如下几例.

例 8 在例 5 中抽到的产品是次品，问所抽到的产品依次是Ⅰ、Ⅱ、Ⅲ三车间生产的概率是多少？

解 仍采用例 5 的记号，现在已知

$$P(H_1)=\frac{25}{100},\ P(H_2)=\frac{35}{100},\ P(H_3)=\frac{40}{100},$$

$$P(A|H_1)=\frac{5}{100},\ P(A|H_2)=\frac{4}{100},\ P(A|H_3)=\frac{2}{100}.$$

要计算 $P(H_1|A)$, $P(H_2|A)$, $P(H_3|A)$,由概率的乘法公式,有

$$P(H_iA)=P(H_i)P(A|H_i)=P(A)P(H_i|A),$$

所以

$$P(H_i|A)=\frac{P(H_i)P(A|H_i)}{P(A)}\quad(i=1,2,3).$$

又由全概率公式(10),有

$$P(A)=\sum_{i=1}^{3}P(H_i)P(A|H_i),$$

因此

$$P(H_i|A)=\frac{P(H_i)P(A|H_i)}{\sum_{i=1}^{3}P(H_i)P(A|H_i)}\quad(i=1,2,3).$$

故

$$P(H_1|A)=\frac{\frac{25}{100}\cdot\frac{5}{100}}{\frac{25}{100}\cdot\frac{5}{100}+\frac{35}{100}\cdot\frac{4}{100}+\frac{40}{100}\cdot\frac{2}{100}}=\frac{25}{69}.$$

同理,得

$$P(H_2|A)=\frac{28}{69},\quad P(H_3|A)=\frac{16}{69}.$$

比较之,我们知道所抽到的次品是Ⅱ车间生产的可能性最大.

定理 3(贝叶斯公式) 设事件 $H_1,H_2,\cdots,H_n$ 是基本空间 U 的一组划分(即 $H_1+H_2+\cdots+H_n=U$)且 $P(H_i)>0(i=1,2,\cdots,n)$,则对任何事件 $A\subset U$,当 $P(A)>0$ 时都有

$$P(H_i|A)=\frac{P(H_i)P(A|H_i)}{\sum_{i=1}^{n}P(H_i)P(A|H_i)}\quad(i=1,2,\cdots,n).\tag{11}$$

贝叶斯公式的证明与例 8 的推导相同,从略.

在实际应用中,常称 $P(H_1)$、$P(H_2)$、$\cdots$、$P(H_n)$的值为**验前概率**,称 $P(H_1|A)$, $P(H_2|A)$, $\cdots$, $P(H_n|A)$的值为**验后概率**. 贝叶斯公式就是从验前概率推算验后概率的公式. 例如,例 8 中,在不知道信息 A 出现前,事件 H_1,H_2,H_3 的概率(验前概率)依次为 25%、35%和 40%;在知道信息 A 出现后,事件 H_1,H_2,H_3 的概率(验后概率)依次为 25/69,28/69,16/69.

现在,我们再来考察利用血清甲胎蛋白方法进行肝癌普查的问题.

例 9 在例 7 中,从该地普查人群中任抽一人. 求当此人被诊断为肝癌时,他确患肝癌的概率.

解 我们仍用例 7 中的记号,已知

$$P(H)=0.005,\ P(\overline{H})=0.995,\ P(A|H)=0.95,\ P(A|\overline{H})=0.01.$$

我们要求,一人被诊断为肝癌时,他确患肝癌的概率 $P(H|A)$. 由贝叶斯公式(11),得

$$P(H|A)=\frac{P(H)P(A|H)}{P(H)P(A|H)+P(\overline{H})P(A|\overline{H})}$$

$$=\frac{0.005\times0.95}{0.005\times0.95+0.995\times0.01}=\frac{475}{1470}=\frac{95}{294}\approx32.31\%.$$

这个答案也许会令人惊奇,原因是经过此法检验诊断为肝癌的人中真正患肝癌的人所占的比例并不大.

习 题 1-3

1. 已知 $P(A)=P(B)=0.4$,$P(AB)=0.28$,求 $P(A|B)$,$P(B|A)$ 及 $P(A\cup B)$.

2. 设一口袋装有 3 个白球,4 个黑球,从中任取一个球后不放回,再取下一个. 令 A 表示事件“第一次取得白球”,B 表示事件”第二次取得黑球”,求 $P(B)$ 及 $P(B|A)$.

3. 在某电路中,电压超过额定值的概率为 p_1,在电压超过额定值的情况下,电气设备被烧坏的概率为 p_2. 求由于电压超值而使电气设备烧坏的概率.

4. 射击室内有 9 支枪,其中两支是已试射过的,7 支未试射过. 射手用已试射过的枪射击时,命中率为 0.8,用未试射过的命中率为 0.1. 今从室内任取一支枪对目标射击,求命中目标的概率.

5. 发报机分别以 0.7 和 0.3 的概率发出信号“· ”和“—”,由于受到干扰,当发出“· ”时,收报机收到“· ”的概率是 0.9,误收为“—”的概率是 0.1;又当发出“—”时,收报机收到“—”的概率是 0.95,误收为“· ”的概率是 0.05. 求

(1) 收报机收到信号“·”的概率;

(2) 收报机收到信号“—”的概率.

6. 两台车床加工同样的零件,第一台出现废品的概率是 0.03,第二台出现废品的概率是 0.02. 加工出来的零件放在一起且知道第一台加工的零件比第二台加工的零件多一倍. 求任意取出的零件是合格品的概率.

第四节 事件的独立性

一、事件的独立性

从第三节所讨论的条件概率知,一般情况下,条件概率 $P(A|B)$ 与无条件概率 $P(A)$ 是不相等的,但也有相等的情况. 于是,有如下定义.

定义 1 如果事件 A,B 中任一事件的出现都不影响另一事件的概率,即

$$P(A|B)=P(A),\quad P(B|A)=P(B)\quad (P(A)P(B)>0),\tag{1}$$

则称事件 A 与 B **相互独立**.

定理 1 如果 $P(A)P(B)>0$,则事件 A 与 B 相互独立的充分必要条件是

$$P(AB)=P(A)P(B).\tag{2}$$

证 由概率的乘法公式,得

$$P(AB)=P(A)P(B|A)\quad (P(A)>0).$$

因为 A 与 B 相互独立,所以有

$$P(B|A)=P(B),$$

于是

$$P(AB)=P(A)P(B).$$

反之,如果 $P(AB)=P(A)P(B)$且 $P(A)>0$,则由条件概率定义知

$$P(B|A)=\frac{P(AB)}{P(A)}=\frac{P(A)P(B)}{P(A)}=P(B).$$

从而,A 与 B 相互独立. **证毕**

需要注意的是,在处理实际问题时,事件 A 与 B 的相互独立性往往是根据具体场合的性质直观地作出判断的,而不是验证 $P(A|B)=P(A)$或 $P(B|A)=P(B)$. 如掷两枚骰子,第一枚出现几点与第二枚出现几点是相互独立的,因为两枚骰子之间没有联系;再如甲、乙两人各自独立地射击,则甲中几环与乙中几环也是相互独立的;……

例 1 有甲、乙两射手同时对同一目标射击一次,甲击中的概率是 0.9,乙击中的概率是 0.8,求目标被击中的概率.

解 设 A=“甲击中目标”,B=“乙击中目标”. 于是,目标被击中的概率为

$$P(A\cup B)=P(A)+P(B)-P(AB).$$

由于甲、乙射击是独立进行的,所以 A 与 B 相互独立. 所以

$$\begin{aligned}P(A\cup B)&=P(A)+P(B)-P(A)P(B)\\&=0.9+0.8-0.9\times 0.8=0.98.\end{aligned}$$

定理 2 如果四对事件 A,B;$A,\bar{B}$;$\bar{A},B$ 和 $\bar{A},\bar{B}$ 中有一对是相互独立的,则另外三对也是相互独立的(即这四对事件或者都相互独立,或者都不相互独立).

证 设 A 与 B 相互独立,现在证 A 与 $\bar{B}$ 相互独立,为此只需证明 $P(A\bar{B})=P(A)P(\bar{B})$即可. 事实上,

$$P(A\bar{B})=P(A-AB)=P(A)-P(AB).$$

因为 A 与 B 相互独立,即

$$P(AB)=P(A)P(B),$$

所以
$$P(A\bar{B}) = P(A) - P(AB) = P(A) - P(A)P(B)$$
$$= P(A)[1 - P(B)] = P(A)P(\bar{B}). \quad (3)$$
故 A 与 $\bar{B}$ 相互独立. 其他同理可证. **证毕**

事件的独立性概念可以推广到任意有限个事件的情形.

定义 2　若 n 个事件 $A_1, A_2, \cdots, A_n$ 中任意两个都相互独立, 则称事件组 $A_1, A_2, \cdots, A_n$ **两两相互独立**.

定义 3　如果 n 个事件 $A_1, A_2, \cdots, A_n$ 中任一事件 $A_i (i=1,2,\cdots,n)$ 对其他任意 m 个事件的积是独立的, 即
$$P(A_i | A_{i_1} A_{i_2} \cdots A_{i_m}) = P(A_i), \quad (4)$$
其中 $A_{i_1} A_{i_2} \cdots A_{i_m}$ 是事件 $A_1, A_2, \cdots, A_n$ 中除了 A_i 之外的 $n-1$ 个事件中的任意 $m (m=1,2,\cdots, n-1)$ 个事件的积. 则称事件 $A_1, A_2, \cdots, A_n$ **总体相互独立**, 简称**相互独立**.

定理 3　如果 $P(A_1 A_2 \cdots A_n) > 0$, 则事件 $A_1, A_2, \cdots, A_n$ 相互独立的充分必要条件是对其中任意 $m (m=1,2,\cdots,n)$ 个事件 $A_{k_1}, A_{k_2}, \cdots, A_{k_m}$, 有
$$P(A_{k_1} A_{k_2} \cdots A_{k_m}) = P(A_{k_1}) P(A_{k_2}) \cdots P(A_{k_m}). \quad (5)$$
(证明从略)

注意, 容易知道, 当 $A_1, A_2, \cdots, A_n$ 相互独立时, 必然两两相互独立, 但反之不然.

对于 n 个事件 $A_1, A_2, \cdots, A_n$, 与其相关事件间相互独立的关系也有与定理 2 类似的结论. 例如, 当 $A_1, A_2, \cdots, A_n$ 相互独立时, $\bar{A}_1, \bar{A}_2, \cdots, \bar{A}_n$ 也相互独立等, 这里就不一一写出了.

例 2　加工某一零件共需经过三道工序, 设第 1、2、3 道工序的次品率分别是 2%、3%、5%. 假设各道工序是互不影响的, 求加工出来的零件是次品的概率?

解　设事件 A_i = "第 i 道工序出次品" $(i=1,2,3)$; A = "加工出来的零件是次品", 则
$$A = A_1 \cup A_2 \cup A_3.$$
因为各道工序互不影响, 所以事件 A_1, A_2, A_3 相互独立, 从而 $\bar{A}_1, \bar{A}_2, \bar{A}_3$ 相互独立. 于是所求概率为
$$P(A) = P(A_1 \cup A_2 \cup A_3) = 1 - P(\bar{A}_1 \bar{A}_2 \bar{A}_3)$$
$$= 1 - P(\bar{A}_1) P(\bar{A}_2) P(\bar{A}_3)$$
$$= 1 - (1 - 0.02) \times (1 - 0.03) \times (1 - 0.05)$$
$$\approx 1 - 0.903 = 0.097.$$

例 3　一个元件能正常工作的概率称为这个**元件的可靠性**, 由元件组成的系统能正常工作的概率称为这个**系统的可靠性**. 求系统 Ⅰ (串联) (如图 1-12 所示) 和系统 Ⅱ (并联) (如图 1-13 所示) 的可靠性, 其中已知各元件的可靠性均为 $r (0 < r < 1)$, 且各元件能否正常工作是相互独立的.

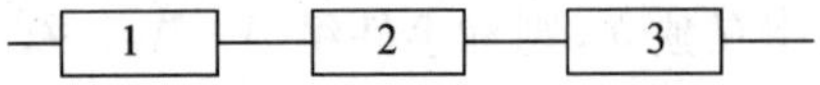

图 1-12

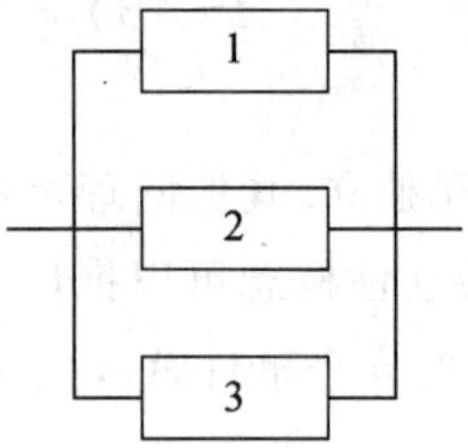

图 1-13

解 设事件 A="系统正常工作". A_i="第 i 个元件正常工作"($i=1,2,3$);因为系统Ⅰ正常工作的充分必要条件是三元件都正常工作,即

$$A=A_1A_2A_3.$$

又因为 A_1,A_2,A_3 相互独立且 $P(A_i)=r\ (i=1,2,3)$,所以系统Ⅰ的可靠性为

$$P(A)=P(A_1A_2A_3)=P(A_1)P(A_2)P(A_3)=r^3.$$

类似地,系统Ⅱ正常工作必须且只需三元件之一能正常工作,即

$$A=A_1\cup A_2\cup A_3.$$

从而系统Ⅱ的可靠性为

$$P(A)=P(A_1\cup A_2\cup A_3)=1-P(\overline{A}_1\overline{A}_2\overline{A}_3)=1-P(\overline{A}_1)P(\overline{A}_2)P(\overline{A}_3)=1-(1-r)^3.$$

二、伯努利概型及二项概率公式

1. 伯努利概型

在实际应用中,经常会遇到随机试验 E 只有两个可能结果的情形.这种只有两个可能结果的随机试验 E 称为**伯努利**(Bernoulli)**试验**,或**伯努利概型**的试验.

有的试验看起来不止两个结果.例如,测试电子管的寿命,其结果很多,但如果将寿命大于两万小时的电子管当做合格品,其余看做不合格品,那么结果也只有"合格"与"不合格"两种,这时试验也是伯努利试验.

在实用上,我们经常将某个试验在相同条件下重复进行 n 次.如果各次试验结果互不影响,即相应于每次试验的事件的概率都不依赖于其他各次试验的结果,则称这 n 次试验为 **n 次重复独立试验**.例如,有放回抽样检查产品 n 次或在相同的条件下将一枚硬币掷 n 次,都是 n 次重复独立试验的简单例子.重复独立试验在概率论中占有重要的地位,因为随机现象的统计规律只有在大量重复试验中才会显示出来.

伯努利试验在相同的条件下相互独立地重复进行 n 次称为 **n 重伯努利试验**.它是概率论中重要且应用广泛的一种数学模型,其中如下的二项概率公式有着重要的作用.

2. 二项概率公式

设 A 与 $\overline{A}$ 是试验 E 的两个互逆事件,$P(A)=p$,$P(\overline{A})=q$($q=1-p$,$0\leqslant p\leqslant 1$).将 E 在相

同的条件下重复进行 n 次，则事件 A 可能出现 0 次，1 次，2 次，…，n 次，且在每次试验中事件 A 的概率都是 p. 我们所关心的是，在 n 次试验中事件 A 恰好出现 $k(0\leqslant k\leqslant n)$ 次的概率.

定理 4 设在试验 E 中，$P(A)=p(0\leqslant p\leqslant 1)$，将 E 独立地重复 n 次，则事件 A 恰好出现 k 次的概率为

$$P_n(k)=\mathrm{C}_n^k p^k(1-p)^{n-k}\quad(k=0,1,2,\cdots,n).\tag{6}$$

证 首先，由于这 n 次试验的独立性，事件 A 在指定的 k 次试验中出现而在其余 $n-k$ 次试验中不出现的概率应该是

$$p^k(1-p)^{n-k}.$$

因为只考虑事件 A 在 n 次试验中出现 k 次，而不讨论在哪 k 次出现，所以按组合计算法可知应有 C_n^k 种出现方式(读者不妨以 $n=4,k=2$ 的情形验证之). 再按概率的加法定理，便得所求概率为

$$P_n(k)=\mathrm{C}_n^k p^k(1-p)^{n-k}\quad(k=0,1,2,\cdots,n).$$

故(6)式成立.

证毕

注意，由于 $\mathrm{C}_n^k p^k(1-p)^{n-k}(k=0,1,2,\cdots,n)$ 恰好是 $[(1-p)+p]^n$ 按二项公式展开时的各项，所以公式(6)称为**二项概率公式**，而且易知 $\sum\limits_{k=0}^{n}P_n(k)=1$.

例 4 对次品率为 20%的一批产品进行重复抽样检查，共取 5 件样品，计算这 5 件样品中：

(1) 恰好有 2 件次品的概率；

(2) 至少有 2 件次品的概率.

解 设 A_i="5 件样品中恰好有 i 件次品"$(i=1,2,3,4,5)$，现已知 $n=5,p=0.2$，按二项概率公式(6)，得

(1) $P(A_2)=P_5(2)=\mathrm{C}_5^2(0.2)^2\times(1-0.2)^3=0.2048$；

(2) 事件"5 件样品中至少有 2 件次品"的概率为

$$\begin{aligned}P(A_2+A_3+A_4+A_5)&=P_5(2)+P_5(3)+P_5(4)+P_5(5)\\&=\mathrm{C}_5^2(0.2)^2\times(0.8)^3+\mathrm{C}_5^3(0.2)^3\times(0.8)^2+\mathrm{C}_5^4(0.2)^4\times(0.8)^1+\mathrm{C}_5^5(0.2)^5\\&=0.2048+0.0512+0.0064+0.0003=0.2627,\end{aligned}$$

或

$$\begin{aligned}P(A_2+A_3+A_4+A_5)&=1-P(A_0+A_1)=1-P_5(0)-P_5(1)\\&=1-(0.8)^5-\mathrm{C}_5^1(0.2)\times(0.8)^4=1-0.3277-0.4096=0.2627.\end{aligned}$$

例 5 某车间有 10 台 7.5 kW 的机床，假定每台机床的使用情况是独立的，且每台机床平均每小时开动 12 分钟. 现因当地电力紧张，供电部门只提供 50 kW 的电力，问该车间的机床用电不超过 50 kW 的可能性有多大?

解 将考查一台机床在某一时刻是"开动"还是"停机"作为一次试验，问题归结为 $n=10$ 的伯努利概型. 设 A="机床开动"，依题意

$$p=P(A)=\frac{12}{60}=0.2.$$

设 B_i="恰有 i 台机床开动"($i=0,1,2,\cdots,10$);

B="该车间的机床用电不超过 50 kW".

当有 i 台机床开动时,用电量为($7.5\times i$) kW,于是用电不超过 50 kW,当且仅当 $i<7$,所以

$$P(B)=P\Big(\sum_{i=1}^{6}B_i\Big)=1-P\Big(\sum_{i=7}^{10}B_i\Big)=1-\sum_{i=7}^{10}P(B_i).$$

由二项概率公式(6),得

$$P(B_i)=C_{10}^{i}(0.2)^i\times(1-0.2)^{10-i}.$$

故,所求概率为

$$\begin{aligned}P(B)&=1-\sum_{i=7}^{10}P(B_i)\\&=1-120\times(0.2)^7\times(0.8)^3-45\times(0.2)^8\times(0.8)^2\\&\quad-10\times(0.2)^9\times(0.8)-(0.2)^{10}\\&=1-(120\times2^7\times8^3+45\times2^8\times8^2+10\times2^9\times8+2^{10})\times10^{-10}\\&=1-8643584\times10^{-10}\approx0.9991356\approx\frac{1156}{1157}.\end{aligned}$$

这表明用电不超过 50 kW 的可能性大约是 1156/1157,相当于 19 小时内约有 1 分钟会发生超载.

例 6 对某一工厂的产品进行重复抽样检查,取出 200 件样品检查,结果发现其中有 4 件次品.问能否相信该厂出次品的概率不超过 0.005?

解 先假定该厂出次品的概率为 0.005,那么利用重复独立试验方法计算 200 件样品出现 4 件次品的概率为

$$P_{200}(4)=C_{200}^{4}(0.005)^4\times(1-0.005)^{196}\approx0.015.$$

这表明当该厂的次品率为 0.005 时,检查 200 件产品发现有 4 件次品的事件是小概率事件,因为小概率事件在一次试验中几乎不可能发生,现在居然发生了.因此,我们有理由怀疑原来的假定的正确性,即该厂的次品率不超过 0.005 不可信.

习 题 1-4

1. 设事件 A,B 相互独立,$P(A)=\frac{1}{3}$,$P(B)=\frac{3}{4}$,试求

$$P(A\cup B),\quad P(A|A\cup B),\quad P(B|A\cup B).$$

2. 设甲、乙、丙三人同时独立地做同一性质的工作,他们完成任务的概率分别为 0.9,0.8,0.7.求这三人全完成任务和至少有一人完不成任务的概率.

3. 设电路由电子元件 A 与两个并联的电子元件 B,C 串联而成(如图 1-14 所示). 又设元件 A,B,C 损坏与否是相互独立的且它们损坏的概率依次为 0.1,0.2,0.3. 求这电路发生断路的概率.

4. 在如图 1-15 所示的开关电路中,开关 A,B,C,D 开或关的概率均为 0.5. 求灯亮的概率.

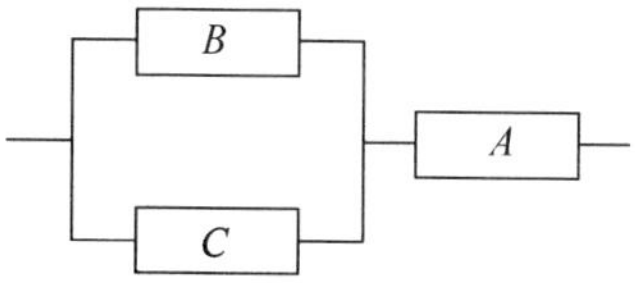

图　1-14

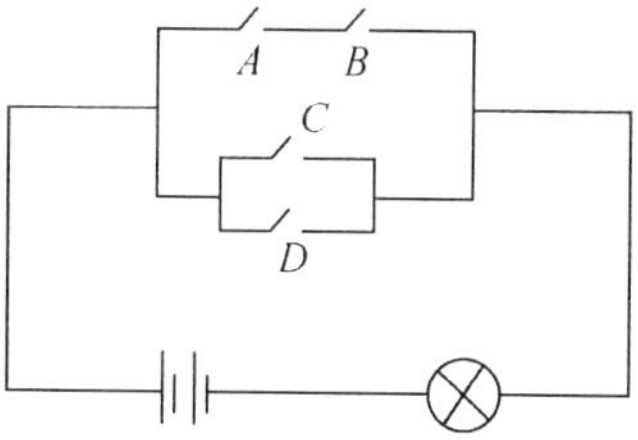

图　1-15

5. 设一均匀陀螺的圆周上均匀地刻上了区间[1,3)上的诸数值,将它重复旋转 5 次,计算这 5 次中恰好有 3 次停下时接触桌面的刻度在[1.5,2.5]上的概率.

6. 设每台机床在一天内需要修理的概率为 0.02,某车间有 100 台这种机床,试求在一天内至少有一台需要修理的概率.

第二章 随机变量及其概率分布

为了引进微积分的方法和工具,使我们更加深入、全面地研究随机现象,揭示客观存在着的统计规律性,从本章开始引入随机变量的概念,并介绍有关随机变量的一些基本知识. 本章与下一章“随机变量的数字特征”构成概率论的主体.

第一节 随机变量及其分布函数

一、随机变量的概念

在随机现象中,有许多试验的结果是直接用数量表示的,也有一些实验,其结果乍看起来与数量没有关系,但是我们仍可以设法用数量来描述.

E_1 一口袋中装有 4 只白球,5 只红球,从中任取 3 只. 设取得的白球个数为 ξ,则对应于试验的所有可能结果,ξ 可能取的值是 0,1,2,3.

E_2 某电话交换台在单位时间内收到的电话呼唤次数设为 ξ,则对应于试验的所有可能结果,ξ 可能取的值是 $0,1,2,\cdots$.

E_3 抛掷一枚硬币,出现“正面朝上”可用 $\xi=1$ 表示,出现“反面朝上”可用 $\xi=0$ 表示.

E_4 测试灯炮的使用寿命,设其寿命为 ξ(单位:小时),则对应于试验的所有可能结果,ξ 可能取值的范围是区间 $[0,+\infty)$ 内任一数值.

E_5 在一个均匀陀螺的圆周上均匀地刻上区间 $[0,1)$ 上的诸数值,在桌面上旋转这陀螺,当它停转时其圆周上触及桌面的刻度设为 ξ,则对应于试验的所有可能结果,ξ 可能取值的范围是区间 $[0,1)$.

以上几例,不论试验结果是否与数量有直接关系,都可用一个数量 ξ 来表示,而且这个数量 ξ 有着共同的特点:ξ 都是随试验结果的变化而变化的,而且试验结果一旦确定,ξ 的值也随之确定. 因此 ξ 是试验结果(基本事件 e)的函数.

定义 1 根据试验结果取值的变量 ξ 称为**随机变量**. 或者,如果对于试验 E 的基本空间 U 的任一元素 e,都唯一地对应着一实数值 ξ,则称 ξ 为试验 E 的一个随机变量,记为

$$\xi=\xi(e).$$

以后我们用小写希腊字母 ξ,η,ζ 等表示随机变量,而用小写英文字母表示数量.

随机变量与普通实函数不同,这主要体现在它有以下**三个特征**:

(1) 随机变量 ξ 的定义域是基本空间 U,而 U 不一定是实数集;

(2) 随机变量 ξ 的取值具有随机性,即 ξ 取哪个值在试验之前无法知道;

(3) 随机变量 ξ 具有统计规律性，即 ξ 取某个值或 ξ 在某一区间内取值的概率是完全确定的.

二、随机变量的分布函数

为了全面地描述随机变量 ξ，我们不仅要知道它可能取的值是哪一些，而且还要知道它取这些值的概率是多少，即需要知道 ξ 的分布规律. 为此，对于任一实数集 S，可用 $\{\xi\in S\}$ 代表一个随机事件，即基本空间 U 内所有能使 $\xi(e)\in S$ 的基本事件 e 组成的集合所代表的随机事件.

定义 2 对于随机变量 ξ，当实数集 S 确定后，事件 $\{\xi\in S\}$ 的概率 $P(\{\xi\in S\})$ 也随之确定，我们称这种对应关系为**随机变量 ξ 的概率分布**(简称为**分布**).

随机变量 ξ 的分布表明了 ξ 取值的统计规律，即 ξ 取哪些值，取这些值的概率是多少. 通常将 $P(\{\xi\in S\})$ 简记为 $P\{\xi\in S\}$.

定义 3 设 ξ 为一随机变量，$x(-\infty<x<+\infty)$ 为实数，则事件 $\{\xi<x\}$ 的概率 $P\{\xi<x\}$ 是 x 的实函数，记为 $F(x)$，即

$$F(x)=P\{\xi<x\},$$

称函数 $F(x)$ 为随机变量 ξ 的**概率分布的分布函数**，简称为 ξ 的**分布函数**.

从以上定义容易看出，分布函数有如下性质：

(1) ξ 的分布函数 $F(x)$ 是一个普通实值函数，其定义域为 $(-\infty,+\infty)$；

(2) $F(x)=P\{\xi<x\}=P\{\xi\in(-\infty,x)\}$ 表示 ξ 在区间 $(-\infty,x)$ 内取值的概率；

(3) $P\{a\leqslant\xi<b\}=P\{\xi<b\}-P\{\xi<a\}=F(b)-F(a)$. 这表明 ξ 在任一半开闭区间 $[a,b)$ 内取值的概率等于分布函数在 $[a,b)$ 上的增量(这正是可用 ξ 的分布函数表达分布的原因所在)；

(4) $P\{\xi\geqslant x\}=1-P\{\xi<x\}=1-F(x)$.

例 1 求试验 E_5 中随机变量 ξ 的分布函数.

解 由于陀螺的均匀性和刻度的均匀性，根据几何概率的定义，对于区间 $[0,1)$ 内的任一区间 $[a,b)$ 有

$$P\{a\leqslant\xi<b\}=\frac{b-a}{1-0}=b-a.$$

对于数轴上任一区间 I(未必有 $I\subset[0,1)$)，由于 ξ 取 $[0,1)$ 以外的值的概率为 0，所以

$$P\{\xi\in I\}=S(I),$$

其中 $S(I)$ 为区间 $I\cap[0,1)$ 的长度.

下面计算 ξ 的分布函数.

当 $x\leqslant 0$ 时，$(-\infty,x)\cap[0,1)=\varnothing$，所以

$$F(x)=P\{\xi<x\}=P(\varnothing)=0;$$

当 $0<x\leqslant 1$ 时，$(-\infty,x)\cap[0,1)=[0,x)$，所以

$$F(x)=P\{\xi<x\}=x;$$

当 $1<x$ 时，$(-\infty,x)\cap[0,1)=[0,1)$，所以

$$F(x)=P\{\xi<x\}=1.$$

总之，$F(x)$的表达式为

$$F(x)=\begin{cases}0, & x\leqslant 0,\\ x, & 0<x\leqslant 1,\\ 1, & 1<x.\end{cases}$$

其图形如图 2-1 所示.

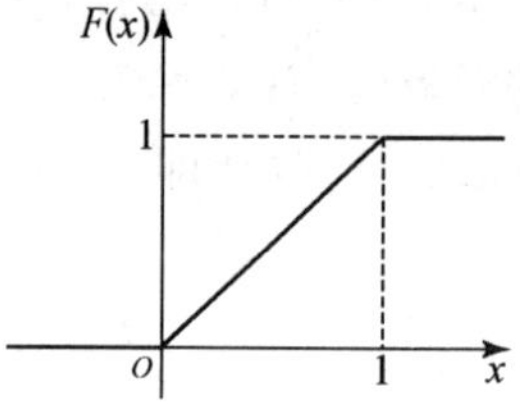

图 2-1

例 2 求试验 E_1 中随机变量 ξ 的分布函数.

解 由古典概型概率的计算公式易得，ξ 分别取值 0,1,2,3 的概率依次为

$$P\{\xi=0\}=\frac{C_4^0C_5^3}{C_9^3}=\frac{5}{42},\quad P\{\xi=1\}=\frac{C_4^1C_5^2}{C_9^3}=\frac{20}{42},$$

$$P\{\xi=2\}=\frac{C_4^2C_5^1}{C_9^3}=\frac{15}{42},\quad P\{\xi=3\}=\frac{C_4^3C_5^0}{C_9^3}=\frac{2}{42}.$$

因此，当 $x\leqslant 0$ 时，$\{\xi<x\}$是不可能事件，所以

$$F(x)=P\{\xi<x\}=0;$$

当 $0<x\leqslant 1$ 时，$\{\xi<x\}=\{\xi=0\}$，所以

$$F(x)=P\{\xi<x\}=P\{\xi=0\}=\frac{5}{42};$$

当 $1<x\leqslant 2$ 时，$\{\xi<x\}=\{\xi=0 \text{ 或 } \xi=1\}=\{\xi=0\}+\{\xi=1\}$，所以

$$F(x)=P\{\xi<x\}=P\{\xi=0\}+P\{\xi=1\}=\frac{5}{42}+\frac{20}{42}=\frac{25}{42};$$

当 $2<x\leqslant 3$ 时，$\{\xi<x\}=\{\xi=0 \text{ 或 } \xi=1 \text{ 或 } \xi=2\}=\{\xi=0\}+\{\xi=1\}+\{\xi=2\}$，所以

$$F(x)=P\{\xi<x\}=P\{\xi=0\}+P\{\xi=1\}+P\{\xi=2\}=\frac{5}{42}+\frac{20}{42}+\frac{15}{42}=\frac{40}{42};$$

当 $3<x$ 时，$\{\xi<x\}$是必然事件，所以

$$F(x)=P\{\xi<x\}=1.$$

总之，$F(x)$的表达式为

$$F(x)=\begin{cases}0, & x\leqslant 0,\\ \dfrac{5}{42}, & 0<x\leqslant 1,\\ \dfrac{25}{42}, & 1<x\leqslant 2,\\ \dfrac{40}{42}, & 2<x\leqslant 3,\\ 1, & 3<x.\end{cases}$$

它的图形如图 2-2 所示，是一阶梯形曲线，在 $x=0,1,2,3$ 处 $F(x)$ 为左连续，依次具有跃度 $\frac{5}{42}$，$\frac{20}{42}$，$\frac{15}{42}$ 和 $\frac{2}{42}$.

从以上两例又容易知道，分布函数还有以下性质：

(5) $F(x)$ 单调非减，即若 $x_1<x_2$，则

$$F(x_1)\leqslant F(x_2);$$

(6) $F(x)$ 是左连续的，即

$$F(x_0-0)=\lim_{x\to x_0^-}F(x)=F(x_0),\quad x_0\in(-\infty,+\infty);$$

(7) $F(x)$ 的图形有两条渐近线（如图 2-3 所示）

$$F(-\infty)=\lim_{x\to-\infty}F(x)=0 \quad 和 \quad F(+\infty)=\lim_{x\to+\infty}F(x)=1.$$

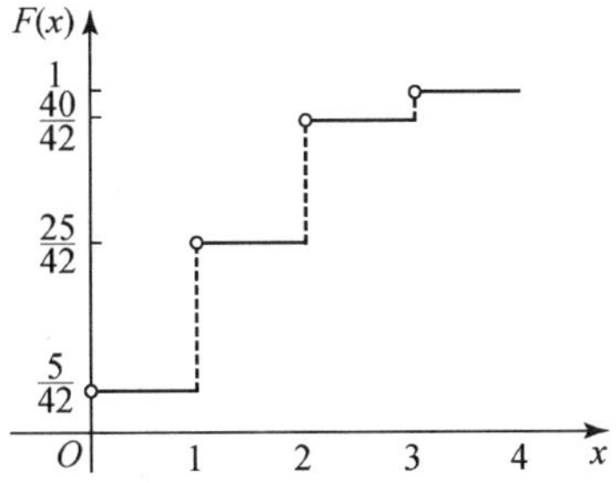

图　2-2

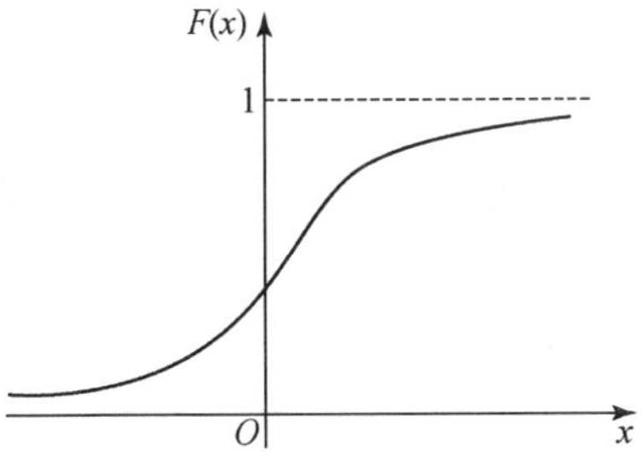

图　2-3

最后需要指出的是，如果将随机变量的分布函数定义为

$$F(x)=P\{\xi\leqslant x\},$$

则可易知，$F(x)$ 是右连续的，请读者在阅读其他参考书时要特别注意这一点.

习 题 2-1

1. 随机变量与普通变量有何不同?

2. 设一口袋中装着依次标有$-1,2,2,2,3,3$数字的6个球,从这口袋中任取1个球,求取得的球上标明的数字ξ的分布函数.

3. 从一个含有4个红球、2个白球的口袋中任意地取出5个球,求取得红球的个数ξ的分布函数.

4. 在一个均匀陀螺的圆周上均匀地刻上区间$[0,3)$上的诸数字,旋转这陀螺,求它停下时其圆周上触及桌面点的刻度ξ的分布函数.

第二节 离散型随机变量

一、离散型分布的概念

定义 若随机变量ξ所有可能取的值是有限个或可数无穷多个数值,则称ξ为**离散型随机变量**,ξ的分布称为**离散型分布**.设离散型随机变量ξ可能取的值为$a_1<a_2<\cdots<a_k<\cdots$,且$\xi$取这些值的概率为

$$P\{\xi=a_k\}=p_k \quad (k=1,2,\cdots), \tag{1}$$

又p_k满足:

(1) $p_k\geqslant 0$(**非负性**);

(2) $\sum\limits_k p_k=1$(**归一性**),

则称(1)式的一列等式为ξ的**分布列**(或称为**分布密度**或**概率函数**).

为直观起见,常将ξ的取值及其对应的概率用下列表格表示:

ξ	a_1	a_2	$\cdots$	a_k	$\cdots$
P	p_1	p_2	$\cdots$	p_k	$\cdots$

例1 在第一节例2中,抽得白球数ξ的分布列为

ξ	0	1	2	3
P	$\frac{5}{42}$	$\frac{20}{42}$	$\frac{15}{42}$	$\frac{2}{42}$

从ξ的分布列可以求得任意一个比较复杂的事件的概率.例如

$$P\{0.5<\xi<2.5\}=P\{\xi=1\text{ 或 }\xi=2\}=P\{\xi=1\}+P\{\xi=2\}=\frac{20}{42}+\frac{15}{42}=\frac{35}{42}.$$

由此可见，知道了离散型随机变量的分布列，不仅掌握了它取各个值的概率，而且也掌握了它在各个范围内取值的概率（等于它取这个范围内的各个可能值的概率之和）．所以，分布列能全面地描述离散型随机变量取值的统计规律性．

在知道了离散型随机变量的分布列（即（1）式）后，由分布函数的定义，容易知道 ξ 的**分布函数**为

$$F(x)=P\{\xi<x\}=\sum_{a_k<x}p_k, \tag{2}$$

其中的和式是对一切满足 $a_k<x$ 所对应的 p_k 求和，即 $F(x)$ 为累加概率．

例 2　设随机变量 ξ 的分布列为

ξ	1	2	$\cdots$	n
P	a	$2a$	$\cdots$	na

．

求 a 的值．

解　根据分布列的归一性，得

$$1=\sum_{k=1}^{n}p_k=\sum_{k=1}^{n}ak=a\sum_{k=1}^{n}k=a\cdot\frac{n(n+1)}{2},$$

所以

$$a=\frac{2}{n(n+1)}.$$

最后指出，如果一个函数的定义域是由有限个或可数无穷多个实数组成的集合，函数值总在[0,1]上且函数值的总和等于1，则这个函数一定是某一个离散型随机变量的分布列．

二、常用的离散型分布

本节按照分布列的类型来讨论一些常用的离散型分布．一般地，如果一种分布有着广泛的现实背景，或者在理论上起着重要的作用，那么这种分布就是重要的．因此，对于一种分布，我们要从它的实际背景（来源）、特殊性质及其实践中的应用三方面来掌握它．

1. 二项分布

如果随机变量 ξ 的分布列为

$$P\{\xi=k\}=\mathrm{C}_n^k p^k(1-p)^{n-k}\quad(k=0,1,2,\cdots,n), \tag{3}$$

其中 $0<p<1$，则称 ξ 服从参数为 n,p 的**二项分布**，记为 $\xi\sim B(n,p)$，并记

$$b(k;n,p)=\mathrm{C}_n^k p^k(1-p)^{n-k}\quad(k=0,1,2,\cdots,n).$$

显然有

(1) $b(k;n,p)=\mathrm{C}_n^k p^k(1-p)^{n-k}\geqslant 0$;

(2) $\sum_{k=0}^{n} b(k;n,p) = \sum_{k=0}^{n} C_n^k p^k (1-p)^{n-k} = 1.$

这说明 $b(k;n,p)$满足非负性和归一性.因此,(3)式确是某一离散型随机变量的分布列.那么二项分布的现实背景或实际模型是什么呢?在伯努利概型中由二项概率公式易知,事件 A 在 n 次重复独立试验中发生的次数 ξ 就服从二项分布.具体举出以下两个实际模型:

模型 1 设在试验 E 中,事件 A 出现的概率为 $p(0<p<1)$,将 E 独立地重复 n 次,ξ 为 A 在这 n 次试验中出现的次数,则 $\xi \sim B(n,p)$.

模型 2 在次品率为 $p(0<p<1)$的一大批产品中,有放回地任取 n 件,ξ 为取得的次品件数,则 $\xi \sim B(n,p)$.

例 3 在一大批次品率为 $p=4\%$的产品中任取 200 件检验,求其中至少有 2 件次品的概率.

解 设 ξ 表示被取出的 200 件产品中所含的次品数,由于这批产品的件数很多,取走 200 件可以认为并不影响留下部分的次品率,所以,可以认为抽样是有放回的.于是根据模型 2,$\xi \sim B(200,0.04)$,其分布列为

$$P\{\xi=k\}=C_{200}^k (0.04)^k \times (1-0.04)^{200-k} \quad (k=0,1,2,\cdots,200).$$

于是,所求概率为

$$\begin{aligned} P\{\xi \geqslant 2\} &= \sum_{k=2}^{200} P\{\xi = k\} = 1-(P\{\xi=0\}+P\{\xi=1\}) \\ &= 1-[(0.96)^{200}+200\times(0.04)\times(0.96)^{199}] \\ &\approx 1-(0.00028+0.00237) \approx 0.99735. \end{aligned}$$

从上例知道,当 n 很大时,按公式(3)计算有关二项分布的概率是比较困难的.下面给出当 n 很大而 p 很小时,二项分布的近似计算公式.

定理(泊松(Poisson)定理) 设离散型随机变量 $\xi_n \sim B(n,p_n)$,即 $b(k;n,p_n)=P\{\xi_n=k\}=C_n^k p_n^k (1-p_n)^{n-k} (k=0,1,\cdots,n)$.如果 $np_n \to \lambda (n\to\infty$时)是一个常数,则

$$\lim_{n\to\infty} b(k;n,p_n) = \frac{\lambda^k}{k!}e^{-\lambda} \quad (k=0,1,2,\cdots). \tag{4}$$

(证明从略)

显然,泊松定理的条件 $np_n \to \lambda$(λ 为常数)意味着当 n 很大时,p_n 一定很小.故泊松定理表明,当 n 很大,p_n 很小时,有以下近似公式:

$$C_n^k p^k (1-p)^{n-k} \approx \frac{\lambda^k}{k!}e^{-\lambda} \quad (\text{其中 } \lambda = np). \tag{5}$$

实际应用中,当 $n \geqslant 10$ 且 $p \leqslant 0.1$ 时,就可以利用公式(5)作近似计算.例如,利用公式(5)可以计算例 3 中的概率 $P\{\xi \geqslant 2\}$的近似值,因为 $n=200$ 很大,$p=0.04$ 又比较小,故

$$P\{\xi = k\} \approx \frac{\lambda^k}{k!}e^{-\lambda}, \text{其中 } \lambda = np = 8.$$

于是,查附表 1,得

$$P\{\xi \geqslant 2\} \approx \sum_{k=2}^{200} \frac{8^k}{k!} e^{-8} \approx 0.99698.$$

2. 泊松分布

如果随机变量 ξ 的分布列为

$$P\{\xi = k\} = \frac{\lambda^k}{k!} e^{-\lambda} \quad (k = 0,1,2\cdots;\lambda > 0), \tag{6}$$

则称 ξ 服从参数为 λ 的**泊松分布**,记做 $\xi \sim P(\lambda)$.

容易验证泊松分布的分布列满足非负性和归一性:

(1) $\frac{\lambda^k}{k!} e^{-\lambda} \geqslant 0 \quad (k = 0,1,2,\cdots)$;

(2) $\sum_{k=0}^{\infty} \frac{\lambda^k}{k!} e^{-\lambda} = e^{-\lambda} \sum_{k=0}^{\infty} \frac{\lambda^k}{k!} = 1.$

由泊松定理可以看到,泊松分布是二项分布当 $n\to\infty$($np\to\lambda$ 为常数)时的极限分布,它是一个重要的离散型分布.服从泊松分布的离散型随机变量很多,例如,一段时间内来到某商店的顾客人数;一定容积内的细菌数;田间一定面积内的杂草数;一段时间内电话交换台接到的呼唤次数;一定长度棉纱上的疵点(杂质)数等都服从泊松分布.

例 4　某厂有同类型机床 300 台,各台工作是相互独立的,且发生故障的概率是 0.01.通常情况下一台机床的故障可由一个维修工来处理(每人不能同时处理两台以上的故障).问至少须配备多少个维修工人,才能保证当机器发生故障但得不到及时维修的概率小于 0.01?

解　设须配备 m 个维修工人,而且同一时刻发生故障的机床台数为 ξ,则随机变量 $\xi \sim B(300,0.01)$.需要解决的问题是确定 m,使得 $P\{\xi > m\} < 0.01$.

由泊松定理(这里 $\lambda = np = 3$),得

$$P\{\xi > m\} \approx \sum_{k=m+1}^{300} \frac{3^k}{k!} e^{-3},$$

即需要

$$\sum_{k=m+1}^{300} \frac{3^k}{k!} e^{-3} < 0.01.$$

查附表 1 得 $m+1 \geqslant 9$ 即 $m \geqslant 8$,即至少配备 8 个维修工人,才能保证故障得不到及时处理的概率小于 0.01.

3. (0-1)分布

如果随机变量 ξ 的分布列为

ξ	0	1
P	$1-p$	p

,

其中 $0<p<1$,则称 ξ 服从参数为 p 的(0-1)**分布**.

显然,(0-1)分布是二项分布当 $n=1$ 时的特例.服从(0-1)分布的随机变量很多,只要所涉及的试验是伯努利概型的,即只有两个互逆的结果 A 与 $\overline{A}$,则可令

$$\xi=\begin{cases}1, & \text{当 } A \text{ 出现时},\\ 0, & \text{当 } \overline{A} \text{ 出现时}.\end{cases}$$

取参数 $p=P(A)$,就构成一个服从参数为 p 的(0-1)分布.如一次射击命中与否,抽验1件产品是否合格等,都可确定一个(0-1)分布的随机变量.

习 题 2-2

1. 下面三个表格是否为离散型随机变量的分布列:

(1)

ξ	2	4	5
P	0.2	0.6	0.2

;

(2)

ξ	1	2	3	…	n	…
P	$\frac{1}{2}$	$\frac{1}{2}\times\frac{1}{3}$	$\frac{1}{2}\times\left(\frac{1}{3}\right)^2$	…	$\frac{1}{2}\times\left(\frac{1}{3}\right)^{(n-1)}$	…

;

(3)

ξ	-5	0	5
P	$-\frac{1}{3}$	$\frac{2}{3}$	$\frac{2}{3}$

.

2. 一批产品共100件,其中有10件是次品.现在从中任取5件,设 ξ 表示5件中发现次品的件数,求 ξ 的分布列.

3. 一口袋中装有6只球,在这6只球上分别标有 $-2,-2,1,1,1,2$ 这样的数字.从这口袋中任取1只,求取得的球上标明的数字 ξ 的分布列及分布函数.

4. 已知离散型随机变量的分布列为

(1) $P\{\xi=k\}=\dfrac{k}{c_1},k=1,2,\cdots,10$;

(2) $P\{\eta=k\}=c_2\left(\dfrac{2}{3}\right)^k,k=1,2,3.$

试分别求常数 c_1,c_2.

5. 设某批二极管的次品率为0.05,现从中任取一件,求取得次品件数的分布列.

6. 在相同的条件下,独立地进行5次射击,每次射击时击中目标的概率都为0.6,求击中目标的次数 ξ 的分布列.

7. 设每立方米的水中有某种细菌 4000 个，假定每个细菌在水中各点处是等可能的，且每个细菌所处位置与其他细菌所处位置是相互独立的. 从中任取一升水，求其中所含该种细菌的个数 ξ 的分布，并求其中至少含有 1 个该种细菌的概率.

第三节　连续型随机变量

上节讨论的离散型随机变量，只取有限个或可数无穷多个数值，它的分布函数是跳跃函数. 在自然界和生产实际中，我们还经常遇到另一类随机变量，其可能取的值充满某一区间或者整个$(-\infty,+\infty)$. 例如，第一节例 1 中的随机变量 ξ 可能取的值充满区间$[0,1)$，而且 ξ 的分布函数在$(-\infty,+\infty)$内连续，这类随机变量是非离散型的. 本节介绍一类重要的非离散型随机变量——连续型随机变量.

定义　如果随机变量 ξ 的分布函数 $F(x)$恰好是某个非负可积函数 $\varphi(x)$在$(-\infty,x)$上的积分，即

$$F(x)=\int_{-\infty}^{x}\varphi(x)\mathrm{d}x, \tag{1}$$

则称 ξ 为**连续型随机变量**，$\varphi(x)$称为 ξ 的**分布密度函数**，简称**分布密度**，并称 ξ 的分布为**连续型分布**.

根据定义，连续型随机变量 ξ 的分布密度函数有以下性质：

(1) $\varphi(x)\geqslant 0$　(非负性)；

(2) $\int_{-\infty}^{+\infty}\varphi(x)\mathrm{d}x=1$　(归一性).

反之，如果一个函数 $\varphi(x)$满足性质(1)、(2)，那么它必是某个连续型随机变量的分布密度.

(3) 对于任何实数 $a<b$，有

$$P\{a\leqslant\xi<b\}=F(b)-F(a)=\int_{a}^{b}\varphi(x)\mathrm{d}x.$$

它表示以 x 轴上的区间$[a,b)$为底、曲线 $y=\varphi(x)$为顶的曲边梯形的面积，如图 2-4 所示.

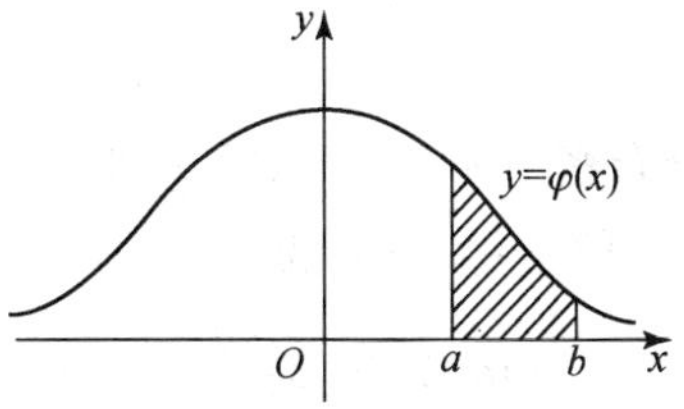

图　2-4

(4) $F(x)$连续且在导数 $F'(x)$的连续点处，有

$$\varphi(x)=F'(x).$$

(5) 对于任一指定的实数 a,有

$$P\{\xi=a\}=0.$$

推论 若 ξ 是连续型随机变量,则

$$P\{a\leqslant\xi\leqslant b\}=P\{a\leqslant\xi<b\}=P\{a<\xi\leqslant b\}=P\{a<\xi<b\}=F(b)-F(a).$$

例 1 一均匀陀螺的圆周上均匀地刻有区间$[0,1)$的诸数字,在桌面上转停时,设其圆周与桌面接触点处的刻度为 ξ,试求其分布密度.

解 在第一节中,我们已经求出了 ξ 的分布函数

$$F(x)=P\{\xi<x\}=\begin{cases}0, & x\leqslant 0,\\ x, & 0<x\leqslant 1,\\ 1, & x>1.\end{cases} \tag{2}$$

为求非负可积函数 $\varphi(x)$,使

$$F(x)=\int_{-\infty}^{x}\varphi(x)\mathrm{d}x.$$

由(2)式知

$$F'(x)=\begin{cases}1, & 0<x<1,\\ 0, & \text{其他}.\end{cases}$$

于是可令

$$\varphi(x)=\begin{cases}1, & 0<x<1,\\ 0, & \text{其他},\end{cases} \tag{3}$$

则 $\varphi(x)$在$(-\infty,+\infty)$上非负可积且容易验证

$$F(x)=\int_{-\infty}^{x}\varphi(x)\mathrm{d}x.$$

因此,ξ 为连续型随机变量且其分布密度函数为如(3)式所表达的 $\varphi(x)$.

例 2 设连续型随机变量 ξ 的分布函数为

$$F(x)=\begin{cases}A+B\mathrm{e}^{-\frac{x^2}{2}}, & x>0,\\ 0, & x\leqslant 0.\end{cases}$$

求:(1) 常数 A,B 的值; (2) 分布密度 $\varphi(x)$; (3) $P\{1<\xi<2\}$.

解 (1) 根据分布函数的性质 $F(+\infty)=1$,得

$$1=\lim_{x\to+\infty}(A+B\mathrm{e}^{-\frac{x^2}{2}})=A.$$

又根据性质(4),$F(x)$在$(-\infty,+\infty)$上连续,特别在分段点 $x=0$ 处,有

$$0=F(0^-)=F(0^+)=\lim_{x\to 0^+}(A+B\mathrm{e}^{-\frac{x^2}{2}})=A+B,$$

所以,可得 $A=1,B=-1$. 分布函数为

$$F(x)=\begin{cases}1-\mathrm{e}^{-\frac{x^2}{2}}, & x>0,\\ 0, & x\leqslant 0.\end{cases}$$

(2) 根据性质(4)，得分布密度

$$\varphi(x)=F'(x)=\begin{cases}x\mathrm{e}^{-\frac{x^2}{2}}, & x>0,\\ 0, & x\leqslant 0.\end{cases}$$

(3) $P\{1<\xi<2\}=F(2)-F(1)=(1-\mathrm{e}^{-\frac{4}{2}})-(1-\mathrm{e}^{-\frac{1}{2}})=-\mathrm{e}^{-2}+\mathrm{e}^{-\frac{1}{2}}=0.4712.$

例 3　设

$$\varphi(x)=\begin{cases}\dfrac{c}{\sqrt{1-x^2}}, & |x|<1,\\ 0, & \text{其他}.\end{cases}$$

(1) 确定常数 c，使 $\varphi(x)$ 成为某个连续型随机变量 ξ 的分布密度；

(2) 求 $P\left\{-\frac{1}{2}<\xi<\frac{1}{2}\right\}$；

(3) 求 ξ 的分布函数.

解　(1) 因为 $\varphi(x)$ 至多在 $x=\pm 1$ 处不连续，所以由性质(1)、(2)知，$\varphi(x)$ 是某连续型随机变量的分布密度的充分必要条件是 $\varphi(x)\geqslant 0$ 且

$$1=\int_{-\infty}^{+\infty}\varphi(x)\mathrm{d}x=\int_{-1}^{1}\frac{c}{\sqrt{1-x^2}}\mathrm{d}x=c\pi.$$

所以，当 $c=\frac{1}{\pi}$ 时，$\varphi(x)$ 是某连续型随机变量的分布密度，即

$$\varphi(x)=\begin{cases}\dfrac{1}{\pi\sqrt{1-x^2}}, & |x|<1,\\ 0, & \text{其他}.\end{cases}$$

(2) $P\left\{-\frac{1}{2}<\xi<\frac{1}{2}\right\}=\int_{-\frac{1}{2}}^{\frac{1}{2}}\varphi(x)\mathrm{d}x=\frac{1}{\pi}\int_{-\frac{1}{2}}^{\frac{1}{2}}\frac{\mathrm{d}x}{\sqrt{1-x^2}}=\frac{2}{\pi}\arcsin x\Big|_0^{\frac{1}{2}}=\frac{1}{3}.$

(3) 由公式(1)可知，当 $x\leqslant -1$ 时，

$$F(x)=\int_{-\infty}^{x}0\mathrm{d}x=0;$$

当 $-1<x\leqslant 1$ 时，

$$F(x)=\int_{-\infty}^{x}\varphi(x)\mathrm{d}x=\int_{-1}^{x}\frac{\mathrm{d}x}{\pi\sqrt{1-x^2}}=\frac{1}{\pi}\left(\arcsin x+\frac{\pi}{2}\right);$$

当 $x>1$ 时，

$$F(x)=\int_{-\infty}^{x}\varphi(x)\mathrm{d}x=\int_{-1}^{1}\frac{\mathrm{d}x}{\pi\sqrt{1-x^2}}+\int_{1}^{x}0\mathrm{d}x=\frac{2}{\pi}\int_{0}^{1}\frac{\mathrm{d}x}{\sqrt{1-x^2}}=1.$$

因此

$$F(x)=\begin{cases}0, & x\leqslant -1,\\ \dfrac{1}{\pi}\arcsin x+\dfrac{1}{2}, & -1<x\leqslant 1,\\ 1, & x>1.\end{cases}$$

习 题 2-3

1. 试问函数 $\varphi(x)=\begin{cases}\sin x, & x\in I,\\ 0, & x\overline{\in} I\end{cases}$ 可否为某一连续型随机变量 ξ 的分布密度? 其中

(1) $I=\left[0,\dfrac{\pi}{2}\right]$;　(2) $I=[0,\pi]$;　(3) $I=\left[0,\dfrac{3}{2}\pi\right]$.

2. 设一连续型随机变量 ξ 的分布密度为

$$\varphi(x)=c\mathrm{e}^{-|x|}\quad(-\infty<x<+\infty),$$

求:(1) 常数 c 的值;　(2) ξ 的分布函数;　(3) $P\{0<\xi<1\}$.

3. 设连续型随机变量 ξ 的分布函数为

$$F(x)=a+b\arctan x\quad(-\infty<x<+\infty),$$

求:(1) 常数 a 与 b 的值;　(2) ξ 的分布密度;　(3) $P\{-1<\xi<1\}$.

4. 已知某城市每天的耗电量不超过 1 GWh. 该城市每天的耗电率(即每天耗电量/GWh)是一个随机变量 ξ,它的分布密度为

$$\varphi(x)=\begin{cases}12x(1-x)^2, & 0<x\leqslant 1,\\ 0, & \text{其他}.\end{cases}$$

如果该市发电厂每天供电量为 0.8 GWh,那么任意一天供电量不够需要的概率为多少? 假如发电厂每天供电量为 0.9 GWh,那么任意一天供电量不够需要的概率又是多少?

第四节　常用的连续型分布

本节介绍几种常用的连续型随机变量的分布. 因为只要知道连续型随机变量的分布密度,就可以通过积分求出它在各个区间上的概率. 因此,只要知道 ξ 的分布密度就知道了 ξ 的分布.

一、均匀分布

如果连续型随机变量 ξ 在有限区间$[a,b]$上取值,且其分布密度为

$$\varphi(x)=\begin{cases}\dfrac{1}{b-a}, & a\leqslant x\leqslant b,\\ 0, & \text{其他},\end{cases}\tag{1}$$

则称 ξ 在区间 $[a,b]$ 上服从**均匀分布**.

容易求得，当 ξ 服从区间 $[a,b]$ 上的均匀分布时，其分布函数为

$$F(x)=\begin{cases}0, & x\leqslant a,\\ \dfrac{x-a}{b-a}, & a<x\leqslant b,\\ 1, & x>b.\end{cases}$$

均匀分布的分布密度和分布函数的图形分别如图 2-5 和图 2-6 所示.

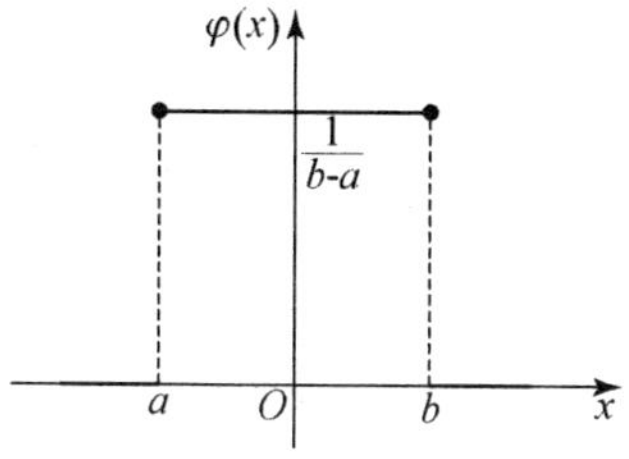

图　2-5

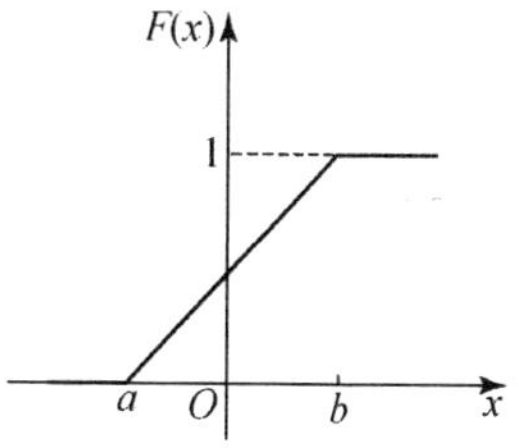

图　2-6

如果 ξ 在区间 $[a,b]$ 上服从均匀分布，则对任意满足 $a\leqslant c<d\leqslant b$ 的 c,d 有

$$P\{c\leqslant\xi<d\}=\int_c^d\varphi(x)\mathrm{d}x=\int_c^d\frac{\mathrm{d}x}{b-a}=\frac{d-c}{b-a}.$$

这表明，ξ 取值于 $[a,b]$ 中任一区间的概率与该小区间的长度成正比，而与该小区间的具体位置无关. 也就是说，ξ 在区间 $[a,b]$ 上的概率分布是均匀的，因而称为均匀分布.

实际模型　在均匀陀螺的圆周上均匀地刻上区间 $[a,b)$ 的诸数字 $(a<b)$，当陀螺在桌面上停转时，圆周与桌面接触点的刻度 ξ 在区间 $[a,b)$ 上服从均匀分布.

例 1　设电阻的阻值 ξ(单位：Ω)是一个随机变量，均匀分布在 900～1100 Ω 上，求 ξ 的分布密度及 ξ 落在 $[950,1050]$ 内的概率.

解　根据题意，电阻值 ξ 的分布密度为

$$\varphi(x)=\begin{cases}\dfrac{1}{1100-900}, & 900\leqslant x\leqslant 1100,\\ 0, & \text{其他},\end{cases}$$

即

$$\varphi(x)=\begin{cases}\dfrac{1}{200}, & 900\leqslant x\leqslant 1100,\\ 0, & \text{其他}.\end{cases}$$

所以

$$P\{950\leqslant\xi\leqslant 1050\}=\int_{950}^{1050}\frac{1}{200}\mathrm{d}x=0.5.$$

二、指数分布

如果随机变量 ξ 具有分布密度

$$\varphi(x)=\begin{cases}k\mathrm{e}^{-kx}, & x\geqslant 0,\\ 0, & x<0,\end{cases} \tag{2}$$

其中 $k>0$ 为常数,则称 ξ 服从参数为 k 的**指数分布**. 指数分布的分布密度曲线如图 2-7 所示,其分布函数为

$$F(x)=\begin{cases}1-\mathrm{e}^{-kx}, & x\geqslant 0,\\ 0, & x<0.\end{cases} \tag{3}$$

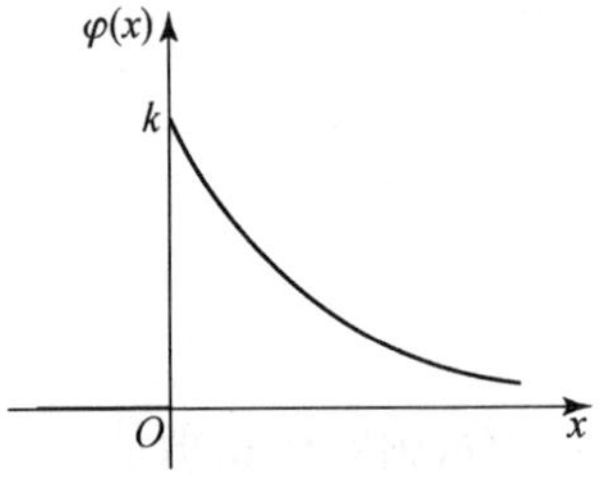

图 2-7

指数分布有着重要的应用. 实际应用中,常用它来作为各种"寿命"分布的近似. 例如,无线电元件的寿命、动物的寿命、电话问题中的通话时间、随机服务系统中的服务时间等均近似服从指数分布.

指数分布的特征: 对于任意的 $s>0,t>0$,由条件概率的计算公式和(3)式,得

$$\begin{aligned}P\{\xi>s+t\,|\,\xi>s\}&=\frac{P\{\xi>s+t\}}{P\{\xi>s\}}=\frac{1-F(s+t)}{1-F(s)}\\ &=\frac{\mathrm{e}^{-k(s+t)}}{\mathrm{e}^{-ks}}=\mathrm{e}^{-kt}=1-F(t)=P\{\xi>t\}.\end{aligned} \tag{4}$$

假如把 ξ 解释为寿命,则(4)式表明,如果已知某生物的寿命大于 s 年,则该生物再活 t 年的概率与年龄 s 无关. 所以有时又风趣地称指数分布是"永远年轻"的.

例 2 设某类日光灯管的使用寿命 ξ(单位: 小时)服从参数 $k=\dfrac{1}{2000}$ 的指数分布.

(1) 任取一根这种灯管,求能正常使用 1000 小时以上的概率;

(2) 某一根这种灯管,已经使用了 1000 小时,求还能再使用 1000 小时以上的概率.

解 (1)由(3)式,得 ξ 的分布函数为

$$F(x)=\begin{cases}1-\mathrm{e}^{-\frac{1}{2000}x}, & x\geqslant 0,\\ 0, & x<0.\end{cases}$$

所以任取一根这种灯管能正常使用 1000 小时以上的概率为

$$P\{\xi > 1000\} = 1 - P\{\xi \leqslant 1000\} = 1 - F(1000) = 1 - (1 - \mathrm{e}^{-\frac{1000}{2000}}) = \mathrm{e}^{-\frac{1}{2}} \approx 0.6065.$$

(2) 根据指数分布的“永远年轻”特征(4)式知，某一根这种灯管在已使用了 1000 小时后还能再使用 1000 小时以上的概率为

$$P\{\xi > 1000 + 1000 \mid \xi > 1000\} = P\{\xi > 1000\} = 0.6065.$$

指数分布的这一特征也称为“无记忆性”. 形象地说，就是它把过去的经历(已正常使用了 1000 小时)全忘记了.

三、正态分布

如果随机变量 ξ 的分布密度为

$$\varphi(x) = \frac{1}{\sqrt{2\pi}\sigma}\mathrm{e}^{-\frac{(x-a)^2}{2\sigma^2}} \quad (-\infty < x < +\infty), \tag{5}$$

其中 a,σ 都是常数，$\sigma>0$，则称 ξ 服从**正态分布**，记做 $\xi \sim N(a,\sigma^2)$(有时也将 a 记为 μ)，其分布函数为

$$F(x) = P\{\xi < x\} = \frac{1}{\sqrt{2\pi}\sigma}\int_{-\infty}^{x} \mathrm{e}^{-\frac{(x-a)^2}{2\sigma^2}}\mathrm{d}x. \tag{6}$$

特别当 $a=0,\sigma=1$ 时，ξ 的分布密度记为 $\varphi_{0,1}(x)$，即

$$\varphi_{0,1}(x) = \frac{1}{\sqrt{2\pi}}\mathrm{e}^{-\frac{x^2}{2}} \quad (-\infty < x < +\infty), \tag{7}$$

则称 ξ 服从**标准正态分布**，记做 $\xi \sim N(0,1)$. 标准正态分布函数记为 $F_{0,1}(x)$，即

$$F_{0,1}(x) = \frac{1}{\sqrt{2\pi}}\int_{-\infty}^{x} \mathrm{e}^{-\frac{x^2}{2}}\mathrm{d}x. \tag{8}$$

正态分布是在概率统计中占有中心地位的一种分布. 其中心地位一方面是由正态分布的常见性决定的. 例如，测量零件长度的误差、灯泡的寿命、农作物的收获量；同一种族动物在同一发育阶段上的身高体重或其他体征指标；同一门炮按同一方向发射炮弹的射程等都是服从正态分布的随机变量. 另一方面是由其应用广泛性决定的. 因为只要某个随机变量是大量相互独立的随机因素的和，而且每一个因素的个别影响都很微小，那么就可以断定(其原理将在第五章中讲述)这个随机变量服从或近似服从正态分布.

正态分布的分布密度有以下性质：

(1) $\varphi(x)$的图形位于 x 轴的上方，是以直线 $x=a$ 为对称轴、以 x 轴为渐近线的“钟形”曲线，如图 2-8 所示.

当 $x=a$ 时，$\varphi(x)$取得最大值 $\varphi(a)=\dfrac{1}{\sqrt{2\pi}\,\sigma}$，曲线在$x=a\pm\sigma$ 处有拐点.

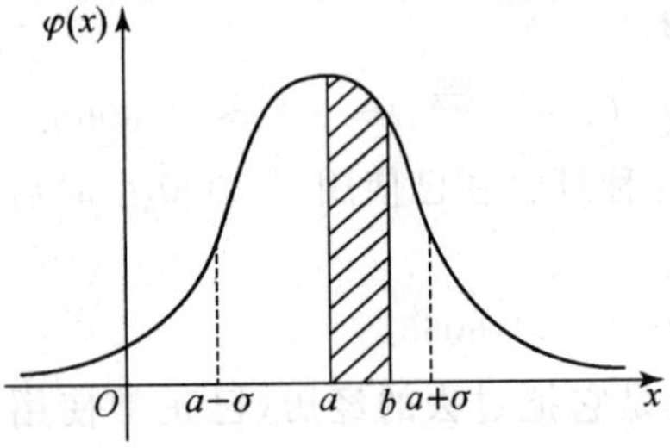

图 2-8

$P\{a\leqslant\xi<b\}$为阴影部分的面积,这说明ξ在a附近取值的可能性最大.

$\varphi(x)$的图形关于直线$x=a$对称,说明ξ落在区间$(a-\sigma,a)$和$(a,a+\sigma)$上的概率相等.

(2) 曲线$\varphi(x)$的形状依赖于参数a和σ.

a的大小决定曲线的位置.当σ不变而a从a_1变到a_2时,曲线沿x轴平移,其对称轴从$x=a_1$移到$x=a_2$,但曲线形状不变,如图 2-9 所示.

σ的大小决定曲线的形状.由$\varphi(x)$的最大值$\varphi(a)=\dfrac{1}{\sqrt{2\pi}\,\sigma}$可知,当$a$不变而$\sigma$越大时,曲线越平缓,$\sigma$越小时曲线越陡峭,如图 2-10 所示.

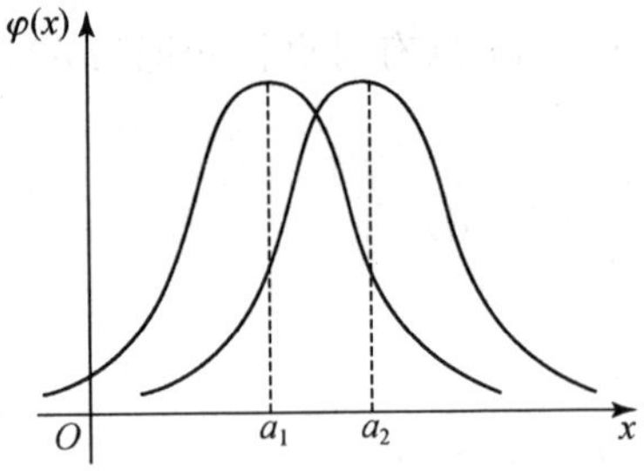

图 2-9

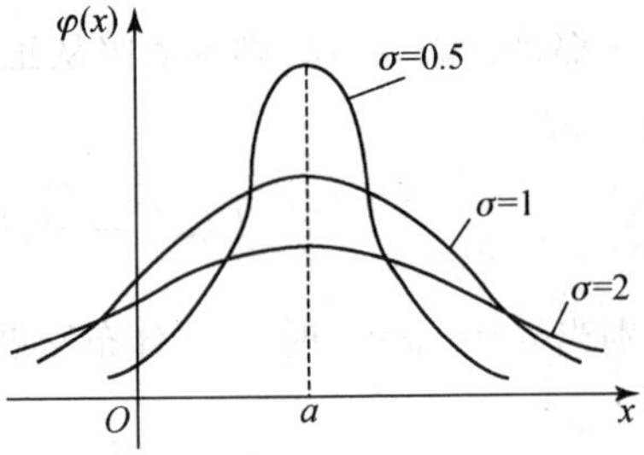

图 2-10

由于正态分布的应用极其广泛,而正态分布函数又是不能用初等函数表出的积分,因此只能用近似方法计算.为了应用上的方便,人们已经编制好了标准正态分布函数$F_{0,1}(x)$的函数值表(见附表 2).下面介绍其分布函数及相关概率的计算方法:

(1) 设$\xi\sim N(0,1)$,

① 若$0\leqslant x<3.5$,则可从附表 2 上直接查得$F_{0,1}(x)$的值;

② 若$x\geqslant 3.5$,则可取$F_{0,1}(x)=1$;

③ 若$x<0$,可按公式

$$F_{0,1}(x)=1-F_{0,1}(-x) \tag{9}$$

来确定$F_{0,1}(x)$的值.

公式(9)成立是因为$\varphi_{0,1}(x)$是偶函数,所以

$$F_{0,1}(x)=\int_{-\infty}^{x}\varphi_{0,1}(t)\mathrm{d}t=\int_{-x}^{+\infty}\varphi_{0,1}(t)\mathrm{d}t=\int_{-\infty}^{+\infty}\varphi_{0,1}(t)\mathrm{d}t-\int_{-\infty}^{-x}\varphi_{0,1}(t)\mathrm{d}t=1-F_{0,1}(-x).$$

(2) 设 $\xi \sim N(a,\sigma^2)$，利用公式

$$F(x)=F_{0,1}\left(\frac{x-a}{\sigma}\right) \tag{10}$$

可得 $$P\{b_1<\xi<b_2\}=F(b_2)-F(b_1)=F_{0,1}\left(\frac{b_2-a}{\sigma}\right)-F_{0,1}\left(\frac{b_1-a}{\sigma}\right),$$

将问题转化为情形(1).

公式(10)成立是因为

$$F(x)=\frac{1}{\sqrt{2\pi}\sigma}\int_{-\infty}^{x}\mathrm{e}^{-\frac{(u-a)^2}{2\sigma^2}}\mathrm{d}u \xlongequal{t=(u-a)/\sigma} \int_{-\infty}^{\frac{x-a}{\sigma}}\frac{1}{\sqrt{2\pi}}\mathrm{e}^{-\frac{t^2}{2}}\mathrm{d}t=\frac{1}{\sqrt{2\pi}}\int_{-\infty}^{\frac{x-a}{\sigma}}\mathrm{e}^{-\frac{t^2}{2}}\mathrm{d}t=F_{0,1}\left(\frac{x-a}{\sigma}\right).$$

例 3　设 $\xi \sim N(0,1)$，试求：

(1) $P\{\xi<1.58\}$；　(2) $P\{\xi<-3.03\}$；　(3) $P\{|\xi|<3.45\}$；　(4) $P\{|\xi|>2.22\}$.

解　(1) 查附表 2，得

$$P\{\xi<1.58\}=F_{0,1}(1.58)=0.9429;$$

(2) 利用公式(9)并查附表(2)，得

$$P\{\xi<-3.03\}=F_{0,1}(-3.03)=1-F_{0,1}(3.03)=1-0.9988=0.0012;$$

(3) 因为对于 $b>0$，有

$$\begin{aligned}P\{|\xi|<b\}&=P\{-b<\xi<b\}=P\{\xi<b\}-P\{\xi<-b\}\\&=F_{0,1}(b)-[1-F_{0,1}(b)]\\&=2F_{0,1}(b)-1.\end{aligned} \tag{11}$$

所以 $$P\{|\xi|<3.45\}=2F_{0,1}(3.45)-1=2\times 0.9997-1=0.9994;$$

(4) 因为对于 $b>0$ 时，由公式(11)，有

$$P\{|\xi|>b\}=1-P\{|\xi|<b\}=1-[2F_{0,1}(b)-1]=2[1-F_{0,1}(b)],$$

所以 $$P\{|\xi|>2.22\}=2[1-F_{0,1}(2.22)]=2[1-0.9868]=0.0264.$$

例 4　设 $\eta \sim N(3,4)$，试计算：

(1) $P\{\eta<3.5\}$；　(2) $P\{\eta<-2.5\}$；　(3) $P\{|\eta|<2\}$；　(4) $P\{|\eta|>2\}$.

解　由公式(10)、(9)并查附表 2，得

(1) $P\{\eta<3.5\}=F(3.5)=F_{0,1}\left(\frac{3.5-3}{2}\right)=F_{0,1}(0.25)=0.5989$；

(2) $$\begin{aligned}P\{\eta<-2.5\}&=F(-2.5)=F_{0,1}\left(\frac{-2.5-3}{2}\right)\\&=F_{0,1}(-2.75)=1-F_{0,1}(2.75)\\&=1-0.9970=0.0030;\end{aligned}$$

(3) $$\begin{aligned}P\{|\eta|<2\}&=P\{-2<\eta<2\}=F(2)-F(-2)\\&=F_{0,1}\left(\frac{2-3}{2}\right)-F_{0,1}\left(\frac{-2-3}{2}\right)\end{aligned}$$

$$=F_{0,1}(-0.5)-1+F_{0,1}(2.5)$$
$$=-0.6915+0.9938=0.3023;$$

(4) $P\{|\eta|>2\}=1-P\{|\eta|<2\}=1-0.3023=0.6977.$

例 5 由某机床生产的螺栓长度(单位：mm)服从参数 $a=100.5,\sigma=0.6$ 的正态分布.规定长度范围在 100.5 ± 1.2 内为合格品,求该机床生产的螺栓的合格率是多少?

解 设该机床生产的螺栓长度为 ξ,则 $\xi\sim N(100.5,0.6^2)$,因此,所求螺栓的合格率为

$$P\{100.5-1.2<\xi<100.5+1.2\}=F(101.7)-F(99.3)$$
$$=F_{0,1}\left(\frac{101.7-100.5}{0.6}\right)-F_{0,1}\left(\frac{99.3-100.5}{0.6}\right)=F_{0,1}(2)-F_{0,1}(-2)$$
$$=2F_{0,1}(2)-1=2\times0.9772-1=0.9544.$$

例 6 已知从某批材料中任取 1 件,其强度 $\xi\sim N(200,18^2)$.

(1) 试计算所取得的这件材料强度不低于 180 的概率;

(2) 如果所用的材料要求以 99% 的概率保证强度不低于 150,问这批材料是否符合这个要求?

解 由公式(10)、(9)并查附表 2,得

(1) $P\{\xi\geqslant180\}=1-P\{\xi<180\}=1-F(180)=1-F_{0,1}\left(\dfrac{180-200}{18}\right)$

$$=1-F_{0,1}(-1.11)=1-[1-F_{0,1}(1.11)]=F_{0,1}(1.11)=0.8665;$$

(2) $P\{\xi\geqslant150\}=1-P\{\xi<150\}=1-F_{0,1}\left(\dfrac{150-200}{18}\right)=1-F_{0,1}(-2.78)$

$$=1-[1-F_{0,1}(2.78)]=F_{0,1}(2.78)=0.9973,$$

即从这批材料中任取一件以 99.73% 的概率保证强度不低于 150,所以这批材料符合提出的要求.

习 题 2-4

1. 某种电阻的阻值 ξ(单位：Ω)在区间[900,1100]上服从均匀分布,设某仪器内装有 3 只这样的电阻.假设这 3 只电阻的取值是相互独立的,试求:

(1) 3 只电阻的阻值均大于 1050 Ω 的概率;

(2) 至少有 1 只电阻的阻值大于 1050 Ω 的概率.

2. 设某种动物的寿命 ξ 服从以 $k>0$ 为参数的指数分布.

(1) 求 $P\left\{\xi\leqslant\dfrac{1}{k}\right\}$;　　(2) 求常数 c,使 $P\{\xi>c\}=\dfrac{1}{2}$.

3. 设 $\xi\sim N(0,1)$,求

(1) $P\{\xi\leqslant1.48\}$;　　(2) $P\{-0.5<\xi<2.4\}$;

(3) $P\{|\xi|<0.8\}$;　　(4) $P\{|\xi|>1.5\}$.

4. 设 $\xi \sim N(-1,16)$，求

(1) $P\{\xi<2.44\}$；　　(2) $P\{\xi>-1.5\}$；

(3) $P\{-5<\xi<2\}$；　　(4) $P\{|\xi-1|>1\}$.

5. 由自动机床生产的某种零件长度 ξ（单位：cm）服从参数 $a=10.05, \sigma=0.06$ 的正态分布. 规定长度在 10.05 ± 0.12 内为长度合格，求这种零件长度的不合格率.

6. 在某一加工过程中，如果采用甲种工艺条件，则完成时间 $\xi \sim N(40,8^2)$；如果采用乙种工艺条件，则完成时间 $\eta \sim N(50,4^2)$（单位：小时）.

(1) 若允许在 60 小时内完成，应选何种工艺条件？

(2) 若只允许在 50 小时内完成，应选何种工艺条件？

第五节　随机变量函数的分布

在许多实际问题中，经常会遇到所要研究的随机变量是某些随机变量的函数. 例如，设随机变量 ξ 为某种零件的直径，求其横截面面积 $\eta=\frac{\pi}{4}\xi^2$ 的分布. 又如，已知分子的运动速度 ξ 的分布，求其动能 $\zeta=\frac{1}{2}m\xi^2$ 的分布. 这里的 η,ζ 就是随机变量 ξ 的函数.

定义　设 $y=f(x)$ 是定义在随机变量 ξ 值域上的一元函数，如果当 ξ 取值 x 时，随机变量 η 就取值 $y=f(x)$，则称 η 为**随机变量 ξ 的函数**，记做 $\eta=f(\xi)$.

下面要根据 ξ 的分布找出 $\eta=f(\xi)$ 的分布.

一、离散型

设离散型随机变量 ξ 的分布列为

ξ	a_1	a_2	$\cdots$	a_k	$\cdots$
P	p_1	p_2	$\cdots$	p_k	$\cdots$

记 $b_k=f(a_k)$ $(k=1,2,\cdots)$，如果 b_k 的值全不相等，那么因为 $P\{\eta=b_k\}=P\{\xi=a_k\}$ $(k=1,2,\cdots)$，所以，η 的分布列为

η	b_1	b_2	$\cdots$	b_k	$\cdots$
P	p_1	p_2	$\cdots$	p_k	$\cdots$

如果 $b_1,b_2,\cdots,b_k,\cdots$ 中有相等的，则应把那些相等的值分别合并，并根据概率的加法公式把相应的 p_k 相加，就可得 η 的分布列.

例 1 设 ξ 的分布列为

ξ	-1	0	1	2	$5/2$
P	$\frac{1}{5}$	$\frac{1}{10}$	$\frac{1}{10}$	$\frac{3}{10}$	$\frac{3}{10}$

求：(1) $\xi-1$；　(2) -2ξ；　(3) $4\xi^2$ 的分布列.

解 由 ξ 的分布列可直接列出下表

P	$\frac{1}{5}$	$\frac{1}{10}$	$\frac{1}{10}$	$\frac{3}{10}$	$\frac{3}{10}$
ξ	-1	0	1	2	$\frac{5}{2}$
$\xi-1$	-2	-1	0	1	$\frac{3}{2}$
-2ξ	2	0	-2	-4	-5
$4\xi^2$	4	0	4	16	25

于是分别得出各分布列如下：

(1)

$\xi-1$	-2	-1	0	1	$\frac{3}{2}$
P	$\frac{1}{5}$	$\frac{1}{10}$	$\frac{1}{10}$	$\frac{3}{10}$	$\frac{3}{10}$

；

(2)

-2ξ	-5	-4	-2	0	2
P	$\frac{3}{10}$	$\frac{3}{10}$	$\frac{1}{10}$	$\frac{1}{10}$	$\frac{1}{5}$

；

(3)

$4\xi^2$	0	4	16	25
P	$\frac{1}{10}$	$\frac{3}{10}$	$\frac{3}{10}$	$\frac{3}{10}$

.

注意，$4\xi^2$ 的分布列已将对应的两个“4”的概率加起来了.

例 2 设 ξ 的分布列为

ξ	1	2	$\cdots$	n	$\cdots$
P	$\frac{1}{2}$	$\left(\frac{1}{2}\right)^2$	$\cdots$	$\left(\frac{1}{2}\right)^n$	$\cdots$

求随机变量 $\eta=\cos\left(\frac{\pi}{2}\xi\right)$的分布列.

解　因为

$$\cos\left(\frac{n\pi}{2}\right)=\begin{cases}-1, & n=2(2k-1),\\ 0, & n=2k-1,\\ 1, & n=2(2k)\end{cases}\qquad (k=1,2,\cdots).$$

所以，$\eta=\cos\left(\frac{\pi}{2}\xi\right)$的不同值为$-1,0,1$.

由于 ξ 取 2,6,10,…时都使对应的 η 取-1，根据上述方法，得

$$P\{\eta=-1\}=\left(\frac{1}{2}\right)^2+\left(\frac{1}{2}\right)^6+\left(\frac{1}{2}\right)^{10}+\cdots=\frac{1}{4\left(1-\frac{1}{16}\right)}=\frac{4}{15}.$$

同理可得

$$P\{\eta=0\}=\frac{1}{2}+\left(\frac{1}{2}\right)^3+\left(\frac{1}{2}\right)^5+\cdots=\frac{1}{2\left(1-\frac{1}{4}\right)}=\frac{2}{3};$$

$$P\{\eta=1\}=\left(\frac{1}{2}\right)^4+\left(\frac{1}{2}\right)^8+\left(\frac{1}{2}\right)^{12}+\cdots=\frac{1}{16\left(1-\frac{1}{16}\right)}=\frac{1}{15}.$$

故 η 的分布列为

η	-1	0	1
P	$\frac{4}{15}$	$\frac{2}{3}$	$\frac{1}{15}$

二、连续型

设 $\eta=f(\xi)$是连续型随机变量 ξ 的函数，$\varphi_\xi(x)$是 ξ 的分布密度，求 η 的分布密度 $\varphi_\eta(y)$. 一般可先求 η 的分布函数 $F_\eta(y)=P\{\eta<y\}$，然后再根据分布函数与分布密度的关系：将 $F_\eta(y)$对 y 求导，即得 η 的分布密度

$$\varphi_\eta(y)=\frac{\mathrm{d}}{\mathrm{d}y}F_\eta(y).\tag{1}$$

例 3 设连续型随机变量 $\xi \sim N(a,\sigma^2)$,求 $\eta=\dfrac{\xi-a}{\sigma}$的分布密度.

解 先求 η 的分布函数

$$F_\eta(y)=P\{\eta<y\}=P\left\{\frac{\xi-a}{\sigma}<y\right\}=P\{\xi<\sigma y+a\}$$

$$=\int_{-\infty}^{\sigma y+a}\frac{1}{\sigma\sqrt{2\pi}}e^{-\frac{(x-a)^2}{2\sigma^2}}dx \xlongequal{t=(x-a)/\sigma} \int_{-\infty}^{y}\frac{1}{\sqrt{2\pi}}e^{-\frac{t^2}{2}}dt. \quad (2)$$

因此,由公式(1)并注意到(2)式中 $F_\eta(y)$是变上限的积分,对上限求导,得

$$\varphi_\eta(y)=\frac{d}{dy}F_\eta(y)=\frac{1}{\sqrt{2\pi}}e^{-\frac{y^2}{2}} \quad (-\infty<y<+\infty),$$

即 $\eta\sim N(0,1)$.

注意,在(2)式中也可以不作变量代换$\dfrac{x-a}{\sigma}=t$,而直接利用复合函数求导法对上限的 y 求导,可得

$$\varphi_\eta(y)=\frac{1}{\sigma\sqrt{2\pi}}e^{-\frac{[(\sigma y+a)-a]^2}{2\sigma^2}}\cdot\sigma=\frac{1}{\sqrt{2\pi}}e^{-\frac{y^2}{2}} \quad (-\infty<y<+\infty),$$

结果相同.

例 4 设 $\xi\sim N(0,1)$,求 $\eta=2\xi^2+1$ 的分布密度.

解 因为 η 不可能取小于 1 的值,所以

当 $y\leqslant 1$ 时,$F_\eta(y)=P\{\eta<y\}=0$.

当 $y>1$ 时,$F_\eta(y)=P\{\eta<y\}=P\{2\xi^2+1<y\}$

$$=P\left\{\xi^2<\frac{y-1}{2}\right\}=P\left\{-\sqrt{\frac{y-1}{2}}<\xi<\sqrt{\frac{y-1}{2}}\right\}$$

$$=\int_{-\sqrt{\frac{y-1}{2}}}^{\sqrt{\frac{y-1}{2}}}\frac{1}{\sqrt{2\pi}}e^{-\frac{x^2}{2}}dx=2\int_0^{\sqrt{\frac{y-1}{2}}}\frac{1}{\sqrt{2\pi}}e^{-\frac{x^2}{2}}dx.$$

求导($y=1$ 处的导数不必求出,可以任意取一定值)得

$$\varphi_\eta(y)=F_\eta'(y)=\begin{cases}0, & y\leqslant 1,\\ \dfrac{1}{2\sqrt{\pi(y-1)}}e^{-\frac{y-1}{4}}, & y>1\end{cases}.$$

习 题 2-5

1. 设离散型随机变量 ξ 的分布列为

ξ	-1	1	2	4
P	0.3	0.2	0.4	0.1

.

求：(1) $\xi+2$；　(2) $-\xi+1$；　(3) ξ^2 的分布列.

2. 设 ξ 的分布密度为

$$\varphi_\xi(x)=\begin{cases}2x, & 0<x<1,\\ 0, & \text{其他}.\end{cases}$$

求：(1) 2ξ；　(2) $-\xi+1$；　(3) ξ^2 的分布密度.

3. 设 ξ 在区间 $[0,1]$ 上服从均匀分布，试求：

(1) e^ξ 的分布密度；　(2) $-2\ln\xi$ 的分布密度.

第三章　随机变量的数字特征

在第二章,我们学习了随机变量的分布.对于一个随机变量,虽然它的分布可以完整地描述随机现象,但却不能明显而集中地反映随机变量的某些特征,而在有些实际问题中,只需要知道随机变量的某些特征就够了.本章将介绍随机变量的数学期望和方差这两个常用的**数字特征**.

第一节　数学期望

一、离散型数学期望

在实际问题中,常常用平均值这个概念来描述一组事物取值的大致情况,如某班全体同学的平均考试成绩;某篮球队全体队员的平均身高;某市居民人均收入等.对于随机变量也有类似的问题,先看一个例子.

例 1　有甲、乙两射手在相同条件下射击,其命中环数分别为 ξ,η,并知它们的分布列分别为

ξ	8	9	10
P	0.2	0.3	0.5

,

η	8	9	10
P	0.1	0.7	0.2

.

试问哪个射手的射击技术较好.

解　比较两个射手的射击技术就是看平均每射击一次,谁的命中环数较多.从分布列来看,甲命中 8 环的概率比乙大,而命中 9 环的概率比乙小,似乎甲的技术不如乙好.但甲命中 10 环的概率又比乙大,似乎甲的技术又比乙好.这样个别地进行比较是难以得出合理的结论的.我们让甲、乙各射击 n 次,命中各环的次数如表 3-1 所示.表 3-1 中 $m_1+m_2+m_3=n_1+n_2+n_3=n$ 是总射击次数.所以甲平均每次射击命中的环数为

表　3-1

射手 \ 命中次数 \ 环数	8	9	10	命中总环数
甲	m_1	m_2	m_3	$8m_1+9m_2+10m_3$
乙	n_1	n_2	n_3	$8n_1+9n_2+10n_3$

$$8\times\frac{m_1}{n}+9\times\frac{m_2}{n}+10\times\frac{m_3}{n};$$

乙平均每次射击命中的环数为

$$8\times\frac{n_1}{n}+9\times\frac{n_2}{n}+10\times\frac{n_3}{n}.$$

而$\frac{m_1}{n}$是 n 次射击中事件$\{\xi=8\}$发生的频率，根据概率的统计定义，当 n 充分大时，$\frac{m_1}{n}$稳定于 $P\{\xi=8\}=0.2$. 类似地，$\frac{m_2}{n}$稳定于 $P\{\xi=9\}=0.3$，$\frac{m_3}{n}$稳定于 $P\{\xi=10\}=0.5$. 从而

$$8\times\frac{m_1}{n}+9\times\frac{m_2}{n}+10\times\frac{m_3}{n}$$

稳定于 $8\times0.2+9\times0.3+10\times0.5=9.3$(环)；类似地

$$8\times\frac{n_1}{n}+9\times\frac{n_2}{n}+10\times\frac{n_3}{n}$$

稳定于 $8\times0.1+9\times0.7+10\times0.2=9.1$(环). 因此，从平均每次射击命中环数来看，甲射手优于乙射手.

例 1 中用来表示随机变量的“平均值”特征的量就是随机变量的数学期望，其定义如下.

定义 1 设离散型随机变量 ξ 的分布列为

ξ	a_1	a_2	$\cdots$	a_i	$\cdots$
P	p_1	p_2	$\cdots$	p_i	$\cdots$

，

且级数 $\sum\limits_{i=1}^{\infty}a_ip_i$ 绝对收敛，则称这个级数的和为随机变量 ξ 的**数学期望**(或**均值**)，记为 $E(\xi)$(或 $E\xi$)，即

$$E(\xi)=\sum_{i=1}^{\infty}a_ip_i. \tag{1}$$

注意，当 ξ 的取值为可列无穷多个时，(1)式成为无穷级数，应该收敛且与 $a_1,a_2,\cdots,a_n,\cdots$ 的排列次序无关，故 ξ 的数学期望定义(1)式中的无穷级数应设为绝对收敛.

例 2 设 ξ 服从 n 元离散型均匀分布

ξ	a_1	a_2	$\cdots$	a_n
P	$\frac{1}{n}$	$\frac{1}{n}$	$\cdots$	$\frac{1}{n}$

.

求其数学期望 $E(\xi)$.

解 由公式(1),得

$$E(\xi)=\sum_{i=1}^{n}a_i\frac{1}{n}=\frac{1}{n}\sum_{i=1}^{n}a_i.$$

这正好是 ξ 所取的 n 个可能值 $a_1,a_2,\cdots,a_n$ 的算术平均值,由此可以理解随机变量的数学期望也称为均值的原因.

例 3 一购销公司购销某种商品,如果销售一件甲等品,就能创利 500 元;如果销售一件乙等品,则能创利 300 元;如果销售一件废品,则包括成本和被罚款将损失 800 元.设该公司购进一批商品,其中甲等品、乙等品和废品的概率分别为 0.60,0.35 和 0.05.问该公司每销售一件这种商品平均创利多少元?

解 设 ξ 为该公司每销售一件商品的创利数(单位:元),由于每销售一件废品损失 800 元,即创利 −800 元,所以 ξ 的分布列为

ξ	−800	300	500
P	0.05	0.35	0.60

.

由公式(1),ξ 的数学期望为

$$E(\xi)=(-800)\times0.05+300\times0.35+500\times0.6=365(\text{元}).$$

即该公司每销售一件这种商品平均创利 365 元.

二、连续型数学期望

定义 2 设连续型随机变量 ξ 的分布密度为 $\varphi(x)$,如果广义积分 $\int_{-\infty}^{+\infty}x\varphi(x)\mathrm{d}x$ 绝对收敛 $\left(\text{即积分}\int_{-\infty}^{+\infty}|x|\varphi(x)\mathrm{d}x\text{ 收敛}\right)$,那么称此积分为随机变量 ξ 的**数学期望**(或**均值**),记为 $E(\xi)$(或 $E\xi$),即

$$E(\xi)=\int_{-\infty}^{+\infty}x\varphi(x)\mathrm{d}x. \tag{2}$$

例 4 设随机变量 ξ 的分布密度为

$$\varphi(x)=\begin{cases}2x, & 0\leqslant x\leqslant1,\\ 0, & \text{其他}.\end{cases}$$

试求 ξ 的数学期望 $E(\xi)$.

解 根据公式(2),ξ 的数学期望为

$$E(\xi)=\int_{-\infty}^{+\infty}x\varphi(x)\mathrm{d}x=\int_0^1 2x^2\mathrm{d}x=\frac{2}{3}.$$

如果在 Ox 轴上有总质量为 1 的质点连续分布着,且其线密度为 $\varphi(x)$,设质点的坐标为 ξ,

因为$\int_{-\infty}^{+\infty}\varphi(x)\mathrm{d}x = 1$，所以

$$E(\xi) = \int_{-\infty}^{+\infty} x\varphi(x)\mathrm{d}x = \frac{\int_{-\infty}^{+\infty} x\varphi(x)\mathrm{d}x}{\int_{-\infty}^{+\infty}\varphi(x)\mathrm{d}x}$$

为质点重心的坐标.因此,随机变量ξ的数学期望$E(\xi)$实际上也可说是ξ取值中心的坐标.

三、随机变量函数的数学期望

随机变量的函数仍然为随机变量,所以也有数学期望.这里我们不加证明地给出求随机变量函数的数学期望的简单方法.

(1) 设离散型随机变量ξ的分布列为

ξ	a_1	a_2	$\cdots$	a_i	$\cdots$
P	p_1	p_2	$\cdots$	p_i	$\cdots$

.

如果级数$\sum_i f(a_i)p_i$绝对收敛,则$\eta = f(\xi)$的数学期望存在，且有

$$E(\eta) = E[f(\xi)] = \sum_i f(a_i)p_i. \tag{3}$$

(2) 设$\varphi(x)$是连续型随机变量ξ的分布密度，如果积分$\int_{-\infty}^{+\infty} f(x)\varphi(x)\mathrm{d}x$绝对收敛,那么$\eta = f(\xi)$的数学期望$E(\eta)$存在，且有

$$E(\eta) = E[f(\xi)] = \int_{-\infty}^{+\infty} f(x)\varphi(x)\mathrm{d}x. \tag{4}$$

以上两个公式说明,可不必去求η的分布列或分布密度而直接按公式(3)或(4)来求出$\eta = f(\xi)$的数学期望.

例 5　已知ξ服从均匀分布,其分布密度为

$$\varphi(x) = \begin{cases} \dfrac{1}{2\pi}, & 0 < x < 2\pi, \\ 0, & \text{其他}. \end{cases}$$

求$E(\sin\xi)$.

解　由公式(4),得

$$E(\sin\xi) = \int_{-\infty}^{+\infty}\sin x\varphi(x)\mathrm{d}x = \frac{1}{2\pi}\int_0^{2\pi}\sin x\mathrm{d}x = 0.$$

例 6　在例 3 中,该公司对采购质量检验员的奖金函数(单位：元)定为

$$\eta=\begin{cases}\left(\dfrac{\xi}{100}\right)^2, & \xi\geqslant 300,\\ -3\left(\dfrac{\xi}{100}\right)^2, & \xi=-800.\end{cases}$$

求每销售一件该种商品,质量检验员的平均获奖额.

解 直接利用公式(3),得

$$\begin{aligned}E(\eta)&=-3\left(\frac{-800}{100}\right)^2\times 0.05+\left(\frac{300}{100}\right)^2\times 0.35+\left(\frac{500}{100}\right)^2\times 0.60\\&=(-192)\times 0.05+9\times 0.35+25\times 0.6=8.55(\text{元}),\end{aligned}$$

即每销售一件该种商品,质量检验员平均获奖 8.55 元.

例 7 已知 $\xi\sim N(0,1)$,求 $E(\xi^2)$.

解 这里 $\varphi(x)=\frac{1}{\sqrt{2\pi}}\mathrm{e}^{-\frac{x^2}{2}}$,$f(x)=x^2(-\infty<x<+\infty)$,由公式(4),得

$$\begin{aligned}E(\xi^2)&=\int_{-\infty}^{+\infty}x^2\frac{1}{\sqrt{2\pi}}\mathrm{e}^{-\frac{x^2}{2}}\mathrm{d}x=-\int_{-\infty}^{+\infty}x\mathrm{d}\left(\frac{1}{\sqrt{2\pi}}\mathrm{e}^{-\frac{x^2}{2}}\right)\\&=-\left(x\frac{1}{\sqrt{2\pi}}\mathrm{e}^{-\frac{x^2}{2}}\right)\Bigg|_{-\infty}^{+\infty}+\int_{-\infty}^{+\infty}\frac{1}{\sqrt{2\pi}}\mathrm{e}^{-\frac{x^2}{2}}\mathrm{d}x=0+1=1.\end{aligned}$$

数学期望具有下列简单性质(请读者给出证明):

(1) 当 c 为常数时,$E(c)=c$;

(2) 当 c 为常数时,$E(c\xi)=cE(\xi)$;

(3) 当 a,b 为常数时,$E(a\xi+b)=aE(\xi)+b$.

习 题 3-1

1. 设离散型随机变量 ξ 的分布列为

ξ	-1	0	1	2
P	$\frac{1}{5}$	$\frac{1}{2}$	$\frac{1}{5}$	$\frac{1}{10}$

,

求 $E(\xi)$,$E(3\xi+2)$,$E(\xi^2)$.

2. 设连续型随机变量 ξ 的分布密度是

$$\varphi(x)=\begin{cases}x, & 0<x\leqslant 1,\\ 2-x, & 1<x\leqslant 2,\\ 0, & \text{其他},\end{cases}$$

求 $E(\xi)$,$E(\xi^2)$.

3. 设连续型随机变量 ξ 的分布密度为

$$\varphi(x)=\begin{cases}\dfrac{2x}{\pi}, & 0\leqslant x\leqslant \pi,\\ 0, & 其他,\end{cases}$$

求 $E(\sin\xi)$.

4. 设连续型随机变量 ξ 的分布密度为

$$\varphi(x)=\begin{cases}\dfrac{1}{\pi\sqrt{1-x^2}}, & |x|<1,\\ 0, & 其他,\end{cases}$$

求 $E(\xi)$.

5. 设甲、乙二人分别看管两台机床，在一个月内发生故障的次数分别记为 ξ_1，ξ_2，并已知故障次数的分布列分别为

ξ_1	0	1	2	3
P	0.4	0.3	0.2	0.1

，

ξ_2	0	1	2	3
P	0.2	0.5	0.2	0.1

.

(1) 问哪个工人的水平高?

(2) 如果奖金函数为

$$\eta=\begin{cases}1-\xi^2, & \xi>0,\\ 50, & \xi=0.\end{cases}$$

求甲、乙二人一个月内获奖的平均数额(单位：元).

6. 设连续型随机变量 ξ 的分布密度为

$$\varphi(x)=\begin{cases}e^{-x}, & x>0,\\ 0, & x\leqslant 0,\end{cases}$$

求 $E(2\xi)$和 $E(e^{-2\xi})$.

第二节　方　　差

一、方差的概念

数学期望描述的是随机变量取值的平均情况，它是随机变量的一个重要的数字特征. 但在很多情况下，仅了解随机变量的数学期望是不够的，如下例.

例 1　有甲、乙两个工人加工同种圆柱形零件，要求直径为 30 ± 0.05(单位：cm). 设 ξ，η 分别为甲、乙加工的圆柱直径，经多次抽样检查，得到它们的分布列分别为

ξ	30－0.04	30－0.02	30	30＋0.02	30＋0.04
P	0	0.1	0.8	0.1	0

，

η	30－0.04	30－0.02	30	30＋0.02	30＋0.04
P	0.1	0.2	0.4	0.2	0.1

.

试问谁的技术较高?

解 容易算出

$$E(\xi)=30, \quad E(\eta)=30.$$

由此可见,他们的产品不仅合格而且数学期望也相同,所以只凭期望值还不足以判定两人技术水平的高低.细心的读者一定会感到甲的加工技术较高,因为从分布列可知,甲有80%的误差为0,只有20%的误差为±0.02;而乙有60%的误差为±0.02和±0.04,只有40%的误差为0.换句话说,甲加工的直径ξ与平均值$E(\xi)$的偏差较小,而乙加工的直径η与平均值$E(\eta)$的偏差较大,工程上认为甲的精度较高而乙的精度较低.

这就是说,对于一个随机变量ξ,不但需要知道它的数学期望$E(\xi)$,还需要描述它的取值ξ与$E(\xi)$的偏差情况.因此,引入随机变量的方差如下.

定义 设ξ是一个随机变量,如果$[\xi-E(\xi)]^2$的数学期望$E[\xi-E(\xi)]^2$存在,那么称$E[\xi-E(\xi)]^2$为ξ的**方差**,记为$D(\xi)$(或$\sigma^2(\xi)$),即

$$D(\xi)=E[\xi-E(\xi)]^2. \tag{1}$$

而称$\sqrt{E[\xi-E(\xi)]^2}$为ξ的**标准差**,记为$\sigma(\xi)$,即

$$\sigma(\xi)=\sqrt{E[\xi-E(\xi)]^2}=\sqrt{D(\xi)}. \tag{2}$$

需要注意的是,ξ的方差$D(\xi)$的量纲与ξ不同,而标准差$\sigma(\xi)$的量纲与ξ相同,所以标准差更确切地反映了偏差程度.

如果ξ是离散型随机变量,其分布列为

$$P\{\xi=a_i\}=p_i \quad (i=1,2,\cdots),$$

则由(1)式及上节(3)式,得

$$D(\xi)=\sum_{i=1}^{\infty}[a_i-E(\xi)]^2 p_i. \tag{3}$$

如果ξ是连续型随机变量,其分布密度为$\varphi(x)$,则由定义中(1)式及上节(4)式,得

$$D(\xi)=\int_{-\infty}^{+\infty}[x-E(\xi)]^2\varphi(x)\mathrm{d}x. \tag{4}$$

我们已知道,随机变量的数学期望是随机变量取值的中心.现在从方差的定义可知,随机变量的方差总是非负的,而且当随机变量的取值越集中在均值附近时方差越小,反之则方差越大.

因此,方差的大小反映了随机变量取值的分散程度,是随机变量的一种离散特征数.

在计算方差 $D(\xi)$时,有时要用到下面的公式:

推论
$$D(\xi)=E(\xi^2)-[E(\xi)]^2. \tag{5}$$

证　我们只证 ξ 是连续型随机变量的情形,离散型的情形由读者自己完成.

设 ξ 的分布密度为 $\varphi(x)$,则由公式(4),得

$$\begin{aligned}D(\xi)&=\int_{-\infty}^{+\infty}[x-E(\xi)]^2\varphi(x)\mathrm{d}x=\int_{-\infty}^{+\infty}[x^2-2xE(\xi)+(E(\xi))^2]\varphi(x)\mathrm{d}x\\&=\int_{-\infty}^{+\infty}x^2\varphi(x)\mathrm{d}x-2E(\xi)\int_{-\infty}^{+\infty}x\varphi(x)\mathrm{d}x+[E(\xi)]^2\int_{-\infty}^{+\infty}\varphi(x)\mathrm{d}x\\&=E(\xi^2)-2[E(\xi)]^2+[E(\xi)]^2\cdot 1=E(\xi^2)-[E(\xi)]^2.\end{aligned}$$

证毕

例 2　有甲、乙两射手在相同的条件下射击,其命中环数 ξ,η 的分布列为

ξ	8	9	10
P	0.2	0.3	0.5

,

η	8	9	10
P	0.1	0.7	0.2

.

试比较两射手的射击水平.

解　在第一节例 1 中,已经算出了 $E(\xi)=9.3$(环),$E(\eta)=9.1$(环),所以甲的平均命中水平优于乙,但由于

$$D(\xi)=E(\xi^2)-[E(\xi)]^2=8^2\times 0.2+9^2\times 0.3+10^2\times 0.5-(9.3)^2=0.61,$$
$$D(\eta)=E(\eta^2)-[E(\eta)]^2=8^2\times 0.1+9^2\times 0.7+10^2\times 0.2-(9.1)^2=0.29.$$

由此可知,$D(\xi)>D(\eta)$,所以甲的射击技术不如乙稳定.

例 3　设连续型随机变量 ξ 的分布密度为 $\varphi(x)=\begin{cases}2x, & 0\leqslant x\leqslant 1,\\ 0, & \text{其他}.\end{cases}$试求 ξ 的方差 $D(\xi)$.

解　在第一节例 4 中已经求得 $E(\xi)=\dfrac{2}{3}$,又由于

$$E(\xi^2)=\int_{-\infty}^{+\infty}x^2\varphi(x)\mathrm{d}x=\int_0^1 2x^3\mathrm{d}x=2\cdot\frac{x^4}{4}\bigg|_0^1=\frac{1}{2}.$$

于是,由公式(5),得

$$D(\xi)=E(\xi^2)-[E(\xi)]^2=\frac{1}{2}-\left(\frac{2}{3}\right)^2=\frac{1}{18}.$$

二、方差的简单性质

当 a,b,c 为常数时,不难得到方差的下列简单性质:

(1) $D(c)=0$;

(2) $D(c\xi)=c^2D(\xi)$;

(3) $D(a\xi+b)=a^2D(\xi)$.

证 利用数学期望的性质和方差的定义,得

(1) 因为 $E(c)=c,E(c^2)=c^2$,所以

$$D(c)=E(c^2)-[E(c)]^2=0;$$

(2) $D(c\xi)=E[(c\xi)^2]-[E(c\xi)]^2=c^2E(\xi^2)-[cE(\xi)]^2=c^2[E(\xi^2)-(E(\xi))]^2=c^2D(\xi)$;

(3) $D(a\xi+b)=E[(a\xi+b)-E(a\xi+b)]^2=E[a\xi+b-aE(\xi)-b]^2$

$=E[a\xi-aE(\xi)]^2=a^2E[\xi-E(\xi)]^2=a^2D(\xi)$. **证毕**

例 4 设随机变量 ξ 的数学期望 $E(\xi)=a$,标准差 $\sigma(\xi)=b$,试求随机变量 $\eta=\frac{\xi-a}{b}$ 的数学期望和方差.

解

$$E(\eta)=E\left(\frac{\xi-a}{b}\right)=\frac{1}{b}E(\xi-a)=\frac{1}{b}[E(\xi)-a]=0,$$

$$D(\eta)=D\left(\frac{\xi-a}{b}\right)=\frac{1}{b^2}D(\xi-a)=\frac{1}{b^2}D(\xi)=\frac{1}{b^2}b^2=1.$$

我们称 $\eta=\frac{\xi-E(\xi)}{\sigma(\xi)}$ 为 ξ 的**标准化随机变量**.

习 题 3-2

1. 设离散型随机变量 ξ 的分布列为

ξ	-1	0	1	2
P	$\frac{1}{5}$	$\frac{1}{2}$	$\frac{1}{5}$	$\frac{1}{10}$

,

求 $D(\xi)$,$D(3\xi+2)$.

2. 设连续型随机变量 ξ 的分布密度为

$$\varphi(x)=\begin{cases}x, & 0<x\leqslant 1,\\ 2-x, & 1<x\leqslant 2,\\ 0, & \text{其他},\end{cases}$$

求 $D(\xi)$.

3. 设连续型随机变量 ξ 的分布密度为

$$\varphi(x)=\begin{cases}\dfrac{1}{\pi\sqrt{1-x^2}}, & |x|<1,\\ 0, & \text{其他},\end{cases}$$

求 $D(\xi)$.

4. 设连续型随机变量 ξ 的分布密度为

$$\varphi(x)=\frac{1}{2}\mathrm{e}^{-|x|}\quad(-\infty<x<+\infty),$$

求 $E(\xi)$ 和 $D(\xi)$.

5. 有 A,B 两台机床同时加工某种零件，每生产 1000 件出次品的概率分布列分别为

ξ	0	1	2	3
P	0.7	0.2	0.06	0.04

,

η	0	1	2	3
P	0.8	0.06	0.04	0.1

.

问哪一台机床加工的质量好？

第三节 常用分布的数学期望与方差

一、(0－1)分布

设随机变量 ξ 服从(0－1)分布（或两点分布），其分布列为

ξ	0	1
P	$1-p$	p

,

则易知

$$E(\xi)=p,\quad D(\xi)=p(1-p). \tag{1}$$

二、二项分布

设 $\xi\sim B(n,p)$，即 $P\{\xi=i\}=\mathrm{C}_n^i p^i(1-p)^{n-i}\,(i=0,1,2,\cdots,n)$，则

$$E(\xi)=np,\quad D(\xi)=np(1-p). \tag{2}$$

证 因为 $P\{\xi=i\}=\mathrm{C}_n^i p^i(1-p)^{n-i}\,(i=0,1,2,\cdots,n)$，所以

$$\begin{aligned}E(\xi)&=\sum_{i=0}^{n}i\mathrm{C}_n^i p^i(1-p)^{n-i}=\sum_{i=0}^{n}i\frac{n!}{i!(n-i)!}p^i(1-p)^{n-i}\\&=np\sum_{i=1}^{n}\frac{(n-1)!}{(i-1)![(n-1)-(i-1)]!}p^{i-1}(1-p)^{(n-1)-(i-1)}\\&=np\sum_{i=1}^{n}\mathrm{C}_{n-1}^{i-1}p^{i-1}(1-p)^{(n-1)-(i-1)}=np[p+(1-p)]^{n-1}=np,\end{aligned}$$

$$E(\xi^2)=\sum_{i=0}^{n}i^2\mathrm{C}_n^i p^i(1-p)^{n-i}=\sum_{i=0}^{n}i^2\frac{n!}{i!(n-i)!}p^i(1-p)^{n-i}$$

$$=\sum_{i=1}^{n}[(i-1)+1]\frac{n!}{(i-1)!(n-i)!}p^i(1-p)^{n-i}$$

$$=\sum_{i=2}^{n}(i-1)\frac{n(n-1)(n-2)!}{(i-1)!(n-i)!}p^2p^{i-2}(1-p)^{(n-2)-(i-2)}$$

$$+\sum_{i=1}^{n}\frac{n!}{(i-1)!(n-i)!}p^i(1-p)^{n-i}.$$

在上式最后一个等号右端第一项中令 $k=i-2$,第二项中令 $m=i-1$,得

$$E(\xi^2)=n(n-1)p^2\sum_{k=0}^{n-2}\frac{(n-2)!}{k![(n-2)-k]!}p^k(1-p)^{(n-2)-k}$$

$$+np\sum_{m=0}^{n-1}\frac{(n-1)!}{m![(n-1)-m]!}p^m(1-p)^{(n-1)-m}$$

$$=n(n-1)p^2[p+(1-p)]^{n-2}+np[p+(1-p)]^{n-1}=n(n-1)p^2+np.$$

于是

$$D(\xi)=E(\xi^2)-[E(\xi)]^2=n(n-1)p^2+np-(np)^2=np(1-p).$$

故(2)式成立. **证毕**

三、泊松分布

设 $\xi\sim P(\lambda)$,即

$$P\{\xi=i\}=\frac{\lambda^i}{i!}e^{-\lambda}\quad(\lambda>0,i=0,1,2,\cdots),$$

则

$$E(\xi)=D(\xi)=\lambda. \tag{3}$$

证 $E(\xi)=\sum_{i=0}^{\infty}iP\{\xi=i\}=\sum_{i=0}^{\infty}i\frac{\lambda^i}{i!}e^{-\lambda}=\lambda e^{-\lambda}\sum_{i=1}^{\infty}\frac{\lambda^{i-1}}{(i-1)!}=\lambda e^{-\lambda}\sum_{k=0}^{\infty}\frac{\lambda^k}{k!}=\lambda e^{-\lambda}\cdot e^{\lambda}=\lambda.$

又因为

$$E(\xi^2)=\sum_{i=0}^{\infty}i^2\frac{\lambda^i}{i!}e^{-\lambda}=\sum_{i=1}^{\infty}[(i-1)+1]\frac{\lambda^i}{(i-1)!}e^{-\lambda}$$

$$=\sum_{i=2}^{\infty}\frac{\lambda^i}{(i-2)!}e^{-\lambda}+\sum_{i=1}^{\infty}\frac{\lambda^i}{(i-1)!}e^{-\lambda}$$

$$=\lambda^2e^{-\lambda}\sum_{i=2}^{\infty}\frac{\lambda^{i-2}}{(i-2)!}+\lambda e^{-\lambda}\sum_{i=1}^{\infty}\frac{\lambda^{i-1}}{(i-1)!}=\lambda^2e^{-\lambda}e^{\lambda}+\lambda e^{-\lambda}e^{\lambda}=\lambda^2+\lambda,$$

所以

$$D(\xi)=E(\xi^2)-[E(\xi)]^2=(\lambda^2+\lambda)-\lambda^2=\lambda.$$

因此,(3)式成立. **证毕**

由此可见，泊松分布的数学期望与方差都等于它的参数 λ.

四、均匀分布

设 ξ 服从区间 $[a,b]$ 上的均匀分布，其分布密度为

$$\varphi(x)=\begin{cases}\dfrac{1}{b-a}, & a\leqslant x\leqslant b,\\ 0, & \text{其他},\end{cases}$$

则

$$E(\xi)=\frac{a+b}{2},\quad D(\xi)=\frac{(b-a)^2}{12}. \tag{4}$$

事实上，

$$E(\xi)=\int_{-\infty}^{+\infty}x\varphi(x)\mathrm{d}x=\int_a^b\frac{x}{b-a}\mathrm{d}x=\left.\frac{x^2}{2(b-a)}\right|_a^b=\frac{a+b}{2},$$

$$\begin{aligned}D(\xi)&=E(\xi^2)-[E(\xi)]^2=\int_a^b x^2\varphi(x)\mathrm{d}x-\left(\frac{a+b}{2}\right)^2=\int_a^b\frac{x^2}{b-a}\mathrm{d}x-\left(\frac{a+b}{2}\right)^2\\&=\left.\frac{x^3}{3(b-a)}\right|_a^b-\left(\frac{a+b}{2}\right)^2=\frac{a^2+ab+b^2}{3}-\frac{a^2+2ab+b^2}{4}\\&=\frac{a^2-2ab+b^2}{12}=\frac{(b-a)^2}{12}.\end{aligned}$$

因此，(4)式成立.

由此可见，服从区间 $[a,b]$ 上的均匀分布的数学期望位于区间 $[a,b]$ 的中点，而方差与区间 $[a,b]$ 长度的平方成正比. 这进一步说明数学期望就是随机变量取值的中心，而方差代表随机变量取值的分散程度.

五、指数分布

设 ξ 服从参数为 $k(k>0)$ 的指数分布，其分布密度为

$$\varphi(x)=\begin{cases}k\mathrm{e}^{-kx}, & x\geqslant 0,\\ 0, & x<0,\end{cases}$$

则

$$E(\xi)=\frac{1}{k},\quad D(\xi)=\frac{1}{k^2}. \tag{5}$$

事实上，

$$\begin{aligned}E(\xi)&=\int_{-\infty}^{+\infty}x\varphi(x)\mathrm{d}x=k\int_0^{+\infty}x\mathrm{e}^{-kx}\mathrm{d}x=k\left(-\frac{x}{k}\mathrm{e}^{-kx}\Big|_0^{+\infty}+\frac{1}{k}\int_0^{+\infty}\mathrm{e}^{-kx}\mathrm{d}x\right)\\&=-\frac{1}{k}\mathrm{e}^{-kx}\Big|_0^{+\infty}=\frac{1}{k},\end{aligned}$$

$$E(\xi^2)=\int_{-\infty}^{+\infty}x^2\varphi(x)\mathrm{d}x=k\int_0^{+\infty}x^2\mathrm{e}^{-kx}\mathrm{d}x=2\int_0^{+\infty}x\mathrm{e}^{-kx}\mathrm{d}x=\frac{2}{k^2}.$$

于是

$$D(\xi)=E(\xi^2)-[E(\xi)]^2=\frac{2}{k^2}-\left(\frac{1}{k}\right)^2=\frac{1}{k^2}.$$

故(5)式成立.

六、正态分布

设 $\xi\sim N(a,\sigma^2)$,则

$$E(\xi)=a,\quad D(\xi)=\sigma^2. \tag{6}$$

证 因为 ξ 的分布密度为

$$\varphi(x)=\frac{1}{\sqrt{2\pi}\sigma}\mathrm{e}^{-\frac{(x-a)^2}{2\sigma^2}},$$

所以

$$E(\xi)=\int_{-\infty}^{+\infty}x\varphi(x)\mathrm{d}x=\frac{1}{\sqrt{2\pi}\sigma}\int_{-\infty}^{+\infty}x\mathrm{e}^{-\frac{(x-a)^2}{2\sigma^2}}\mathrm{d}x\xlongequal{令 t=\frac{x-a}{\sigma}}\frac{1}{\sqrt{2\pi}}\int_{-\infty}^{+\infty}(a+\sigma t)\mathrm{e}^{-\frac{t^2}{2}}\mathrm{d}t$$

$$=\frac{a}{\sqrt{2\pi}}\int_{-\infty}^{+\infty}\mathrm{e}^{-\frac{t^2}{2}}\mathrm{d}t+\frac{\sigma}{\sqrt{2\pi}}\int_{-\infty}^{+\infty}t\mathrm{e}^{-\frac{t^2}{2}}\mathrm{d}t=\frac{a}{\sqrt{2\pi}}\sqrt{2\pi}+0=a,$$

$$D(\xi)=E[\xi-E(\xi)]^2=E(\xi-a)^2=\int_{-\infty}^{+\infty}(x-a)^2\frac{1}{\sqrt{2\pi}\sigma}\mathrm{e}^{-\frac{(x-a)^2}{2\sigma^2}}\mathrm{d}x$$

$$\xlongequal{令 t=\frac{x-a}{\sigma}}\frac{\sigma^2}{\sqrt{2\pi}}\int_{-\infty}^{+\infty}t^2\mathrm{e}^{-\frac{t^2}{2}}\mathrm{d}t=\frac{\sigma^2}{\sqrt{2\pi}}\int_{-\infty}^{+\infty}(-t)\mathrm{d}(\mathrm{e}^{-\frac{t^2}{2}})$$

$$=\frac{\sigma^2}{\sqrt{2\pi}}\left(-t\mathrm{e}^{-\frac{t^2}{2}}\Big|_{-\infty}^{+\infty}+\int_{-\infty}^{+\infty}\mathrm{e}^{-\frac{t^2}{2}}\mathrm{d}t\right)=\frac{\sigma^2}{\sqrt{2\pi}}(0+\sqrt{2\pi})=\sigma^2.$$

因此,(6)式成立. **证毕**

由此知,正态随机变量的分布密度中,两个参数 a 和 σ^2 恰好就是这个随机变量的数学期望和方差.所以服从正态分布的随机变量其分布完全由它的数学期望和方差所确定.

随机变量 ξ 的数学期望与方差(或标准差)是随机变量常用的重要的数字特征.以上介绍的几个重要随机变量的数学期望与方差以后将经常遇到,我们除根据实际背景理解其意义外,还应熟记,尤其是正态分布.为了便于记忆,将以上五种分布及其数字特征列于表 3-2.

表 3-2

名称	分布列或分布密度	数学期望	方差
二项分布 $\xi\sim B(n,p)$	$P\{\xi=i\}=C_n^i p^i(1-p)^{n-i}$，$i=0,1,\cdots,n\quad(0<p<1)$	np	$np(1-p)$
泊松分布 $\xi\sim P(\lambda)$	$P\{\xi=i\}=\frac{\lambda^i}{i!}e^{-\lambda}$，$i=0,1,2,\cdots;\lambda>0$	λ	λ
均匀分布	$\varphi(x)=\begin{cases}\frac{1}{b-a} & a\leqslant x\leqslant b,\\ 0 & 其他\end{cases}$	$\frac{a+b}{2}$	$\frac{(b-a)^2}{12}$
指数分布	$\varphi(x)=\begin{cases}ke^{-kx}, & x\geqslant 0,\\ 0, & x<0\end{cases}\quad k>0$	$\frac{1}{k}$	$\frac{1}{k^2}$
正态分布 $\xi\sim N(a,\sigma^2)$	$\varphi(x)=\frac{1}{\sqrt{2\pi}\sigma}e^{-\frac{(x-a)^2}{2\sigma^2}}$，$\sigma>0$	a	σ^2

例 1 已知 10 000 件产品中有 10 件次品，求从中任意取出的 5 件产品中次品数的数学期望与方差.

解 因为这里任意取出的产品件数(5)与总件数(10 000)相差足够大，所以，可以认为抽样是独立重复的. 因此，设任意取出的 5 件产品中的次品数为 ξ，则容易知道 $\xi\sim B(5,0.001)$. 所以，所求的数学期望和方差分别为

$$E(\xi)=5\times 0.001=0.005,\quad D(\xi)=5\times 0.001\times(1-0.001)=0.004995.$$

例 2 设通过某交叉路口的汽车流量 ξ 服从泊松分布，若在一分钟内没有汽车通过的概率为 0.2，求 ξ 的数学期望和方差.

解 根据题意，$\xi\sim P(\lambda)$，其中参数 λ 待定，即

$$P\{\xi=i\}=\frac{\lambda^i}{i!}e^{-\lambda}.$$

因为 $P\{\xi=0\}=0.2$，所以

$$\frac{\lambda^0}{0!}e^{-\lambda}=0.2,\quad 即\ \lambda=\ln 5.$$

因此，ξ 的数学期望和方差为

$$E(\xi)=D(\xi)=\lambda=\ln 5.$$

例 3 已知某种电池的寿命 ξ(单位：小时)服从正态分布，且其数学期望和标准差分别为 300 和 35 小时. 求这种电池的寿命在 250 小时以上的概率，并求某个 x，使得电池寿命落在区间

$(300-x,300+x)$内的概率不小于 90%.

解 据已知 $\xi \sim N(300,35^2)$，因此，这种电池的寿命在 250 小时以上的概率为

$$P\{\xi \geqslant 250\}=1-P\{\xi \leqslant 250\}=1-F(250)=1-F_{0,1}\left(\frac{250-300}{35}\right)$$

$$=1-F_{0,1}\left(-\frac{50}{35}\right)=F_{0,1}(1.43)=0.9236.$$

对任意 x，因为 ξ 落在区间$(300-x,300+x)$内的概率为

$$P\{300-x \leqslant \xi \leqslant 300+x\}=\int_{300-x}^{300+x}\varphi(x)\mathrm{d}x=F(300+x)-F(300-x)$$

$$=F_{0,1}\left(\frac{x}{35}\right)-F_{0,1}\left(\frac{-x}{35}\right)=2F_{0,1}\left(\frac{x}{35}\right)-1.$$

所以，要使 $P\{300-x \leqslant \xi \leqslant 300+x\} \geqslant 0.9$，只要

$$2F_{0,1}\left(\frac{x}{35}\right)-1 \geqslant 0.9, \quad 即\ F_{0,1}\left(\frac{x}{35}\right) \geqslant 0.95.$$

经查附表 2，得

$$\frac{x}{35} \geqslant 1.65, \quad 即\ x \geqslant 57.75\ 为所求.$$

习 题 3-3

1. 已知某一制造厂的出厂产品中 2%有缺陷，求任取 100 件产品中有缺陷的产品数 ξ 的数学期望和方差.

2. 某次射击比赛规定，每人独立对目标射击 4 发，若 4 发全不中，则得 0 分；若只中一发，则得 15 分；若中 2 发，则得 30 分；若中 3 发，则得 55 分；若 4 发全中，则得 100 分. 已知某人每发命中率为 0.6，问他能期望得多少分？

3. 设连续型随机变量 ξ 的分布密度为

$$\varphi(x)=\begin{cases}6x(1-x), & 0 \leqslant x \leqslant 1,\\ 0, & 其他,\end{cases}$$

求 $P\{a-2\sigma<\xi<a+2\sigma\}$，其中 $a=E(\xi)$，$\sigma=\sqrt{D(\xi)}$.

4. 用膨胀仪测量金属膨胀系数时，可通过照相显示测量结果. 现分别使用玻璃底版与软质底版多次测量某种合金的膨胀系数，获得下面的分布列：

用玻璃底版测量值 ξ 的分布列为

ξ	2.8	2.9	3.0	3.1	3.2
P	0.10	0.15	0.50	0.15	0.10

；

用软质底版测量值 η 的分布列为

η	2.8	2.9	3.0	3.1	3.2
P	0.13	0.17	0.40	0.17	0.13

试比较两种测量方法，哪一种精度较高？

第四章　多维随机变量

在许多随机现象中往往涉及多个随机变量的情况. 例如，打靶时，观察弹着点的平面位置就必须观察由两个随机变量——弹着点的横坐标 ξ 和纵坐标 η——所构成的整体 (ξ,η). 又如，考察质点（如细菌、分子、飞机……）在空间的瞬时位置，也必须考察由三个随机变量 ξ,η,ζ 构成的整体 (ξ,η,ζ). 本章讨论有序的多个随机变量的整体，即**多维随机变量**，由于 3 维及 3 维以上随机变量的性质类似于二维随机变量，故主要讨论二维随机变量.

第一节　二维随机变量及其分布

一、二维随机变量的联合分布

定义 1　由两个随机变量 ξ,η 构成的一个有序数组 (ξ,η) 称为**二维随机变量**，或**二维随机向量**或**二维随机点**. 相应地，ξ（或 η）称为**一维随机变量**.

例如，上面介绍的弹着点平面位置 (ξ,η) 是一个二维随机变量. 再如，某地抽查儿童发育情况，由身高 ξ 和体重 η 构成的有序数组 (ξ,η) 也是一个二维随机变量.

对于平面上任一集合 $D\subset\mathbb{R}^2$，易知 $\{(\xi,\eta)\in D\}$ 代表一个随机事件，这个事件是使得点 $(\xi(e),\eta(e))\in D$ 的所有基本事件 $e\in U$ 组成的事件 $A\subset U$，即 $\{(\xi,\eta)\in D\}=A$. 我们称这个事件 $\{(\xi,\eta)\in D\}$ 的概率 $P\{(\xi,\eta)\in D\}$ 为二维随机变量 (ξ,η) 的**联合分布**，它代表了 (ξ,η) 的概率分布规律.

特别地，对于任意给定的实数 x,y，$\{\xi<x,\eta<y\}$ 是一个随机事件，于是有

定义 2　设 (ξ,η) 为二维随机变量，对于任意两个实数 $x,y\ (-\infty<x,y<+\infty)$，二元函数

$$F(x,y)=P\{\xi<x,\eta<y\}$$

称为 (ξ,η) 的**联合分布函数**.

如果将 (ξ,η) 看做二维平面中的一个随机点，则联合分布函数 $F(x,y)$ 表示 (ξ,η) 落在平面上以 (x,y) 为右上顶点的无穷矩形域 D 内的概率，其中

$$D=(-\infty,x)\times(-\infty,y).$$

如图 4-1 所示.

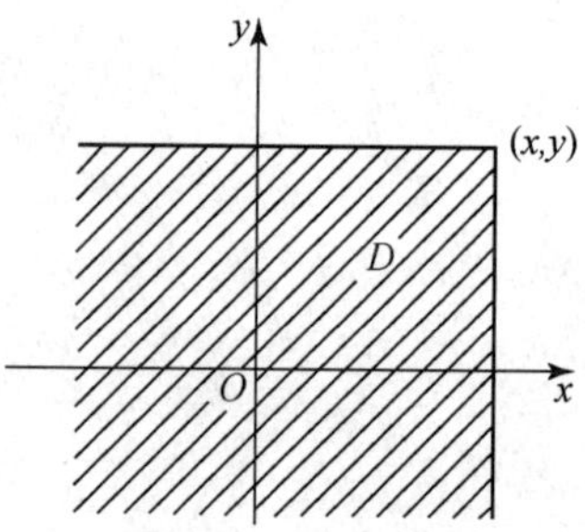

图　4-1

容易验证联合分布函数 $F(x,y)$ 有下列性质：

(1) $F(x,y)$ 关于 x 及 y 单调非减.

(2) $0\leqslant F(x,y)\leqslant 1$ 且

$$F(-\infty, y) = \lim_{x \to -\infty} F(x,y) = 0\ (y\text{ 任意固定}),$$

$$F(x, -\infty) = \lim_{y \to -\infty} F(x,y) = 0\ (x\text{ 任意固定}),$$

$$F(-\infty, -\infty) = \lim_{\substack{x \to -\infty \\ y \to -\infty}} F(x,y) = 0,$$

$$F(+\infty, +\infty) = \lim_{\substack{x \to +\infty \\ y \to +\infty}} F(x,y) = 1.$$

(3) $F(x,y)$关于 x 及 y 左连续，即

$$F(x,y)=F(x-0,y),\quad F(x,y)=F(x,y-0).$$

二、二维离散型随机变量

与一维随机变量的情形类似，对于二维随机变量，我们也只讨论离散型和连续型两大类.

定义 3　若二维随机变量(ξ,η)只取有限个或可数无穷多个数组$(a_i,b_j)(i,j=1,2,\cdots)$，则称$(\xi,\eta)$为**二维离散型随机变量**，$(\xi,\eta)$的分布称为**二维离散型分布**.

从定义易知，如果(ξ,η)是二维离散型随机变量，则 ξ,η 都是一维离散型的随机变量，反之也成立.

定义 4　若二维随机变量(ξ,η)的所有可能值为$(a_i,b_j)(i,j=1,2,3,\cdots)$，其中 $a_1<a_2<\cdots$，$b_1<b_2<\cdots$，则称

$$P\{\xi = a_i, \eta = b_j\} = P\{(\xi,\eta) = (a_i,b_j)\} = p_{ij}\quad (i,j = 1,2,\cdots) \tag{1}$$

或

ξ \\ η	b_1	b_2	$\cdots$	b_j	$\cdots$
a_1	p_{11}	p_{12}	$\cdots$	p_{1j}	$\cdots$
a_2	p_{21}	p_{22}	$\cdots$	p_{2j}	$\cdots$
$\vdots$	$\vdots$	$\vdots$		$\vdots$	$\cdots$
a_i	p_{i1}	p_{i2}	$\cdots$	p_{ij}	$\cdots$
$\vdots$	$\vdots$	$\vdots$		$\vdots$	

(2)

为(ξ,η)的**联合分布列**(或**联合分布密度**). 由概率的定义知，这里的 p_{ij} 满足性质：

(1) $p_{ij} \geqslant 0(i,j = 1,2,\cdots)$ (非负性)；

(2) $\sum\limits_{i,j} p_{ij} = 1$ (归一性).

由二维随机变量的联合分布函数的定义和(1)式知，二维离散型随机变量(ξ,η)的联合分布函数具有形式

$$F(x,y)=P\{\xi<x,\eta<y\}=\sum_{\substack{a_i<x\\ b_j<y}}p_{ij},$$

其中和式是对一切满足不等式 $a_i<x,b_j<y$ 所对应的 p_{ij} 求和,且假定

$$a_1<a_2<\cdots,\ b_1<b_2<\cdots.$$

例 1 设一口袋内装有 2 只红球,3 只白球,现进行有放回抽样,每次抽一只,并用 ξ 表示第一次取得红球的个数,用 η 表示第二次取得红球的个数,求 (ξ,η) 的联合分布列.

解 根据题意,ξ,η 可分别表成

$$\xi=\begin{cases}1, & \text{第一次取得红球},\\ 0, & \text{第一次取得白球},\end{cases}\quad \eta=\begin{cases}1, & \text{第二次取得红球},\\ 0, & \text{第二次取得白球},\end{cases}$$

即 ξ,η 的可能取值都是 0,1. 下面求

$$p_{ij}=P\{\xi=i,\eta=j\}\quad (i,j=0,1).$$

先求 $p_{00}=P\{\xi=0,\eta=0\}=P\{$第一次取得白球且第二次也取得白球$\}$. 由于

$$P\{\xi=0\}=P\{\text{第一次取得白球}\}=\frac{3}{5},$$

$$P\{\eta=0\}=P\{\text{第二次取得白球}\}=\frac{3}{5},$$

且采用有放回抽样,所以事件 $\{\xi=0\}$ 和 $\{\eta=0\}$ 相互独立. 于是由独立事件的乘法公式便得

$$p_{00}=P\{\xi=0,\eta=0\}=P\{\xi=0\}\cdot P\{\eta=0\}=\frac{9}{25}.$$

同理可得

$$p_{01}=P\{\xi=0,\eta=1\}=\frac{3}{5}\cdot\frac{2}{5}=\frac{6}{25},$$

$$p_{10}=P\{\xi=1,\eta=0\}=\frac{2}{5}\cdot\frac{3}{5}=\frac{6}{25},$$

$$p_{11}=P\{\xi=1,\eta=1\}=\frac{2}{5}\cdot\frac{2}{5}=\frac{4}{25}.$$

于是 (ξ,η) 的联合分布列为

ξ \ η	0	1
0	$\frac{9}{25}$	$\frac{6}{25}$
1	$\frac{6}{25}$	$\frac{4}{25}$

.

例 2 将例 1 中的"有放回抽样"改为"无放回抽样",其他不变,求 (ξ,η) 的联合分布列.

解　只要注意到无放回抽样时,第一次抽取结果与第二次抽取结果并不相互独立,应用事件概率的一般乘法公式,得(ξ,η)的联合分布列为

$\xi \backslash \eta$	0	1
0	$\frac{3}{5}\times\frac{2}{4}$	$\frac{3}{5}\times\frac{2}{4}$
1	$\frac{2}{5}\times\frac{3}{4}$	$\frac{2}{5}\times\frac{1}{4}$

，　即

$\xi \backslash \eta$	0	1
0	$\frac{3}{10}$	$\frac{3}{10}$
1	$\frac{3}{10}$	$\frac{1}{10}$

.

三、二维连续型随机变量

与一维连续型随机变量类似,可以得到二维连续型随机变量的定义如下:

定义 5　设$F(x,y)$为二维随机变量(ξ,η)的联合分布函数,如果存在着在整个Oxy平面上的非负函数$\varphi(x,y)$,使得对于任意实数x,y,有

$$F(x,y)=\iint_D\varphi(u,\ v)\mathrm{d}u\mathrm{d}v=\int_{-\infty}^{x}\int_{-\infty}^{y}\varphi(u,\ v)\mathrm{d}u\mathrm{d}v,$$

其中D为Oxy平面上以(x,y)为右上顶点的无穷矩形域,则称(ξ,η)为**二维连续型随机变量**,又称$\varphi(x,y)$为(ξ,η)的**联合分布密度**(**或联合概率密度**).

根据定义,容易验证联合分布密度具有下列性质.

设(ξ,η)是二维连续型随机变量,$\varphi(x,y)$,$F(x,y)$分别是它的联合分布密度和联合分布函数,则

(1) $\varphi(x,y)\geqslant 0$ (非负性).

(2) $\iint_{\mathbb{R}^2}\varphi(x,y)\mathrm{d}x\mathrm{d}y=1$ (归一性).

反之,若二元函数$\varphi(x,y)$至多在Oxy平面上的有限条曲线上不连续且满足性质(1)、(2),则$\varphi(x,y)$必是某二维连续型随机变量$(\xi,\ \eta)$的联合分布密度.

(3) 对于Oxy平面上的任一区域D,(ξ,η)落在D内的概率为

$$P\{(\xi,\eta)\in D\}=\iint_D\varphi(x,y)\mathrm{d}x\mathrm{d}y,$$

即以D为底,$z=\varphi(x,y)$为顶的曲顶柱体体积.

(4) $F(x,y)$是(x,y)的连续函数,且在$\frac{\partial^2 F}{\partial x\partial y}$的连续点处成立

$$\varphi(x,y)=\frac{\partial^2 F}{\partial x\partial y}.$$

例 3 设二维连续型随机变量(ξ,η)的联合分布密度为

$$\varphi(x,y)=\begin{cases} e^{-(x+y)}, & x\geqslant 0,\ y\geqslant 0, \\ 0, & \text{其他}. \end{cases}$$

求(ξ,η)落在如图 4-2 所示的三角形区域 D 内的概率.

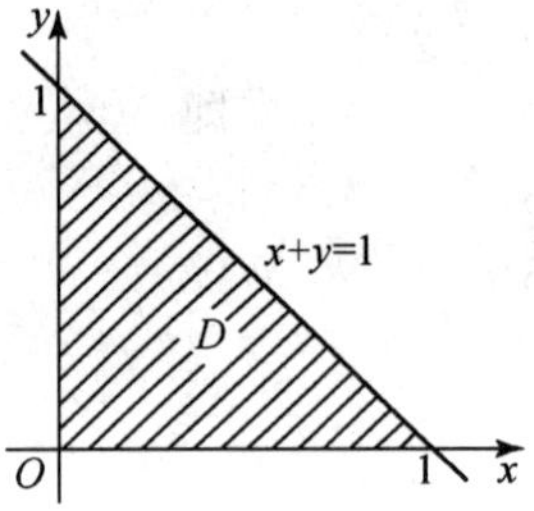

图 4-2

解 由联合分布函数的性质(3),得

$$P\{(\xi,\eta)\in D\}=\iint_D \varphi(x,y)\mathrm{d}x\mathrm{d}y=\int_0^1\mathrm{d}x\int_0^{1-x}e^{-(x+y)}\mathrm{d}y=1-\frac{2}{e}.$$

例 4 设二维连续型随机变量(ξ,η)的联合分布密度为

$$\varphi(x,y)=\begin{cases} c(6-x-y), & 0<x<2,\ 2<y<4, \\ 0, & \text{其他}. \end{cases}$$

求:(1) 常数 c 的值;(2) $P\{(\xi,\eta)\in D\}$,其中 D 为 Oxy 平面内由 $x<1$ 和 $y<3$ 所确定的区域.

解 令 $G=\{(x,y)\,|\,0<x<2,2<y<4\}$,由联合分布密度的性质(2)并如图 4-3 所示,得

$$\begin{aligned}(1)\ 1&=\iint_{\mathbb{R}^2}\varphi(x,y)\mathrm{d}x\mathrm{d}y=\iint_G c(6-x-y)\mathrm{d}x\mathrm{d}y\\ &=c\left(\iint_G 6\mathrm{d}x\mathrm{d}y-\iint_G x\mathrm{d}x\mathrm{d}y-\iint_G y\mathrm{d}x\mathrm{d}y\right)\\ &=c\left(6\times 4-\int_2^4\mathrm{d}y\int_0^2 x\mathrm{d}x-\int_0^2\mathrm{d}x\int_2^4 y\mathrm{d}y\right)\\ &=c\left(24-x^2\big|_0^2-y^2\big|_2^4\right)=8c.\end{aligned}$$

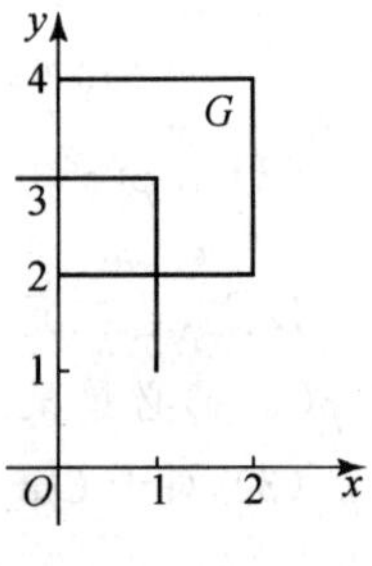

图 4-3

所以 $c=\dfrac{1}{8}$,即

$$\varphi(x,y)=\begin{cases} \dfrac{1}{8}(6-x-y), & 0<x<2,\ 2<y<4, \\ 0, & \text{其他}. \end{cases}$$

$$(2)\ P\{(\xi,\eta)\in D\}=\iint_D\varphi(x,y)\mathrm{d}x\mathrm{d}y=\iint_{D\cap G}\frac{1}{8}(6-x-y)\mathrm{d}x\mathrm{d}y$$

$$= \frac{1}{8}\int_0^1 dx\int_2^3 (6-x-y)dy = \frac{3}{8}.$$

例 5 设二维连续型随机变量(ξ,η)的联合分布函数为

$$F(x,y) = c\left(\arctan x + \frac{\pi}{2}\right)\left(\arctan y + \frac{\pi}{2}\right), \quad -\infty < x < +\infty, -\infty < y < +\infty.$$

求：(1) 常数 c 的值；(2) (ξ,η)的联合分布密度 $\varphi(x,y)$.

解 (1) 由联合分布函数的性质(2),知

$$1 = F(+\infty,+\infty) = \lim_{\substack{x\to+\infty\\ y\to+\infty}} F(x,y)$$

$$= c\lim_{\substack{x\to+\infty\\ y\to+\infty}}\left(\arctan x + \frac{\pi}{2}\right)\left(\arctan y + \frac{\pi}{2}\right)$$

$$= c\left(\frac{\pi}{2}+\frac{\pi}{2}\right)\left(\frac{\pi}{2}+\frac{\pi}{2}\right) = c\pi^2.$$

所以 $c=\frac{1}{\pi^2}$,即

$$F(x,y) = \frac{1}{\pi^2}\left(\arctan x + \frac{\pi}{2}\right)\left(\arctan + \frac{\pi}{2}\right), \quad -\infty < x < +\infty, -\infty < y < +\infty.$$

(2) 因为

$$\frac{\partial^2 F}{\partial x\partial y} = \frac{\partial^2}{\partial x\partial y}\left[\frac{1}{\pi^2}\left(\arctan x + \frac{\pi}{2}\right)\left(\arctan y + \frac{\pi}{2}\right)\right]$$

$$= \frac{1}{\pi^2(1+x^2)(1+y^2)}, \quad -\infty < x < +\infty, -\infty < y < +\infty$$

在 Oxy 平面上连续,所以由连续型随机变量的联合分布密度的性质(4),得(ξ,η)的联合分布密度为

$$\varphi(x,y) = \frac{\partial^2 F}{\partial x\partial y} = \frac{1}{\pi^2(1+x^2)(1+y^2)}, \quad -\infty < x < +\infty, -\infty < y < +\infty.$$

习 题 4-1

1. 同时投掷甲、乙两枚可辨的骰子,用 ξ 记甲出现的点数,η 记乙出现的点数,写出二维随机变量(ξ,η)的联合分布密度.

2. 在一只箱子里,装有 12 件产品,其中 2 件是次品,现从中任意抽取两次,每次抽取一件,用 ξ,η 分别表示第一次与第二次取得的次品数,试分别就:

(1) 有放回抽样；　　(2) 无放回抽样

写出二维随机变量(ξ,η)的联合分布密度.

3. 设二维连续型随机变量(ξ,η)的联合分布密度为

$$\varphi(x,y)=\begin{cases}A\mathrm{e}^{-(2x+y)}, & x>0,y>0,\\ 0, & \text{其他}.\end{cases}$$

(1) 求常数 A 的值;

(2) 求 $P\{\xi<2,\eta<1\}$.

4. 设二维连续型随机变量 (ξ,η) 的联合分布密度为

$$\varphi(x,y)=\begin{cases}c(R-\sqrt{x^2+y^2}), & x^2+y^2\leqslant R^2,\\ 0, & \text{其他}.\end{cases}$$

(1) 求常数 c 的值;

(2) 求 (ξ,η) 落在区域 $D=\{(x,y)\mid x^2+y^2\leqslant r^2,r<R\}$ 上的概率.

第二节　边缘分布

对于二维随机变量 (ξ,η),在第一节我们整体地研究了 (ξ,η) 的分布性质——联合分布密度和联合分布函数.本节将对其中的任何一个分量 ξ 或 η 进行个别研究,找出 (ξ,η) 与 ξ,η 的分布关系,以及 ξ 与 η 的相互关系.

一、边缘分布的概念及求法

设二维随机变量 (ξ,η) 的联合分布函数为 $F(x,y)$,即

$$F(x,y)=P\{\xi<x,\eta<y\}.$$

由于其中任一分量 ξ 或 η 都是一维随机变量,而且事件

$$\{\xi<x\}=\{\xi<x,\eta<+\infty\}.$$

所以,ξ 的分布函数为

$$\begin{aligned}F_\xi(x)&=P\{\xi<x\}=P\{\xi<x,\eta<+\infty\}\\&=\lim_{y\to+\infty}P\{\xi<x,\eta<y\}=\lim_{y\to+\infty}F(x,y)\\&=F(x,+\infty).\end{aligned}\tag{1}$$

同理,η 的分布函数为

$$\begin{aligned}F_\eta(y)&=P\{\eta<y\}=P\{\xi<+\infty,\eta<y\}\\&=\lim_{x\to+\infty}P\{\xi<x,\eta<y\}=\lim_{x\to+\infty}F(x,y)\\&=F(+\infty,y).\end{aligned}\tag{2}$$

于是有如下定义.

定义　设 (ξ,η) 是二维随机变量,则称 ξ 的分布为 (ξ,η) **关于 ξ 的边缘分布**;称 η 的分布为 (ξ,η) **关于 η 的边缘分布**.又称 ξ 的分布函数 $F_\xi(x)$ 为 (ξ,η) **关于 ξ 的边缘分布函数**,称 η 的分布

函数 $F_\eta(y)$ 为 (ξ,η) **关于 η 的边缘分布函数.**

(ξ,η) 的两个边缘分布函数 $F_\xi(x)$ 和 $F_\eta(y)$ 与联合分布函数 $F(x,y)$ 的关系由(1)、(2)式确定. 它们分别表示 (ξ,η) 落在如图 4-4 和图 4-5 所示的 D_1 和 D_2 中的概率.

1. 二维离散型随机变量的边缘分布

对于二维离散型随机变量 (ξ,η)，如果已知其联合分布，便可求出其关于 ξ 或关于 η 的边缘分布.

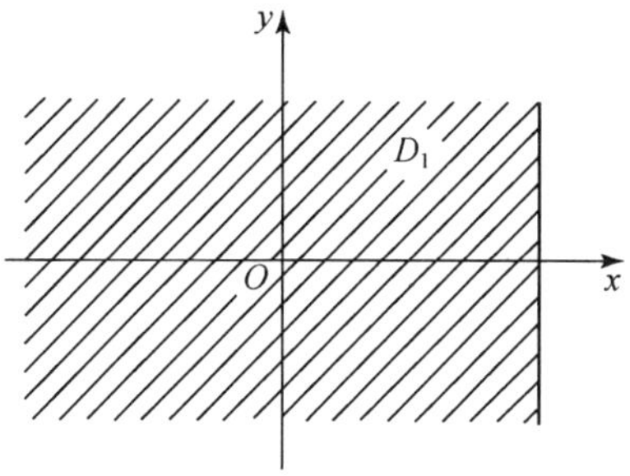

图　4-4

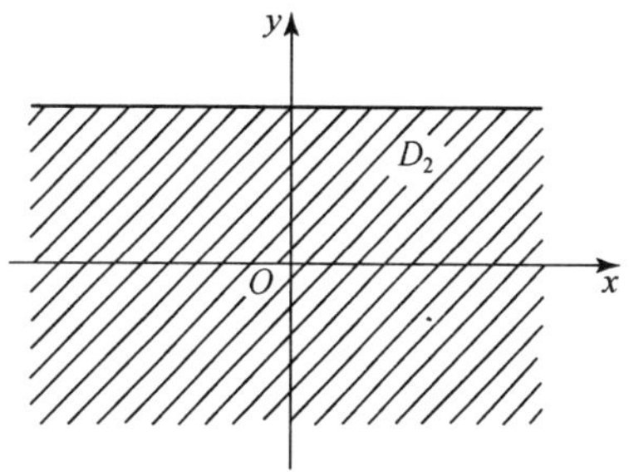

图　4-5

设 (ξ,η) 的联合分布列为

$$P\{\xi=a_i,\eta=b_j\}=p_{ij}\quad(i,j=1,2,\cdots),$$

则因事件 $\{\xi=a_i\}$ 可以看做两两互斥事件组 $\{\xi=a_i,\eta=b_j\}(j=1,2,\cdots)$ 的和，所以由概率加法公式，得

$$P\{\xi=a_i\}=\sum_j P\{\xi=a_i,\eta=b_j\}=\sum_j p_{ij}.$$

于是，得到 (ξ,η) 关于 ξ 的边缘分布列为

$$P\{\xi=a_i\}=\sum_j p_{ij}=p_{i\cdot}\quad(i=1,2,\cdots).\tag{3}$$

这里，把 $\sum_j p_{ij}$ 记为 $p_{i\cdot}(i=1,2,\cdots)$.

同理可得 (ξ,η) 关于 η 的边缘分布列为

$$P\{\eta=b_j\}=\sum_i p_{ij}=p_{\cdot j}\quad(j=1,2,\cdots).\tag{4}$$

这里，把 $\sum_i p_{ij}$ 记为 $p_{\cdot j}(j=1,2,\cdots)$.

如果 (ξ,η) 的联合分布列是用表格表示的(见上节(2)式)，那么边缘分布是直观的. 实际上，(3)式右端是把 a_i 所在行的 p_{ij} 相加起来的，为使用方便，可将结果 $p_{i\cdot}$ 记在该行最右边($i=1,2,\cdots$). 同样，(4)式右端是把 b_j 所在列的 p_{ij} 相加起来的，为方便也将结果 $p_{\cdot j}$ 记入该列最下方($j=1,2,\cdots$). 这样，(ξ,η) 的联合分布列与边缘分布列的关系便可一目了然，如表 4-1 所示.

表 4-1

$\xi \backslash \eta$	b_1	b_2	$\cdots$	b_j	$\cdots$	$P\{\xi=a_i\}=p_{i\cdot}$
a_1	p_{11}	p_{12}	$\cdots$	p_{1j}	$\cdots$	$p_{1\cdot}$
a_2	p_{21}	p_{22}	$\cdots$	p_{2j}	$\cdots$	$p_{2\cdot}$
$\vdots$	$\vdots$	$\vdots$		$\vdots$		$\vdots$
a_i	p_{i1}	p_{i2}	$\cdots$	p_{ij}	$\cdots$	$p_{i\cdot}$
$\vdots$	$\vdots$	$\vdots$		$\vdots$		$\vdots$
$P\{\eta=b_j\}=p_{\cdot j}$	$p_{\cdot 1}$	$p_{\cdot 2}$	$\cdots$	$p_{\cdot j}$	$\cdots$	

如果将边缘分布列从表 4-1 中单独写出来就是

$$\begin{array}{c|ccccc} \xi & a_1 & a_2 & \cdots & a_i & \cdots \\ \hline P & p_{1\cdot} & p_{2\cdot} & \cdots & p_{i\cdot} & \cdots \end{array}, \tag{5}$$

$$\begin{array}{c|ccccc} \eta & b_1 & b_2 & \cdots & b_j & \cdots \\ \hline P & p_{\cdot 1} & p_{\cdot 2} & \cdots & p_{\cdot j} & \cdots \end{array}. \tag{6}$$

由此可知，(ξ,η)的两个边缘分布可由其联合分布唯一确定.

例 1 设二维离散型随机变量(ξ,η)的联合分布列为

$\xi \backslash \eta$	1	2	3	4
1	$\frac{1}{4}$	0	0	0
2	$\frac{1}{8}$	$\frac{1}{8}$	0	0
3	$\frac{1}{12}$	$\frac{1}{12}$	$\frac{1}{12}$	0
4	$\frac{1}{16}$	$\frac{1}{16}$	$\frac{1}{16}$	$\frac{1}{16}$

,

试求(ξ,η)分别关于ξ和η的边缘分布列.

解 把上表中每一行的 4 个数相加记在该行最右边，再把每一列的 4 个数相加记在该列最下边，就得到(ξ,η)关于ξ,η的边缘分布列，即

ξ \ η	1	2	3	4	$P\{\xi=a_i\}=p_{i\cdot}$
1	$\frac{1}{4}$	0	0	0	$\frac{1}{4}$
2	$\frac{1}{8}$	$\frac{1}{8}$	0	0	$\frac{1}{4}$
3	$\frac{1}{12}$	$\frac{1}{12}$	$\frac{1}{12}$	0	$\frac{1}{4}$
4	$\frac{1}{16}$	$\frac{1}{16}$	$\frac{1}{16}$	$\frac{1}{16}$	$\frac{1}{4}$
$P\{\eta=b_j\}=p_{\cdot j}$	$\frac{25}{48}$	$\frac{13}{48}$	$\frac{7}{48}$	$\frac{3}{48}$	

或者单独列出如下：

ξ	1	2	3	4
P	$\frac{1}{4}$	$\frac{1}{4}$	$\frac{1}{4}$	$\frac{1}{4}$

，

η	1	2	3	4
P	$\frac{25}{48}$	$\frac{13}{48}$	$\frac{7}{48}$	$\frac{3}{48}$

.

2. 二维连续型随机变量的边缘分布

设(ξ,η)是二维连续型随机变量，其联合分布密度为$\varphi(x,y)$，联合分布函数为$F(x,y)$；又设(ξ,η)关于ξ和η的边缘分布函数分别为$F_\xi(x)$和$F_\eta(y)$，又因事件$\{\eta<+\infty\}$是一必然事件，所以事件

$$\{\xi<x\}=\{\xi<x,\eta<+\infty\},$$

于是

$$F_\xi(x)=P\{\xi<x\}=P\{\xi<x,\eta<+\infty\}=\int_{-\infty}^{x}\left[\int_{-\infty}^{+\infty}\varphi(x,y)\mathrm{d}y\right]\mathrm{d}x.$$

从而，(ξ,η)**关于**ξ**的边缘分布密度为**

$$\varphi_\xi(x)=\frac{\mathrm{d}F_\xi(x)}{\mathrm{d}x}=\int_{-\infty}^{+\infty}\varphi(x,y)\mathrm{d}y. \tag{7}$$

同理，可得(ξ,η)**关于**η**的边缘分布密度为**

$$\varphi_\eta(y)=\int_{-\infty}^{+\infty}\varphi(x,y)\mathrm{d}x. \tag{8}$$

例 2 设二维连续型随机变量(ξ,η)的联合分布密度为

$$\varphi(x,y)=\begin{cases}\mathrm{e}^{-(x+y)}, & x\geqslant 0,\ y\geqslant 0,\\ 0, & \text{其他}.\end{cases}$$

求(ξ,η)关于ξ和η的边缘分布密度$\varphi_\xi(x)$和$\varphi_\eta(y)$.

解 由公式(7),当$x\geqslant 0$时,

$$\varphi_\xi(x)=\int_{-\infty}^{+\infty}\varphi(x,y)\mathrm{d}y=\int_0^{+\infty}\mathrm{e}^{-(x+y)}\mathrm{d}y=\mathrm{e}^{-x}\int_0^{+\infty}\mathrm{e}^{-y}\mathrm{d}y=\mathrm{e}^{-x}.$$

当$x<0$时,因为$\varphi(x,y)=0$,所以

$$\varphi_\xi(x)=\int_{-\infty}^{+\infty}\varphi(x,y)\mathrm{d}y=0.$$

故

$$\varphi_\xi(x)=\begin{cases}\mathrm{e}^{-x}, & x\geqslant 0,\\ 0, & x<0.\end{cases}$$

同理,可得

$$\varphi_\eta(y)=\begin{cases}\mathrm{e}^{-y}, & y\geqslant 0,\\ 0, & y<0.\end{cases}$$

例 3 设二维连续型随机变量(ξ,η)的联合分布密度为

$$\varphi(x,y)=\begin{cases}\dfrac{1}{2}\sin(x+y), & 0\leqslant x\leqslant\dfrac{\pi}{2},0\leqslant y\leqslant\dfrac{\pi}{2},\\ 0, & \text{其他}.\end{cases}$$

求(ξ,η)关于ξ和η的边缘分布密度$\varphi_\xi(x)$和$\varphi_\eta(y)$.

解 由公式(7),当$0\leqslant x\leqslant\frac{\pi}{2}$时,

$$\varphi_\xi(x)=\int_{-\infty}^{+\infty}\varphi(x,y)\mathrm{d}y=\frac{1}{2}\int_0^{\frac{\pi}{2}}\sin(x+y)\mathrm{d}y=-\frac{1}{2}\cos(x+y)\Big|_0^{\frac{\pi}{2}}=\frac{1}{2}(\cos x+\sin x).$$

当$x<0$或$x>\frac{\pi}{2}$时,因$\varphi(x,y)\equiv 0$,所以

$$\varphi_\xi(x)=0.$$

故

$$\varphi_\xi(x)=\begin{cases}\dfrac{1}{2}(\cos x+\sin x), & 0\leqslant x\leqslant\dfrac{\pi}{2},\\ 0, & \text{其他}.\end{cases}$$

同理,可得关于η的边缘分布密度

$$\varphi_\eta(y)=\begin{cases}\dfrac{1}{2}(\cos y+\sin y), & 0\leqslant y\leqslant\dfrac{\pi}{2},\\ 0, & \text{其他}.\end{cases}$$

二、随机变量的相互独立性

随机变量的相互独立性可以通过随机事件的相互独立性来定义.

如果对于任意实数集 S_1, S_2 都有事件 $\{\xi\in S_1\}$ 和 $\{\eta\in S_2\}$ 相互独立,则称 ξ,η **相互独立**. 这个定义又等价于:

如果对于任意的实数 x,y,事件 $\{\xi<x\}$ 和事件 $\{\eta<y\}$ 相互独立,即

$$P\{\xi<x,\ \eta<y\}=P\{\xi<x\}\cdot P\{\eta<y\}, \tag{9}$$

则称随机变量 ξ 和 η **相互独立**.

于是,利用 (ξ,η) 的联合分布函数 $F(x,\ y)$ 和边缘分布函数 $F_\xi(x)$, $F_\eta(y)$,由(9)式得

定理　随机变量 ξ,η 相互独立的充分必要条件是

$$F(x,\ y)=F_\xi(x)\cdot F_\eta(y). \tag{10}$$

推论 1　当 (ξ,η) 为离散型时,ξ,η 相互独立的充分必要条件是

$$p_{ij}=p_{i\cdot}p_{\cdot j}\quad(i,\ j=1,\ 2,\ \cdots), \tag{11}$$

其中 $p_{ij}, p_{i\cdot}, p_{\cdot j}(i,\ j=1,\ 2,\ \cdots)$ 分别为 (ξ,η) 的联合分布列和关于 ξ,η 的边缘分布列.

推论 2　当 (ξ,η) 为连续型时,ξ,η 相互独立的充分必要条件是

$$\varphi(x,\ y)=\varphi_\xi(x)\cdot\varphi_\eta(y) \tag{12}$$

对一切实数 x,y 成立,其中 $\varphi(x,\ y)$, $\varphi_\xi(x)$, $\varphi_\eta(y)$ 分别为 (ξ,η) 的联合分布密度和边缘分布密度.

证　*必要性*　如果 ξ,η 相互独立,则对于任意实数 x,y,有

$$F(x,\ y)=F_\xi(x)F_\eta(y).$$

而

$$F(x,y)=\int_{-\infty}^{x}\mathrm{d}u\int_{-\infty}^{y}\varphi(u,v)\mathrm{d}v,$$

$$F_\xi(x)F_\eta(y)=\left(\int_{-\infty}^{x}\varphi_\xi(u)\mathrm{d}u\right)\left(\int_{-\infty}^{y}\varphi_\eta(v)\mathrm{d}v\right)=\int_{-\infty}^{x}\mathrm{d}u\int_{-\infty}^{y}\varphi_\xi(u)\varphi_\eta(v)\mathrm{d}v.$$

所以,得

$$\varphi(x,\ y)=\varphi_\xi(x)\varphi_\eta(y).$$

因此(12)式成立.

充分性　如果对于任意实数 x,y,(12)式成立,则

$$F(x,y)=\int_{-\infty}^{x}\mathrm{d}u\int_{-\infty}^{y}\varphi(u,v)\mathrm{d}v=\int_{-\infty}^{x}\mathrm{d}u\int_{-\infty}^{y}\varphi_\xi(u)\varphi_\eta(v)\mathrm{d}v=\int_{-\infty}^{x}\varphi_\xi(u)\mathrm{d}u\int_{-\infty}^{y}\varphi_\eta(v)\mathrm{d}v$$

$$=F_\xi(x)F_\eta(y).$$

由(10)式知,ξ,η 相互独立. **证毕**

例 4 设二维离散型随机变量(ξ,η)的联合分布列为

ξ \ η	0	1
0	$\frac{9}{25}$	$\frac{6}{25}$
1	$\frac{6}{25}$	$\frac{4}{25}$

.

验证 ξ,η 相互独立.

证 先在(ξ,η)的联合分布列的表格上求出两个边缘分布

ξ \ η	0	1	$P\{\xi=a_i\}=p_{i\cdot}$
0	$\frac{9}{25}$	$\frac{6}{25}$	$\frac{3}{5}$
1	$\frac{6}{25}$	$\frac{4}{25}$	$\frac{2}{5}$
$P\{\eta=b_j\}=p_{\cdot j}$	$\frac{3}{5}$	$\frac{2}{5}$	

.

则易知有 $p_{ij}=p_{i\cdot}\,p_{\cdot j}(i,\ j=1,\ 2,\ \cdots)$. 因此,由推论 1 知,$\xi,\eta$ 相互独立.

例 5 设 ξ,η 相互独立且分别具有下列给定的分布列:

ξ	-2	-1	0	1/2
P	$\frac{1}{4}$	$\frac{1}{3}$	$\frac{1}{12}$	$\frac{1}{3}$

,

η	$-1/2$	1	3
P	$\frac{1}{2}$	$\frac{1}{4}$	$\frac{1}{4}$

.

试写出(ξ,η)的联合分布列.

解 因为 ξ,η 相互独立,所以由推论 1 知

$$p_{ij}=p_{i\cdot}\,p_{\cdot j},$$

其中 $i=1,2,3,4;j=1,2,3$. 且 $a_1=-2,a_2=-1,a_3=0,a_4=\frac{1}{2},b_1=-\frac{1}{2},b_2=1,b_3=3$,用表格写出如下:

$\xi \backslash \eta$	$-\frac{1}{2}$	1	3	$P\{\xi=a_i\}=p_{i\cdot}$
-2	$\frac{1}{8}$	$\frac{1}{16}$	$\frac{1}{16}$	$\frac{1}{4}$
-1	$\frac{1}{6}$	$\frac{1}{12}$	$\frac{1}{12}$	$\frac{1}{3}$
0	$\frac{1}{24}$	$\frac{1}{48}$	$\frac{1}{48}$	$\frac{1}{12}$
$\frac{1}{2}$	$\frac{1}{6}$	$\frac{1}{12}$	$\frac{1}{12}$	$\frac{1}{3}$
$P\{\eta=b_j\}=p_{\cdot j}$	$\frac{1}{2}$	$\frac{1}{4}$	$\frac{1}{4}$	

.

例 6　试问例 2 中的 ξ,η 是否相互独立?

解　由例 2 给出的 (ξ,η) 的联合分布密度和边缘分布密度表达式知：
当 $x\geqslant 0, y\geqslant 0$ 时，有

$$\varphi_\xi(x)\varphi_\eta(y)=\mathrm{e}^{-x}\mathrm{e}^{-y}=\mathrm{e}^{-(x+y)}=\varphi(x,\ y);$$

当 x,y 为其他值时，都有

$$\varphi_\xi(x)\varphi_\eta(y)=0=\varphi(x,\ y).$$

故对任意的实数 x,y 都有

$$\varphi(x,\ y)=\varphi_\xi(x)\varphi_\eta(y).$$

于是 ξ 和 η 相互独立.

习　题　4-2

1. 同时投掷甲、乙两枚可辨的骰子，用 ξ 记甲出现的点数，η 记乙出现的点数，求二维随机变量 (ξ,η) 关于 ξ 及 η 的边缘分布列.

2. 在一只箱子里装有 12 件产品，其中 2 件是次品，现从中任意抽取两次，每次抽取一件，用 ξ,η 分别表示第一次与第二次取得的次品数，试分别就下列两种情况：

(1) 有放回抽样；　　　(2) 无放回抽样

求二维随机变量 (ξ,η) 关于 ξ 和关于 η 的边缘分布列.

3. 设二维随机变量 (ξ,η) 只能取下列数组：

$$(0,0),\ (-1,1),\ (-1,1/3),\ (2,0),$$

且取这些值的概率依次为 $\frac{1}{6},\frac{1}{3},\frac{1}{12}$ 和 $\frac{5}{12}$. 求 (ξ,η) 关于 ξ 和关于 η 的边缘分布列.

4. 设二维随机变量(ξ,η)的联合分布密度为

$$\varphi(x,y)=\begin{cases}\lambda, & x^2+y^2\leqslant r^2,\\ 0, & x^2+y^2>r^2,\end{cases}$$

其中$\lambda>0$为常数.试求

(1) λ的值；　　(2) (ξ,η)的关于ξ和η的两个边缘分布密度.

5. 设二维随机变量(ξ,η)的联合分布列为

ξ \ η	0	1	2
1	$\frac{2}{20}$	$\frac{1}{20}$	$\frac{2}{20}$
3	$\frac{2}{20}$	$\frac{1}{20}$	$\frac{2}{20}$
5	$\frac{4}{20}$	$\frac{2}{20}$	$\frac{4}{20}$

问ξ和η是否相互独立?

6. 设二维随机变量(ξ,η)的联合分布密度为

$$\varphi(x,y)=\frac{c}{(1+x^2)(1+y^2)}\quad(-\infty<x<+\infty,-\infty<y<+\infty),$$

(1) 求常数c的值；

(2) 求(ξ,η)关于ξ和关于η的边缘分布密度；

(3) 问ξ与η是否相互独立?

7. 第1题中的ξ,η是否相互独立? 第2题中的ξ,η是否相互独立? 为什么?

第三节　二维正态分布与二维随机变量函数的分布

一、二维正态分布

在实际应用中最常见、最重要的二维分布是二维正态分布.

定义　设二维连续型随机变量(ξ,η)的联合分布密度为

$$\varphi(x,y)=\frac{1}{2\pi\sigma_1\sigma_2\sqrt{1-\rho^2}}\exp\left\{\frac{-1}{2(1-\rho^2)}\left[\left(\frac{x-a_1}{\sigma_1}\right)^2-2\rho\left(\frac{x-a_1}{\sigma_1}\right)\left(\frac{y-a_2}{\sigma_2}\right)+\left(\frac{y-a_2}{\sigma_2}\right)^2\right]\right\}$$ [1]

[1] exp是exponential function(指数函数)的字头,如$\exp\{u\}=e^u$.

$$(-\infty<x<+\infty,\ -\infty<y<+\infty),\tag{1}$$

其中 $a_1,a_2,\sigma_1>0,\sigma_2>0,\rho(|\rho|<1)$ 都是常数，则称 (ξ,η) 为具有参数 $a_1,a_2,\sigma_1,\sigma_2$ 及 ρ 的**二维正态随机变量**，简称 (ξ,η) 服从**二维正态分布**，记为

$$(\xi,\eta)\sim N(a_1,a_2;\sigma_1^2,\sigma_2^2;\rho).$$

$\varphi(x,y)$ 称为**二维正态联合分布密度**.

特别地，当 $a_1=a_2=0,\sigma_1=\sigma_2=1$ 时，$N(0,0;1,1;\rho)$ 称为**二维标准正态分布**. 这时，其联合分布密度记为 $\varphi_{0,1}(x,y)$，即

$$\varphi_{0,1}(x,y)=\frac{1}{2\pi\sqrt{1-\rho^2}}\mathrm{e}^{-\frac{1}{2(1-\rho^2)}(x^2-2\rho xy+y^2)}\quad(-\infty<x<+\infty,\ -\infty<y<+\infty).\tag{2}$$

二维正态分布的联合分布密度的图形如图 4-6 所示.

实际问题中，许多二维随机变量服从二维正态分布. 例如，弹着点的平面位置坐标 (ξ,η)；某地区的年降水量和平均气温；森林中树木的胸径和树高；动物的体长和体重等都服从二维正态分布.

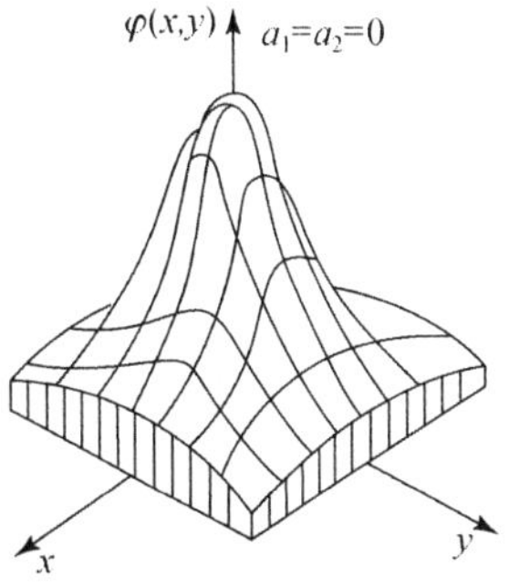

图　4-6

例 1　在炮击演习中，设某炮的弹着点平面坐标 (ξ,η) 服从 $\sigma_1=\sigma_2=\sigma,\rho=a_1=a_2=0$ 的二维正态分布，求击中目标的概率 $P\{(\xi,\eta)\in D\}$，其中 $D=\{(x,y)\,|\,x^2+y^2\leqslant(k\sigma)^2,k>0\}$.

解　这时，其联合分布密度为

$$\varphi(x,y)=\frac{1}{2\pi\sigma^2}\mathrm{e}^{-\frac{x^2+y^2}{2\sigma^2}}\quad(-\infty<x,y<+\infty).$$

所以

$$\begin{aligned}P\{(\xi,\eta)\in D\}&=\iint\limits_D\varphi(x,y)\mathrm{d}x\mathrm{d}y=\frac{1}{2\pi\sigma^2}\iint\limits_D\mathrm{e}^{-\frac{x^2+y^2}{2\sigma^2}}\mathrm{d}x\mathrm{d}y\\&\xlongequal[y=r\sin\theta]{x=r\cos\theta}\frac{1}{2\pi\sigma^2}\int_0^{2\pi}\mathrm{d}\theta\int_0^{k\sigma}r\mathrm{e}^{-\frac{r^2}{2\sigma^2}}\mathrm{d}r\\&=-\int_0^{k\sigma}\mathrm{e}^{-\frac{r^2}{2\sigma^2}}\mathrm{d}\left(-\frac{r^2}{2\sigma^2}\right)=-\mathrm{e}^{-\frac{r^2}{2\sigma^2}}\Big|_0^{k\sigma}=1-\mathrm{e}^{-\frac{k^2}{2}},\end{aligned}$$

即击中目标的概率为 $1-\mathrm{e}^{-\frac{k^2}{2}}$.

设二维连续型随机变量 $(\xi,\eta)\sim N(a_1,a_2;\sigma_1^2,\sigma_2^2;\rho)$，则可以分别求出 (ξ,η) 关于 ξ,η 的边缘分布密度为

$$\varphi_\xi(x)=\frac{1}{\sqrt{2\pi}\sigma_1}\mathrm{e}^{-\frac{(x-a_1)^2}{2\sigma_1^2}}\ (-\infty<x<+\infty),$$

$$\varphi_\eta(y)=\frac{1}{\sqrt{2\pi}\sigma_2}\mathrm{e}^{-\frac{(y-a_2)^2}{2\sigma_2^2}}\ (-\infty<y<+\infty).$$

由此可见，$\xi\sim N(a_1,\sigma_1^2)$，$\eta\sim N(a_2,\sigma_2^2)$，即二维正态分布的两个边缘分布都是一维正态分布，并

且都不依赖于参数 ρ. 也就是说，对于给定的 $a_1,a_2,\sigma_1,\sigma_2$，不同的 ρ 对应于不同的二维正态分布，但它们的边缘分布却都是一样的. 这表明，对于二维正态分布来说，由 ξ 和 η 的边缘分布一般不能确定二维正态随机变量 (ξ,η) 的联合分布. 但是，如果 ξ 和 η 相互独立时，情况就确定了，有如下结论.

定理 1 设 (ξ,η) 服从二维正态分布，则 ξ 和 η 相互独立的充分必要条件是 $\rho=0$.

证 设 (ξ,η) 的联合分布密度是

$$\varphi(x,y)=\frac{1}{2\pi\sigma_1\sigma_2\sqrt{1-\rho^2}}\exp\left\{\frac{-1}{2(1-\rho^2)}\left[\left(\frac{x-a_1}{\sigma_1}\right)^2-2\rho\left(\frac{x-a_1}{\sigma_1}\right)\left(\frac{y-a_2}{\sigma_2}\right)+\left(\frac{y-a_2}{\sigma_2}\right)^2\right]\right\}$$

其中 $a_1,a_2,\sigma_1>0,\sigma_2>0$ 及 $\rho(|\rho|<1)$ 是参数.

这时 ξ,η 的分布密度分别是

$$\varphi_\xi(x)=\frac{1}{\sqrt{2\pi}\sigma_1}e^{-\frac{(x-a_1)^2}{2\sigma_1^2}},\quad \varphi_\eta(y)=\frac{1}{\sqrt{2\pi}\sigma_2}e^{-\frac{(y-a_2)^2}{2\sigma_2^2}}.$$

当 $\rho=0$ 时，

$$\varphi(x,y)=\frac{1}{2\pi\sigma_1\sigma_2}e^{-\frac{1}{2}\left[\left(\frac{x-a_1}{\sigma_1}\right)^2+\left(\frac{y-a_1}{\sigma_2}\right)^2\right]}.$$

由此可见，当且仅当 $\rho=0$，有

$$\varphi(x,y)=\varphi_\xi(x)\cdot\varphi_\eta(y)$$

成立. 于是由第二节推论 2 知，当且仅当 $\rho=0$ 时，ξ 和 η 相互独立. **证毕**

二、二维随机变量函数的分布

在第二章第六节中已经讨论了一维随机变量的函数及其分布，本节将讨论二维随机变量的函数及其分布，且仅讨论几个简单函数的情形.

1. 一般法

设二维随机变量 (ξ,η) 的联合分布密度为 $\varphi(x,y)$，而 $\zeta=f(\xi,\eta)$ 是一维随机变量，求 ζ 的分布密度. 根据一维随机变量的分布函数和分布密度的关系，一般地，可以先求出 ζ 的分布函数 $F_\zeta(z)$，然后将 $F_\zeta(z)$ 对 z 求导数得分布密度 $\varphi_\zeta(z)=\dfrac{dF_\zeta(z)}{dz}$，即一般步骤为：

(1) 先求出 $\zeta=f(\xi,\eta)$ 的分布函数

$$F_\zeta(z)=P\{\zeta<z\}=P\{f(\xi,\eta)<z\}=P\{(\xi,\eta)\in D_z\}=\iint_{D_z}\varphi(x,y)\,dx\,dy, \tag{3}$$

其中 D_z 为 Oxy 平面内由不等式 $f(x,y)<z$ 所确定的区域.

(2) 将 $F_\zeta(z)$ 对 z 求导，得 ζ 的分布密度

$$\varphi_\zeta(z)=\frac{d}{dz}F_\zeta(z). \tag{4}$$

例 2　设二维连续型随机变量(ξ,η)的联合分布密度

$$\varphi(x,y)=\frac{1}{2\pi}e^{-\frac{1}{2}(x^2+y^2)},$$

求 $\zeta=\sqrt{\xi^2+\eta^2}$ 的分布密度.

解　因为 ζ 的分布函数

$$F_\zeta(z)=P\{\zeta<z\}=P\{\sqrt{\xi^2+\eta^2}<z\},$$

当 $z\leqslant 0$ 时，$\{\sqrt{\xi^2+\eta^2}<z\}=\varnothing$为不可能事件，所以

$$F_\zeta(z)=P\{\zeta<z\}=0;$$

当 $z>0$ 时，

$$F_\zeta(z)=P\{\sqrt{\xi^2+\eta^2}<z\}=P\{(\xi,\eta)\in D_z\}=\iint\limits_{D_z}\varphi(x,y)\mathrm{d}x\mathrm{d}y,$$

其中 $D_z=\{(x,y)\mid\sqrt{x^2+y^2}<z\}$，如图 4-7 所示，则

$$\iint\limits_{D_z}\varphi(x,y)\mathrm{d}x\mathrm{d}y=\frac{1}{2\pi}\int_0^{2\pi}\mathrm{d}\theta\int_0^z e^{-\frac{r^2}{2}}r\mathrm{d}r=1-e^{-\frac{z^2}{2}},$$

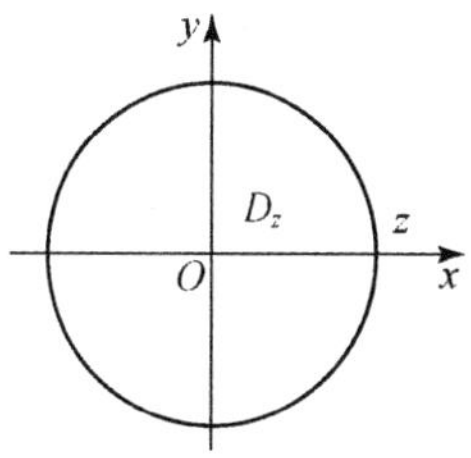

图　4-7

即

$$F_\zeta(z)=\begin{cases}0, & z\leqslant 0,\\ 1-e^{-\frac{z^2}{2}}, & z>0.\end{cases}$$

因此，ζ 的分布密度为

$$\varphi_\zeta(z)=\frac{\mathrm{d}F_\zeta(z)}{\mathrm{d}z}=\begin{cases}0, & z\leqslant 0,\\ ze^{-\frac{z^2}{2}}, & z>0.\end{cases}$$

2. 卷积公式

设二维随机变量(ξ,η)的联合分布密度为 $\varphi(x,y)$，则 $\zeta=\xi+\eta$ 的分布函数为

$$F_\zeta(z)=P\{\zeta<z\}=P\{\xi+\eta<z\}=P\{(\xi,\eta)\in D_z\}=\iint\limits_{D_z}\varphi(x,y)\mathrm{d}x\mathrm{d}y,$$

其中 $D_z=\{(x,y)\mid x+y<z\}$是 Oxy 平面上的一个区域，如图 4-8 中的阴影部分. 将这个二重积分化为累次积分，得

$$F_\zeta(z)=\int_{-\infty}^{+\infty}\mathrm{d}x\int_{-\infty}^{z-x}\varphi(x,y)\mathrm{d}y.$$

令 $t=x+y$，则

$$F_\zeta(z)=\int_{-\infty}^{+\infty}\left[\int_{-\infty}^{z}\varphi(x,t-x)\mathrm{d}t\right]\mathrm{d}x=\int_{-\infty}^{z}\left[\int_{-\infty}^{+\infty}\varphi(x,t-x)\mathrm{d}x\right]\mathrm{d}t.$$

于是，得 ζ 的分布密度

$$\varphi_\zeta(z)=\frac{\mathrm{d}}{\mathrm{d}z}F_\zeta(z)=\int_{-\infty}^{+\infty}\varphi(x,z-x)\mathrm{d}x. \tag{5}$$

由 ξ,η 的对称性,$\varphi_\zeta(z)$的表达式也可写成

$$\varphi_\zeta(z)=\int_{-\infty}^{+\infty}\varphi(z-y,y)\mathrm{d}y. \tag{6}$$

特别地,当 $\zeta=\xi+\eta$ 且 ξ,η 相互独立时,公式(5)、(6)可分别写成

$$\varphi_\zeta(z)=\int_{-\infty}^{+\infty}\varphi_\xi(x)\varphi_\eta(z-x)\mathrm{d}x, \tag{7}$$

$$\varphi_\zeta(z)=\int_{-\infty}^{+\infty}\varphi_\xi(z-y)\varphi_\eta(y)\mathrm{d}y. \tag{8}$$

公式(7)、(8)称为**卷积公式**.

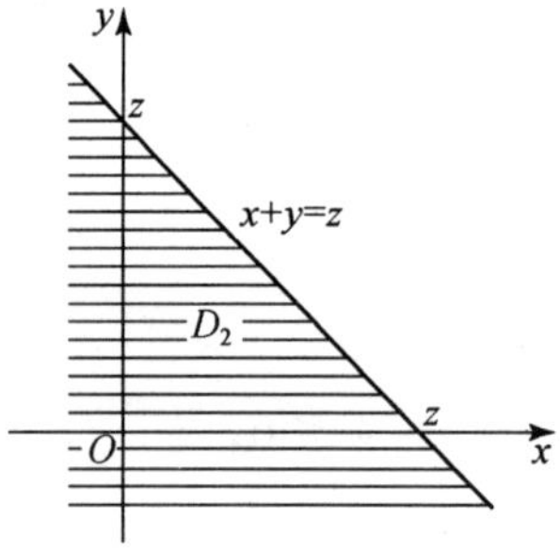

图 4-8

例 3 设随机变量 $\xi,\eta\sim N(a,\ \sigma^2)$且相互独立,求 $\zeta=\xi+\eta$ 的分布密度.

解 因为 $\xi,\eta\sim N(a,\ \sigma^2)$,所以

$$\varphi_\xi(x)=\frac{1}{\sqrt{2\pi}\sigma}\mathrm{e}^{-\frac{(x-a)^2}{2\sigma^2}},\quad \varphi_\eta(y)=\frac{1}{\sqrt{2\pi}\sigma}\mathrm{e}^{-\frac{(y-a)^2}{2\sigma^2}}.$$

又因为 ξ,η 相互独立,所以二维随机变量(ξ,η)的联合分布密度为

$$\varphi(x,y)=\varphi_\xi(x)\varphi_\eta(y)=\frac{1}{\sqrt{2\pi}\sigma}\mathrm{e}^{-\frac{(x-a)^2}{2\sigma^2}}\cdot\frac{1}{\sqrt{2\pi}\sigma}\mathrm{e}^{-\frac{(y-a)^2}{2\sigma^2}}=\frac{1}{2\pi\sigma^2}\mathrm{e}^{-\frac{1}{2\sigma^2}[(x-a)^2+(y-a)^2]}.$$

于是,由公式(7)知,$\zeta=\xi+\eta$ 的分布密度为

$$\varphi_\zeta(z)=\int_{-\infty}^{+\infty}\frac{1}{2\pi\sigma^2}\mathrm{e}^{-\frac{1}{2\sigma^2}[(x-a)^2+(z-x-a)^2]}\mathrm{d}x.$$

令 $t=x-a$,则

$$\varphi_\zeta(z)=\int_{-\infty}^{+\infty}\frac{1}{2\pi\sigma^2}\mathrm{e}^{-\frac{1}{2\sigma^2}[t^2+(z-2a-t)^2]}\mathrm{d}t=\int_{-\infty}^{+\infty}\frac{1}{2\pi\sigma^2}\mathrm{e}^{-\frac{1}{2\sigma^2}[2t^2-2(z-2a)t+(z-2a)^2]}\mathrm{d}t$$

$$=\int_{-\infty}^{+\infty}\frac{1}{\sqrt{2\pi}(\sigma/\sqrt{2})}\mathrm{e}^{-\frac{1}{2\sigma^2}2\left(t-\frac{z-2a}{2}\right)^2}\cdot\frac{1}{\sqrt{2\pi}\sqrt{2}\sigma}\mathrm{e}^{-\frac{(z-2a)^2}{4\sigma^2}}\mathrm{d}t$$

$$= \frac{1}{\sqrt{2\pi}\sqrt{2}\sigma} e^{-\frac{(z-2a)^2}{2(\sqrt{2}\sigma)^2}} \int_{-\infty}^{+\infty} \frac{1}{\sqrt{2\pi}(\sigma/\sqrt{2})} e^{-\frac{[t-(z-\sqrt{2}a)/2]^2}{2(\sigma/\sqrt{2})^2}} dt$$

$$= \frac{1}{\sqrt{2\pi}(\sqrt{2}\sigma)} e^{-\frac{(z-2a)^2}{2(\sqrt{2}\sigma)^2}}.$$

这表明，$\zeta=\xi+\eta\sim N(2a,2\sigma^2)$.

从此例可看出，相互独立且服从正态分布的两个随机变量的和也服从正态分布．这个结论可以推广到 n 个相互独立的随机变量的情形，即如果 n 个随机变量 $\xi_1,\xi_2,\cdots,\xi_n$ 相互独立，且都服从相同参数的正态分布 $N(a,\sigma^2)$，则它们的和

$$\xi_1+\xi_2+\cdots+\xi_n \sim N(na, n\sigma^2).$$

这里，n 个随机变量相互独立的概念与两个的类似，故其定义从略．不难得到以下两个定理．

定理 2 若 n 个随机变量 $\xi_1,\xi_2,\cdots,\xi_n$ 相互独立，且 $\xi_i\sim N(a_i,\sigma_i^2)(i=1,2,\cdots,n)$，则

$$\sum_{i=1}^{n}\xi_i \sim N\left(\sum_{i=1}^{n}a_i,\ \sum_{i=1}^{n}\sigma_i^2\right).$$

这个结论在以后的数理统计中要经常用到．

对于离散型随机变量的函数有下列常用的一个结论，其证明简单，从略．

定理 3 一维随机变量 $\xi\sim B(n,p)$ 的充分必要条件是存在相互独立且服从同一(0－1)分布的 $\xi_1,\xi_2,\cdots,\xi_n$，使得

$$\xi=\sum_{i=1}^{n}\xi_i, \tag{9}$$

其中 ξ_i 的分布密度为

ξ_i	0	1
P	$1-p$	p

$(i=1,2,\cdots,n;\ 0<p<1)$.

(9)式通常称为**二项分布的**(0－1)**分解**.

3. $M=\max\{\zeta_1,\zeta_2,\cdots,\zeta_n\}$，$N=\min\{\zeta_1,\zeta_2,\cdots,\zeta_n\}$的分布

例 4 设有电器 L_1，寿命为随机变量 ξ，服从参数为 α 的指数分布，即

$$\xi\sim\varphi_\xi(x)=\begin{cases}\alpha e^{-\alpha x}, & x\geqslant 0,\\ 0, & x<0;\end{cases}$$

电器 L_2，寿命为随机变量 η，服从参数为 β 的指数分布，即

$$\eta\sim\varphi_\eta(y)=\begin{cases}\beta e^{-\beta y}, & y\geqslant 0,\\ 0, & y<0.\end{cases}$$

两电器寿命相互独立，对不同的连接方式，求系统 L 寿命的概率密度：(1) 串联；(2) 并联．

解 (1) 串联(如图 4-9 所示)

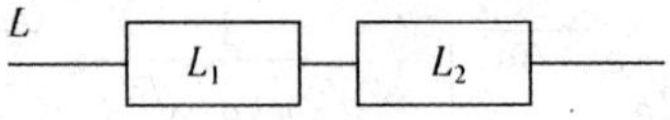

图 4-9

设串联系统 L 的寿命为 N,则 $N=\min\{\xi,\eta\}$,N 的取值范围为 $(0,+\infty)$. 对任意的 $z>0$,有

$$\begin{aligned}F_N(z) &= P\{\min\{\xi,\eta\}<z\} = 1-P\{\min\{\xi,\eta\}\geqslant z\} = 1-P\{\xi\geqslant z,\eta\geqslant z\} \\ &= 1-P\{\xi\geqslant z\}P\{\eta\geqslant z\},\end{aligned}$$

因为

$$P\{\xi\geqslant z\} = \int_z^{+\infty}\alpha e^{-\alpha x}\,dx = -e^{-\alpha x}\Big|_z^{+\infty} = e^{-\alpha z},$$

同理

$$P\{\eta\geqslant z\} = e^{-\beta z},$$

从而

$$F_N(z) = 1-e^{-\alpha z}e^{-\beta z} = 1-e^{-(\alpha+\beta)z}.$$

所以

$$f_N(z) = \begin{cases}(\alpha+\beta)e^{-(\alpha+\beta)z}, & z\geqslant 0,\\ 0, & z<0.\end{cases}$$

(2) 并联(如图 4-10 所示)

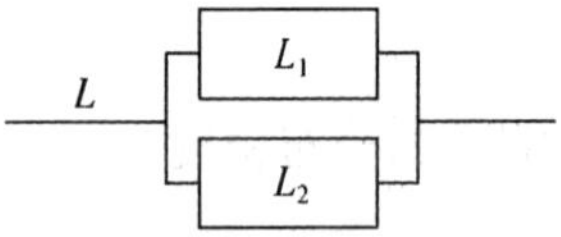

图 4-10

设并联系统 L 的寿命为 M,则 $M=\max\{\xi,\eta\}$,M 的取值范围为 $(0,+\infty)$. 对任意的 $z>0$,有

$$\begin{aligned}F_M(z) &= P\{\max\{\xi,\eta\}<z\} \\ &= P\{\xi<z,\eta<z\} = P\{\xi<z\}P\{\eta<z\}.\end{aligned}$$

因为 $P\{\xi\geqslant z\}=e^{-\alpha z}$,所以 $P\{\xi<z\}=1-e^{-\alpha z}$,同理有 $P\{\eta<z\}=1-e^{-\beta z}$. 从而

$$F_M(z) = (1-e^{-\alpha z})(1-e^{-\beta z}),$$

$$f_M(z) = \begin{cases}\alpha e^{-\alpha z}+\beta e^{-\beta z}-(\alpha+\beta)e^{-(\alpha+\beta)z}, & z\geqslant 0,\\ 0, & z<0.\end{cases}$$

一般地,设 $\xi_1,\xi_2,\cdots,\xi_n$ 相互独立,ξ_i 的分布函数为 $F_{\xi_i}(x)$,$i=1,2,\cdots,n$,令

$$M = \max\{\xi_1,\xi_2,\cdots,\xi_n\},\quad N = \min\{\xi_1,\xi_2,\cdots,\xi_n\}.$$

用 $\xi_1,\xi_2,\cdots,\xi_n$ 的分布函数分别表示 M,N 的分布函数,有

$$\begin{aligned}F_M(z) &= P\{M<z\} = P\{\max\{\xi_1,\xi_2,\cdots,\xi_n\}<z\} \\ &= P\{\xi_1<z,\xi_2<z,\cdots,\xi_n<z\} = P\{\xi_1<z\}P\{\xi_2<z\}\cdots P\{\xi_n<z\} \\ &= F_{\xi_1}(z)F_{\xi_2}(z)\cdots F_{\xi_n}(z) = \prod_{i=1}^n F_{\xi_i}(z),\end{aligned}$$

$$
\begin{aligned}
F_N(z) &= P\{N < z\} = P\{\min\{\xi_1,\xi_2,\cdots,\xi_n\} < z\} \\
&= 1 - P\{\min\{\xi_1,\xi_2,\cdots,\xi_n\} \geqslant z\} \\
&= 1 - P\{\xi_1 \geqslant z,\xi_2 \geqslant z,\cdots,\xi_n \geqslant z\} \\
&= 1 - P\{\xi_1 \geqslant z\}P\{\xi_2 \geqslant z\}\cdots P\{\xi_n \geqslant z\} \\
&= 1 - [1 - F_{\xi_1}(z)][1 - F_{\xi_2}(z)]\cdots[1 - F_{\xi_n}(z)] = 1 - \prod_{i=1}^{n}[1 - F_{\xi_i}(z)].
\end{aligned}
$$

特别地，当 $\xi_1,\xi_2,\cdots,\xi_n$ 相互独立且同分布时，则

$$F_M(z) = F^n(z), \quad F_N(z) = 1 - [1 - F(z)]^n,$$

其中 $F(z)$ 为 $\xi_i(i=1,2,\cdots,n)$ 的分布函数.

对于离散型随机变量看下面例子.

例 5　设二维离散型随机变量 (ξ,η) 的联合分布列为

$\xi \backslash \eta$	-1	0	1
0	$\frac{1}{16}$	$\frac{2}{16}$	$\frac{3}{16}$
1	$\frac{5}{16}$	$\frac{3}{16}$	$\frac{2}{16}$

.

求 $\xi+\eta$ 和 $\xi\eta$ 的分布列.

解　由 (ξ,η) 的联合分布列容易得到

P	$\frac{1}{16}$	$\frac{2}{16}$	$\frac{3}{16}$	$\frac{5}{16}$	$\frac{3}{16}$	$\frac{2}{16}$
(ξ,η)	$(0,-1)$	$(0,0)$	$(0,1)$	$(1,-1)$	$(1,0)$	$(1,1)$
$\xi+\eta$	-1	0	1	0	1	2
$\xi\eta$	0	0	0	-1	0	1

.

从而得 $\xi+\eta$ 和 $\xi\eta$ 的分布列分别为

$\xi+\eta$	-1	0	1	2
P	$\frac{1}{16}$	$\frac{7}{16}$	$\frac{6}{16}$	$\frac{2}{16}$

,

$\xi\eta$	-1	0	1
P	$\frac{5}{16}$	$\frac{9}{16}$	$\frac{2}{16}$

.

习 题 4-3

1. 已知二维正态分布(ξ,η)的参数$a_1,a_2,\sigma_1,\sigma_1,\rho$分别为$1,2,\frac{1}{2},\frac{1}{2},\frac{1}{2}$. 试写出该二维随机变量的联合分布密度与边缘分布密度.

2. 已知二维随机变量(ξ,η)的联合分布密度为

$$\varphi(x,y)=\frac{1}{2\pi 5^2}e^{-\frac{1}{2}\left(\frac{x^2}{5^2}+\frac{y^2}{5^2}\right)}\quad(-\infty<x,y<+\infty),$$

问ξ,η是否相互独立?

3. 设二维随机变量(ξ,η)在由曲线$y=x^2$与直线$y=x$所围成的区域D上服从均匀分布,即其联合分布密度为

$$\varphi(x,y)=\begin{cases}6, & (x,y)\in D,\\ 0, & \text{其他}.\end{cases}$$

试求(ξ,η)的边缘分布.

4. 设某种商品一周的需求量ξ是一个随机变量,其分布密度为

$$\varphi(x)=\begin{cases}xe^{-x}, & x>0,\\ 0, & x\leqslant 0.\end{cases}$$

如果各周的需求量是相互独立的,试求两周的需求量的概率密度.

5. 设某种型号的电子元件的寿命(单位:小时)近似服从正态分布$N(160,20^2)$. 随机地选取4个,求其中没有一个电子元件的寿命小于180小时的概率.

第四节 二维随机变量的数字特征

在第三章,已经讨论过一维随机变量的数字特征,得到了数学期望与方差的一些简单性质. 为了进一步讨论它们的性质,须借助于二维随机变量函数的数学期望. 因此,在本节首先讨论二维随机变量函数的数学期望,然后对一维随机变量的数学期望与方差的性质作进一步的讨论.

一、二维随机变量函数的数学期望

设 $\zeta=f(\xi,\eta)$ 是二维随机变量 (ξ,η) 的函数，其中 $z=f(x,y)$ 是连续函数. 如果可以求出 ζ 的分布密度，那么按照第三章的定义可以求出一维随机变量 ζ 的数学期望. 但是，求一个二维随机变量函数的分布密度往往是比较困难的，这里给出如下更简单的公式.

1. 设 (ξ,η) 是二维连续型随机变量，其联合分布密度为 $\varphi(x,y)$. 如果

$$\int_{-\infty}^{+\infty}\int_{-\infty}^{+\infty} f(x,y)\varphi(x,y)\mathrm{d}x\mathrm{d}y$$

绝对收敛，则 $\zeta=f(\xi,\eta)$ 的数学期望存在且为

$$E(\zeta)=E[f(\xi,\eta)]=\int_{-\infty}^{+\infty}\int_{-\infty}^{+\infty} f(x,y)\varphi(x,y)\mathrm{d}x\mathrm{d}y. \tag{1}$$

2. 设 (ξ,η) 是二维离散型随机变量，其联合分布列为

$$P\{\xi=a_i,\eta=b_j\}=p_{ij}\quad (i,j=1,2,\cdots).$$

如果 $\sum\limits_i\sum\limits_j f(a_i,b_j)p_{ij}$ 绝对收敛，则 $\zeta=f(\xi,\eta)$ 的数学期望存在且为

$$E(\zeta)=E[f(\xi,\eta)]=\sum_i\sum_j f(a_i,b_j)p_{ij}. \tag{2}$$

特别地，当 $f(\xi,\eta)=\xi$ 或 $f(\xi,\eta)=\eta$ 时，由公式(1)，得

$$E(\xi)=\int_{-\infty}^{+\infty}\int_{-\infty}^{+\infty} x\varphi(x,y)\mathrm{d}x\mathrm{d}y=\int_{-\infty}^{+\infty} x\varphi_\xi(x)\mathrm{d}x, \tag{3}$$

$$E(\eta)=\int_{-\infty}^{+\infty}\int_{-\infty}^{+\infty} y\varphi(x,y)\mathrm{d}x\mathrm{d}y=\int_{-\infty}^{+\infty} y\varphi_\eta(y)\mathrm{d}y. \tag{4}$$

同理，由公式(2)，得

$$E(\xi)=\sum_i\sum_j a_i p_{ij}=\sum_i a_i p_{i\cdot}, \tag{5}$$

$$E(\eta)=\sum_i\sum_j b_j p_{ij}=\sum_j b_j p_{\cdot j}. \tag{6}$$

公式(3)～(6)与第三章中一维随机变量的数学期望的定义式相同. 由此可见，公式(1)，(2)是一维随机变量数学期望的自然推广. 关于它们的证明要用到较多的数学知识，这里从略了.

例 1　设二维离散型随机变量 (ξ,η) 的联合分布列为

$\xi \backslash \eta$	0	1
0	$\frac{1}{4}$	$\frac{1}{4}$
1	$\frac{1}{4}$	$\frac{1}{4}$

.

求：(1) $E(\xi+\eta)$；(2) $E(\xi\eta)$.

解 (1) 这里(ξ,η)是离散型的，且 $f(\xi,\eta)=\xi+\eta$，所以，由公式(2)，得

$$E(\xi+\eta)=\sum_i\sum_j(a_i+b_j)p_{ij}=\frac{1}{4}\sum_i\sum_j(a_i+b_j)$$

$$=\frac{1}{4}[(0+0)+(0+1)+(1+0)+(1+1)]=1.$$

(2) 这时，$f(\xi,\eta)=\xi\eta$，仍由公式(2)，得

$$E(\xi\eta)=\sum_i\sum_j(a_ib_j)p_{ij}=\frac{1}{4}\sum_i\sum_j(a_ib_j)$$

$$=\frac{1}{4}(0\cdot0+0\cdot1+1\cdot0+1\cdot1)=\frac{1}{4}.$$

例 2 设二维随机变量$(\xi,\eta)\sim N(0,0;1,1;0)$，$\zeta=\sqrt{\xi^2+\eta^2}$，求 $E(\zeta)$.

解 因为$(\xi,\eta)\sim N(0,0;1,1;0)$，所以其联合分布密度为

$$\varphi(x,y)=\frac{1}{2\pi}\mathrm{e}^{-\frac{x^2+y^2}{2}}\quad(-\infty<x,y<+\infty).$$

于是，由公式(1)，得

$$E(\zeta)=\int_{-\infty}^{+\infty}\int_{-\infty}^{+\infty}\sqrt{x^2+y^2}\,\frac{1}{2\pi}\mathrm{e}^{-\frac{1}{2}(x^2+y^2)}\mathrm{d}x\mathrm{d}y=\frac{1}{2\pi}\int_0^{2\pi}\mathrm{d}\theta\int_0^{+\infty}r^2\mathrm{e}^{-\frac{r^2}{2}}\mathrm{d}r$$

$$=-r\mathrm{e}^{-\frac{r^2}{2}}\Big|_0^{+\infty}+\int_0^{+\infty}\mathrm{e}^{-\frac{r^2}{2}}\mathrm{d}r=\frac{\sqrt{2\pi}}{2}=\sqrt{\frac{\pi}{2}}.$$

二、数学期望和方差的性质

数学期望与方差除第三章中介绍的简单性质外，还有以下性质：

(4) 对任意两个随机变量 ξ,η 都有

$$E(\xi\pm\eta)=E(\xi)\pm E(\eta);$$

(5) 如果 ξ 与 η 相互独立，则

$$E(\xi\eta)=E(\xi)E(\eta);$$

(6) 如果 ξ 与 η 相互独立，则

$$D(\xi\pm\eta)=D(\xi)+D(\eta).$$

证 性质(4)是显然的，留给读者完成，下面先证性质(5). 设(ξ,η)的联合分布密度和边缘分布密度分别为 $\varphi(x,y)$，$\varphi_\xi(x)$和 $\varphi_\eta(y)$. 因为 ξ 与 η 相互独立，所以有

$$\varphi(x,y)=\varphi_\xi(x)\varphi_\eta(y).$$

于是，由本节公式(1)，(3)，(4)，得

$$E(\xi\eta)=\int_{-\infty}^{+\infty}\int_{-\infty}^{+\infty}xy\varphi(x,y)\mathrm{d}x\mathrm{d}y=\int_{-\infty}^{+\infty}\int_{-\infty}^{+\infty}xy\varphi_\xi(x)\,\varphi_\eta(y)\mathrm{d}x\mathrm{d}y$$

$$= \int_{-\infty}^{+\infty} x\varphi_\xi(x)\mathrm{d}x \cdot \int_{-\infty}^{+\infty} y\varphi_\eta(y)\mathrm{d}y = E(\xi)E(\eta).$$

再证性质(6)，为此，首先容易得到，当 ξ,η 相互独立时，有

$$E[(\xi - E(\xi))(\eta - E(\eta))] = 0. \tag{7}$$

事实上，因为 ξ,η 相互独立，所以由性质(5)，得

$$\begin{aligned} E[(\xi - E(\xi))(\eta - E(\eta))] &= E[\xi\eta - \xi E(\eta) - \eta E(\xi) + E(\xi)E(\eta)] \\ &= E(\xi\eta) - E(\xi)E(\eta) - E(\eta)E(\xi) + E(\xi)E(\eta) \\ &= E(\xi\eta) - E(\xi)E(\eta) = 0. \end{aligned}$$

因此，(7)式成立．于是当 ξ,η 相互独立时，由第三章方差的定义，并注意到(1)式和(7)式，得

$$\begin{aligned} D(\xi \pm \eta) &= E[(\xi \pm \eta) - E(\xi \pm \eta)]^2 = E[(\xi - E(\xi)) \pm (\eta - E(\eta))]^2 \\ &= E[(\xi - E(\xi))^2 \pm 2(\xi - E(\xi))(\eta - E(\eta)) + (\eta - E(\eta))^2] \\ &= E(\xi - E(\xi))^2 \pm 2E(\xi - E(\xi))(\eta - E(\eta)) + E(\eta - E(\eta))^2 \\ &= E(\xi - E(\xi))^2 + E(\eta - E(\eta))^2 = D(\xi) + D(\eta). \end{aligned}$$

证毕

性质(4)～(6)可推广到任意有限个随机变量的情形，例如

$$E(\xi + \eta - \zeta) = E(\xi) + E(\eta) - E(\zeta); \tag{8}$$

当 ξ,η,ζ 相互独立时，有

$$E(\xi\eta\zeta) = E(\xi) \cdot E(\eta) \cdot E(\zeta), \tag{9}$$

$$D(\xi \pm \eta \pm \zeta) = D(\xi) + D(\eta) + D(\zeta). \tag{10}$$

例 3　设 $\xi_i(i=1,\cdots,n)$ 表示 n 次重复独立试验中事件 A 在第 i 次试验中出现的次数，其中已知 $P(A)=p$，于是 $\xi_1,\xi_2,\cdots,\xi_n$ 相互独立且服从同一(0－1)分布

ξ_i	0	1
P	$1-p$	p

$(i=1,2,\cdots,n;\ 0<p<1)$，

从而

$$E(\xi_i)=p,\quad D(\xi_i)=E(\xi_i^2)-[E(\xi_i)]^2=p(1-p).$$

于是，由性质(4)和(6)，得

$$E\Big(\sum_{i=1}^n \xi_i\Big) = \sum_{i=1}^n E(\xi_i) = \sum_{i=1}^n p = np,$$

$$D\Big(\sum_{i=1}^n \xi_i\Big) = \sum_{i=1}^n D(\xi_i) = \sum_{i=1}^n p(1-p) = np(1-p).$$

令 $\xi = \sum_{i=1}^n \xi_i$，则 $E(\xi) = np$，$D(\xi) = np(1-p)$．又由第三节定理 3 知，$\xi \sim B(n, p)$．在第三章中，已经直接求出了服从二项分布的随机变量的数学期望和方差，比较起来，这里的方法更简单．

下面的定理在以后几章中经常用到．

定理 设$\xi_1,\xi_2,\cdots,\xi_n$相互独立,且$E(\xi_i)=a,D(\xi_i)=\sigma^2,i=1,\cdots,n$,令$\bar{\xi}=\frac{1}{n}\sum\limits_{i=1}^{n}\xi_i$,则

$$E(\bar{\xi})=a,\quad D(\bar{\xi})=\frac{\sigma^2}{n}.$$

证 由数学期望和方差的性质,有

$$E(\bar{\xi})=E\Big(\frac{1}{n}\sum_{i=1}^{n}\xi_i\Big)=\frac{1}{n}E\Big(\sum_{i=1}^{n}\xi_i\Big)=\frac{1}{n}\sum_{i=1}^{n}E(\xi_i)=a,$$

$$D(\bar{\xi})=D\Big(\frac{1}{n}\sum_{i=1}^{n}\xi_i\Big)=\frac{1}{n^2}D\Big(\sum_{i=1}^{n}\xi_i\Big)=\frac{1}{n^2}\sum_{i=1}^{n}D(\xi_i)=\frac{\sigma^2}{n}.$$

证毕

在工程实际中,当进行精密测量时,为了减少随机误差,往往是重复测量多次,然后取测量结果的平均值.定理对这种做法的合理性给出了解释.设被测量的真值为a,由于有随机误差,n次测量的结果$\xi_1,\xi_2,\cdots,\xi_n$是n个随机变量,且数学期望都是a.由于测量条件保持不变,且每次测量都是独立进行的,所以$\xi_1,\xi_2,\cdots,\xi_n$是相互独立且有相同的分布.当$n=1$时,测量结果ξ_1在真值a周围取值,方差为$D(\xi_1)=\sigma^2$;当$n>1$时,n次测量结果的平均值$\bar{\xi}$仍在真值a周围取值,但$\bar{\xi}$的方差σ^2/n比σ^2小.因此$\bar{\xi}$更有可能取得接近于真值a的值.

三、协方差与相关系数

这里我们介绍衡量两个随机变量之间线性关系强弱的两个量:协方差与相关系数.这两个量的定义式,亦即计算式并不复杂,学习中关键在于理解它们的含义.

1. 协方差

在本节方差性质(6)的证明中看到,如果两个随机变量ξ和η是相互独立的,则

$$E[(\xi-E(\xi))(\eta-E(\eta))]=0.$$

这意味着,当$E[(\xi-E(\xi))(\eta-E(\eta))]\neq 0$时,$\xi$与$\eta$不相互独立,而是存在着一定的关系的.

定义1 称$E[(\xi-E(\xi))(\eta-E(\eta))]$为随机变量$\xi$与$\eta$的**协方差**,记做$\mathrm{cov}(\xi,\eta)$,即

$$\mathrm{cov}(\xi,\eta)=E[(\xi-E(\xi))(\eta-E(\eta))].$$

这里有常用的协方差计算公式:

$$\begin{aligned}\mathrm{cov}(\xi,\eta)&=E[(\xi-E(\xi))(\eta-E(\eta))]\\&=E[\xi\eta-\eta E(\xi)-\xi E(\eta)+E(\xi)E(\eta)]\\&=E(\xi\eta)-E(\xi)E(\eta).\end{aligned}$$

协方差具有性质:

(1) $D(\xi+\eta)=D(\xi)+D(\eta)+2\mathrm{cov}(\xi,\eta)$;

(2) $\mathrm{cov}(\xi,\xi)=D(\xi)$;

(3) $\mathrm{cov}(\xi,\eta)=\mathrm{cov}(\eta,\xi)$;

(4) $\mathrm{cov}(a\xi,b\eta)=ab\mathrm{cov}(\xi,\eta)$($a,b$ 为任意常数);

(5) $\mathrm{cov}(\xi_1+\xi_2,\eta)=\mathrm{cov}(\xi_1,\eta)+\mathrm{cov}(\xi_2,\eta)$.

证

(1) 在证明方差的性质中推导过,如

$$\begin{aligned}D(\xi+\eta)&=E[(\xi-E(\xi))^2+(\eta-E(\eta))^2+2(\xi-E(\xi))(\eta-E(\eta))]\\&=D(\xi)+D(\eta)+2E[(\xi-E(\xi))(\eta-E(\eta))]\\&=D(\xi)+D(\eta)+2\mathrm{cov}(\xi,\eta).\end{aligned}$$

如果 ξ,η 相互独立,则 $\mathrm{cov}(\xi,\eta)=0$,即方差的性质.

(2),(3)请自己证明.

(4) $$\begin{aligned}\mathrm{cov}(a\xi,b\eta)&=E\{[a\xi-E(a\xi)][b\eta-E(b\eta)]\}\\&=E\{ab[\xi-E(\xi)][\eta-E(\eta)]\}\\&=abE\{[\xi-E(\xi)][\eta-E(\eta)]\}=ab\mathrm{cov}(\xi,\eta).\end{aligned}$$

(5) $$\begin{aligned}\mathrm{cov}(\xi_1+\xi_2,\eta)&=E\{[\xi_1+\xi_2-E(\xi_1+\xi_2)][\eta-E(\eta)]\}\\&=E\{[\xi_1-E(\xi_1)+\xi_2-E(\xi_2)][\eta-E(\eta)]\}\\&=E\{[\xi_1-E(\xi_1)][\eta-E(\eta)]+[\xi_2-E(\xi_2)][\eta-E(\eta)]\}\\&=\mathrm{cov}(\xi_1,\eta)+\mathrm{cov}(\xi_2,\eta).\end{aligned}$$

例 4　随机变量(ξ,η)的分布列为

η \ ξ	-1	0	1	$p_{\cdot j}$
-1	$\frac{1}{8}$	$\frac{1}{8}$	$\frac{1}{8}$	$\frac{3}{8}$
0	$\frac{1}{8}$	0	$\frac{1}{8}$	$\frac{2}{8}$
1	$\frac{1}{8}$	$\frac{1}{8}$	$\frac{1}{8}$	$\frac{3}{8}$
$p_{i\cdot}$	$\frac{3}{8}$	$\frac{2}{8}$	$\frac{3}{8}$	$\sum_{j=1}^{3}\sum_{i=1}^{3}p_{ij}=1$

(1) 求 $\mathrm{cov}(\xi,\eta)$;

(2) ξ,η 是否相互独立?

解　(1) 因为 $E(\xi)=0$, $E(\eta)=0$, $E(\xi\eta)=-1\times\frac{1}{4}+0\times\frac{1}{2}+1\times\frac{1}{4}=0$,所以

$$\mathrm{cov}(\xi,\eta)=E(\xi\eta)-E(\xi)E(\eta)=0.$$

(2) 因为 $p_{1\cdot}=\frac{3}{8}$, $p_{\cdot 1}=\frac{3}{8}$, $p_{11}=\frac{1}{8}$,则 $p_{11}\neq p_{1\cdot}\,p_{\cdot 1}$,故 ξ,η 不相互独立.

2. 相关系数

定义 2 若随机变量 ξ 和 η 的方差 $D(\xi)\neq 0, D(\eta)\neq 0$,则称

$$\rho_{\xi\eta}=\frac{\operatorname{cov}(\xi,\eta)}{\sqrt{D(\xi)}\sqrt{D(\eta)}}$$

为 ξ 与 η 的**相关系数**,$\rho_{\xi\eta}$ 是无量纲的量.

设有随机变量 ξ,η,要考查它们之间是否有线性关系,常用 η 与 ξ 的线性函数 $a+b\xi$ 作比较.令

$$\begin{aligned}e &= E[\eta-(a+b\xi)]^2\\ &= E[\eta^2+a^2+b^2\xi^2+2ab\xi-2a\eta-2b\xi\eta]\\ &= E(\eta^2)+a^2+b^2E(\xi^2)+2abE(\xi)-2aE(\eta)-2bE(\xi\eta).\end{aligned}$$

以 $a+b\xi$ 来近似 η,用 e 来衡量近似程度好坏.e 的值越小近似程度越好,这样我们就取 a,b,使 e 达到最小.为此分别求 e 关于 a,b 的偏导数,并令其等于零.

$$\frac{\partial e}{\partial a}=2a+2bE(\xi)-2E(\eta)=0,$$

$$\frac{\partial e}{\partial b}=2aE(\xi)+2bE(\xi^2)-2E(\xi\eta)=0.$$

解得

$$b_0=\frac{E(\xi\eta)-E(\xi)E(\eta)}{E(\xi^2)-[E(\xi)]^2}=\frac{\operatorname{cov}(\xi,\eta)}{D(\xi)},$$

$$a_0=E(\eta)-b_0E(\xi).$$

当 a,b 取到 a_0,b_0 时,e 最小,即

$$e_{\min}=E[\eta-(a_0+b_0\xi)]^2=D(\eta)(1-\rho_{\xi\eta}^2).$$

因为 $e\geqslant 0, D(\eta)\geqslant 0$,所以 $|\rho_{\xi\eta}|\leqslant 1$.由这一结果可以得到如下结论:

(1) 若 $|\rho_{\xi\eta}|$ 较小,则 e 值较大,故 ξ 与 η 线性关系弱;

(2) 若 $\rho_{\xi\eta}=0$,则称 ξ 与 η **线性不相关**,简称**不相关**;

(3) 若 $|\rho_{\xi\eta}|$ 较大,则 e 值较小,故 ξ 与 η 线性关系强.

特别地,当 $|\rho_{\xi\eta}|=1$,我们有下面定理

定理 $|\rho_{\xi\eta}|=1$ 的充分必要条件是存在常数 a,b,使 $P\{\eta=a+b\xi\}=1$.

(证明从略)

由此可见,$\rho_{\xi\eta}$ 是一个可以用来表征 ξ 与 η 之间线性关系紧密程度的量.

例 5 设随机变量 (ξ,η) 服从区域 $D=\{(x,y)\,|\,0<x<1,0<y<x\}$ 上的均匀分布,求 ξ 与 η 的相关系数 $\rho_{\xi\eta}$.

解　(ξ,η)的联合分布密度为

$$f(x,y)=\begin{cases}2, & (x,y)\in D,\\ 0, & \text{其他}.\end{cases}$$

则有

$$E(\xi\eta)=\int_0^1 \mathrm{d}x\int_0^x xy\cdot 2\mathrm{d}y=\int_0^1 xy^2\Big|_0^x \mathrm{d}x=\int_0^1 x^3\mathrm{d}x=\frac{1}{4},$$

$$E(\xi)=\int_0^1 \mathrm{d}x\int_0^x x\cdot 2\mathrm{d}y=\int_0^1 2xy\Big|_0^x \mathrm{d}x=\int_0^1 2x^2\mathrm{d}x=\frac{2}{3},$$

$$E(\xi^2)=\int_0^1 \mathrm{d}x\int_0^x x^2\cdot 2\mathrm{d}y=\int_0^1 2x^2y\Big|_0^x \mathrm{d}x=\int_0^1 2x^3\mathrm{d}x=\frac{1}{2}.$$

下面先找η的边缘分布，再求$E(\eta)$和$E(\eta^2)$.

当$0<y<1$，$f_\eta(y)=\int_{-\infty}^{+\infty}f(x,y)\mathrm{d}x=\int_y^1 2\mathrm{d}x=2x\big|_y^1=2(1-y)$，则关于$\eta$的边缘分布密度为

$$f_\eta(y)=\begin{cases}2-2y, & 0<y<1,\\ 0, & \text{其他},\end{cases}$$

则有

$$E(\eta)=\int_0^1 y(2-2y)\mathrm{d}y=\left(y^2-\frac{2}{3}y^3\right)\Big|_0^1=\frac{1}{3},$$

$$E(\eta^2)=\int_0^1 y^2(2-2y)\mathrm{d}y=\left(\frac{2}{3}y^3-\frac{2}{4}y^4\right)\Big|_0^1=\frac{1}{6}.$$

所以，$D(\xi)=\frac{1}{2}-\frac{4}{9}=\frac{1}{18}$，$D(\eta)=\frac{1}{6}-\frac{1}{9}=\frac{1}{18}$，$\mathrm{cov}(\xi,\eta)=\frac{1}{4}-\frac{2}{3}\times\frac{1}{3}=\frac{1}{36}$，则相关系数为

$$\rho_{\xi\eta}=\frac{\frac{1}{36}}{\sqrt{1/18}\sqrt{1/18}}=\frac{1}{2}.$$

例6　设随机变量ξ服从区间$[0,2\pi]$上的均匀分布，令$\eta=\sin\xi$，$\zeta=\cos\xi$. 判断η,ζ是否相互独立，是否不相关？

解　因为$\eta^2+\zeta^2=1$，η与ζ有确切的函数关系，显然不独立. 随机变量ξ的概率分布密度为

$$f(x)=\begin{cases}\frac{1}{2\pi}, & 0\leqslant x\leqslant 2\pi,\\ 0, & \text{其他}.\end{cases}$$

则有

$$E(\eta)=\int_0^{2\pi}\sin x\cdot\frac{1}{2\pi}\mathrm{d}x=0,\quad E(\zeta)=\int_0^{2\pi}\cos x\cdot\frac{1}{2\pi}\mathrm{d}x=0,$$

$$E(\eta\zeta)=\int_0^{2\pi}\sin x\cos x\cdot\frac{1}{2\pi}\mathrm{d}x=\int_0^{2\pi}\frac{1}{2\pi}\sin x\mathrm{d}\sin x=\frac{1}{2\pi}\cdot\frac{1}{2}\sin^2 x\Big|_0^{2\pi}=0.$$

故 $\mathrm{cov}(\eta,\zeta)=0,\rho_{\eta\zeta}=0$. 所以 η,ζ 线性不相关.

3. 二维正态分布中参数 ρ 的意义

设(ξ,η)服从二维正态分布 $N(a_1,a_2;\sigma_1^2,\sigma_2^2;\rho)$,概率分布密度为

$$f(x,y)=\frac{1}{2\pi\sigma_1\sigma_2\sqrt{1-\rho^2}}\mathrm{e}^{-\frac{1}{2(1-\rho^2)}\left[\frac{(x-a_1)^2}{\sigma_1^2}-2\rho\frac{(x-a_1)(y-a_2)}{\sigma_1\sigma_2}+\frac{(y-a_2)^2}{\sigma_2^2}\right]},$$

则 ξ 与 η 的协方差为

$$\mathrm{cov}(\xi,\eta)=\int_{-\infty}^{+\infty}\int_{-\infty}^{+\infty}(x-a_1)(y-a_2)f(x,y)\mathrm{d}x\mathrm{d}y=\sigma_1\sigma_2\rho\ (\text{计算过程略}),$$

且 $\rho_{\xi\eta}=\rho$,参数 ρ 即为 ξ 与 η 的相关系数 $\rho_{\xi\eta}$.

习　题　4-4

1. 设随机变量 ξ,η 的分布密度分别为

$$\varphi_\xi(x)=\begin{cases}2\mathrm{e}^{-2x}, & x>0,\\ 0, & x\leqslant 0;\end{cases}\qquad \varphi_\eta(y)=\begin{cases}4\mathrm{e}^{-4y}, & y>0,\\ 0, & y\leqslant 0.\end{cases}$$

求:(1) $E(\xi+\eta)$;　　(2) $E(2\xi-3\eta^2)$.

2. 设 ξ 和 η 相互独立,其分布密度分别为

$$\varphi_\xi(x)=\begin{cases}2x, & 0\leqslant x<1,\\ 0, & \text{其他};\end{cases}\qquad \varphi_\eta(y)=\begin{cases}\mathrm{e}^{-y}, & y>0,\\ 0, & y\leqslant 0.\end{cases}$$

求 $E(\xi\eta)$.

3. 设随机变量 ξ,η 相互独立,且 $E(\xi)=2,D(\xi)=1,E(\eta)=1,D(\eta)=4$,分别求下列的 $E(\zeta)$和 $D(\zeta)$:

(1) $\zeta=\xi-2\eta$;　　(2) $\zeta=2\xi-\eta$.

4. 已知随机变量 ξ,η,ζ 相互独立,且 $E(\xi)=9,E(\eta)=20,E(\zeta)=12$,求下列的 $E(\mu)$和$E(\nu)$:

(1) $\mu=2\xi+3\eta+\zeta$;　　(2) $\nu=5\xi+\eta\zeta$.

5. 设随机变量(ξ,η)的分布密度为

$$\varphi(x,y)=\begin{cases}1, & |y|<x,\ 0<x<1,\\ 0, & \text{其他}.\end{cases}$$

求 $E(\xi),E(\eta),\mathrm{cov}(\xi,\eta)$.

6. 设随机变量(ξ,η)的分布密度为

$$\varphi(x,y)=\begin{cases}\frac{1}{8}(x+y), & 0\leqslant x\leqslant 2,\ 0\leqslant y\leqslant 2,\\ 0, & \text{其他}.\end{cases}$$

求 $E(\xi),E(\eta),\mathrm{cov}(\xi,\eta),\rho_{\xi\eta},D(\xi+\eta)$.

第五章 大数定律与中心极限定理

第一节 切比雪夫不等式

通过对随机变量的数字特征的讨论可知,方差是用来描述一个随机变量以数学期望为中心取值的分散程度的量.而在理论和实用上常需要估算事件$\{|\xi-E(\xi)|<\varepsilon\}$($\varepsilon>0$为任一常数)的概率,由此反映随机变量以数学期望为中心取值的分散程度.

定理 设随机变量ξ的方差$D(\xi)$存在,则对于任意给定的正数$\varepsilon>0$,都有

$$P\{|\xi-E(\xi)|\geqslant\varepsilon\}\leqslant\frac{D(\xi)}{\varepsilon^2} \tag{1}$$

或等价地

$$P\{|\xi-E(\xi)|<\varepsilon\}\geqslant 1-\frac{D(\xi)}{\varepsilon^2}. \tag{2}$$

证 设ξ的分布密度为$\varphi(x)$,则

$$D(\xi)=E[\xi-E(\xi)]^2=\int_{-\infty}^{+\infty}[x-E(\xi)]^2\varphi(x)\mathrm{d}x\geqslant\int_{|x-E(\xi)|\geqslant\varepsilon}[x-E(\xi)]^2\varphi(x)\mathrm{d}x$$

$$\geqslant\int_{|x-E(\xi)|\geqslant\varepsilon}\varepsilon^2\varphi(x)\mathrm{d}x=\varepsilon^2\int_{|x-E(\xi)|\geqslant\varepsilon}\varphi(x)\mathrm{d}x=\varepsilon^2P\{|\xi-E(\xi)|\geqslant\varepsilon\}.$$

所以

$$P\{|\xi-E(\xi)|\geqslant\varepsilon\}\leqslant\frac{D(\xi)}{\varepsilon^2}.$$

故(1)式成立.因

$$P\{|\xi-E(\xi)|<\varepsilon\}=1-P\{|\xi-E(\xi)|\geqslant\varepsilon\},$$

由此知(1)式与(2)式等价. **证毕**

公式(1)、(2)统称为**切比雪夫**(чябьннев)**不等式**.

切比雪夫不等式从数量上进一步阐明了方差的意义,随机变量ξ的方差越小,则其取值与数学期望的偏差超过一定界限的概率就越小.

第二节 大数定律

在第一章里曾指出,在相同条件下进行大量重复试验时,随机现象的统计规律就会呈现出

来,或者说,随机事件的频率具有稳定性.这种稳定性是指当随机试验的次数无限增大时,频率趋近于某一个常数.大数定律就是对这种稳定性的定量描述.在此,我们介绍基本的大数定律.

一、依概率收敛

与微积分学中的收敛性的概念类似,在概率论中,我们要考虑随机变量序列的收敛性.

定义 1 设 $\xi_1,\xi_2,\cdots,\xi_n,\cdots$ 是一个随机变量序列,a 为一个常数,若对于任意给定的正数 ε,有 $\lim\limits_{n\to\infty}P\{|\xi_n-a|<\varepsilon\}=1$,则称序列 $\xi_1,\xi_2,\cdots,\xi_n,\cdots$ 依概率收敛于 a,记为

$$\xi_n\xrightarrow{P}a\quad(n\to\infty).$$

依概率收敛的序列还有以下性质:

设 $\xi_n\xrightarrow{P}a$,$\eta_n\xrightarrow{P}b$ $(n\to\infty)$,又设函数 $g(x,y)$ 在点 (a,b) 连续,则

$$g(\xi_n,\eta_n)\xrightarrow{P}g(a,b)\ (n\to\infty).$$

二、大数定律

定理 1(切比雪夫大数定律) 设 $\xi_1,\xi_2,\cdots,\xi_n,\cdots$ 是两两不相关的随机变量序列,它们的数学期望和方差均存在,且方差有共同的上界,即 $D(\xi_i)\leqslant K,i=1,2,\cdots$,则对任意 $\varepsilon>0$,有

$$\lim_{n\to\infty}P\left\{\left|\frac{1}{n}\sum_{i=1}^{n}\xi_i-\frac{1}{n}\sum_{i=1}^{n}E(\xi_i)\right|<\varepsilon\right\}=1.$$

定理表明,当 n 很大时,随机变量序列 $\xi_1,\xi_2,\cdots,\xi_n$ 的算术平均值 $\frac{1}{n}\sum\limits_{i=1}^{n}\xi_i$ 依概率收敛于其数学期望 $\frac{1}{n}\sum\limits_{i=1}^{n}E(\xi_i)$.

定义 2 设 $\xi_1,\xi_2,\cdots,\xi_n,\cdots$ 是随机变量序列,如果对任何 $n>1$ 时,$\xi_1,\xi_2,\cdots,\xi_n$ 相互独立,且都服从相同的分布,则称 $\xi_1,\xi_2,\cdots,\xi_n,\cdots$ **独立同分布**.

例如,在试验 E 中事件 A 出现的概率为 $P(A)=p$,将 E 在相同条件下独立重复 n 次,记 $\xi_i(i=1,2,\cdots,n)$ 为第 i 次试验中事件 A 出现的次数.显然 $\xi_i(i=1,2,\cdots,n)$ 都服从同一(0-1)分布,从而 $\xi_1,\xi_2,\cdots,\xi_n$(这里 n 为有限)为独立同分布的随机变量序列.

定理 2(伯努利大数定律) 设 $\eta_n\sim B(n,p)$,其中 $0<p<1,n=1,2,\cdots$,则对于任意给定的正数 $\varepsilon>0$,有

$$\lim_{n\to\infty}P\left\{\left|\frac{\eta_n}{n}-p\right|\geqslant\varepsilon\right\}=0\tag{1}$$

或

$$\lim_{n\to\infty}P\left\{\left|\frac{\eta_n}{n}-p\right|<\varepsilon\right\}=1.\tag{2}$$

证　因 $\eta_n \sim B(n,p)$，所以 $E(\eta_n)=np, D(\eta_n)=np(1-p)$. 因此

$$E\left(\frac{\eta_n}{n}\right)=\frac{np}{n}=p,$$

$$D\left(\frac{\eta_n}{n}\right)=\frac{1}{n^2}np(1-p)=\frac{p(1-p)}{n}.$$

由切比雪夫不等式知，对任意正数 $\varepsilon>0$，都有

$$0\leqslant P\left\{\left|\frac{\eta_n}{n}-p\right|\geqslant\varepsilon\right\}\leqslant\frac{p(1-p)}{\varepsilon^2 n}.$$

令 $n\to\infty$，便得

$$\lim_{n\to\infty}P\left\{\left|\frac{\eta_n}{n}-p\right|\geqslant\varepsilon\right\}=0,$$

亦即

$$\lim_{n\to\infty}P\left\{\left|\frac{\eta_n}{n}-p\right|<\varepsilon\right\}=1.$$

证毕

伯努利大数定律定量地刻画了频率的稳定性. 因为 η_n 可以解释为在 n 次重复独立试验中某事件 A 出现的次数，其中 $P(A)=p$，所以 $\frac{\eta_n}{n}$ 就是事件 A 出现的频率. 定理表明，当试验次数 n 无限增大时，事件 A 的频率 $\frac{\eta_n}{n}$ 与概率有较大偏差的可能性很小. 因此，当试验次数 n 足够大时，实际上可以用事件出现的频率代替事件的概率，这就提供了估算事件概率的一种方法. 定理也表明，概率的公理化定义是符合客观背景的.

伯努利大数定律有着广泛的实用性. 例如，为了估算批量很大的一批产品的废品率，可从这批产品中随机抽取 n 件，当 n 足够大时，废品出现的频率 $\frac{\eta_n}{n}$ 即可作为该批产品废品率（概率）p 的近似值. 再如，一个用灯泡不多的场所，很难预料次日失效灯泡的频率，但对于一条长马路，甚至整个一座城市，由于使用灯泡数量很大（看成重复独立试验，试验次数 n 较大），次日失效灯泡的频率就很稳定了. 实际上每天灯泡失效的频率几乎是一个常数.

定理 3（辛钦大数定律）　设随机变量 $\xi_1,\xi_2,\cdots,\xi_n,\cdots$ 相互独立，服从同一分布，且具有数学期望 $E(\xi_i)=a, i=1,2,\cdots$，则对任意 $\varepsilon>0$，有

$$\lim_{n\to\infty}P\left\{\left|\frac{1}{n}\sum_{i=1}^{n}\xi_i-a\right|<\varepsilon\right\}=1.$$

注　(1) 定理不要求随机变量的方差存在；

(2) 伯努利大数定律是辛钦大数定律的特殊情况；

(3) 辛钦大数定律为寻找随机变量的期望值提供了一条实际可行的途径. 例如，要估计某地区的平均亩产量，可收割某些有代表性的地块，如 n 块，计算其平均亩产量，则当 n 较大时，可

用它作为整个地区平均亩产量的一个估计.此类做法在实际应用中具有重要意义.

第三节 中心极限定理

所谓中心极限定理,是指用来阐明随机变量和的极限分布是正态分布的一系列定理.

在现实世界中,有许多随机现象是由大量相互独立的随机因素共同作用形成的,而其中每一个别因素在总的影响中所起的作用都很微小.描述这种随机现象的随机变量通常都服从或近似服从正态分布.中心极限定理正是从理论上证明了这一事实,在相当广泛的条件下都是正确的.中心极限定理有多种形式,这里只概述同分布的情形.

定理 1(独立同分布的中心极限定理) 设随机变量序列 $\xi_1,\xi_2,\cdots,\xi_n,\cdots$ 独立同分布,且具有有限的数学期望和方差,令

$$E(\xi_i)=a,\quad D(\xi_i)=\sigma^2\neq 0\quad (i=1,2,\cdots,n,\cdots),$$

则随机变量

$$\zeta_n=\frac{1}{\sqrt{n}\sigma}\left(\sum_{i=1}^{n}\xi_i-na\right) \tag{1}$$

的分布函数 $F_n(x)$ 对任意 x,满足

$$\lim_{n\to\infty}F_n(x)=\lim_{n\to\infty}P\{\zeta_n<x\}=\int_{-\infty}^{x}\frac{1}{\sqrt{2\pi}}\mathrm{e}^{-\frac{t^2}{2}}\mathrm{d}t. \tag{2}$$

定理的证明超出基本要求的范围,故从略.

由定理 1 可知,只要 n 充分大,随机变量

$$\zeta_n=\frac{1}{\sqrt{n}\sigma}\left(\sum_{i=1}^{n}\xi_i-na\right)=\frac{1}{\sigma/\sqrt{n}}\left(\frac{1}{n}\sum_{i=1}^{n}\xi_i-a\right)$$

就近似地服从标准正态分布 $N(0,1)$.从而,当 n 充分大时,近似地有

$$\sum_{i=1}^{n}\xi_i\sim N(na,n\sigma^2).$$

在很多情况下,随机变量都可以表示成许多相互独立的随机变量之和.尽管它们的概率分布是任意的,但只要 n 充分大,它们的和或算术平均值 $\frac{1}{n}\sum\limits_{i=1}^{n}\xi_i$ 就近似地服从正态分布.这就是正态分布为什么那么普遍和重要的原因所在.

定理 2(李雅普诺夫定理) 设随机变量 $\xi_1,\xi_2,\cdots,\xi_n,\cdots$ 相互独立,且具有有限的数学期望和方差,令

$$E(\xi_k)=a_k,\quad D(\xi_k)=\sigma_k^2>0,\quad k=1,2,\cdots,$$

记 $B_n^2=\sum\limits_{k=1}^{n}\sigma_k^2$,若存在正数 δ,使得当 $n\to\infty$ 时,

$$\frac{1}{B_n^{2+\delta}}\sum_{k=1}^{n}E\{|\xi_k-a_k|^{2+\delta}\}\longrightarrow 0,$$

则随机变量之和 $\sum\limits_{k=1}^{n}\xi_k$ 的标准化变量

$$\zeta_n=\frac{\sum\limits_{k=1}^{n}\xi_k-E\left(\sum\limits_{k=1}^{n}\xi_k\right)}{\sqrt{D\left(\sum\limits_{k=1}^{n}\xi_k\right)}}=\frac{\sum\limits_{k=1}^{n}\xi_k-\sum\limits_{k=1}^{n}a_k}{B_n}$$

的分布函数 $F_n(x)$对于任意 x,满足

$$\lim_{n\to\infty}F_n(x)=\lim_{n\to\infty}P\left\{\frac{\sum\limits_{k=1}^{n}\xi_k-\sum\limits_{k=1}^{n}a_k}{B_n}<x\right\}=\int_{-\infty}^{x}\frac{1}{\sqrt{2\pi}}e^{-t^2/2}dt=F_{0,1}(x).$$

定理 2 表明,在定理的条件下,当 n 很大时,随机变量

$$\zeta_n=\frac{\sum\limits_{k=1}^{n}\xi_k-\sum\limits_{k=1}^{n}a_k}{B_n}$$

近似地服从标准正态分布 $N(0,1)$. 由此,当 n 很大时,$\sum\limits_{k=1}^{n}\xi_k=B_n\zeta_n+\sum\limits_{k=1}^{n}a_k$ 近似地服从正态分布 $N\left(\sum\limits_{k=1}^{n}a_k,B_n^2\right)$. 这就是说,无论各个随机变量 $\xi_k(k=1,2,\cdots)$ 服从什么分布,只要满足定理的条件,那么它们的和 $\sum\limits_{k=1}^{n}\xi_k$ 当 n 很大时,就近似地服从正态分布. 这就是为什么正态随机变量在概率论中占有重要地位的一个基本原因.

在很多问题中,所考虑的随机变量可以表示成很多个独立的随机变量之和. 例如,在任一指定时刻,一个城市的耗电量是大量用户耗电量的总和;一个物理实验的测量误差是由许多观察不到的、可加的微小误差所合成的,它们往往近似地服从正态分布.

下面是定理 1 的特殊情形.

定理 3(棣莫弗(De Moivre)-拉普拉斯(Laplace)定理)　设 $\eta_n\sim B(n,\ p)$,其中 $0<p<1$,$n=1,2,\cdots$,则对任意的实数 x,恒有

$$\lim_{n\to\infty}P\left\{\frac{\eta_n-np}{\sqrt{np(1-p)}}<x\right\}=\int_{-\infty}^{x}\frac{1}{\sqrt{2\pi}}e^{-\frac{t^2}{2}}dt.\tag{3}$$

证　因为 $\eta_n\sim B(n,p)$,所以存在随机变量 $\xi_1,\xi_2,\cdots,\xi_n$ 相互独立且服从同一(0-1)分布

ξ_i	0	1
P	$1-p$	p

$(i=1,2,\cdots,n;\ 0<p<1)$,

使得
$$\eta_n = \sum_{i=1}^{n} \xi_i.$$
由于 $E(\xi_i)=p$, $D(\xi_i)=p(1-p)$,所以(1)式成为
$$\zeta_n = \frac{\eta_n - np}{\sqrt{np(1-p)}},$$
于是,由定理 1 得,对于任意的实数 x,恒有
$$\lim_{n\to\infty} P\left\{\frac{\eta_n - np}{\sqrt{np(1-p)}} < x\right\} = \lim_{n\to\infty} P\{\zeta_n < x\} = \int_{-\infty}^{x} \frac{1}{\sqrt{2\pi}} e^{-\frac{t^2}{2}} dt,$$
所以(3)式成立. **证毕**

由定理 3 知,如果 $\xi \sim B(n,p)$,则当 n 很大时,有
$$P\left\{\frac{\xi - np}{\sqrt{np(1-p)}} < x\right\} \approx \int_{-\infty}^{x} \frac{1}{\sqrt{2\pi}} e^{-\frac{t^2}{2}} dt = F_{0,1}(x), \tag{4}$$
即近似地有
$$\frac{\xi - np}{\sqrt{np(1-p)}} \sim N(0,1),$$
于是有
$$P\left\{a \leqslant \frac{\xi - np}{\sqrt{np(1-p)}} < b\right\} \approx F_{0,1}(b) - F_{0,1}(a). \tag{5}$$

从而可知,利用棣莫弗-拉普拉斯中心极限定理,可简化二项分布中当 n 很大时的概率计算问题.

例 1 设某单位有 200 台内部电话机,在一般情况下,每台电话机约有 1% 的概率使用外线.若各台电话机是否使用外线是相互独立的,求在一般情况下,该单位使用外线的电话机台数不超过 3 的概率.

解 将观察 200 台电话机是否使用外线看成 200 次独立重复试验,在每次试验中,"使用外线"事件出现的概率为 $p=0.01$,那么 200 台电话机中使用外线的台数 $\xi \sim B(n,p)$,其中 $n=200$,$p=0.01$.问题是求 $P\{0 \leqslant \xi \leqslant 3\}$.因为 $n=200$ 已很大,所以由棣莫弗-拉普拉斯中心极限定理,并查标准正态分布函数值表(附表 2),得
$$\begin{aligned}
P\{0 \leqslant \xi \leqslant 3\} &= P\left\{\frac{0-np}{\sqrt{np(1-p)}} \leqslant \frac{\xi-np}{\sqrt{np(1-p)}} \leqslant \frac{3-np}{\sqrt{np(1-p)}}\right\} \\
&= P\left\{\frac{0-200\times 0.01}{\sqrt{200\times 0.01\times 0.99}} \leqslant \frac{\xi-np}{\sqrt{np(1-p)}} \leqslant \frac{3-200\times 0.01}{\sqrt{200\times 0.01\times 0.99}}\right\} \\
&= P\left\{-1.421 \leqslant \frac{\xi-np}{\sqrt{np(1-p)}} \leqslant 0.711\right\} \\
&\approx F_{0,1}(0.711) - F_{0,1}(-1.421)
\end{aligned}$$

$$= F_{0,1}(0.711) - 1 + F_{0,1}(1.421)$$
$$= 0.7611 - 1 + 0.9222 = 0.6833.$$

例 2　某车间有 200 台独立工作的车床，因换料、检修等原因，每台车床的开工率仅有 60%，开工时消耗电能各为 3 kW. 问至少要供给这个车间多少电力才能以 99.9% 的概率保证这个车间正常生产？

解　将考察一台车床是否开工视为一次试验，A 表示“车床开工”事件，则 200 台车床中开工的车床数 $\xi \sim B(200, 0.6)$.

因为这个车间须供电的千瓦数与这个车间里同时工作的车床台数成正比(比例系数为 3)，所以要以 99.9% 的概率保证供电，就是要找出一个正数 N，使得

$$P\{\xi \leqslant N\} \geqslant 0.999.$$

由于 $n=200$ 较大且 $\xi \sim B(200, 0.6)$，所以可用棣莫弗-拉普拉斯中心极限定理求出 N 的值. 因 $n=200, p=0.6, np=120, \sqrt{np(1-p)}=\sqrt{48}$，所以有

$$\begin{aligned} P\{\xi \leqslant N\} &= P\{0 \leqslant \xi \leqslant N\} = P\left\{\frac{0-np}{\sqrt{np(1-p)}} \leqslant \frac{\xi - np}{\sqrt{np(1-p)}} \leqslant \frac{N-np}{\sqrt{np(1-p)}}\right\} \\ &\approx F_{0,1}\left(\frac{N-np}{\sqrt{np(1-p)}}\right) - F_{0,1}\left(\frac{0-np}{\sqrt{np(1-p)}}\right) = F_{0,1}\left(\frac{N-120}{\sqrt{48}}\right) - F_{0,1}\left(\frac{0-120}{\sqrt{48}}\right) \\ &\approx F_{0,1}\left(\frac{N-120}{\sqrt{48}}\right) - F_{0,1}(-17.32) \approx F_{0,1}\left(\frac{N-120}{\sqrt{48}}\right) - 0. \end{aligned}$$

由 $F_{0,1}\left(\frac{N-120}{\sqrt{48}}\right) \geqslant 0.999$，查标准正态分布表(附表 2)，得

$$\frac{N-120}{\sqrt{48}} \geqslant 3.1,$$

所以
$$N \geqslant 141.$$

这就是说，多于 141 台车床同时工作的概率只有 0.001. 所以，至少向这个车间供电

$$3 \times 141 = 423(\mathrm{kW})$$

才能以 99.9% 的概率保证正常生产.

至此，我们看到，中心极限定理不仅从理论上说明了客观现象中正态分布变量广泛的原因，而且也为解决实际问题提供了很好的计算方法. 在数理统计部分，还将看到中心极限定理在大样本统计推断中有着极为重要的意义.

习　题　5-3

1. 某种产品的不合格率为 0.005，从中任取 10 000 件，问不合格品不多于 70 件的概率等于多少？

2. 某个复杂系统由 100 个相互独立的子系统组成,已知在系统运行期间,每个子系统失效的概率为 0.1,如果失效的子系统超过 15 个,则总系统便自动停止运行.求总系统未自动停止运行的概率.

3. 某厂生产的螺丝钉的不合格率为 0.01,问一盒中应装多少个才能使其中含有 100 个合格品的概率不小于 0.95?

4. 某单位设置一电话总机,共有 200 架电话机,设每架电话机有 5%的时间要使用外线通话,假定每架电话机是否使用外线通话是相互独立的.问总机至少要安装多少条外线,才能以 90%以上的概率保证每架电话机用外线时可供使用?

第六章　样本与抽样分布

从这一章起介绍数理统计. 数理统计是研究大量随机现象的统计规律性的，它是以概率论为理论基础，根据试验或观测得到的数据来研究随机现象，对研究对象的客观规律性做出种种合理的估计和推断.

数理统计的内容包括：如何收集、整理数据资料；如何对所收集的数据资料进行分析研究，从而对所研究对象的性质、特点做出推断. 后者就是统计推断问题，本书只介绍统计推断的基本内容.

第一节　几个基本概念

在概率论部分中我们给出了随机变量的概念，实践中经常遇到求随机变量的概率分布或数字特征这类问题. 如何才能知道或大体上知道一个随机变量的概率分布或数字特征呢？看下面的问题.

某厂生产一批灯泡，由于种种随机因素的影响，即使这批灯泡的生产条件相同，其使用寿命也是不同的，因此灯泡寿命是一个随机变量，现从使用寿命这个指标来衡量它们的质量. 如何确定这批灯泡的平均寿命与使用时数长短的相差程度？最简单的办法就是逐个测试，但这是破坏性试验，用这种办法一旦得到所需的数据，灯泡也就全部报废了，从而也就失去了检查的意义. 可行的办法只能是从整批灯泡中选取一小部分灯泡做寿命试验，然后根据所得到的数据来推断整批灯泡的寿命情况，以解决所提出的问题.

即使是非破坏性试验，例如，测量一车床加工的螺丝直径，由于随机因素的影响，螺丝直径是一随机变量. 如何确定这些螺丝的平均直径与直径长短的相差程度？由于螺丝数量太大，逐个检查也是不可能的，所以也只能选取一部分螺丝作检查，然后分析所得的结果，以了解整批螺丝直径的情况.

可以看出解决上述问题的基本方法是从研究对象的全体中抽取一小部分来进行试验或观测，根据所得到的数据对研究对象的全体来进行推断，也就是从局部来推断整体.

由于局部是整体的一部分，故在某种程度上局部的特性能反映整体的特性，但又不能完全精确无误地反映整体的特性，这就涉及两个问题：一是如何从整体中抽取这一小部分，抽多少；二是对抽取的这一小部分的试验观测结果（一批数据）如何进行合理的分析，去掉那些由于数据不足所引起的随机干扰，找出实质性的东西，对整体做出科学推断. 第一个问题是抽样方法问题，即所谓试验设计问题；第二个问题是数据处理问题，即所谓统计推断问题. 其实，研究抽样方法问题时,仍要涉及统计推断的问题,这是因为一个试验设计是否好,将取决于从该试验方法(譬如抽样方法)所获得的数据是否好处理以及能否引出科学的结论,故后者是一个更为基本的问题,这里我们将着重讨论后者.

一、总体与样本

在数理统计中,把所研究对象的某一数量指标的全体称为**总体**,把组成总体的每个基本元素称为**个体**.实际问题中,我们关心的常常是研究对象的某个数量指标(如灯泡寿命,螺丝直径).因此当把总体与一批产品相联系时,总体并非笼统地指这批产品本身的全体,而是指这批产品的某个数量指标的全体.例如,一批灯泡,各灯泡使用寿命的全体可看做是一个总体,每一灯泡的使用寿命就是一个个体;又如,为了解某厂某天所生产滚珠的直径的情况,则这一天生产的所有滚珠的直径便构成了我们所研究的全部对象,该天生产的所有滚珠的直径就是总体,每一滚珠的直径便是个体.要注意总体和个体的概念是相对的,应视每一次研究任务而定,如果任务是研究第二季度的三个月中每天所生产滚珠的平均直径的变化情况,则总体就是九十一天中每天所生产滚珠的平均直径的全体,个体就是某天所生产滚珠的平均直径.

总体中所含个体的数目,可以是很小的有限数,也可以是很大的数,甚至可以是无限大.例如,批量为 1000 的一批零件的长度形成一有限总体,而在一道工序下,源源不断地生产这种零件,我们把在相同条件下生产的这种零件长度的全体说成是无限总体.有时也把所含个体数目很大的总体视为无限总体.

实际问题中,我们所关心的是研究对象的某一数量指标及其在总体中的分布情况.就此数量指标而言,每个个体所取得的值是不同的.从总体中任取一个个体,其值不能预先确定,因而这个数量指标是一个随机变量,我们用 ξ 来表示.这样总体就是某个随机变量 ξ 可能取值的全体,而每个个体的数量指标就是随机变量 ξ 的某一取值,所谓总体的分布就是指数量指标 ξ 的分布.所以,我们干脆把每一个总体用一个随机变量来代表.例如,把一批灯泡寿命的全体这个总体说成是随机变量 ξ,每个灯泡的寿命是 ξ 的一个取值,ξ 的概率分布就是这批灯泡寿命取值的分布.

从总体中随机抽取的 n 个个体 $\xi_1,\xi_2,\cdots,\xi_n$ 称为总体 ξ 的**样本**(或叫**子样**),n 称为样本的**容量**.由于每个 $\xi_i\,(i=1,2,\cdots,n)$ 都是从总体 ξ 中随机抽取的,究竟取得什么值,抽前不能准确预言,因此每个 $\xi_i\,(i=1,2,\cdots,n)$ 都是一个随机变量.然而 $\xi_1,\xi_2,\cdots,\xi_n$ 在一次抽取后,却得一组具体的数值,记做 $x_1,x_2,\cdots,x_n$,称做**样本观测值**,简称**样本值**.今后,以 $\xi_1,\xi_2,\cdots,\xi_n$ 表示 n 个随机变量,以 $x_1,x_2,\cdots,x_n$ 表示样本值.在一次具体抽取之后,$x_1,x_2,\cdots,x_n$ 都是具体的数值,但在两次抽取中得到的两批数据一般是不同的.

例 某厂在一定条件下生产某种保险丝 1000 根,为了解这批保险丝的熔化时间是否符合标准,从中抽 15 根检验,测得熔化时间(单位:小时)为

0.42　0.65　0.75　0.78　0.87　0.42　0.45　0.68

0.72　0.90　0.19　0.34　0.80　0.81　0.77.

这里，总体 ξ 是 1000 根保险丝熔化时间的全体，上述 15 根保险丝的熔化时间结果，是从总体 ξ 中取得的一个具体样本，即样本值，容量 n 为 15.

我们的任务是根据样本 $\xi_1,\xi_2,\cdots,\xi_n$ 或样本值 $x_1,x_2,\cdots,x_n$ 来对总体 ξ 的分布及数字特征进行估计、推断，这就要求所抽取的样本值尽可能地有代表性，而代表性又怎样体现呢？可以这样具体化：

(1) 随机性：即每个个体被抽得的机会是均等的；

(2) 独立性：从中抽取一个个体后，总体的成分不变.

满足上述两个条件的抽样称为**简单随机抽样**. 由条件(1)，ξ_1 可能取的值与总体 ξ 可能取的值是完全一样的，个体 ξ_1 与总体 ξ 有相同的概率分布. 由条件(2)，抽取 ξ_1 没有改变总体的成分，因此第二次抽样的结果 ξ_2 可能取的值也与 ξ 完全一样，其概率分布也与总体 ξ 相同. 同样道理，重复抽取 $\xi_3,\xi_4,\cdots,\xi_n$ 时，$\xi_3,\xi_4,\cdots,\xi_n$ 也是与总体 ξ 有相同概率分布的随机变量，且 $\xi_1,\xi_2,\cdots,\xi_n$ 是一组相互独立的随机变量.

所以，由简单随机抽样得到的样本 $\xi_1,\xi_2,\cdots,\xi_n$，其本质特征是各个体 $\xi_i\,(i=1,2,\cdots,n)$ 相互独立，且与总体 ξ 有相同的概率分布.

由简单随机抽样得到的样本，称**简单随机样本**，简称**样本**. 今后我们所涉及的样本都是简单随机样本. 怎样才能得到简单随机样本呢？采用有放回的抽取方法所得到的样本显然是简单随机样本. 但对于产品的抽样来说，作有放回抽取有时不方便，尤其是破坏性试验，不可能作有放回抽取. 如测试灯泡的使用寿命，不能将已坏的灯泡放回. 实际中，只要抽取的样本容量 n 相对于总体来说很小时(例如 1000 件，抽取 15 件)，则可以把无放回抽取的样本看成简单随机样本.

由上讨论知，所谓总体即是一个随机变量 ξ，所谓样本(简单随机样本)即是 n 个相互独立且与总体 ξ 具有相同概率分布的随机变量 $\xi_i\,(i=1,2,\cdots n)$. 从整体上看 $\xi_1,\xi_2,\cdots,\xi_n$ 为 n 维随机变量 $(\xi_1,\xi_2,\cdots,\xi_n)$. 样本 $(\xi_1,\xi_2,\cdots,\xi_n)$ 的所有可能取值的全体称为**样本空间**. 样本的一次观测值就是样本空间的一个点. 由多维随机变量的分布性质知，若总体 ξ 的分布函数为 $F(x)$，则 $(\xi_1,\xi_2,\cdots,\xi_n)$ 的联合分布为

$$F(x_1,x_2,\cdots,x_n)=F(x_1)F(x_2)\cdots F(x_n)=\prod_{i=1}^{n}F(x_i),$$

其联合分布密度为

$$f(x_1,x_2,\cdots,x_n)=f(x_1)f(x_2)\cdots f(x_n)=\prod_{i=1}^{n}f(x_i)$$

(总体 ξ 为连续型随机变量时，$f(x)$ 是 ξ 的分布密度)，或

$$P\{\xi_1=x_1,\xi_2=x_2,\cdots,\xi_n=x_n\}=P\{\xi_1=x_1\}P\{\xi_2=x_2\}\cdots P\{\xi_n=x_n\}$$

$$= \prod_{i=1}^{n} P\{\xi_i = x_i\} = \prod_{i=1}^{n} p(x_i)$$

(总体 ξ 为离散型随机变量时,$P\{\xi=x\}=p(x)$是 ξ 的分布列).

二、统计量

数理统计主要是研究怎样由样本 $\xi_1,\xi_2,\cdots,\xi_n$ 来推断总体 ξ. 样本是总体的代表和反映,但不能直接用样本对总体进行推断,而是需要先对样本进行"加工",把样本中所含有关总体的信息集中起来,针对不同的问题构造出样本的某种函数,然后再去进行统计推断.

定义 设 $\xi_1,\xi_2,\cdots,\xi_n$ 是总体 ξ 的样本,$f(\xi_1,\xi_2,\cdots,\xi_n)$是 $\xi_1,\xi_2,\cdots,\xi_n$ 的函数,若 f 中不含未知参数,则称 $f(\xi_1,\xi_2,\cdots,\xi_n)$为一个**统计量**. 如果 $x_1,x_2,\cdots,x_n$ 是样本 $\xi_1,\xi_2,\cdots,\xi_n$ 的样本值,则 $f(x_1,x_2,\cdots,x_n)$是 $f(\xi_1,\xi_2,\cdots,\xi_n)$的一个取值.

例如,设 $\xi_1,\xi_2,\cdots,\xi_n$ 是从分布密度为 $N(\mu,\sigma^2)$的正态总体中抽取的一个样本,其中参数 μ,σ^2 未知,则 $\bar{\xi} = \frac{1}{n}\sum_{i=1}^{n}\xi_i$ 是样本的函数,它不含任何未知参数,因此是一个统计量. 但 $\sum_{i=1}^{n}\frac{(\xi_i-\bar{\xi})^2}{\sigma^2}$ 不是统计量,因为其中含有未知参数 σ^2.

下面列出几个常用统计量. 设 $\xi_1,\xi_2,\cdots,\xi_n$ 是来自总体 ξ 的一个样本,$x_1,x_2,\cdots,x_n$ 是这一样本的观测值.

1. 样本平均值

称 $\xi_1,\xi_2,\cdots,\xi_n$ 的算术平均值为**样本平均值**,记为$\bar{\xi}$,即

$$\bar{\xi} = \frac{1}{n}\sum_{i=1}^{n}\xi_i,$$

而$\bar{x} = \frac{1}{n}\sum_{i=1}^{n}x_i$ 是$\bar{\xi}$的一个取值.

关于样本平均值有两个重要结果,即

推论 1 无论 ξ 服从什么分布都有

$$E(\bar{\xi}) = E(\xi), \tag{1}$$

$$D(\bar{\xi}) = \frac{D(\xi)}{n}. \tag{2}$$

证 由于样本 $\xi_1,\xi_2,\cdots,\xi_n$ 相互独立,且与总体 ξ 同分布,根据数学期望与方差的性质,有

$$E(\bar{\xi}) = E\left(\frac{1}{n}\sum_{i=1}^{n}\xi_i\right) = \frac{1}{n}E\left(\sum_{i=1}^{n}\xi_i\right)$$

$$= \frac{1}{n}\sum_{i=1}^{n}E(\xi_i) = \frac{1}{n}\sum_{i=1}^{n}E(\xi) = \frac{1}{n}nE(\xi) = E(\xi),$$

$$D(\bar{\xi}) = D\left(\frac{1}{n}\sum_{i=1}^{n}\xi_i\right) = \frac{1}{n^2}\sum_{i=1}^{n}D(\xi_i) = \frac{1}{n^2}\sum_{i=1}^{n}D(\xi)$$
$$= \frac{1}{n^2}nD(\xi) = \frac{D(\xi)}{n}.$$
证毕

样本平均值带来了总体取值的平均信息，式(1)说明统计量$\bar{\xi}$围绕总体ξ的数学期望取值，$\bar{\xi}$取值的均值正好是$E(\xi)$，故常用$\bar{\xi}$作为总体ξ的数学期望的近似值. 式(2)说明$\bar{\xi}$的取值比ξ的取值集中.

2. 样本方差

称
$$S^2 = \frac{1}{n-1}\sum_{i=1}^{n}(\xi_i - \bar{\xi})^2$$
为**样本方差**，称
$$S = \sqrt{\frac{1}{n-1}\sum_{i=1}^{n}(\xi_i - \bar{\xi})^2}$$
为**样本均方差**(或**样本标准差**). 而 $s^2 = \frac{1}{n-1}\sum_{i=1}^{n}(x_i - \bar{x})^2$ 是 S^2 的一个取值.

推论 2 设 $E(\xi)=\mu, D(\xi)=\sigma^2$，则有
$$E(S^2)=\sigma^2. \tag{3}$$

证 事实上，
$$E(S^2) = E\left[\frac{1}{n-1}\sum_{i=1}^{n}(\xi_i - \bar{\xi})^2\right] = E\left[\frac{1}{n-1}\left(\sum_{i=1}^{n}\xi_i^2 - n\bar{\xi}^2\right)\right]$$
$$= \frac{1}{n-1}\left[\sum_{i=1}^{n}E(\xi_i^2) - nE(\bar{\xi}^2)\right]$$
$$= \frac{1}{n-1}\left[\sum_{i=1}^{n}(\sigma^2 + \mu^2) - n\left(\frac{\sigma^2}{n} + \mu^2\right)\right] = \sigma^2.$$
故样本方差反映了总体的偏离程度，常用其作为总体方差的近似值.

3. 样本矩

称
$$A_k = \frac{1}{n}\sum_{i=1}^{n}\xi_i^k, \quad k = 1,2,\cdots$$
为**样本 k 阶原点矩**，简称**样本矩**.

特别地，样本平均值是样本矩在 $k=1$ 时的特殊情况.

称
$$B_k = \frac{1}{n}\sum_{i=1}^{n}(\xi_i - \bar{\xi})^k, \quad k = 2,3,\cdots$$
为**样本 k 阶中心矩**.

习 题 6-1

1. 试举一实例说明总体、样本、样本容量、样本值等概念.

2. 什么是简单随机样本?

3. 什么是统计量?统计量是随机变量吗?

4. 设 $\xi_1,\xi_2,\cdots,\xi_n$ 是总体 ξ 的样本,且知 $\xi\sim N(\mu,\sigma^2)$,其中 μ 未知,σ^2 已知.问

$$\xi_2+2\mu,\quad \frac{\sum\limits_{i=1}^{n}(\xi_i-\mu)^2}{\sigma^2},\quad \max\{\xi_1,\xi_2,\cdots,\xi_n\},\quad \frac{\sum\limits_{i=1}^{n}(\xi_i-\bar{\xi})^2}{\sigma^2}$$

都是统计量吗?

5. 设 $\xi_1,\xi_2,\cdots,\xi_n$ 是总体 ξ 的样本,问样本平均值 $\bar{\xi}=\dfrac{1}{n}\sum\limits_{i=1}^{n}\xi_i$ 与 $E(\xi)$ 有何异同?

6. 设由样本 $\xi_1,\xi_2,\cdots,\xi_n$ 得到一个容量为 10 的样本值

4.0　4.5　2.0　1.0　1.5　3.5　4.5　6.5　5.0　3.5,

分别计算样本平均值 $\bar{x}$ 及样本方差 s^2.

第二节　分布密度和分布函数的近似求法

数理统计中常会遇到这样的问题:如何利用总体 ξ 的一组样本值 $x_1,x_2,\cdots,x_n$ 近似地求出总体 ξ 的分布密度或分布函数.现介绍近似求分布密度的图解法——**直方图法**.其步骤是:

第一步,把所得的样本值进行分组:

(1) 找出样本值 $x_1,x_2,\cdots,x_n$ 中的最小值和最大值,且分别记为 x_1^*,x_n^*;

(2) 适当地选取 a,b,使 a 略小于 x_1^*,b 略大于 x_n^*,再将区间 $[a,b]$ 进行 $m+1$ 等分,得

$$a=t_0<t_1<t_2\cdots<t_m<t_{m+1}=b,$$

其中

$$t_{i+1}-t_i=\frac{b-a}{m+1}\quad(i=0,1,\cdots,m),$$

m 的大小视样本容量 n 而定,当 n 较小时,m 也应小些,n 较大时,m 也应大些(一般若数据有 100 个以上,m 应取 10 以上,若数据不超过 100 个,m 可取 5 或 6,但不得小于 5);

(3) 数出样本值落在区间 $(t_i,t_{i+1}]$ 中的个数,记为 $v_i(i=0,1,2,\cdots,m)$.

第二步,算出样本值落入每个区间 $(t_i,t_{i+1}]$ 的频率 f_i:

$$f_i=\frac{v_i}{n}\quad(i=0,1,\cdots,m).$$

由于随机抽取一个个体,可看做是一次试验,个体取值落入区间 $(t_i,t_{i+1}]$ 当然是一个随机

事件. 现抽取了 n 个个体，即做了 n 次试验，而该随机事件共发生了 v_i 次，故 $f_i=\frac{v_i}{n}$ 是样本值落入区间 $(t_i,t_{i+1}]$ 的频率.

第三步，作直方图：

在 Oxy 坐标平面上，画一排竖立的长方形：对每个 $i(0\leqslant i\leqslant m)$，以 $[t_i,t_{i+1}]$ 为底，以 $y_i=\frac{f_i}{t_{i+1}-t_i}$ 为高，作长方形(见图 6-1).

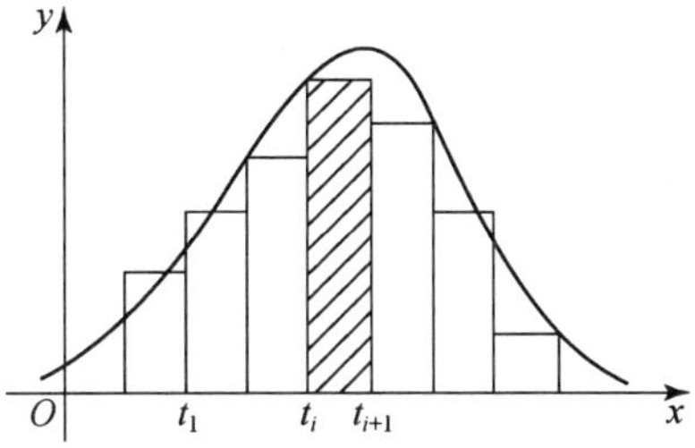

图　6-1

这种图在数理统计中叫做**直方图**，其中立在区间 $(t_i,t_{i+1}]$ 上的长方形的面积为

$$\Delta S_i=\frac{f_i}{t_{i+1}-t_i}(t_{i+1}-t_i)=f_i. \tag{1}$$

由概率的统计定义知，f_i 近似等于随机变量 ξ 落入区间 $(t_i,t_{i+1}]$ 的概率，即

$$f_i\approx P\{t_i<\xi\leqslant t_{i+1}\} \quad (i=0,1,\cdots,m).$$

回忆随机变量 ξ 的分布密度曲线的直观意义：ξ 在底边上取值的概率即为以 ξ 的分布密度函数曲线为曲边的曲边梯形的面积. 由此意义及(1)式知，经过每个立着的矩形的上边作曲线，此曲线即为 ξ 的分布密度曲线的大致样子. 明显地，样本容量 n 越大，分组越细，直方图就越接近分布密度曲线下的曲边梯形，因而直方图所提供的分布密度就更准确.

为了掌握以上步骤，我们先举一个例子.

例　某厂生产的涤纶，由于种种随机因素的影响，其纤度 ξ(表示纤维粗细程度的一个量度)是一个随机变量. 现抽得容量为 100 的样本值如下：

1.36	1.49	1.43	1.41	1.37	1.40	1.32	1.42	1.47	1.39
1.41	1.36	1.40	1.34	1.42	1.42	1.45	1.35	1.42	1.39
1.44	1.42	1.39	1.42	1.42	1.30	1.34	1.42	1.37	1.36
1.37	1.34	1.37	1.37	1.44	1.45	1.32	1.48	1.40	1.45
1.39	1.46	1.39	1.53	1.36	1.48	1.40	1.39	1.38	1.40
1.36	1.45	1.50	1.43	1.38	1.43	1.41	1.48	1.39	1.45

1.37	1.37	1.39	1.45	1.31	1.41	1.44	1.44	1.42	1.47
1.35	1.36	1.39	1.40	1.38	1.35	1.42	1.43	1.42	1.42
1.42	1.40	1.41	1.37	1.46	1.36	1.37	1.27	1.37	1.38
1.42	1.34	1.43	1.42	1.41	1.41	1.44	1.48	1.55	1.37

确定纤度的近似分布密度.

第一步,对上面的100个数据进行分组:

(1) 找出它们的最小值1.27,最大值1.55,其差为0.28;

(2) 取起点 $a=1.265$①,终点 $b=1.565$,共分为 $m+1=10$ 组②,组距为0.03;

(3) 分组.

第二步,统计频数,计算频率,如下表所示:

分　组	频　数	频　率
1.265～1.295	1	0.01
1.295～1.325	4	0.04
1.325～1.355	7	0.07
1.355～1.385	22	0.22
1.385～1.415	24	0.24
1.415～1.445	24	0.24
1.445～1.475	10	0.10
1.475～1.505	6	0.06
1.505～1.535	1	0.01
1.535～1.565	1	0.01
Σ	100	1.00

第三步,作直方图:取横轴 x 表示纤度,这里 $a=t_0=1.265, t_1=1.295, \cdots, t_9=1.535, t_{10}=1.565$,以组距 $t_{i+1}-t_i=0.03$ 为底,以 $f_i/0.03$ 为高在区间 $(t_i,t_{i+1}](i=0,1,\cdots,10)$ 上作长方形,得到本例直方图(见图6-2).

从图6-2可以看出,这条曲线很像是正态分布密度的曲线,如何根据数据判断 ξ 是否服从正态分布?解决这个问题的办法是用分布函数 χ^2 拟合检验法判断,可见第八章第四节.

① 为了不使数据成为分点,把分点的精度提高一位.

② 实际工作中,并不是所有情况都需等距分组,应视具体情况而定.

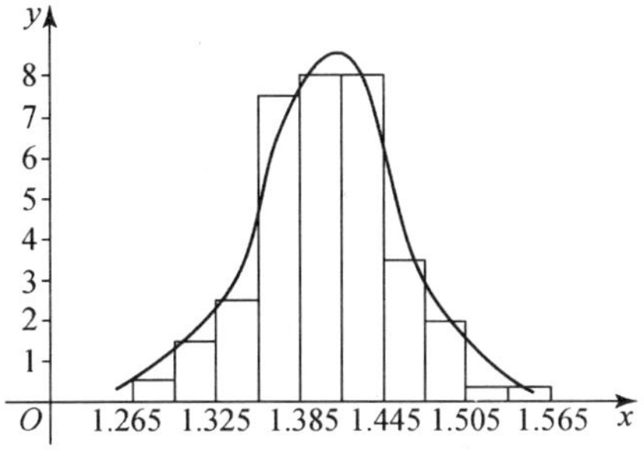

图　6-2

上面介绍的直方图法只适用于连续型随机变量. 下面介绍一种无论对离散型随机变量还是连续型随机变量都可以用的方法，就是根据 ξ 的样本做出 ξ 的分布函数的近似函数——**经验分布函数**.

设 $x_1,x_2,\cdots,x_n$ 是 ξ 的样本值，将它们按大小次序排列，得

$$x_1^*\leqslant x_2^*\leqslant\cdots\leqslant x_n^*,$$

令

$$F_n(x)=\begin{cases}0, & x\leqslant x_1^*,\\ \dfrac{k}{n}, & x_k^*<x\leqslant x_{k+1}^* \quad (k=1,2,\cdots,n-1),\\ 1, & x>x_n^*,\end{cases}$$

则 $F_n(x)$ 可能取的值为 $0,\dfrac{1}{n},\dfrac{2}{n},\cdots,\dfrac{n-1}{n},1$. 当 $x_k^*<x\leqslant x_{k+1}^*$ 时，$F_n(x)=\dfrac{k}{n}$，就是说“服从总体分布的随机变量 ξ 取小于 x 的值”这件事在 n 次重复独立试验中恰好出现 k 次（样本值 x_1,x_2 $\cdots,x_n$ 中恰好有 k 个值小于 x），即在这 n 次试验中，事件 $\{\xi<x\}$ 的频率为 $\dfrac{k}{n}$. 从频率和概率的关系知道，函数 $F_n(x)$ 可以作为未知分布函数的一个近似函数. 样本的容量越大，近似的程度越高. 称 $F_n(x)$ 为总体 ξ 的**经验分布函数**，$F_n(x)$ 的图形如图 6-3 所示.

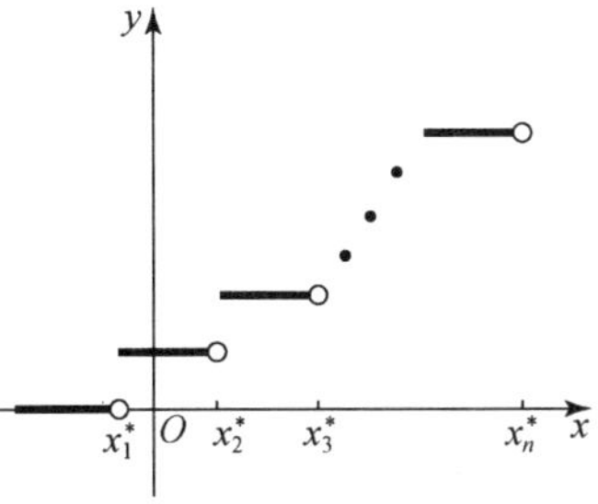

图　6-3

上面结果说明,当抽取的个体的个数很大时,在抽到的那部分个体中,所考虑的指标的分布情况,大至与总体中所考虑的指标的分布情况相同.

第三节 抽样分布

统计量是样本 $\xi_1,\xi_2,\cdots,\xi_n$ 的函数,而 $\xi_i(i=1,2,\cdots,n)$ 都是随机变量,所以统计量也是随机变量,也有其概率分布,统计量的概率分布称为**抽样分布**.这里介绍几个由正态分布引申出来的统计量的分布,它们是由于统计推断的需要提出来的.

一、$\bar{\xi}$ 的分布

定理 1 设总体 $\xi\sim N(\mu,\sigma^2)$,$\xi_1,\xi_2,\cdots,\xi_n$ 是 ξ 的样本,$\bar{\xi}=\dfrac{1}{n}\sum\limits_{i=1}^{n}\xi_i$ 是样本平均值,则

$$\bar{\xi}\sim N\left(\mu,\frac{\sigma^2}{n}\right), \tag{1}$$

$$Z=\frac{\bar{\xi}-\mu}{\sqrt{\sigma^2/n}}\sim N(0,1). \tag{2}$$

证 因为 $\xi_1,\xi_2,\cdots,\xi_n$ 相互独立,且都服从同一正态分布 $N(\mu,\sigma^2)$,由概率论的知识:相互独立的正态随机变量之和服从正态分布,即正态随机变量的线性函数也服从正态分布.由此可知,$\bar{\xi}=\dfrac{1}{n}\sum\limits_{i=1}^{n}\xi_i$ 服从正态分布.又因

$$E(\bar{\xi})=E(\xi)=\mu,\quad D(\bar{\xi})=\frac{D(\xi)}{n}=\frac{\sigma^2}{n},$$

所以

$$\bar{\xi}\sim N\left(\mu,\frac{\sigma^2}{n}\right).$$

将$\bar{\xi}$ 标准化,有

$$Z=\frac{\bar{\xi}-\mu}{\sqrt{\sigma^2/n}}\sim N(0,1).$$

证毕

二、χ^2 分布

定义 1 设随机变量 $\xi_1,\xi_2,\cdots,\xi_n$ 相互独立,且服从 $N(0,1)$,则称随机变量

$$\chi^2=\xi_1^2+\xi_2^2+\cdots+\xi_n^2$$

服从自由度为 n 的 χ^2 **分布**,记为 $\chi^2\sim\chi^2(n)$.

定义 1 中 n 是一个参数,它表示定义中相互独立的随机变量的个数,称其为**自由度**.可以求得 χ^2 分布的分布密度为

$$f_{\chi^2}(x)=\begin{cases}\dfrac{1}{2^{\frac{n}{2}}\Gamma\left(\dfrac{n}{2}\right)}x^{\frac{n}{2}-1}\mathrm{e}^{-\frac{x}{2}}, & x>0,\\ 0, & x\leqslant 0.\end{cases}$$

$f_{\chi^2}(x)$的图形如图 6-4 所示，其形状与 n 有关.

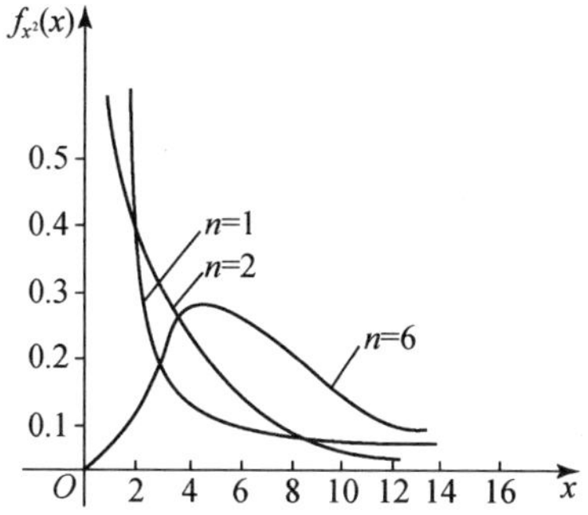

图　6-4

由于 $f_{\chi^2}(x)$的表达式较繁，直接用它计算概率较难，可查 χ^2 分布表. 对于给定的正数$\alpha(0<\alpha<1)$，可以根据自由度 n 查 χ^2 分布表(见附表 3)，求出满足等式

$$P\{\chi^2(n)>\chi^2_\alpha(n)\}=\int_{\chi^2_\alpha(n)}^{+\infty}f_{\chi^2}(x)\mathrm{d}x=\alpha$$

的点 $\chi^2_\alpha(n)$. 称 $\chi^2_\alpha(n)$为 χ^2 分布的**上 α 分位点**. 当 n 取定后，$\chi^2_\alpha(n)$由 α 确定，见图 6-5.

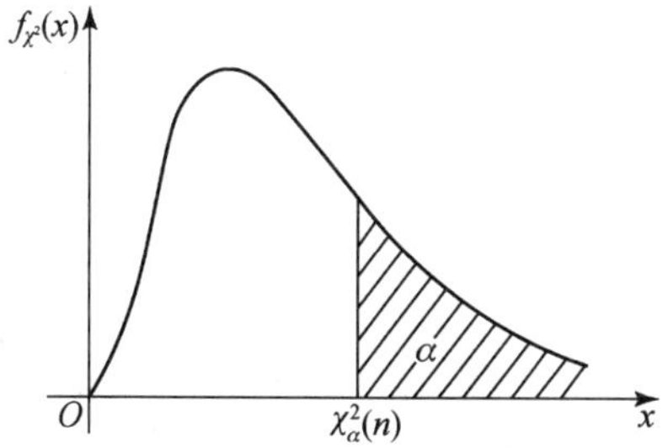

图　6-5

例如，给定 $\alpha=0.05$，$n=15$，查 χ^2 分布表(附表 3)得 $\chi^2_{0.05}(15)=25$，即

$$P\{\chi^2(15)>25\}=\int_{25}^{+\infty}f_{\chi^2}(x)\mathrm{d}x=0.05.$$

χ^2 分布具有可加性，设 $\chi^2_1(n_1)$，$\chi^2_2(n_2)$相互独立，则可证

$$\chi^2_1(n_1)+\chi^2_2(n_2)=\chi^2(n_1+n_2).$$

对于 χ^2 分布有如下重要定理.

定理 2 设总体 $\xi \sim N(\mu,\sigma^2)$，$\xi_1,\xi_2,\cdots,\xi_n$ 是 ξ 的样本，$\bar{\xi}=\frac{1}{n}\sum_{i=1}^{n}\xi_i$ 与 $S^2=\frac{1}{n-1}\sum_{i=1}^{n}(\xi_i-\bar{\xi})^2$ 分别是样本平均值与样本方差，则

(1) $\frac{(n-1)S^2}{\sigma^2}\sim\chi^2(n-1)$， (3)

(2) $\bar{\xi}$ 与 S^2 相互独立.

(证明从略)

三、t 分布

定义 2 设 $\xi\sim N(0,1)$，$\eta\sim\chi^2(n)$，且 ξ 与 η 相互独立，则称随机变量

$$t=\frac{\xi}{\sqrt{\eta/n}}$$

服从自由度为 n 的 t **分布**，记做 $t\sim t(n)$.

可以求得自由度为 n 的 t 分布的分布密度为

$$f_t(x)=\frac{\Gamma\left(\frac{n+1}{2}\right)}{\sqrt{n\pi}\,\Gamma\left(\frac{n}{2}\right)}\left(1+\frac{x^2}{n}\right)^{-\frac{n+1}{2}},\quad -\infty<x<+\infty.$$

$f_t(x)$ 的图形如图 6-6 所示，其形状与 n 有关. 图形类似于标准正态随机变量的分布曲线.

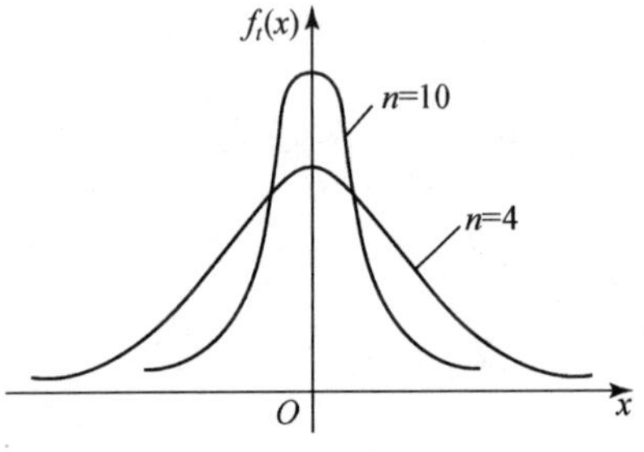

图 6-6

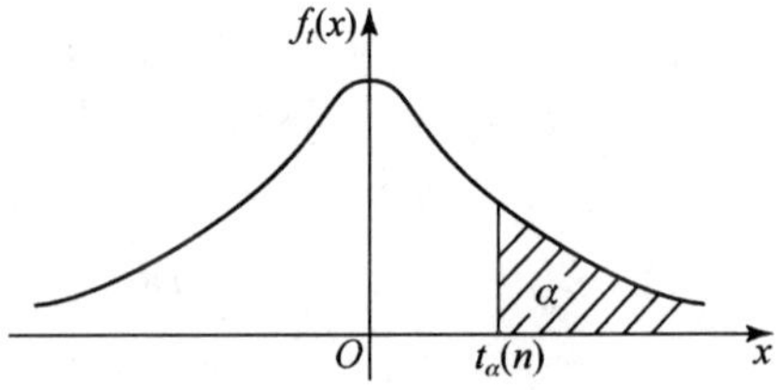

图 6-7

可以证明 $\lim\limits_{n\to\infty}f_t(x)=\frac{1}{\sqrt{2\pi}}e^{-\frac{x^2}{2}}$，故当 n 很大时(一般 $n>50$)，t 分布便近似于标准正态分布.

附表 4 给出了 t 分布表. 对于给定的正数 $\alpha(0<\alpha<1)$，可以根据自由度 n 查 t 分布表，求出满足等式

$$P\{t(n)>t_{\alpha}(n)\}=\int_{t_{\alpha}(n)}^{+\infty}f_t(x)\mathrm{d}x=\alpha$$

的点 $t_{\alpha}(n)$. 称 $t_{\alpha}(n)$ 为 t 分布的**上 α 分位点**. 当 n 取定后, $t_{\alpha}(n)$ 由 α 确定,见图 6-7.

例如,给定 $\alpha=0.05$, $n=10$,查 t 分布表得

$$t_{0.05}(10)=1.8125.$$

在实际应用中,常需由 n 及 α 求出满足等式 $P\{|t(n)|>t_{\alpha}'(n)\}=\alpha$ 的点 $t_{\alpha}'(n)$,根据 t 分布的分布密度曲线的对称性可得 $t_{\alpha}'(n)=t_{\frac{\alpha}{2}}(n)$.

例如,给定 $\alpha=0.05$, $n=10$,查 t 分布表(附表 4)得

$$t_{\frac{0.05}{2}}(10)=2.2281,$$

故

$$P\{|t(10)|>2.2281\}=0.05.$$

定理 3　设总体 $\xi\sim N(\mu,\sigma^2)$, $\xi_1,\xi_2,\cdots,\xi_n$ 是 ξ 的样本,则

$$\frac{\bar{\xi}-\mu}{\sqrt{S^2/n}}\sim t(n-1),\tag{4}$$

其中 $\bar{\xi}=\dfrac{1}{n}\sum\limits_{i=1}^{n}\xi_i$, $S^2=\dfrac{1}{n-1}\sum\limits_{i=1}^{n}(\xi_i-\bar{\xi})^2$.

证　由(2)式知

$$\frac{\bar{\xi}-\mu}{\sqrt{\sigma^2/n}}\sim N(0,1),$$

由定理 2 知

$$\frac{(n-1)S^2}{\sigma^2}\sim\chi^2(n-1),$$

且 $\bar{\xi}$ 与 S^2 相互独立,从而 $\dfrac{\bar{\xi}-\mu}{\sqrt{\sigma^2/n}}$ 与 $\dfrac{(n-1)S^2}{\sigma^2}$ 也相互独立,故由 t 分布的定义,有

$$\frac{\dfrac{\bar{\xi}-\mu}{\sqrt{\sigma^2/n}}}{\sqrt{\dfrac{(n-1)S^2}{\sigma^2}/(n-1)}}\sim t(n-1),$$

即

$$\frac{\bar{\xi}-\mu}{\sqrt{S^2/n}}\sim t(n-1).$$

证毕

定理 4　设总体 $\xi\sim N(\mu_1,\sigma^2)$, $\eta\sim N(\mu_2,\sigma^2)$, ξ 与 η 相互独立, $\xi_1,\xi_2\cdots,\xi_{n_1}$, $\eta_1,\eta_2,\cdots,\eta_{n_2}$ 分别为来自 ξ 和 η 的样本, $\bar{\xi}$ 与 S_1^2, $\bar{\eta}$ 与 S_2^2 分别是这两个样本的样本平均值和样本方差,则

$$\frac{\bar{\xi}-\bar{\eta}-(\mu_1-\mu_2)}{\sqrt{\dfrac{(n_1-1)S_1^2+(n_2-1)S_2^2}{n_1+n_2-2}}\sqrt{\dfrac{1}{n_1}+\dfrac{1}{n_2}}}\sim t(n_1+n_2-2).\tag{5}$$

特别地,当 $n_1=n_2=n$ 时,有

$$\frac{\bar{\xi}-\bar{\eta}-(\mu_1-\mu_2)}{\sqrt{\dfrac{S_1^2+S_2^2}{n}}}\sim t(2n-2). \tag{5'}$$

证 由定理 1 知

$$\bar{\xi}\sim N\left(\mu_1,\frac{\sigma^2}{n_1}\right),\quad \bar{\eta}\sim N\left(\mu_2,\frac{\sigma^2}{n_2}\right),$$

因而

$$\bar{\xi}-\bar{\eta}\sim N\left(\mu_1-\mu_2,\frac{\sigma^2}{n_1}+\frac{\sigma^2}{n_2}\right),$$

标准化后得

$$\frac{\bar{\xi}-\bar{\eta}-(\mu_1-\mu_2)}{\sqrt{\sigma^2\left(\dfrac{1}{n_1}+\dfrac{1}{n_2}\right)}}\sim N(0,1).$$

又由定理 2 知

$$\frac{(n_1-1)S_1^2}{\sigma^2}\sim\chi^2(n_1-1),\quad \frac{(n_2-1)S_2^2}{\sigma^2}\sim\chi^2(n_2-1),$$

再由 $\chi^2(n)$分布的可加性知

$$\frac{(n_1-1)S_1^2}{\sigma^2}+\frac{(n_2-1)S_2^2}{\sigma^2}\sim\chi^2(n_1+n_2-2).$$

根据 t 分布的定义有

$$\frac{\bar{\xi}-\bar{\eta}-(\mu_1-\mu_2)}{\sqrt{\sigma^2\left(\dfrac{1}{n_1}+\dfrac{1}{n_2}\right)}}\Bigg/\sqrt{\frac{(n_1-1)S_1^2+(n_2-1)S_2^2}{\sigma^2(n_1+n_2-2)}}\sim t(n_1+n_2-2),$$

即

$$\frac{\bar{\xi}-\bar{\eta}-(\mu_1-\mu_2)}{\sqrt{\dfrac{(n_1-1)S_1^2+(n_2-1)S_2^2}{n_1+n_2-2}}\sqrt{\dfrac{1}{n_1}+\dfrac{1}{n_2}}}\sim t(n_1+n_2-2).$$

证毕

四、F 分布

定义 3 设 $\xi\sim\chi^2(n_1)$，$\eta\sim\chi^2(n_2)$，且 ξ 与 η 相互独立，则称随机变量

$$F=\frac{\xi/n_1}{\eta/n_2}$$

服从自由度为(n_1,n_2)的 F **分布**，记做 $F\sim F(n_1,n_2)$.

可以求得 F 分布的分布密度为

$$f_F(x)=\begin{cases}\dfrac{\Gamma\left(\dfrac{n_1+n_2}{2}\right)}{\Gamma\left(\dfrac{n_1}{2}\right)\Gamma\left(\dfrac{n_2}{2}\right)}n_1^{\frac{n_1}{2}}\cdot n_2^{\frac{n_2}{2}}\dfrac{x^{\frac{n_1}{2}-1}}{(n_2+n_1x)^{\frac{n_1+n_2}{2}}}, & x\geqslant 0,\\ 0, & x<0,\end{cases}$$

其图形如图 6-8 所示.

附表 5 给出了 F 分布表. 对于给定的数 $\alpha(0<\alpha<1)$，可以根据自由度(n_1,n_2)查 F 分布表，求出满足等式

$$P\{F(n_1,n_2)>F_\alpha(n_1,n_2)\}=\int_{F_\alpha(n_1,n_2)}^{+\infty}f_F(x)\mathrm{d}x=\alpha$$

的点 $F_\alpha(n_1,n_2)$. 称 $F_\alpha(n_1,n_2)$为 F 分布的**上 α 分位点**. 当 n_1,n_2 取定后，$F_\alpha(n_1,n_2)$由 α 确定，见图 6-9.

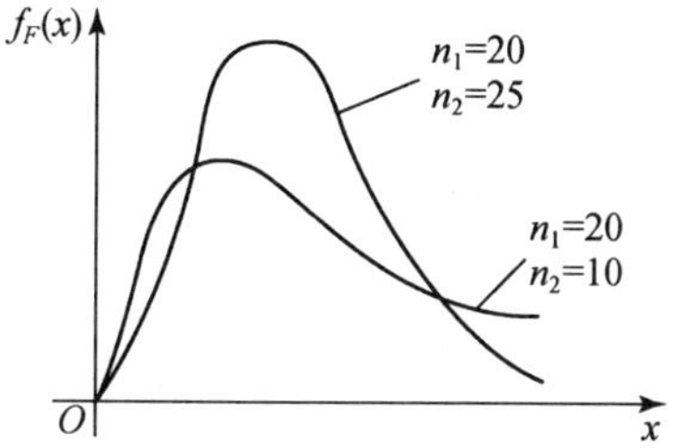

图 6-8

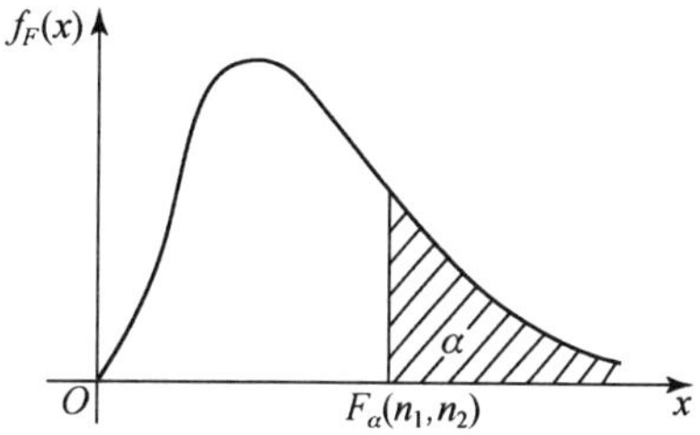

图 6-9

注意 (n_1,n_2)中左边 n_1 与右边 n_2 分别表示第一自由度与第二自由度，如果是(n_2,n_1)则表示第一自由度是 n_2，第二自由度是 n_1. 例如，$F_{0.05}(12,8)=2.85$，$F_{0.05}(8,12)=3.28$.

定理 5 设总体 $\xi\sim N(\mu_1,\sigma_1^2)$，$\eta\sim N(\mu_2,\sigma_2^2)$，$\xi$ 与 η 相互独立，$\xi_1,\xi_2,\cdots,\xi_{n_1}$，$\eta_1,\eta_2,\cdots,\eta_{n_2}$ 分别为来自 ξ 和 η 的样本，$\bar{\xi}$ 与 S_1^2，$\bar{\eta}$ 与 S_2^2 分别是这两个样本的样本平均值和样本方差，则

$$\frac{S_1^2/\sigma_1^2}{S_2^2/\sigma_2^2}\sim F(n_1-1,n_2-1). \tag{6}$$

证 由定理 2 知

$$\frac{(n_1-1)S_1^2}{\sigma_1^2}\sim\chi^2(n_1-1),\quad \frac{(n_2-1)S_2^2}{\sigma_2^2}\sim\chi^2(n_2-1),$$

两者相互独立，则由 F 分布的定义知

$$\frac{(n_1-1)S_1^2}{\sigma_1^2(n_1-1)}\bigg/\frac{(n_2-1)S_2^2}{\sigma_2^2(n_2-1)}\sim F(n_1-1,n_2-1),$$

即

$$\frac{S_1^2/\sigma_1^2}{S_2^2/\sigma_2^2}\sim F(n_1-1,n_2-1).$$

证毕

习 题 6-3

1. 设 $\xi_1,\xi_2,\cdots,\xi_n$ 是总体 ξ 的样本，$\bar{\xi}=\dfrac{1}{n}\sum_{i=1}^{n}\xi_i$，$S^2=\dfrac{1}{n-1}\sum_{i=1}^{n}(\xi_i-\bar{\xi})^2$，若

(1) $\xi\sim N(\mu,\sigma^2)$；

(2) ξ 服从参数为 p 的 0-1 分布；

(3) ξ 服从参数为 λ 的指数分布.

分别求：$E(\bar{\xi})$，$D(\bar{\xi})$，$E(S^2)$.

2. 设总体 $\xi\sim N(12,2^2)$，$\xi_1,\xi_2,\cdots,\xi_5$ 是 ξ 的样本，求：

(1) $\bar{\xi}$ 服从的分布； (2) $P\{\bar{\xi}>13\}$.

3. 设总体 $\xi\sim N(20,3)$，求总体的容量分别为 10，15 的两独立样本均值差的绝对值大于 0.3 的概率.

4. 设 $\xi_1,\xi_2,\cdots,\xi_{10}$ 是总体 $\xi\sim N(0,0.3^2)$ 的一个样本，求 $P\left\{\sum_{i=1}^{10}\xi_i^2>1.845\right\}$.

5. 查相应附表求下列诸值：

(1) $t_{0.05}(6)$，$t_{0.10}(10)$； (2) $\chi^2_{0.05}(13)$，$\chi^2_{0.95}(15)$；

(3) $F_{0.05}(5,8)$，$F_{0.05}(8,5)$.

6. 已知 $X\sim t(n)$，求证 $X^2\sim F(1,n)$.

第七章　参 数 估 计

数理统计的核心内容是统计推断，参数估计和假设检验是统计推断的两种基本方法，本章介绍参数估计.

我们知道，随机变量的概率特征由分布函数来刻画，然而分布函数常常含有一个或多个参数. 在实际问题中，我们通过实践或理论推导常能大致确定随机变量的分布类型，只是不知道其中的参数. 为此需要根据样本所提供的信息，构造适当的统计量，对未知参数做出估计，这样的问题称为参数的估计问题. 有些实际问题中，对所涉及的总体 ξ 的分布并不知道，这时，为了了解 ξ 的分布情况，需要对 ξ 的数字特征，如数学期望、方差作出估计. 由于随机变量的数字特征与分布中的参数紧密联系，因此对数字特征的估计问题，也称参数估计问题. 参数估计分点估计与区间估计两种.

第一节　点 估 计

设总体 ξ 的待估计参数为 θ，由样本 $\xi_1,\xi_2,\cdots,\xi_n$ 构造适当的统计量 $\hat{\theta}=\hat{\theta}(\xi_1,\xi_2\cdots,\xi_n)$，用 $\hat{\theta}$ 来估计 θ，称 $\hat{\theta}$ 为 θ 的**估计量**. $\hat{\theta}$ 的取值 $\hat{\theta}=\hat{\theta}(x_1,x_2\cdots,x_n)$ 称为 θ 的**估计值**，仍用记号 $\hat{\theta}$ 表示，一般不加区别，在不至于混淆的情况下统称估计量与估计值为估计. 于是点估计的问题就是寻找一个待估计参数 θ 的估计量 $\hat{\theta}(\xi_1,\xi_2\cdots,\xi_n)$ 的问题.

若总体的未知参数有 k 个：$\theta_1,\theta_2,\cdots,\theta_k$，则要构造 k 个不同的统计量 $\hat{\theta}_i=\hat{\theta}_i(x_1,x_2\cdots,x_n)$，$(i=1,2,\cdots,k)$ 分别作为 θ_i 的点估计量.

一、矩估计法

设有总体 ξ，$\xi_1,\xi_2,\cdots,\xi_n$ 是来自总体的样本，若 $E(\xi^k)$ 存在，则称 $E(\xi^k)$ $(k=1,2,\cdots)$ 为**总体 k 阶原点矩**，简称**总体矩**；称 $A_k=\dfrac{1}{n}\sum\limits_{i=1}^{n}\xi_i^k$ 为**样本 k 阶原点矩**，简称**样本矩**.

若总体 ξ 的 k 阶矩 $E(\xi^k)$ 存在，则因 $\xi_1,\xi_2,\cdots,\xi_n$ 相互独立且与总体同分布，故 $\xi_1^k,\xi_2^k,\cdots,\xi_n^k$ 相互独立且与 ξ^k 同分布，故有 $E(\xi^k)=E(\xi_1^k)=E(\xi_2^k)=\cdots=E(\xi_n^k)$. 由第五章辛钦定理知，$A_k=\dfrac{1}{n}\sum\limits_{i=1}^{n}\xi_i^k$ 依概率收敛于 $E(\xi^k)$，即

$$A_k=\frac{1}{n}\sum_{i=1}^{n}\xi_i^k\xrightarrow{P}E(\xi^k).$$

若 g 为连续函数,由第五章中关于依概率收敛序列的性质知

$$g(A_1,A_2,\cdots,A_k)\xrightarrow{P}g(E(\xi),E(\xi^2),\cdots,E(\xi^k)).$$

由上述结论知,样本矩依概率收敛于总体矩,因而启发我们,在利用样本所提供的信息,对总体分布中的未知参数作估计时,可以用样本矩作为相应总体矩的估计,以样本矩的某一函数作为相应总体矩的同一函数的估计.这一估计方法称为**矩估计法**,相应的估计量称为**矩估计量**.

例 1 设总体 ξ 的均值 μ 及方差 $\sigma^2(\sigma^2>0)$ 都存在,但 μ,σ^2 未知,$\xi_1,\xi_2,\cdots,\xi_n$ 是 ξ 的一个样本,求 μ 和 σ^2 的矩估计量.

解 用 $A_1=\dfrac{1}{n}\sum\limits_{i=1}^{n}\xi_i$ 估计 $E(\xi)$;用 $A_2=\dfrac{1}{n}\sum\limits_{i=1}^{n}\xi_i^2$ 估计 $E(\xi^2)$.由于

$$\mu=E(\xi),\quad \sigma^2=D(\xi)=E(\xi^2)-E^2(\xi),$$

则有

$$\hat{\mu}=A_1=\frac{1}{n}\sum_{i=1}^{n}\xi_i,\quad \hat{\sigma}^2=A_2-A_1^2=\frac{1}{n}\sum_{i=1}^{n}(\xi_i-\bar{\xi})^2.$$

例 2 设总体 ξ 的分布密度为

$$\varphi(x)=\begin{cases}\dfrac{1}{\beta}, & 0<x<\beta,\\ 0, & x\leqslant 0,x\geqslant\beta.\end{cases}$$

来自总体 ξ 的一组样本值为

1.3　0.6　1.7　2.2　0.3　1.1.

估计总体的参数 β.

解 总体的数学期望的估计值为

$$\bar{x}=\frac{1}{6}(1.3+0.6+1.7+2.2+0.3+1.1)=1.2,$$

而

$$E(\xi)=\int_{-\infty}^{+\infty}x\varphi(x)\,\mathrm{d}x=\int_0^{\beta}\frac{x}{\beta}\,\mathrm{d}x=\frac{\beta}{2},$$

则 β 的估计量为 $\hat{\beta}=2\bar{\xi}$,β 的估计值为

$$\hat{\beta}=2\times1.2=2.4.$$

例 3 设总体 ξ 在区间 $[a,b]$ 上服从均匀分布,a,b 未知,$\xi_1,\xi_2,\cdots,\xi_n$ 是 ξ 的一个样本,求 a,b 的矩估计量.

解 已知 $E(\xi)=\dfrac{a+b}{2}$, $D(\xi)=\dfrac{(b-a)^2}{12}$,则

$$\begin{cases}\dfrac{a+b}{2}=E(\xi),\\ \dfrac{(b-a)^2}{12}=E(\xi^2)-E^2(\xi),\end{cases}\quad \text{即}\quad \begin{cases}a=E(\xi)-\sqrt{3[E(\xi^2)-E^2(\xi)]},\\ b=E(\xi)+\sqrt{3[E(\xi^2)-E^2(\xi)]}.\end{cases}$$

用 $A_1=\frac{1}{n}\sum_{i=1}^{n}\xi_i$ 估计 $E(\xi)$；用 $A_2=\frac{1}{n}\sum_{i=1}^{n}\xi_i^2$ 估计 $E(\xi^2)$，则有

$$\begin{cases}\hat{a}=A_1-\sqrt{3(A_2-A_1^2)}=\bar{\xi}-\sqrt{\dfrac{3}{n}\sum\limits_{i=1}^{n}(\xi_i-\bar{\xi})^2},\\ \hat{b}=A_1+\sqrt{3(A_2-A_1^2)}=\bar{\xi}+\sqrt{\dfrac{3}{n}\sum\limits_{i=1}^{n}(\xi_i-\bar{\xi})^2}.\end{cases}$$

二、顺序统计量法

设 $\xi_1,\xi_2,\cdots,\xi_n$ 是总体 ξ 的样本，将其按大小顺序排列为

$$\xi_1^*\leqslant\xi_2^*\leqslant\cdots\leqslant\xi_n^*,$$

称 $\xi_1^*,\xi_2^*,\cdots,\xi_n^*$ 为**顺序统计量**. 明显地，ξ_1^* 与 ξ_n^* 分别是样本 $\xi_1,\xi_2,\cdots,\xi_n$ 的最小值与最大值. 称

$$\dot{\xi}=\begin{cases}\xi_{k+1}^*, & n=2k+1,\\ \dfrac{\xi_k^*+\xi_{k+1}^*}{2}, & n=2k\end{cases}$$

为**样本中位数**.

样本中位数的取值规则是：将样本值 $x_1,x_2,\cdots,x_n$ 从小至大排成

$$x_1^*\leqslant x_2^*\leqslant\cdots\leqslant x_n^*,$$

当 $n=2k+1$ 时，$\dot{\xi}$ 取居中的数据 x_{k+1}^* 为其观测值；当 $n=2k$ 时，$\dot{\xi}$ 取居中的两个数据的平均值 $\frac{x_k^*+x_{k+1}^*}{2}$ 为其观测值. 样本中位数 $\dot{\xi}$ 带来了总体 ξ 取值的平均数的信息，因此用样本中位数 $\dot{\xi}$ 估计总体 ξ 的数学期望是合适的.

用样本中位数 $\dot{\xi}$ 估计总体 ξ 的数学期望的方法称数学期望的**顺序统计量估计法**.

顺序统计量估计法的优点是计算简便，且 $\dot{\xi}$ 不易受个别异常数据的影响. 如果一组样本值中的某一数据异常(如过于小或过于大)，则这个异常数据可能是总体 ξ 的随机性造成的，也可能是受外来干扰造成的(如工作人员粗心，记录错误). 当原因属于后者，用样本平均值 $\dot{\xi}$ 估计 $E(\xi)$ 显然受到影响，但用样本中位数 $\dot{\xi}$ 估计 $E(\xi)$ 时，由于一个(甚至几个) 异常的数据不易改变中位数 $\dot{\xi}$ 取值，所以估计值不易受到影响.

我们称 $R=\xi_n^*-\xi_1^*$ 为**样本极差**. 由于样本极差带来总体 ξ 取值离散程度的信息，因此可以用 R 作为对总体 ξ 的标准差 σ 的估计(R 与 σ 量纲相同). 用样本极差对总体 ξ 的标准差作估计的方法称为**极差估计法**.

极差估计法的优点是计算简便，但不如用样本均方差 S 可靠，n 越大两者可靠程度的差别越大，这时一般不用极差估计.

三、最大似然估计法

1. 离散型

设总体 ξ 为离散型随机变量,事件“$\xi=x$”的概率为

$$P\{\xi=x\}=p(x,\theta),\quad 其中\ \theta\ 为未知参数.$$

设 $\xi_1,\xi_2,\cdots,\xi_n$ 为来自总体 ξ 的样本,当取得一组样本观测值 $x_1,x_2,\cdots,x_n$ 时,相当于事件“$\xi_1=x_1$”,“$\xi_2=x_2$”,…,“$\xi_n=x_n$”都发生了.由于 $\xi_1,\xi_2,\cdots,\xi_n$ 相互独立且都与总体 ξ 同分布,所以

$$\begin{aligned}P\{\xi_1=x_1,\xi_2=x_2,\cdots,\xi_n=x_n\}&=P\{\xi_1=x_1\}P\{\xi_2=x_2\}\cdots P\{\xi_n=x_n\}\\&=\prod_{i=1}^{n}p(x_i,\theta).\end{aligned}$$

显然,当取定一组样本值 $x_1,x_2,\cdots,x_n$ 后,$\prod\limits_{i=1}^{n}p(x_i,\theta)$ 是参数 θ 的函数,记为

$$L(\theta)=\prod_{i=1}^{n}p(x_i,\theta),\tag{1}$$

称其为样本的**似然函数**.

最大似然估计法的基本思想是:在一次试验中某事件发生了,那么我们认为这个事件发生的概率很大,即若样本值 $x_1,x_2,\cdots,x_n$ 是样本 $\xi_1,\xi_2,\cdots,\xi_n$ 的一次实现,则认为事件“$\xi_1=x_1,\xi_2=x_2,\cdots,\xi_n=x_n$”出现的概率很大.因此,当 $x_i(i=1,\cdots,n)$取定时,我们选取的 θ 值应使 $L(\theta)$ 取得最大值,也就是使样本 $\xi_1,\xi_2,\cdots,\xi_n$ 取值于 $x_1,x_2,\cdots,x_n$ 的概率达到最大值,而这样选取的值 $\hat{\theta}$ 即是参数 θ 的估计值.

由上讨论知,求参数 θ 的估计值问题就是求似然函数 $L(\theta)$的最大值问题.这个问题可由方程

$$\frac{\mathrm{d}L(\theta)}{\mathrm{d}\theta}=0\tag{2}$$

来解决,由于 $L(\theta)$与 $\ln L(\theta)$同时达到最大值,为计算方便,常用方程

$$\frac{\mathrm{d}\ln L(\theta)}{\mathrm{d}\theta}=0\tag{3}$$

代替方程(2).由(2)或(3)解得的值就是 θ 的估计值 $\hat{\theta}$,从而也就得到了 θ 的估计量,这种求估计量的方法叫做**最大似然估计法**,称 $\hat{\theta}$ 为参数 θ 的**最大似然估计**.

例 4 设总体 ξ 服从泊松分布,其分布列为

$$P\{\xi=x\}=p(x,\lambda)=\frac{\lambda^x}{x!}\mathrm{e}^{-\lambda}\quad(x=0,1,2,\cdots),$$

其中 λ 为未知参数.若 $\xi_1,\xi_2,\cdots,\xi_n$ 为总体 ξ 的样本,试求参数 λ 的最大似然估计.

解 设 $x_1,x_2,\cdots,x_n$ 为一组样本值,似然函数为

$$L(\lambda)=\prod_{i=1}^{n}\frac{(\lambda^{x_i}e^{-\lambda})}{x_i!}=\lambda^{\sum\limits_{i=1}^{n}x_i}e^{-n\lambda}\Big/\prod_{i=1}^{n}(x_i!),$$

对上式取对数,得

$$\ln L(\lambda)=\left(\sum_{i=1}^{n}x_i\right)\ln\lambda-n\lambda-\ln\prod_{i=1}^{n}(x_i!).$$

由式(3)

$$\frac{d\ln L(\lambda)}{d\lambda}=\frac{\sum\limits_{i=1}^{n}x_i}{\lambda}-n=0$$

解得 λ 的最大似然估计值为

$$\hat{\lambda}=\frac{1}{n}\sum_{i=1}^{n}x_i=\overline{x},$$

则 λ 的最大似然估计量为

$$\hat{\lambda}=\frac{1}{n}\sum_{i=1}^{n}\xi_i=\overline{\xi}.$$

2. 连续型

设总体 ξ 为连续型随机变量,分布密度为 $f(x,\theta)$,其中 θ 为未知参数. 设 $x_1,x_2,\cdots,x_n$ 是一组样本值,代替(1)式,**似然函数**为

$$L(\theta)=\prod_{i=1}^{n}f(x_i,\theta).$$

再按上述方法求参数 θ 的**最大似然估计** $\hat{\theta}$.

例 5 设总体 ξ 服从指数分布,分布密度为

$$f(x,\lambda)=\begin{cases}\lambda e^{-\lambda x}, & x>0,\\ 0, & x\leqslant 0,\end{cases}$$

其中 λ 为未知参数. 若 $\xi_1,\xi_2,\cdots,\xi_n$ 为总体 ξ 的样本,试求参数 λ 的最大似然估计.

解 设 $x_1,x_2,\cdots,x_n(x_1,x_2,\cdots,x_n>0)$ 是一组样本值,似然函数为

$$L(\lambda)=\prod_{i=1}^{n}\lambda e^{-\lambda x_i}=\lambda^n e^{-\lambda\sum\limits_{i=1}^{n}x_i},$$

对上式取对数,得

$$\ln L(\lambda)=n\ln\lambda-\lambda\sum_{i=1}^{n}x_i.$$

由(3)式

$$\frac{d\ln L(\lambda)}{d\lambda}=\frac{n}{\lambda}-\sum_{i=1}^{n}x_i=0$$

解得 λ 的最大似然估计值为

$$\hat{\lambda}=\left(\frac{1}{n}\sum_{i=1}^{n}x_i\right)^{-1}=\frac{1}{\overline{x}},$$

则 λ 的最大似然估计量为 $$\hat{\lambda}=\left(\frac{1}{n}\sum_{i=1}^{n}\xi_i\right)^{-1}=1/\bar{\xi}.$$

例 6 设总体 $\xi\sim N(\mu,\sigma^2)$,其中 μ,σ^2 均未知,若 $\xi_1,\xi_2,\cdots,\xi_n$ 为总体 ξ 的样本,试求参数 μ 及 σ^2 的最大似然估计.

解 这里我们要求两个参数 μ 及 σ^2 的最大似然估计,其方法与上例类似.

设 $x_1,x_2,\cdots,x_n$ 是一组样本值,似然函数为

$$L(\mu,\sigma^2)=\prod_{i=1}^{n}\frac{1}{\sqrt{2\pi}\sigma}e^{-\frac{(x_i-\mu)^2}{2\sigma^2}}=\frac{1}{(2\pi\sigma^2)^{\frac{n}{2}}}e^{-\frac{1}{2\sigma^2}\sum\limits_{i=1}^{n}(x_i-\mu)^2},$$

取对数,得 $$\ln L(\mu,\sigma^2)=-\frac{n}{2}\ln(2\pi)-\frac{n}{2}\ln\sigma^2-\frac{1}{2\sigma^2}\sum_{i=1}^{n}(x_i-\mu)^2.$$

分别对 μ 及 σ^2 求偏导数,令其结果为 0,得

$$\begin{cases}\dfrac{\partial\ln L}{\partial\mu}=\dfrac{1}{\sigma^2}\sum\limits_{i=1}^{n}(x_i-\mu)=0,\\ \dfrac{\partial\ln L}{\partial\sigma^2}=-\dfrac{n}{2\sigma^2}+\dfrac{1}{2\sigma^4}\sum\limits_{i=1}^{n}(x_i-\mu)^2=0.\end{cases}$$

求解方程组,得 μ 及 σ^2 的最大似然估计量分别为

$$\hat{\mu}=\frac{1}{n}\sum_{i=1}^{n}\xi_i=\bar{\xi},\qquad \hat{\sigma^2}=\frac{1}{n}\sum_{i=1}^{n}(\xi_i-\bar{\xi})^2.$$

例 7 先把 500 条鱼做记号,再放入原来有若干条鱼的鱼池.让放入的鱼与原有的鱼在池中充分混合后再从池中捕起 1000 条鱼,发现其中有 100 条是做过记号的,要对原来池中有的鱼的条数做出估计.

解 设连放入的做过记号的鱼在内这池中共有 N 条鱼.现在从池中任取 1000 条鱼,设这 1000 条鱼中有 ξ 条是做过记号的,其余 $1000-\xi$ 条没有做过记号.那么,在没有具体取出时,ξ 为随机变量,它的分布密度为

$$P\{\xi=k\}=\frac{C_{500}^{k}C_{N-500}^{1000-k}}{C_N^{1000}}\quad(k=0,1,\cdots,500).$$

上述概率为 N 的函数,记做 $L(N)$,即令

$$L(N)=\frac{C_{500}^{k}C_{N-500}^{1000-k}}{C_N^{1000}}\quad(N=1000,1001,\cdots).$$

为了求 N 的最大似然估计,就要找出 N 取何值时 $L(N)$ 最大.由于 $L(N)$ 的定义域不是区间,所以不能借助于求导来计算.令

$$\begin{aligned}\rho=\frac{L(N)}{L(N-1)}&=\frac{C_{500}^{k}C_{N-500}^{1000-k}}{C_N^{1000}}\Big/\frac{C_{500}^{k}C_{N-1-500}^{1000-k}}{C_{N-1}^{1000}}\\&=\frac{(N-1000)(N-500)}{[(N-500)-(1000-k)]N},\end{aligned}$$

解不等式 $\rho>1$，得到 $kN<500000$；解不等式 $\rho<1$，得到 $kN>500000$. 即当 $N<\frac{500000}{k}$ 时，$L(N-1)<L(N)$；当 $N>\frac{500000}{k}$ 时，$L(N-1)>L(N)$. 因此，当 N 为不超过 $\frac{500000}{k}$ 的最大自然数时，即 $N=\left[\frac{500000}{k}\right]$ 时，$L(N)$ 最大. 故 N 的最大似然估计值为

$$\hat{N}=\left[\frac{500000}{k}\right].$$

按题目中给出的 k 的值为 100，得到 $\hat{N}$ 的观测值为 5000.

四、估计量的评选标准

上面我们介绍了三种常用的参数点估计的方法，对于未知参数还有其他的点估计法. 一般地，对总体 ξ 的同一未知参数可以构造不同的估计量进行估计. 例如，对总体的期望 μ 做出估计时，可用样本均值 $\bar{\xi}$ 作估计量，也可用 ξ_i 作估计量. 那么，哪种估计是最好的呢？"好"的标准是什么呢？下面介绍三种最一般的关于估计量好坏的评定标准.

1. 无偏性

所谓"好"的估计量，简单地说，估计值愈接近于被估计参数 θ 的真值，则估计愈好. 然而任一估计量 $\hat{\theta}(\xi_1,\xi_2,\cdots,\xi_n)$ 都是样本的函数，因此也是一个随机变量. 样本值不同，估计量的取值（估计值）也就不同，故不能仅根据一次取值来衡量，而是希望用估计量对 θ 独立进行多次估计时，估计量的多个取值以 θ 为中心摆动. 因此要求估计量的均值等于未知参数的真值，这就是所谓的无偏性概念.

定义 1 设 $\hat{\theta}$ 是未知参数 θ 的一个估计量，若

$$E(\hat{\theta})=\theta,$$

则称 $\hat{\theta}$ 是 θ 的**无偏估计量**.

无偏估计的意义是，用 $\hat{\theta}$ 估计 θ 时，没有系统误差.

例 8 问 $\bar{\xi}=\frac{1}{n}\sum_{i=1}^{n}\xi_i$ 和 $\hat{\sigma}^2=\frac{1}{n}\sum_{i=1}^{n}(\xi_i-\bar{\xi})^2$ 是否分别是 $E(\xi)$ 和 $D(\xi)$ 的无偏估计量.

证 由第六章第一节中的(1)式知

$$E(\bar{\xi})=E(\xi),$$

所以 $\bar{\xi}$ 是 $E(\xi)$ 的无偏估计量.

又因
$$\sum_{i=1}^{n}(\xi_i-\bar{\xi})^2=\sum_{i=1}^{n}(\xi_i^2-2\xi_i\bar{\xi}+\bar{\xi}^2)=\sum_{i=1}^{n}\xi_i^2-n\bar{\xi}^2,$$

则

$$E(\hat{\sigma}^2)=E\left[\frac{1}{n}\sum_{i=1}^{n}(\xi_i-\bar{\xi})^2\right]=\frac{1}{n}\sum_{i=1}^{n}E(\xi_i^2)-E(\bar{\xi}^2)$$

$$=\frac{1}{n}\sum_{i=1}^{n}[D(\xi_i)+E^2(\xi_i)]-[D(\bar{\xi})+E^2(\bar{\xi})].$$

而

$$D(\xi_i)=D(\xi),\quad E(\xi_i)=E(\xi),\quad D(\bar{\xi})=\frac{D(\xi)}{n},\quad E(\bar{\xi})=E(\xi),$$

故

$$E(\hat{\sigma}^2)=[D(\xi)+E^2(\xi)]-\left[\frac{D(\xi)}{n}+E^2(\xi)\right]=\frac{n-1}{n}D(\xi).$$

所以估计量 $\hat{\sigma}^2=\frac{1}{n}\sum_{i=1}^{n}(\xi_i-\bar{\xi})^2$ 不是 $D(\xi)$的无偏估计量.

由第六章第一节中的(3)式知

$$E(S^2)=E\left[\frac{1}{n-1}\sum_{i=1}^{n}(\xi_i-\bar{\xi})^2\right]=D(\xi),$$

即 S^2 是 $D(\xi)$的无偏估计量. 因此常用 S^2 估计 $D(\xi)$,而较少用 $\frac{1}{n}\sum_{i=1}^{n}(\xi_i-\bar{\xi})^2$. 不过当 n 很大时,$\frac{1}{n}$与$\frac{1}{n-1}$相差很小,应用上也就不加区别了.

2. 有效性

用 $\hat{\theta}$ 估计 θ 仅具有无偏性是不够的. 例如,$\bar{\xi}$是总体 $E(\xi)$的无偏估计量,而每一个样本 ξ_i $(i=1,2,\cdots,n)$也是$E(\xi)$的无偏估计量,哪一个更好一些呢? 我们自然希望估计量 $\hat{\theta}$ 对 θ 的平均偏差越小越好,即一个好的估计量,应当有尽可能小的方差. 由此提出有效性概念.

定义 2 设 $\hat{\theta}_1,\hat{\theta}_2$ 都是未知参数 θ 的无偏估计量,若

$$D(\hat{\theta}_1)\leqslant D(\hat{\theta}_2),$$

则称 $\hat{\theta}_1$ 比 $\hat{\theta}_2$ **有效**.

例 9 $\bar{\xi}$与 ξ_1 都是 $E(\xi)$的无偏估计量,试证 $\bar{\xi}$ 比 ξ_i 有效.

证 因

$$D(\bar{\xi})=D\left(\frac{1}{n}\sum_{i=1}^{n}\xi_i\right)=\frac{1}{n^2}\sum_{i=1}^{n}D(\xi_i)$$

$$=\frac{n}{n^2}D(\xi)=\frac{D(\xi)}{n}<D(\xi)=D(\xi_i),$$

所以$\bar{\xi}$ 比 ξ_1 有效.

由此还可以看到,n 越大,$D(\bar{\xi})$就越小,$\bar{\xi}$ 对 $E(\xi)$估计的越好.

3. 相合性(一致性)

无偏性与有效性都是在样本容量 n 固定的前提下提出的. 我们自然希望随着样本容量的增大,估计量的值稳定于待估参数的真值,因此提出相合性(一致性)的要求.

定义 3 设 $\hat{\theta}$ 是未知参数 θ 的一个估计量，若当 $n\to\infty$ 时，$\hat{\theta}$ 依概率收敛于 θ，则称 $\hat{\theta}$ 为 θ 的**相合估计量**.

相合性是对一个估计量的基本要求，若估计量不具有相合性，那么不论样本容量 n 取得多么大，都不能将 θ 估计得足够准确，这样的估计量是不可取的.

习 题 7-1

1. 使用一测量仪器对同一值进行 12 次独立测量，其结果(单位：mm)为

232.50　232.48　232.15　232.53　232.45　232.48

232.05　232.45　232.60　232.30　232.30　232.47.

试用矩估计法估计测量的真值和方差.

2. 从某正态总体 ξ 取得样本观测值为

14.7　15.1　14.8　15.0　15.2　14.6，

试用矩估计法估计总体均值 μ 与标准差 σ.

3. 随机地从一批钉子中抽取 16 枚，测得其长度(单位：cm)为

2.14　2.10　2.13　2.15　2.13　2.12　2.13　2.10

2.15　2.12　2.14　2.10　2.13　2.11　2.14　2.11.

设钉子的长度服从正态分布 $N(\mu,\sigma^2)$，试用最大似然估计法估计 μ 与 σ^2.

4. 设 $\xi_1,\xi_2,\cdots,\xi_n$ 为总体的一个样本，$x_1,x_2,\cdots,x_n$ 为相应的一组样本值，求下述各总体的分布密度中的未知参数的矩估计：

(1) $f(x)=\begin{cases}\theta c^{\theta}x^{-(\theta+1)}, & x>c,\\ 0, & x\leqslant c,\end{cases}$

其中 $c>0$ 为已知常数，$\theta>1$ 为未知参数.

(2) $f(x)=\begin{cases}\sqrt{\theta}x^{\sqrt{\theta}-1}, & 0\leqslant x\leqslant 1,\\ 0, & x<0,x>1,\end{cases}$

其中 $\theta>0$ 为未知参数.

(3) $P\{\xi=x\}=\mathrm{C}_m^x p^x(1-p)^{m-x}(x=0,1,2,\cdots,m)$，其中 $0<p<1$，p 为未知参数.

5. 试用最大似然估计法估计几何分布

$$P\{\xi=x\}=p(1-p)^{x-1}\quad(x=1,2,\cdots)$$

中的参数 p，已知 $x_1,x_2,\cdots,x_n$ 为总体的一组样本值.

6. 设总体 ξ 的分布密度为

$$p(x)=\frac{1}{2\sigma}\mathrm{e}^{-\frac{|x|}{\sigma}}\quad(-\infty<x<+\infty),$$

而 $x_1,x_2,\cdots,x_n$ 为总体的一组样本值，试求参数 σ 的最大似然估计.

7. 求第4题中各总体的分布密度中未知参数的最大似然估计.

8. 试证 $2\overline{x}$为密度函数

$$f(x,\theta)=\frac{1}{\theta}\quad(0<x<\theta)$$

中参数 θ 的无偏估计.

9. 设 $\xi_1,\xi_2,\cdots,\xi_n$ 为泊松分布 $\pi(\lambda)$ 的一个样本,试验证:

(1) 样本方差 S^2 是 λ 的无偏估计;

(2) 对任意的正数 $\alpha(0\leqslant\alpha\leqslant1)$,$\alpha\xi_i+(1-\alpha)S^2$ 也是 λ 的无偏估计.

10. 设 $\xi_1,\xi_2,\cdots,\xi_n$ 为来自总体 ξ 的样本,$a_i>0\,(i=1,2,\cdots,n)$,满足 $\sum\limits_{i=1}^{n}a_i=1$,试证 $\sum\limits_{i=1}^{n}a_i\xi_i$ 是 $E(\xi)$的无偏估计量.

第二节　区间估计

参数的点估计是用随机样本来估计总体的未知参数.由于未知参数 θ 的估计量 $\hat{\theta}(\xi_1,\xi_2,\cdots,\xi_n)$ 是一个随机变量,故通过一个样本值 $x_1,x_2,\cdots,x_n$ 所得的估计值只能是未知参数 θ 的近似值,而不是真值 θ,样本值不同,所得的估计值也不同.那么估计值与真值究竟相差多大?就是说,真值究竟在 $\hat{\theta}$ 的什么范围内?能否通过样本找出一个区间,使这个区间以一定的概率包含未知参数 θ.这就是总体未知参数的区间估计问题.

区间估计的一般提法是:设 θ 是总体 ξ 的未知参数,$\theta_1(\xi_1,\xi_2,\cdots,\xi_n)$ 及 $\theta_2(\xi_1,\xi_2,\cdots,\xi_n)$ 是由样本 $\xi_1,\xi_2,\cdots,\xi_n$ 构造的两个统计量,如果对于给定的概率 $1-\alpha(0<\alpha<1)$,有

$$P\{\theta_1(\xi_1,\xi_2,\cdots,\xi_n)\leqslant\theta\leqslant\theta_2(\xi_1,\xi_2,\cdots,\xi_n)\}=1-\alpha,\tag{1}$$

则称随机区间 $[\theta_1,\theta_2]$ 为参数 θ 的**置信区间**,$1-\alpha$ 称为**置信度**.

置信区间的直观解释是:随机区间 $[\theta_1,\theta_2]$ 包含真值 θ 的概率为 $1-\alpha$,即如果进行 N 次抽样,得到 N 组观测值 $x_1,x_2,\cdots,x_n$,可求出 N 个具体的区间 $[\theta_1(x_1,x_2,\cdots,x_n),\theta_2(x_1,x_2,\cdots,x_n)]$,在这些区间中有的套住了 θ 的真值,有的没有套住.当(1)式成立时,可断定套住了 θ 的真值的区间约有 $(1-\alpha)N$ 个.

在一定置信度的要求之下,根据样本值来确定 θ 的置信区间,这就叫做 θ 的区间估计.由于服从正态分布的总体广泛存在,因此我们着重介绍正态总体的数学期望 μ 与方差 σ^2 的区间估计.

一、单个正态总体的情况

设总体 $\xi\sim N(\mu,\sigma^2)$,$\xi_1,\xi_2,\cdots,\xi_n$ 是 ξ 的样本.

1. 设 σ^2 已知,求 μ 的置信区间

我们的目的是通过样本寻找一个区间,使其以 $1-\alpha(0<\alpha<1)$ 的概率包含总体期望,因此,要设法找一个与 μ 有关的统计量.

由第六章第三节定理 1 知

$$\frac{\bar{\xi}-\mu}{\sqrt{\sigma^2/n}} \sim N(0,1).$$

对于给定的置信度 $1-\alpha$,一定存在一个值 λ,使得

$$P\left\{\left|\frac{\bar{\xi}-\mu}{\sqrt{\sigma^2/n}}\right| \leqslant \lambda\right\}=1-\alpha \tag{2}$$

成立,查标准正态分布表(见附表 2)可得 λ 值. 例如,当 $\alpha=0.05$ 时,查附表 2 得 $\lambda=1.96$. 为查表方便,记 $\lambda=z_{\frac{\alpha}{2}}$(见图 7-1).

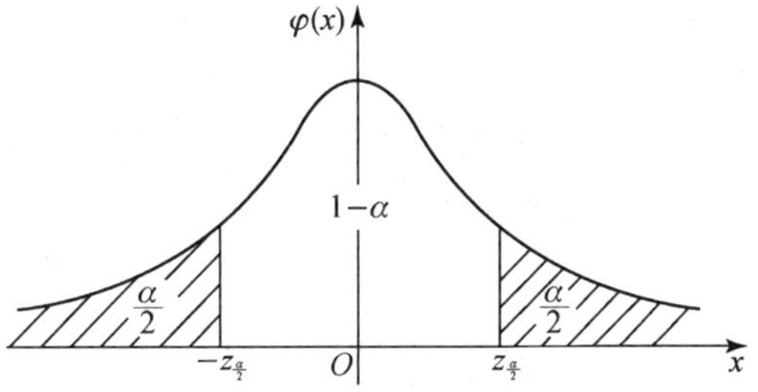

图 7-1

(2) 式可改写为

$$P\left\{\bar{\xi}-z_{\frac{\alpha}{2}}\sqrt{\frac{\sigma^2}{n}} \leqslant \mu \leqslant \bar{\xi}+z_{\frac{\alpha}{2}}\sqrt{\frac{\sigma^2}{n}}\right\}=1-\alpha.$$

于是,期望 μ 的置信度为 $1-\alpha$ 的置信区间为

$$\left[\bar{\xi}-z_{\frac{\alpha}{2}}\sqrt{\frac{\sigma^2}{n}},\ \bar{\xi}+z_{\frac{\alpha}{2}}\sqrt{\frac{\sigma^2}{n}}\right]. \tag{3}$$

当得到总体 ξ 的一组样本值 $x_1,x_2,\cdots,x_n$ 时,便得到一个具体的置信区间

$$\left[\bar{x}-z_{\frac{\alpha}{2}}\sqrt{\frac{\sigma^2}{n}},\ \bar{x}+z_{\frac{\alpha}{2}}\sqrt{\frac{\sigma^2}{n}}\right], \tag{4}$$

此区间以 $100(1-\alpha)\%$ 的可能包含参数 μ.

例 1 某厂生产滚珠,从长期实践中知道,滚珠直径 $\xi \sim N(\mu,\sigma^2)$,从某天的产品中随机抽取 6 个滚珠,量得直径(单位: mm)如下:

$$14.6 \quad 15.1 \quad 14.9 \quad 14.8 \quad 15.2 \quad 15.1.$$

若已知 $\sigma^2=0.06\,\text{mm}^2$,试求滚珠直径 ξ 的均值 μ 的置信区间(置信度为 0.95).

解 由样本值可得

$$\overline{x}=\frac{1}{6}(14.6+15.1+14.9+14.8+15.2+15.1)=14.95.$$

已知 $\sigma^2=0.06, n=6$,置信度 $1-\alpha=0.95$,则 $\alpha=0.05$,查附表 2 得 $z_{\frac{\alpha}{2}}=1.96$.故

$$z_{\frac{\alpha}{2}}\sqrt{\frac{\sigma^2}{n}}=1.96\times\sqrt{\frac{0.06}{6}}=0.196\approx0.2.$$

所以

$$\overline{x}-z_{\frac{\alpha}{2}}\sqrt{\frac{\sigma^2}{n}}=14.95-0.2=14.75,\quad \overline{x}+z_{\frac{\alpha}{2}}\sqrt{\frac{\sigma^2}{n}}=14.95+0.2=15.15,$$

即 μ 的置信度为 0.95 的置信区间为[14.75, 15.15].

在此例中,若取 $\alpha=0.01$,可算得 μ 的置信区间为[14.69,15.21].一般来说,要想置信度大些,即成功的把握大些,则得到的置信区间会长些.我们总是希望置信区间尽可能短些,而成功的把握尽可能大些,但在样本容量一定的情况下,二者不能兼得.故在实际问题中,要权衡各方面的情况,确定合适的置信度.

若总体 ξ 不服从正态分布时,则只要样本容量 n 较大(一般 n 大于 50),也可把(4)式作为 $E(\xi)$ 的置信区间.这是因为,由中心极限定理,当 n 充分大时,无论总体 ξ 服从什么分布,都近似地有

$$\frac{\overline{\xi}-E(\xi)}{\sqrt{D(\xi)/n}}\sim N(0,1).$$

2. 设 σ^2 未知,求 μ 的置信区间

由于 σ^2 未知,很自然地想到用样本方差 S^2 代替 σ^2.由第六章第三节定理 3 知,统计量

$$\frac{\overline{\xi}-\mu}{\sqrt{S^2/n}}\sim t(n-1).$$

对于给定的置信度 $1-\alpha$,一定存在一个值 λ,使得

$$P\left\{\left|\frac{\overline{\xi}-\mu}{\sqrt{S^2/n}}\right|\leqslant\lambda\right\}=1-\alpha$$

成立.查 t 分布表(见附表 4)可得 λ 值,为查表方便,记 $\lambda=t_{\frac{\alpha}{2}}(n-1)$(见图 7-2).

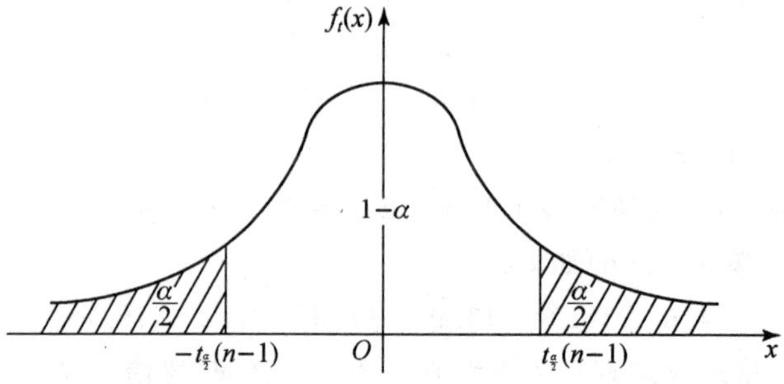

图 7-2

类似于情况 1 中的办法,可得 μ 的置信度为 $1-\alpha$ 的置信区间

$$\left[\bar{\xi}-t_{\frac{\alpha}{2}}(n-1)\sqrt{\frac{S^2}{n}},\ \bar{\xi}+t_{\frac{\alpha}{2}}(n-1)\sqrt{\frac{S^2}{n}}\right]. \tag{5}$$

当得到总体 ξ 的一组样本 $x_1,x_2,\cdots,x_n$ 时，便得到一个具体的置信区间

$$\left[\bar{x}-t_{\frac{\alpha}{2}}(n-1)\sqrt{\frac{s^2}{n}},\ \bar{x}+t_{\frac{\alpha}{2}}(n-1)\sqrt{\frac{s^2}{n}}\right].$$

例 2 用某仪器间接测量温度,重复测量 5 次,所得温度值(单位:℃)为

$$1250 \quad 1265 \quad 1245 \quad 1260 \quad 1275.$$

试问温度的真值在什么范围(置信度为 0.95)?

解 用 ξ 表示温度测量值,ξ 通常是一个正态随机变量,即 $\xi\sim N(\mu,\sigma^2)$. 假定仪器无系统偏差,则 $E(\xi)=\mu$ 就是温度的真值. 问题是,在 σ^2 未知的情况下,找 μ 的置信区间.

已知 $n=5$,由样本值可得

$$\bar{x}=\frac{1}{5}(1250+1265+1245+1260+1275)=1259,$$

$$\begin{aligned}s^2&=\frac{1}{5-1}[(1250-1259)^2+(1265-1259)^2\\&\quad+(1245-1259)^2+(1260-1259)^2+(1275-1259)^2]\\&=\frac{1}{4}\times 570=142.5.\end{aligned}$$

因为自由度为 $5-1=4$,$\alpha=1-0.95=0.05$,所以 $t_{\frac{\alpha}{2}}(n-1)=t_{0.025}(4)=2.7764$. 由(5)式得 μ 的置信区间 $[1244.2, 1273.8]$.

3. 方差 σ^2 的区间估计

由于在一般情况下总体的均值是未知的,所以我们只讨论当均值 μ 未知时,对方差的区间估计. 我们的目的是,通过样本 $\xi_1,\xi_2,\cdots,\xi_n$,以一定的置信度 $1-\alpha$ 找出 σ^2 的置信区间.

因为对方差进行区间估计,自然地想到方差 σ^2 的无偏估计量 S^2. 由第六章第三节定理 2 知,统计量

$$\frac{(n-1)S^2}{\sigma^2}\sim\chi^2(n-1),$$

选择 $\lambda_1,\lambda_2\ (0<\lambda_1<\lambda_2)$,使其满足

$$P\left\{\lambda_1\leqslant\frac{(n-1)S^2}{\sigma^2}\leqslant\lambda_2\right\}=1-\alpha, \tag{6}$$

即选择 λ_1,λ_2,使得图 7-3 中阴影部分的面积等于 $1-\alpha$. 但合乎要求的 λ_1,λ_2 有很多对,究竟选哪一对呢？通常的办法是使阴影部分左方的面积与右方的面积相等,都是 $\frac{\alpha}{2}$. 用式子来写,就是选 λ_1,λ_2,使它们满足

$$\int_0^{\lambda_1} f_{\chi^2}(x)\mathrm{d}x = \frac{\alpha}{2}, \tag{7}$$

$$\int_{\lambda_2}^{+\infty} f_{\chi^2}(x)\mathrm{d}x = \frac{\alpha}{2}. \tag{8}$$

(7)式相当于

$$\int_{\lambda_1}^{+\infty} f_{\chi^2}(x)\mathrm{d}x = 1-\frac{\alpha}{2}. \tag{9}$$

满足(8),(9)式的 λ_1,λ_2 的值可通过查 χ^2 分布表(附表 3)得出,为查表方便,记 $\lambda_1=\chi^2_{1-\frac{\alpha}{2}}(n-1)$,$\lambda_2=\chi^2_{\frac{\alpha}{2}}(n-1)$,(6)式可改写为

$$P\left\{\frac{(n-1)S^2}{\chi^2_{\frac{\alpha}{2}}(n-1)}\leqslant\sigma^2\leqslant\frac{(n-1)S^2}{\chi^2_{1-\frac{\alpha}{2}}(n-1)}\right\}=1-\alpha.$$

于是,方差 σ^2 的置信度为 $1-\alpha$ 的置信区间为

$$\left[\frac{(n-1)S^2}{\chi^2_{\frac{\alpha}{2}}(n-1)}, \frac{(n-1)S^2}{\chi^2_{1-\frac{\alpha}{2}}(n-1)}\right]. \tag{10}$$

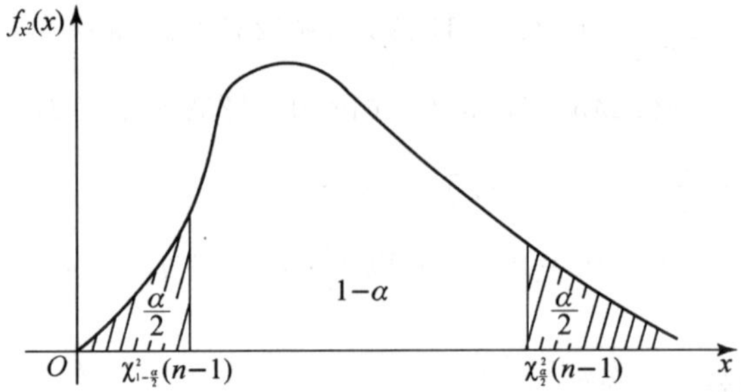

图 7-3

另外可得标准差 σ 的置信度为 $1-\alpha$ 的置信区间为

$$\left[\sqrt{\frac{(n-1)S^2}{\chi^2_{\frac{\alpha}{2}}(n-1)}}, \sqrt{\frac{(n-1)S^2}{\chi^2_{1-\frac{\alpha}{2}}(n-1)}}\right].$$

当得到总体 ξ 的一组样本值 $x_1,x_2,\cdots,x_n$ 时,便分别得到 σ^2 及 σ 的置信度为 $1-\alpha$ 的置信区间

$$\left[\frac{(n-1)s^2}{\chi^2_{\frac{\alpha}{2}}(n-1)}, \frac{(n-1)s^2}{\chi^2_{1-\frac{\alpha}{2}}(n-1)}\right], \quad \left[\sqrt{\frac{(n-1)s^2}{\chi^2_{\frac{\alpha}{2}}(n-1)}}, \sqrt{\frac{(n-1)s^2}{\chi^2_{1-\frac{\alpha}{2}}(n-1)}}\right].$$

例 3 冷抽铜线的折断力服从正态分布.从一批铜丝中任取 10 根,测得折断力数据(单位:kg)为

578　572　570　568　572　570　570　596　584　572.

求方差 σ^2 的置信区间(置信度为 0.9).

解 由样本值得

$$\bar{x}=\frac{1}{10}\sum_{i=1}^{10}x_i=575.2,\quad s^2=\frac{1}{10-1}\sum_{i=1}^{10}(x_i-\bar{x})^2=75.73.$$

自由度为 $10-1=9$，$\alpha=1-0.90=0.10$，查 χ^2 分布表(附表 3)得

$$\chi_{\frac{\alpha}{2}}^2(n-1)=\chi_{0.05}^2(9)=16.9,\quad \chi_{1-\frac{\alpha}{2}}^2(n-1)=\chi_{0.95}^2(9)=3.33.$$

由(10)式得 σ^2 的置信区间为[40.33, 204.68].

二、两个正态总体的情况

实际问题中常遇到：已知产品的某一数量指标服从正态分布，但由于原材料、设备条件、工艺过程或操作人员的改变等因素，引起总体均值、方差有所改变. 我们需要知道这些变化有多大，因此需要考虑两个正态总体的均值差和方差比的估计问题.

设总体 $\xi\sim N(\mu_1,\sigma_1^2)$，$\xi_1,\xi_2,\cdots,\xi_{n_1}$ 是来自 ξ 的样本；总体 $\eta\sim N(\mu_2,\sigma_2^2)$，$\eta_1,\eta_2,\cdots,\eta_{n_2}$ 是来自 η 的样本. ξ 与 η 相互独立. $\bar{\xi},\bar{\eta}$ 分别是总体 ξ 与 η 的样本平均值，S_1^2,S_2^2 分别是总体 ξ 与 η 的样本方差.

1. 均值差 $\mu_1-\mu_2$ 的区间估计

(1) σ_1^2,σ_2^2 均为已知.

因 $\bar{\xi},\bar{\eta}$ 分别是 μ_1,μ_2 的无偏估计，故 $\bar{\xi}-\bar{\eta}$ 是 $\mu_1-\mu_2$ 的无偏估计，且 $\bar{\xi}$ 与 $\bar{\eta}$ 相互独立. 由 $\bar{\xi}\sim N\left(\mu_1,\frac{\sigma_1^2}{n_1}\right)$，$\bar{\eta}\sim N\left(\mu_2,\frac{\sigma_2^2}{n_2}\right)$，得

$$\bar{\xi}-\bar{\eta}\sim N\left(\mu_1-\mu_2,\frac{\sigma_1^2}{n_1}+\frac{\sigma_2^2}{n_2}\right),$$

则

$$\frac{(\bar{\xi}-\bar{\eta})-(\mu_1-\mu_2)}{\sqrt{\frac{\sigma_1^2}{n_1}+\frac{\sigma_2^2}{n_2}}}\sim N(0,1).$$

对于给定的置信度 $1-\alpha$，得 $\mu_1-\mu_2$ 的置信区间为

$$\left[\bar{\xi}-\bar{\eta}-z_{\frac{\alpha}{2}}\sqrt{\frac{\sigma_1^2}{n_1}+\frac{\sigma_2^2}{n_2}},\ \bar{\xi}-\bar{\eta}+z_{\frac{\alpha}{2}}\sqrt{\frac{\sigma_1^2}{n_1}+\frac{\sigma_2^2}{n_2}}\right].\tag{11}$$

当 σ_1^2,σ_2^2 都未知，但样本容量 n_1,n_2 均很大(一般大于 50)时，(11)式中的 σ_1^2,σ_2^2 可分别由其样本方差 S_1^2,S_2^2 代替，此时 $\mu_1-\mu_2$ 的置信区间可近似表示为

$$\left[\bar{\xi}-\bar{\eta}-z_{\frac{\alpha}{2}}\sqrt{\frac{S_1^2}{n_1}+\frac{S_2^2}{n_2}},\ \bar{\xi}-\bar{\eta}+z_{\frac{\alpha}{2}}\sqrt{\frac{S_1^2}{n_1}+\frac{S_2^2}{n_2}}\right].$$

(2) σ_1^2,σ_2^2 未知，但 $\sigma_1^2=\sigma_2^2=\sigma^2$.

由第六章第三节定理 4 知

$$\frac{(\bar{\xi}-\bar{\eta})-(\mu_1-\mu_2)}{S_w\sqrt{\frac{1}{n_1}+\frac{1}{n_2}}}\sim t(n_1+n_2-2),$$

其中 $S_w^2=\frac{(n_1-1)S_1^2+(n_2-1)S_2^2}{n_1+n_2-2}$，$S_w=\sqrt{S_w^2}$. 对于给定的置信度 $1-\alpha$，得 $\mu_1-\mu_2$ 的置信区间为

$$\left[\bar{\xi}-\bar{\eta}-t_{\frac{\alpha}{2}}(n_1+n_2-2)S_w\sqrt{\frac{1}{n_1}+\frac{1}{n_2}},\ \bar{\xi}-\bar{\eta}+t_{\frac{\alpha}{2}}(n_1+n_2-2)S_w\sqrt{\frac{1}{n_1}+\frac{1}{n_2}}\right]. \tag{12}$$

例 4 为了估计磷肥对农作物增产的作用，现选 20 块条件大致相同的土地，10 块不施磷肥，另外 10 块施磷肥，得亩产量(单位：kg)如下：

施磷肥：	620	570	650	600	630	580	570	600	600	580,
不施磷肥：	560	590	560	570	580	570	600	550	570	550.

设不施磷肥的亩产量和施磷肥的亩产量均服从正态分布，且方差相同. 试对两种情况的平均亩产之差作区间估计(置信度为 0.95).

解 设施磷肥的亩产量总体为 ξ，不施磷肥的亩产量总体为 η，由题设中的样本值及样本容量 $n_1=n_2=10$，计算得

$$\bar{\xi}=600,\quad \sum_{i=1}^{10}(\xi_i-\bar{\xi})^2=6400,$$

$$\bar{\eta}=570,\quad \sum_{i=1}^{10}(\eta_i-\bar{\eta})^2=2400,$$

$$S_w=\sqrt{\frac{(n_1-1)S_1^2+(n_2-1)S_2^2}{n_1+n_2-2}}=\sqrt{\frac{6400+2400}{10+10-2}}=22.11.$$

对于给定置信度 0.95，查附表 4 得 $t_{\frac{\alpha}{2}}(n_1+n_2-2)=t_{0.025}(18)=2.1009$. 代入(12)式，即得 $\mu_1-\mu_2$ 的置信区间为[9.23, 50.77].

2. 方差比$\frac{\sigma_1^2}{\sigma_2^2}$的区间估计

设 $\mu_1,\mu_2,\sigma_1^2\sigma_2^2$ 均未知，由第六章第三节定理 5，有

$$\frac{S_1^2/S_2^2}{\sigma_1^2/\sigma_2^2}\sim F(n_1-1,n_2-1).$$

对于给定置信度 $1-\alpha$，由此得

$$P\left\{F_{1-\frac{\alpha}{2}}(n_1-1,n_2-1)\leqslant\frac{S_1^2/S_2^2}{\sigma_1^2/\sigma_2^2}\leqslant F_{\frac{\alpha}{2}}(n_1-1,n_2-1)\right\}=1-\alpha,$$

$$P\left\{\frac{S_1^2}{S_2^2}\frac{1}{F_{\frac{\alpha}{2}}(n_1-1,n_2-1)}\leqslant\frac{\sigma_1^2}{\sigma_2^2}\leqslant\frac{S_1^2}{S_2^2}\frac{1}{F_{1-\frac{\alpha}{2}}(n_1-1,n_2-1)}\right\}=1-\alpha.$$

故得$\frac{\sigma_1^2}{\sigma_2^2}$的置信区间为

$$\left[\frac{S_1^2}{S_2^2}\frac{1}{F_{\frac{\alpha}{2}}(n_1-1,n_2-1)},\ \frac{S_1^2}{S_2^2}\frac{1}{F_{1-\frac{\alpha}{2}}(n_1-1,n_2-1)}\right]. \tag{13}$$

例 5　已知两正态总体 $\xi\sim N(\mu_1,\sigma_1^2)$，$\eta\sim N(\mu_2,\sigma_2^2)$ 相互独立，其中参数均未知. 各随机抽一样本，容量分别为 $n_1=25$，$n_2=13$，且 $S_1=8$，$S_2=7$. 求 $\frac{\sigma_1^2}{\sigma_2^2}$ 的置信区间(置信度为 0.98).

解　由题意，$1-\alpha=0.98$，则 $\alpha=0.02$，查 F 分布表(附表 5)，有

$$F_{\frac{\alpha}{2}}(n_1-1,n_2-1)=F_{0.01}(24,12)=3.78,$$

$$F_{1-\frac{\alpha}{2}}(n_1-1,n_2-1)=F_{0.99}(24,12)=\frac{1}{F_{0.01}(12,24)}=\frac{1}{3.03}=0.33.$$

代入(13)式得 $\frac{\sigma_1^2}{\sigma_2^2}$ 的置信区间为 $[0.346,\ 3.96]$.

上面我们介绍了正态总体(单个和两个)的参数的区间估计. 几种情况的估计方法与步骤大致相同，所不同的是采用的统计量各不相同，为应用方便将结果列表如下：

表 7-1　正态总体参数置信度为 $1-\alpha$ 的置信区间表

估计参数		所用样本函数	置信区间
μ	σ^2 已知	$\frac{\bar{\xi}-\mu}{\sqrt{\frac{\sigma^2}{n}}}\sim N(0,1)$	$\left[\bar{x}-z_{\frac{\alpha}{2}}\sqrt{\frac{\sigma^2}{n}},\ \bar{x}+z_{\frac{\alpha}{2}}\sqrt{\frac{\sigma^2}{n}}\right]$
	σ^2 未知	$\frac{\bar{\xi}-\mu}{\sqrt{\frac{S^2}{n}}}\sim t(n-1)$	$\left[\bar{x}-t_{\frac{\alpha}{2}}(n-1)\sqrt{\frac{s^2}{n}},\ \bar{x}+t_{\frac{\alpha}{2}}(n-1)\sqrt{\frac{s^2}{n}}\right]$
σ^2 (μ 未知)		$\frac{(n-1)S^2}{\sigma^2}\sim\chi^2(n-1)$	$\left[\frac{(n-1)s^2}{\chi^2_{\frac{\alpha}{2}}(n-1)},\ \frac{(n-1)s^2}{\chi^2_{1-\frac{\alpha}{2}}(n-1)}\right]$
$\mu_1-\mu_2$	σ_1^2,σ_2^2 已知	$\frac{(\bar{\xi}-\bar{\eta})-(\mu_1-\mu_2)}{\sqrt{\frac{\sigma_1^2}{n_1}+\frac{\sigma_2^2}{n_2}}}\sim N(0,1)$	$\left[\bar{\xi}-\bar{\eta}-z_{\frac{\alpha}{2}}\sqrt{\frac{\sigma_1^2}{n_1}+\frac{\sigma_2^2}{n_2}},\ \bar{\xi}-\bar{\eta}+z_{\frac{\alpha}{2}}\sqrt{\frac{\sigma_1^2}{n_1}+\frac{\sigma_2^2}{n_2}}\right]$
	$\sigma_1^2=\sigma_2^2=\sigma^2$，$\sigma_1^2,\sigma_2^2$ 未知	$\frac{(\bar{\xi}-\bar{\eta})-(\mu_1-\mu_2)}{S_w\sqrt{\frac{1}{n_1}+\frac{1}{n_2}}}\sim t(n_1+n_2-2)$	$\left[\bar{\xi}-\bar{\eta}-t_{\frac{\alpha}{2}}(n_1+n_2-2)S_w\sqrt{\frac{1}{n_1}+\frac{1}{n_2}},\ \bar{\xi}-\bar{\eta}+t_{\frac{\alpha}{2}}(n_1+n_2-2)S_w\sqrt{\frac{1}{n_1}+\frac{1}{n_2}}\right]$
$\frac{\sigma_1^2}{\sigma_2^2}$	μ_1,μ_2 未知	$\frac{S_1^2/S_2^2}{\sigma_1^2/\sigma_2^2}\sim F(n_1-1,n_2-1)$	$\left[\frac{S_1^2}{S_2^2}\frac{1}{F_{\frac{\alpha}{2}}(n_1-1,n_2-1)},\ \frac{S_1^2}{S_2^2}\frac{1}{F_{1-\frac{\alpha}{2}}(n_1-1,n_2-1)}\right]$

习 题 7-2

1. 何为参数θ的置信区间?

2. 当获得参数θ的一置信度为$1-\alpha$的置信区间时，置信度$1-\alpha$的意义是什么?

3. 已知样本值:

$$3.3 \quad -0.3 \quad -0.6 \quad -0.9,$$

求具有$\sigma=3$的正态分布的期望的置信区间(置信度为0.95). 如果σ未知,问期望的置信区间又如何?

4. 在习题7-1第3题中,求总体ξ(钉长)均值μ的置信度为0.95的置信区间:

(1) 已知$\sigma=0.01$;　　　　(2) 若σ未知.

5. 设总体$\xi\sim N(\mu,\sigma^2)$,$x_1,x_2,\cdots,x_n$是来自ξ的样本观测值. 设σ^2已知,问n取多大时,才能保证均值μ的置信区间(置信度为0.95)的长度不大于给定的L.

6. 测量铝的单位体积的质量16次，测得$\overline{x}=2.705$,$s^2=(0.029)^2$. 已知测量值ξ服从正态分布,试求铝的单位体积的质量ξ的置信度为0.95的置信区间.

7. 进行了30次独立试验,测得零件加工时间的样本均值$\overline{x}=5.5$秒,样本标准差$s=1.7$秒,设零件加工时间是服从正态分布的,试求零件加工时间的期望及标准差对应于置信度为0.95的置信区间.

8. 某自动机床加工零件,抽16个零件，测得长度(单位: mm)如下:

12.51	12.12	12.01	12.08	12.09	12.16	12.03	12.06
12.01	12.06	12.13	12.07	12.11	12.08	12.01	12.03.

设零件长度服从正态分布$N(\mu,\sigma^2)$,试求方差σ^2的置信度为0.90的置信区间.

9. 为比较Ⅰ,Ⅱ两种型号枪支子弹的枪口速度，随机地取Ⅰ型子弹10发，得到枪口速度的平均值为$\overline{x}_1=500$(m/s),标准差$s_1=1.10$(m/s);随机地取Ⅱ型子弹20发,得到枪口速度的平均值为$\overline{x}_2=496$(m/s),标准差$s_2=1.20$(m/s). 假设两总体都可认为近似地服从正态分布,且由生产过程可认为方差相等. 求两总体均值差$\mu_1-\mu_2$的置信度为0.95的置信区间.

10. 研究由机器A和机器B生产的钢管的内径(单位: mm),随机抽取机器A生产的钢管18支,测得样本方差$s_1^2=0.34$(mm^2); 随机抽取机器B生产的钢管13支,测得样本方差$s_2^2=0.29$(mm^2). 设两样本相互独立,且由机器A和机器B生产的钢管的内径分别服从正态分布$N(\mu_1,\sigma_1^2)$,$N(\mu_2,\sigma_2^2)$,这里$\mu_1,\mu_2,\sigma_1^2,\sigma_2^2$均未知. 试求方差比$\dfrac{\sigma_1^2}{\sigma_2^2}$的置信度为0.90的置信区间.

第八章　假设检验

第一节　假设检验的基本思想

一、问题的提出

上一章我们介绍了估计参数的方法. 实践中还提出另一类统计推断问题,称之为假设检验问题,先看下面的三个例子.

例 1　一批枪弹,其初速度 $V \sim N(\mu_0, \sigma_0^2)$,其中 $\mu_0 = 950\,\mathrm{m/s}$,$\sigma_0 = 10\,\mathrm{m/s}$. 经过较长时间的储存,问这批枪弹的初速度的期望及方差是否发生了变化.

根据实践经验及理论分析,枪弹经存储后,其初速度仍有 $V \sim N(\mu, \sigma^2)$. 问题即为,是否有

$$\mu = \mu_0 = 950\,\mathrm{m/s}, \quad \sigma^2 = \sigma_0^2 = (10\,\mathrm{m/s})^2$$

成立.

例 2　在针织品的漂白工艺过程中,要考察温度对针织品断裂强力(单位: kg)(主要质量指标)的影响. 为了比较 70℃ 与 80℃ 的影响有无差别,在这两种温度下分别做了八次重复实验,得断裂强力数据分别如下:

70℃:	20.5	18.8	19.8	20.9	21.5	19.5	21.0	21.2,
80℃:	17.7	20.3	20.0	18.8	19.0	20.1	20.2	19.1.

试问: 70℃ 下的强力与 80℃ 下的强力有没有差别?

用 ξ 表示 70℃ 下的强力,η 表示 80℃ 下的强力. 明显地,ξ 与 η 是相互独立的随机变量,根据经验可以认为,ξ 与 η 都服从正态分布,而且方差相等,即

$$\xi \sim N(\mu_1, \sigma^2), \quad \eta \sim N(\mu_2, \sigma^2).$$

问题即为,是否有 $\mu_1 = \mu_2$ 成立.

例 3　怎样根据总体的一个样本值,判断该总体是否服从正态分布 $N(\mu, \sigma^2)$?

类似的问题还很多. 其共同点就是要从样本值出发去判断一个"假设"是否成立. 例 1 的"假设"是"$\mu = 950$"与"$\sigma^2 = 10^2$";例 2 的"假设"是"$\mu_1 = \mu_2$";例 3 的"假设"是"ξ 的分布函数是 $F(x)$". 这些问题就是所谓假设检验问题.

假设检验分参数性检验与非参数性检验两类. 像例 1 与例 2 那样,关于总体分布中的参数的假设检验,称为**参数的假设检验**. 像例 3 那样,关于总体的分布函数的假设检验,称为**分布的假设检验**,属于非参数性假设检验.

本章的任务就是介绍一些常用的检验方法,判断所关心的"假设"是否成立.

二、假设检验的基本思想

怎样对“假设”进行检验呢？我们通过一个例子说明假设检验的基本思想.

例 4 某厂用一台包装机包装葡萄糖，额定标准为每袋净重 0.5 kg，设包装机称得的每袋葡萄糖的重量(单位：kg)服从正态分布，并根据长期的经验知其标准差为 $\sigma=0.015$(kg). 某天开工后，为检验包装机的工作是否正常，随机抽取它所包装的 9 袋葡萄糖，称得 9 袋葡萄糖的重量的平均值为 $\bar{x}=0.511$(kg)，问这天包装机的工作是否正常？

解 从数据上看 $\bar{x}=0.511$ 与额定标准 $\mu_0=0.5$ 之间有差异，这个差异可能由两种不同的误差所引起：

(1) 由于生产和测量过程中受偶然因素影响所造成的误差，在同一工艺条件下，这种误差也不可能避免，称之为**随机误差**；

(2) 由于工艺条件的改变所造成的误差，称为**条件误差**(**或系统误差**).

设这天包装机所包装的每袋葡萄糖的重量为 ξ，由题设 $\xi\sim N(\mu,\sigma^2)$，其中 $\sigma=0.015$ 为已知. 假设包装机的工作正常，也就是不存在条件误差，$\bar{x}$ 与 μ_0 的差异纯粹是随机误差造成的，则应当有 $\mu=\mu_0=0.5$. 为此我们提出两个相互对立的假设：

$$H_0:\mu=\mu_0=0.5,\quad H_1:\mu\neq\mu_0.$$

然后利用前面所学的概率统计知识，根据样本值的平均值 $\bar{x}=0.511$ 做出决策是接受假设 H_0(即拒绝假设 H_1)，还是拒绝假设 H_0(即接受假设 H_1). 如果做出决策是接受 H_0，则 $\mu=\mu_0$，即认为包装机工作是正常的，否则拒绝 H_0 认为包装机工作是不正常的.

如果 H_0 成立，即 $\xi\sim N(0.5,\sigma^2)$，那么容量 n 为 9 的样本平均值 $\bar{\xi}=\frac{1}{9}\sum\limits_{i=1}^{9}\xi_i$ 经标准化后服从标准正态分布(参阅第六章第三节定理 1)，即

$$Z=\frac{\bar{\xi}-0.5}{\sqrt{\sigma^2/n}}\sim N(0,1). \tag{1}$$

由于样本平均值 $\bar{\xi}$ 是总体均值 μ 的无偏估计量，因此若 $|\bar{\xi}-0.5|$ 过大，则有理由否定 H_0，但是由于 $\bar{\xi}$ 是随机变量，即使按照实际情况，假设 $H_0:\mu=\mu_0=0.5$ 成立，$\bar{\xi}$ 的取值也会偏离 $\mu_0=0.5$. 那么 $|\bar{\xi}-0.5|$ 的取值大到什么程度就可以否定 H_0 呢？由(1)式，提问可改成：$\left|\frac{\bar{\xi}-0.5}{\sqrt{\sigma^2/n}}\right|$ 大到什么程度就可以否定 H_0 呢？这就是说，要确定一个否定 H_0 的临界值. 为此，对于给定的概率 $\alpha=0.05$，称 α 为**显著性水平**，令

$$P\left\{\frac{|\bar{\xi}-0.5|}{\sqrt{\sigma^2/n}}>z_{\frac{\alpha}{2}}\right\}=0.05,$$

查标准正态分布表(见附表 2)，得 $z_{\frac{\alpha}{2}}=1.96$. 于是

$$P\left\{\frac{|\bar{\xi}-0.5|}{\sqrt{\sigma^2/n}}>1.96\right\}=0.05.$$

这就是说，在假设 H_0 成立时，事件 $\left\{\frac{|\bar{\xi}-0.5|}{\sqrt{\sigma^2/n}}>1.96\right\}$ 发生的概率只是 0.05. 即 $\frac{|\bar{\xi}-0.5|}{\sqrt{\sigma^2/n}}$ 的取值大于 1.96 是小概率事件，根据小概率原理它在一次试验中几乎不可能发生. 现在，在一次抽样中，所得的 $\bar{x}=0.511$（已知 $n=9,\sigma=0.015$），就有

$$\frac{|\bar{x}-0.5|}{\sqrt{\sigma^2/n}}=\frac{|\bar{x}-0.5|}{\sqrt{\frac{(0.015)^2}{9}}}=\frac{|0.511-0.5|}{\sqrt{\frac{(0.015)^2}{9}}}=2.2>1.96,$$

即小概率事件竟在一次实验中发生了，这是不合理的. 由此我们怀疑假设 H_0 的正确性，从而否定 H_0，认为 $\bar{x}$ 与 μ 的误差是由条件误差引起的，即认为这天包装机工作不正常.

此例的基本思想可以这样来概括：先提出假设 H_0,H_1，从 H_0 成立出发，得到小概率事件 $\left\{\frac{|\bar{\xi}-0.5|}{\sqrt{\sigma^2/n}}>1.96\right\}$，然后利用一次抽样所得的样本值得平均值 $\bar{x}$，根据小概率原理对 H_0 做出判断.

称 H_0 为**原假设**，H_1 为**备择假设**（意指在原假设被拒绝后可供选择的假设）. 我们要进行的工作是，根据样本按上述检验方法做出决策，在 H_0 与 H_1 之间接受其一.

例 5 有灯泡 100 只，其中好与坏的只数之比为 99∶1 或 1∶99，但不知道是有 99 只好灯泡，还是有 99 只坏灯泡. 如何来判定呢？

解 首先提出假设

$$H_0：好灯泡有 99 只， \quad H_1：好灯泡有 1 只.$$

如果 H_0 成立，则任取一只灯泡是坏的是小概率事件，其概率仅为 1/100，在一次实验中它几乎不可能发生. 如果现在从这 100 只灯泡中任取一只竟是坏的，则自然要否定 H_0，认为好灯泡不是 99 只.

从上面两例的分析讨论中，可看到所用的推理方法有两个特点：

(1) 用了反证法的思想.

先对所关心的问题提出假设，然后根据样本信息，看在 H_0 成立下会不会出现不合理的现象. 如果导致了一个不合理的现象出现，那就表明原先的假定是不正确的，从而否定 H_0，拒绝接受这个假设. 如果没有导致不合理的现象发生，则没有理由否定 H_0，可接受这个假设.

(2) 它又区别于纯数学中的反证法，因为我们这里的所谓“不合理”，并不是形式逻辑中的绝对矛盾，而是基于人们在实践中广泛采用的小概率原理.

综上所述，假设检验的基本思想可概括为：具有概率性质的反证法.

用实际推断原理进行推断，当然不能保证不发生错误，因为小概率事件并非绝对不发生. 如

例 1 中,若实际情况为假设 H_0 成立,既无条件误差,则对于 95% 的样本平均值 $\bar{x}$,应有 $\frac{|\bar{x}-0.05|}{\sqrt{\frac{(0.015)^2}{9}}}\leqslant 1.96$,但也可能恰巧取得一个样本算出的 $\bar{x}$,使 $\frac{|\bar{x}-0.05|}{\sqrt{\frac{(0.015)^2}{9}}}>1.96$(这有 5% 的可能),致使我们做出了“拒绝原假设”的错误决定. 像这种本来假设真而拒绝它的“弃真”错误,统计学上称为**第一类错误**. 犯这类错误的概率通常记为 α,显然例 1 中 $\alpha=0.05$.

另外,在例 1 中若实际情况为假设 H_0 不成立,即存在条件误差,但在抽样时,恰好抽取的一个样本算出的 $\bar{x}$,使 $\frac{|\bar{x}-0.05|}{\sqrt{\frac{(0.015)^2}{9}}}\leqslant 1.96$,致使我们做出了“接受原假设”的错误决定. 像这种把不真的假设接受下来的“取伪”错误,统计学上称为**第二类错误**. 犯这类错误的概率通常记为 β.

我们自然希望这两种错误的概率 α 与 β 愈小愈好. 然而在样本容量确定后,α 与 β 不可能同时减少,减少其中一个,另一个就增大. 要它们同时减少,除非增加样本容量. 实际问题中,一般总是控制犯第一类错误的概率 α.

假设检验的内容很多,本章仅介绍一些最常用的关于正态总体假设检验的方法.

第二节　Z 检验法和 t 检验法

一、Z 检验法

1. 设总体 $\xi\sim N(\mu,\sigma^2)$,$\xi_1,\xi_2,\cdots,\xi_n$ 是 ξ 的样本. 已知方差 σ^2,检验假设

$$H_0:\mu=\mu_0,\quad H_1:\mu\neq\mu_0\quad(\mu_0\text{ 是已知数}).$$

按照上面所设,当假设 H_0 成立时,由第六章第三节中的(2)式,有

$$Z=\frac{\bar{\xi}-\mu_0}{\sqrt{\sigma^2/n}}\sim N(0,1).$$

对于显著性水平 α,查标准正态分布表(见附表 2)得临界值 $z_{\frac{\alpha}{2}}$,使得

$$P\{|Z|>z_{\frac{\alpha}{2}}\}=\alpha.$$

利用观测所得的样本值 $x_1,x_2,\cdots,x_n$,计算统计量 Z 的值为

$$z=\frac{\bar{x}-\mu_0}{\sqrt{\sigma^2/n}}.$$

若 $|z|>z_{\frac{\alpha}{2}}$,则在显著性水平 α 下拒绝假设 H_0;若 $|z|\leqslant z_{\frac{\alpha}{2}}$,则在显著性水平 α 下接受假设 H_0. 这种利用服从正态分布的统计量 Z 对正态总体的均值进行检验的方法称为 Z **检验法**,本章第一节例 4 所用的方法即 Z 检验法.

Z 检验法的一般步骤可归纳如下:

(1) 根据实际问题提出假设 $H_0: \mu=\mu_0$, $H_1: \mu\neq\mu_0$;

(2) 构造统计量

$$Z=\frac{\bar{\xi}-\mu_0}{\sqrt{\sigma^2/n}},$$

在假设 H_0 成立时有 $Z\sim N(0,1)$;

(3) 对于约定的显著性水平 α,查标准正态分布表(见附表 2)得临界值 $z_{\frac{\alpha}{2}}$(参看图 7-1),使得

$$P\{|Z|>z_{\frac{\alpha}{2}}\}=\alpha;$$

(4) 根据样本值计算统计量 Z 的值 z,并且做出判断:若 $|z|>z_{\frac{\alpha}{2}}$,则拒绝假设 H_0,接受 H_1;若 $|z|\leqslant z_{\frac{\alpha}{2}}$,则接受假设 H_0,拒绝 H_1.

例 1 已知某炼铁厂的铁水含碳量 ξ 在正常情况下服从正态分布 $N(3.90, 0.098^2)$. 现在测了六炉铁水,其含碳量分别为

$$3.94,\ 4.00,\ 4.02,\ 4.10,\ 4.13,\ 3.75.$$

问:如果方差没有改变,总体均值有无变化(取 $\alpha=0.05$)?

解 作假设

$$H_0: \mu=3.90, \quad H_1: \mu\neq 3.90.$$

统计量是

$$Z=\frac{\bar{\xi}-3.90}{\sqrt{(0.098)^2/6}}.$$

对给定的 $\alpha=0.05$,查附表 2 得临界值 $z_{\frac{\alpha}{2}}=z_{0.025}=1.96$,即

$$P\{|Z|>1.96\}=0.05.$$

而由样本值计算得

$$\bar{x}=\frac{1}{6}(3.94+4.00+4.02+4.10+4.13+3.75)=3.99,$$

于是

$$|z|=\frac{|\bar{x}-3.90|}{\sqrt{\frac{(0.098)^2}{6}}}=\frac{3.99-3.90}{\sqrt{\frac{(0.098)^2}{6}}}=2.25.$$

因为 $|z|=2.25>1.96$,所以,在显著性水平 $\alpha=0.05$ 下拒绝假设 $H_0: \mu=3.90$,接受假设 H_1,即认为铁水的平均含碳量与原来的含碳量有显著差异.

应当指出,对于不同的 α,可能会得出不同的判断结果. 譬如,在例 1 中,若取 $\alpha=0.01$,则用同样的方法可得临界值 $z_{\frac{\alpha}{2}}=2.58$,而 $|z|=2.25<2.58$,故在显著性水平 $\alpha=0.01$ 下接受假设 H_0.

上面介绍的 Z 检验法适用于总体 ξ 服从正态分布,方差 σ^2 已知的情况. 当总体 ξ 不服从正

态分布,而 σ^2 已知且为有限时,由中心极限定理可知,统计量 $Z=\dfrac{\bar{\xi}-E(\xi)}{\sqrt{\sigma^2/n}}$ 以标准正态分布为其极限分布.故当样本容量 n 充分大时(一般 $n\geqslant 50$),也可用 Z 检验法对数学期望进行检验,检验方法与上相同.

Z 检验法不仅可以用来检验一个正态总体在已知方差 σ^2 的条件下,期望值是否与已知常数相等,也可用来检验两个正态总体在已知方差的条件下,它们的期望值是否相等.

2. 设 $\xi\sim N(\mu_1,\sigma_1^2)$, $\eta\sim N(\mu_2,\sigma_2^2)$, $\xi_1,\xi_2,\cdots,\xi_{n_1}$ 与 $\eta_1,\eta_2,\cdots,\eta_{n_2}$ 分别为从总体 ξ 与 η 中抽取容量为 n_1,n_2 的样本,ξ 与 η 相互独立,且 σ_1^2,σ_2^2 已知,检验假设

$$H_0: \mu_1=\mu_2, \quad H_1: \mu_1\neq\mu_2.$$

由第六章第三节中的(1),(2)式有

$$\bar{\xi}\sim N\left(\mu_1,\frac{\sigma_1^2}{n_1}\right), \quad \bar{\eta}\sim N\left(\mu_2,\frac{\sigma_2^2}{n_2}\right).$$

于是,$\bar{\xi}-\bar{\eta}$ 也服从正态分布,并且

$$E(\bar{\xi}-\bar{\eta})=E(\bar{\xi})-E(\bar{\eta})=\mu_1-\mu_2,$$

$$D(\bar{\xi}-\bar{\eta})=D(\bar{\xi})+(-1)^2D(\bar{\eta})=\frac{\sigma_1^2}{n_1}+\frac{\sigma_2^2}{n_2},$$

故

$$\bar{\xi}-\bar{\eta}\sim N\left(\mu_1-\mu_2,\frac{\sigma_1^2}{n_1}+\frac{\sigma_2^2}{n_2}\right).$$

将 $\bar{\xi}-\bar{\eta}$ 标准化,有

$$\frac{\bar{\xi}-\bar{\eta}-(\mu_1-\mu_2)}{\sqrt{\dfrac{\sigma_1^2}{n_1}+\dfrac{\sigma_2^2}{n_2}}}\sim N(0,1).$$

若假设 $H_0:\mu_1=\mu_2$ 成立,则统计量

$$Z=\frac{\bar{\xi}-\bar{\eta}}{\sqrt{\dfrac{\sigma_1^2}{n_1}+\dfrac{\sigma_2^2}{n_2}}}\sim N(0,1),$$

因此,可用统计量 Z 来进行检验.

对于显著性水平 α,由标准正态分布表(附表 2)查得临界值 $z_{\frac{\alpha}{2}}$,使得

$$P\{|Z|>z_{\frac{\alpha}{2}}\}=\alpha.$$

利用观测所得的样本值 $x_1,x_2,\cdots,x_{n_1}$ 与 $y_1,y_2,\cdots,y_{n_2}$ 计算统计量 Z 的值 z.最后做出判断:若 $|z|>z_{\frac{\alpha}{2}}$,则拒绝假设 H_0;若 $|z|\leqslant z_{\frac{\alpha}{2}}$,则接受假设 H_0.

例 2 甲、乙两台车床加工同一种轴,现在要测量轴的椭圆度(单位:mm).设甲车床加工的轴的椭圆度 $\xi\sim N(\mu_1,\sigma_1^2)$,乙车床加工的轴的椭圆度 $\eta\sim N(\mu_2,\sigma_2^2)$,且 $\sigma_1=0.025$ mm,$\sigma_2=0.062$ mm.今从甲、乙两台车床加工的轴中分别测量了 $n_1=200$,$n_2=150$ 根轴,且算得 $\bar{x}=$

0.081 mm，$\bar{y}=0.060$ mm. 问这两台车床加工的轴的椭圆度是否有显著差异(取 $\alpha=0.05$)？

解 由题意，σ_1^2,σ_2^2 已知，要检验假设

$$H_0: \mu_1=\mu_2, \quad H_1: \mu_1\neq\mu_2.$$

统计量是

$$Z=\frac{\bar{\xi}-\bar{\eta}}{\sqrt{\frac{(0.025)^2}{200}+\frac{(0.062)^2}{150}}}.$$

对于给定的 $\alpha=0.05$，查附表 2 得临界值为 $Z_{\frac{\alpha}{2}}=1.96$，即有

$$P\{|Z|>1.96\}=0.05$$

成立. 由样本平均值 $\bar{x}=0.081$，$\bar{y}=0.060$，求得统计量的值为

$$z=\frac{\bar{x}-\bar{y}}{\sqrt{\frac{(0.025)^2}{200}+\frac{(0.062)^2}{150}}}=\frac{0.081-0.060}{\sqrt{\frac{(0.025)^2}{200}+\frac{(0.062)^2}{150}}}=3.92.$$

因 $|z|=3.92>1.96$，故在显著性水平 $\alpha=0.05$ 下拒绝假设 H_0，即认为两台车床加工的轴的椭圆度有显著差异.

二、t 检验法

由上面的讨论知，当方差已知时，可用 Z 检验法来检验正态总体的期望，但在许多实际问题中方差往往是未知的，这时可用所谓的 t 检验法来检验.

1. 设总体 $\xi\sim N(\mu,\sigma^2)$，$\xi_1,\xi_2,\cdots,\xi_n$ 是 ξ 的样本. σ^2 未知时，检验假设

$$H_0:\mu=\mu_0, \quad H_1:\mu\neq\mu_0.$$

由于 σ^2 未知，故不能应用 Z 检验法. 一个很自然的想法是用 σ^2 的无偏估计量

$$S^2=\frac{1}{n-1}\sum_{i=1}^{n}(\xi_i-\bar{\xi})^2$$

代替 σ^2. 但这时在假设 H_0 成立下，$\frac{\bar{\xi}-\mu_0}{\sqrt{S^2/n}}$不是服从正态分布，而是服从 t 分布. 与 Z 检验法相似，在假设 $H_0: \mu=\mu_0$ 成立下，由第六章第三节中的(4)式知 $t=\frac{\bar{\xi}-\mu_0}{\sqrt{S^2/n}}\sim t(n-1)$.

对于约定的显著性水平 α，查 t 分布表(附表 4)得临界值 $t_{\frac{\alpha}{2}}(n-1)$(参看图 7-2)，使得

$$P\{|t|>t_{\frac{\alpha}{2}}(n-1)\}=\alpha.$$

根据样本值计算 t 的值，且做出判断：若 $|t|>t_{\frac{\alpha}{2}}(n-1)$，则拒绝假设 H_0，接受假设 H_1；若 $|t|\leqslant t_{\frac{\alpha}{2}}(n-1)$，则接受假设 H_0，拒绝假设 H_1.

这种用服从 t 分布的统计量对正态总体均值进行检验的方法称为 t **检验法**.

例 3 对一批新的某种压力罐进行耐裂试验. 抽测 5 个，测得爆破压力数据(单位：MP)为：

545，545，530，550，545.

根据经验，爆破压力 ξ 可认为是服从正态分布的，且过去的该种压力罐的平均爆破压力为 549. 问这批新罐的平均爆破压力与过去有无显著差别(取 $\alpha=0.05$)?

解 按题意，$\xi\sim N(\mu,\sigma^2)$，σ^2 未知，检验假设

$$H_0:\mu=549,\quad H_1:\mu\neq 549.$$

统计量是

$$t=\frac{\bar{\xi}-549}{\sqrt{S^2/5}}.$$

对给定的 $\alpha=0.05$，自由度 $n-1=4$，查 t 分布表(见附表 4)得临界值 $t_{0.025}(4)=2.7764$. 又

$$\bar{x}=\frac{1}{5}(545+545+530+550+545)=543,$$

$$\begin{aligned}s^2&=\frac{1}{5-4}[(545-543)^2+(545-543)^2+(530-543)^2+(550-543)^2+(545-543)^2]\\&=(7.58)^2.\end{aligned}$$

由 $\bar{x}$，s^2 求得统计量的值为

$$t=\frac{\bar{x}-549}{\sqrt{s^2/5}}=\frac{543-549}{\sqrt{(7.58)^2/5}}=-1.77.$$

因为 $|t|=1.77<2.7764$，所以可以接受假设 H_0: $\mu=549$，认为新罐的平均爆破压力与过去无显著差异.

与 Z 检验法类似，t 检验法还可以应用于检验两个带有未知方差，但方差相等的正态总体的均值是否相等的问题.

2. 设 $\xi\sim N(\mu_1,\sigma_1^2)$，$\eta\sim N(\mu_2,\sigma_2^2)$，$\xi_1,\xi_2,\cdots,\xi_{n_1}$ 与 $\eta_1,\eta_2,\cdots,\eta_{n_2}$ 分别为从总体 ξ 与 η 中抽取容量为 n_1,n_2 的样本，ξ 与 η 相互独立，且 σ_1^2,σ_2^2 未知，但 $\sigma_1^2=\sigma_2^2=\sigma^2$，检验假设

$$H_0:\mu_1=\mu_2,\quad H_1:\mu_1\neq\mu_2.$$

由于 $\bar{\xi}$ 与 $\bar{\eta}$ 分别是 μ_1 与 μ_2 的无偏估计量，要检验 $\mu_1=\mu_2$，自然想到考虑 $\bar{\xi}$ 与 $\bar{\eta}$ 之差的大小，若 $\bar{\xi}$ 与 $\bar{\eta}$ 相差不大，则 $\mu_1=\mu_2$ 有可能成立. 这里的“可能成立”或“不大可能成立”是从概率意义上讲的. 因此需要考察 $\bar{\xi}-\bar{\eta}$ 的概率分布，但由于 σ_1^2 与 σ_2^2 未知，从而 $\bar{\xi}-\bar{\eta}$ 的方差 $\frac{\sigma_1^2}{n_1}+\frac{\sigma_2^2}{n_2}$ 也未知，故 $\bar{\xi}-\bar{\eta}$ 的概率分布求不出. 这里仍用 ξ 与 η 的样本方差 S_1^2,S_2^2 分别代替 σ_1^2,σ_2^2. 由第六章第三节中的(5)式知

$$t=\frac{\bar{\xi}-\bar{\eta}-(\mu_1-\mu_2)}{\sqrt{\dfrac{(n_1-1)S_1^2+(n_2-1)S_2^2}{n_1+n_2-2}}\sqrt{\dfrac{1}{n_1}+\dfrac{1}{n_2}}}\sim t(n_1+n_2-2).$$

若假设 $H_0:\mu_1=\mu_2$ 成立，则统计量 t 变为

$$t=\frac{\bar{\xi}-\bar{\eta}}{\sqrt{\frac{(n_1-1)S_1^2+(n_2-1)S_2^2}{n_1+n_2-2}}\sqrt{\frac{1}{n_1}+\frac{1}{n_2}}}\sim t(n_1+n_2-2).$$

对于显著性水平 α，由 t 分布表(附表 4)查得临界值为 $t_{\frac{\alpha}{2}}(n_1+n_2-2)$，使得

$$P\{|t|>t_{\frac{\alpha}{2}}(n_1+n_2-2)\}=\alpha.$$

利用观测所得的样本值 $x_1,x_2,\cdots,x_{n_1}$ 与 $y_1,y_2,\cdots,y_{n_2}$，计算统计量 t 的值，然后做出判断：若 $|t|>t_{\frac{\alpha}{2}}(n_1+n_2-2)$，则拒绝假设 H_0，接受假设 H_1；若 $|t|\leqslant t_{\frac{\alpha}{2}}(n_1+n_2-2)$，则接受假设 H_0，拒绝假设 H_1.

例 4　本章第一节例 2 中，针织品在 70℃下的断裂强力与 80℃下的断裂强力有没有显著差别(取 $\alpha=0.05$)？

解　在例 2 中，ξ 与 η 分别表示 70℃与 80℃下针织品的断裂强力，都服从正态分布，且已知 ξ 与 η 相互独立，方差相等，即有

$$\xi\sim N(\mu_1,\sigma^2),\quad \eta\sim N(\mu_2,\sigma^2).$$

问题即为，检验假设

$$H_0:\mu_1=\mu_2,\quad H_1:\mu_1\neq\mu_2.$$

今有 $n_1=8,n_2=8$，统计量是

$$t=\frac{\bar{\xi}-\bar{\eta}}{\sqrt{\frac{7S_1^2+7S_2^2}{8+8-2}}\sqrt{\frac{1}{8}+\frac{1}{8}}}=2\sqrt{2}\frac{\bar{\xi}-\bar{\eta}}{\sqrt{S_1^2+S_2^2}}.$$

对于给定的 $\alpha=0.05$，自由度 $2n_1-2=14$，查 t 分布表(附表 4)得临界值 $t_{\frac{\alpha}{2}}(n_1+n_2-2)=t_{0.025}(14)=2.145$，使得

$$P\{|t|>2.145\}=0.05.$$

由样本值可计算得

$$\bar{x}=\frac{1}{8}(20.5+18.8+19.8+20.9+21.5+19.5+21.0+21.2)=20.4,$$

$$\bar{y}=\frac{1}{8}(17.7+20.3+20.0+18.8+19.0+20.1+20.2+19.1)=19.4,$$

$$\begin{aligned}s_1^2=\frac{1}{8-1}[&(20.5-20.4)^2+(18.8-20.4)^2\\&+(19.8-20.4)^2+(20.9-20.4)^2+(21.5-20.4)^2\\&+(19.5-20.4)^2+(21.0-20.4)^2+(21.2-20.4)^2]=0.8857,\end{aligned}$$

$$\begin{aligned}s_2^2=\frac{1}{8-1}[&(17.7-19.4)^2+(20.3-19.4)^2\\&+(20.0-19.4)^2+(18.8-19.4)^2+(19.0-19.4)^2\end{aligned}$$

$+(20.1-19.4)^2+(20.2-19.4)^2+(19.1-19.4)^2]=0.8286.$

由 $\bar{x},\bar{y},s_1^2,s_2^2$ 求得统计量的值为

$$t=2\sqrt{2}\frac{\bar{x}-\bar{y}}{\sqrt{s_1^2+s_2^2}}=2\sqrt{2}\frac{20.4-19.4}{\sqrt{0.8857+0.8286}}=2.162.$$

因为 $|t|=2.162>2.145$，所以拒绝假设 $H_0:\mu_1=\mu_2$，认为两种温度下的断裂强力有显著差别.

习 题 8-2

1. 某种零件的尺寸服从正态分布，其中方差为 $\sigma^2=1.21$，对一批这类零件检查 6 件，得尺寸数据(单位：mm)：

$$32.56\quad 29.66\quad 31.64\quad 30.00\quad 31.87\quad 31.03.$$

问这批零件的平均尺寸能否认为是 32.50 mm(取 $\alpha=0.05$)?

2. 某厂生产的某种钢索的断裂强度服从正态分布 $N(\mu,\sigma^2)$，其中 $\sigma=40(\text{kg/cm}^2)$，现在从这批钢索中随机抽取 9 个样本，算得断裂强度平均值 $\bar{x}$，与以往正常生产的 μ 相比，$\bar{x}$ 较 μ 相差 $20(\text{kg/cm}^2)$，设总体方差不变，问在显著性水平 $\alpha=0.01$ 下能否认为这批钢索的质量有显著变化?

3. 有两个正态总体 ξ 与 η，设 $\xi\sim N(\mu_1,20^2)$，$\eta\sim N(\mu_2,18^2)$，且 ξ 和 η 相互独立. 今从两个正态总体中抽出容量均为 60 的样本，算得样本平均值分别为 $\bar{x}=59.34$，$\bar{y}=49.16$. 试问它们的均值有无显著差异(取 $\alpha=0.05$)?

4. 已知矿砂的标准镍含量为 3.25(%)，某批砂矿的 5 个样品中的镍含量经测定为：

$$3.25\quad 3.27\quad 3.24\quad 3.26\quad 3.24.$$

设测定值 ξ 服从正态分布，问在显著性水平 $\alpha=0.01$ 下能否接受这批矿砂?

5. 正常人的脉搏平均为 72 次/分钟，某医生测得 10 例慢性四乙基铅中毒患者的脉搏(次/分钟)如下：

$$54\quad 67\quad 68\quad 78\quad 70\quad 66\quad 67\quad 70\quad 65\quad 69.$$

问四乙基铅中毒者和正常人的脉搏有无显著差异(已知四乙基铅中毒者的脉搏服从正态分布，$\alpha=0.05$)?

6. 从某锌矿的东西两支矿脉中，各抽取样本容量分别为 9 与 8 的样本分析后，算得其样本的锌含量(%)的平均值及样本方差如下：

东支：$\overline{x_1}=0.230,\quad s_1^2=0.1337,\quad n_1=9;$

西支：$\overline{x_2}=0.269,\quad s_2^2=0.1736,\quad n_2=8.$

若东西两支的锌含量都服从正态分布，且它们的方差相等，问东西两支矿脉锌含量的平均值是否可看做一样(取 $\alpha=0.05$)?

第三节 χ^2 检验法和 F 检验法

前面我们给出了正态分布总体均值的检验法.实际问题中往往还需要对刻画波动程度的数字特征——方差作检验.本节介绍检验正态总体方差的 χ^2 检验法和 F 检验法.

由于一般情况下,正态总体的均值都是未知的,所以我们只讨论均值未知时,对方差的假设检验.

一、χ^2 检验法(单个正态总体方差的检验法)

设总体 $\xi \sim N(\mu,\sigma^2)$,$\xi_1,\xi_2,\cdots,\xi_n$ 为 ξ 的样本.检验假设

$$H_0:\sigma^2=\sigma_0^2,\quad H_1:\sigma^2\neq\sigma_0^2\quad(\sigma_0^2\text{是已知正数}).$$

容易想到用 σ^2 的无偏估计量 S^2 与 σ_0^2 相比较,如果比值 S^2/σ_0^2 过大或过小,则说明 S^2 与 σ_0^2 相差很大,都应否定 H_0.但如何确定临界值呢?这就需要知道这个比值的分布,而这个分布不容易求,可对 S^2/σ_0^2 稍作修改.由第六章第三节(3)式知,当 $\xi \sim N(\mu,\sigma^2)$ 时,统计量 $\dfrac{(n-1)S^2}{\sigma^2} \sim \chi^2(n-1)$,故若假设 $H_0:\sigma^2=\sigma_0^2$ 成立,则统计量

$$\frac{(n-1)S^2}{\sigma_0^2}\sim\chi^2(n-1).$$

对于显著性水平 α,查自由度为 $n-1$ 的 χ^2 分布表(附表 3)得临界值 $\chi^2_{1-\frac{\alpha}{2}}(n-1)$ 与 $\chi^2_{\frac{\alpha}{2}}(n-1)$(参看图 7-3),使得

$$P\{\chi^2<\chi^2_{1-\frac{\alpha}{2}}(n-1)\}=\frac{\alpha}{2},\quad P\{\chi^2>\chi^2_{\frac{\alpha}{2}}(n-1)\}=\frac{\alpha}{2}.$$

根据样本值计算 χ^2 的值,且做出判断:

若 $\chi^2<\chi^2_{1-\frac{\alpha}{2}}(n-1)$ 或 $\chi^2>\chi^2_{\frac{\alpha}{2}}(n-1)$,则拒绝 H_0,接受 H_1;

若 $\chi^2_{1-\frac{\alpha}{2}}(n-1)\leqslant\chi^2\leqslant\chi^2_{\frac{\alpha}{2}}(n-1)$,则接受 H_0,拒绝 H_1.

这种用服从 χ^2 分布的统计量对单个正态总体的方差进行检验的方法,称为 **χ^2 检验法**.

例 1 已知某种延期药的静止燃烧时间 ξ(单位:s)服从正态分布,今从一批延期药中,任取 10 副测得静止燃烧时间数据为:

$$\begin{array}{ccccc}1.3405 & 1.4059 & 1.3836 & 1.3857 & 1.3804\\ 1.4053 & 1.3760 & 1.3789 & 1.3424 & 1.4021.\end{array}$$

问这批延期药的静止燃烧时间 ξ 的方差 σ^2 是否为规定的 $(0.025)^2$(取 $\alpha=0.1$).

解 $\xi\sim N(\mu,\sigma^2)$.按题意,要检验假设

$$H_0:\sigma^2=(0.025)^2,\quad H_1:\sigma^2\neq(0.025)^2.$$

统计量是

$$\chi^2=\frac{(n-1)S^2}{\sigma_0^2}=\frac{9S^2}{(0.025)^2}.$$

由 $\alpha=0.1$ 及自由度 $10-1=9$,查 χ^2 分布表(附表 3)得临界值

$$\chi^2_{1-\frac{\alpha}{2}}(n-1)=\chi^2_{0.95}(9)=3.33,\quad \chi^2_{\frac{\alpha}{2}}(n-1)=\chi^2_{0.05}(9)=16.9.$$

由样本值算得 $\overline{x}=1.3801$, $s^2=(0.023)^2$,于是统计量的值为

$$\chi^2=\frac{(n-1)s^2}{(0.025)^2}=\frac{9\times(0.023)^2}{(0.025)^2}=7.6176.$$

因为 $3.33<7.6176<16.9$,所以应接受假设 $H_0:\sigma^2=(0.025)^2$,即可以认为这批延期药的静止燃烧时间 ξ 的方差 σ^2 是 $(0.025)^2$.

二、F 检验法(两个正态总体方差的检验法)

在上一节例 4 中,我们是在假定两个总体的方差相等的情形下来讨论两个总体的均值是否相等.那么如何知道方差是相等的呢?这需要根据所给样本值来检验.

设 $\xi\sim N(\mu_1,\sigma_1^2)$, $\eta\sim N(\mu_2,\sigma_2^2)$, $\xi_1,\xi_2,\cdots,\xi_{n_1}$ 与 $\eta_1,\eta_2,\cdots,\eta_{n_2}$ 分别为 ξ 与 η 的容量为 n_1,n_2 的样本,且 ξ 与 η 相互独立.要检验假设

$$H_0:\sigma_1^2=\sigma_2^2,\quad H_1:\sigma_1^2\neq\sigma_2^2.$$

ξ 与 η 的样本方差分别为

$$S_1^2=\frac{1}{n_1-1}\sum_{i=1}^{n_1}(\xi_i-\overline{\xi})^2,\quad S_2^2=\frac{1}{n_2-1}\sum_{i=1}^{n_2}(\eta_i-\overline{\eta})^2.$$

不难想到,用样本方差 S_1^2 与 S_2^2 之比,即用统计量

$$F=\frac{S_1^2}{S_2^2}$$

来对 H_0 做出判断.显然 F 的值很大或很小,都应否定 H_0.若取值在 1 附近,则可接受 H_0.由第六章第三节(6)式知

$$\frac{S_1^2/\sigma_1^2}{S_2^2/\sigma_2^2}\sim F(n_1-1,n_2-1).$$

在假设 $H_0:\sigma_1^2=\sigma_2^2$ 成立的条件下,统计量

$$F=\frac{S_1^2}{S_2^2}\sim F(n_1-1,n_2-1).$$

对于给定的显著性水平 α,由 F 分布表(附表 5)查得临界值 $F_{1-\frac{\alpha}{2}}(n_1-1,n_2-1)$ 与 $F_{\frac{\alpha}{2}}(n_1-1,n_2-1)$,使得

$$P\{F<F_{1-\frac{\alpha}{2}}(n_1-1,n_2-1)\}=\frac{\alpha}{2},\quad P\{F>F_{\frac{\alpha}{2}}(n_1-1,n_2-1)\}=\frac{\alpha}{2},$$

即 $\left\{\frac{S_1^2}{S_2^2}<F_{1-\frac{\alpha}{2}}(n_1-1,n_2-1)\right\}$ 或 $\left\{\frac{S_1^2}{S_2^2}>F_{\frac{\alpha}{2}}(n_1-1,n_2-1)\right\}$ 是小概率事件(见图 8-1).

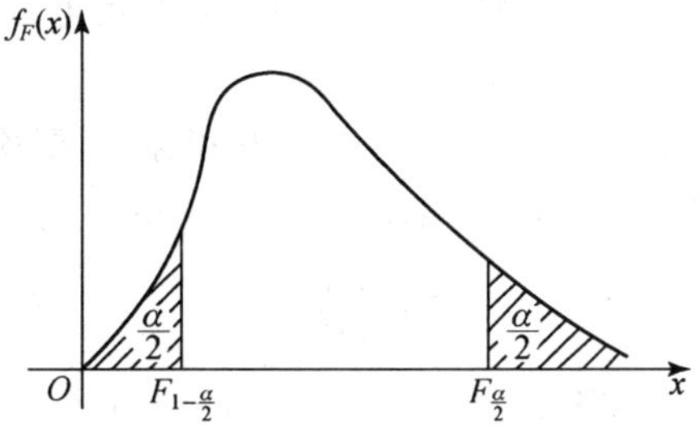

图 8-1

由观测得到的样本值计算统计量 F 的值. 若 $F>F_{\frac{\alpha}{2}}(n_1-1,n_2-1)$ 或 $F<F_{1-\frac{\alpha}{2}}(n_1-1,n_2-1)$，则拒绝假设 H_0，接受假设 H_1. 若 $F_{1-\frac{\alpha}{2}}(n_1-1,n_2-1)\leqslant F\leqslant F_{\frac{\alpha}{2}}(n_1-1,n_2-1)$，则接受假设 H_0，拒绝假设 H_1，认为 $\sigma_1^2=\sigma_2^2$. 这种用服从 F 分布的统计量检验两个正态总体的方差是否相等的方法，称为 **F 检验法**.

应该说明的是，$F_{\frac{\alpha}{2}}(n_1-1,n_2-1)$ 可直接从 F 分布表中查出，但由于 $1-\dfrac{\alpha}{2}$ 较大，$F_{1-\frac{\alpha}{2}}(n_1-1,n_2-1)$ 不能直接从 F 分布表中查得，需要间接求出.

由
$$P\{F<F_{1-\frac{\alpha}{2}}(n_1-1,n_2-1)\}=\frac{\alpha}{2}$$
可得
$$P\left\{\frac{1}{F}>\frac{1}{F_{1-\frac{\alpha}{2}}(n_1-1,n_2-1)}\right\}=\frac{\alpha}{2}. \tag{1}$$
又当假设 H_0 成立时，有
$$\frac{1}{F}=\frac{1}{\frac{S_1^2}{S_2^2}}=\frac{S_2^2}{S_1^2}\sim F(n_2-1,n_1-1), \tag{2}$$
即
$$P\left\{\frac{1}{F}>F_{\frac{\alpha}{2}}(n_2-1,n_1-1)\right\}=\frac{\alpha}{2}.$$

由(1)式与(2)式知
$$F_{\frac{\alpha}{2}}(n_2-1,n_1-1)=\frac{1}{F_{1-\frac{\alpha}{2}}(n_1-1,n_2-1)}$$
或
$$F_{1-\frac{\alpha}{2}}(n_1-1,n_2-1)=\frac{1}{F_{\frac{\alpha}{2}}(n_2-1,n_1-1)}, \tag{3}$$
则 $F_{1-\frac{\alpha}{2}}(n_1-1,n_2-1)$ 可由(3)式求出.

例 2　对两批同类电器元件的电阻 ξ,η(单位：Ω)进行测试，测得结果如下：

ξ：0.140　0.138　0.143　0.141　0.144　0.137，

η：0.135　0.140　0.142　0.136　0.138　0.140　0.141.

根据经验,两批电器元件的电阻 ξ,η 都服从正态分布. 问两批电器元件的电阻的方差是否可以认为相等(取 $\alpha=0.05$)?

解 按题意,$\xi\sim N(\mu_1,\sigma_1^2)$,$\eta\sim N(\mu_2,\sigma_2^2)$,$\xi$ 与 η 互相独立,要检验假设

$$H_0:\sigma_1^2=\sigma_2^2,\quad H_1:\sigma_1^2\neq\sigma_2^2.$$

统计量是

$$F=\frac{S_1^2}{S_2^2}.$$

对于给定的显著性水平 $\alpha=0.05$,当 $n_1-1=6-1=5$,$n_2-1=7-1=6$ 时,查 F 分布表(附表5)得

$$F_{\frac{\alpha}{2}}(n_1-1,n_2-1)=F_{0.025}(5,6)=5.99,$$

$$F_{1-\frac{\alpha}{2}}(n_1-1,n_2-1)=\frac{1}{F_{\frac{\alpha}{2}}(n_2-1,n_1-1)}=\frac{1}{F_{0.025}(6,5)}=\frac{1}{6.98}\approx 0.14.$$

由样本值算得

$$\overline{x}=0.1405,\quad s_1^2=(0.0027)^2,$$

$$\overline{y}=0.1389,\quad s_2^2=(0.0026)^2.$$

于是

$$F=\frac{s_1^2}{s_2^2}=\frac{(0.0027)^2}{(0.0026)^2}\approx 1.078.$$

因为 $0.14<1.078<5.99$,所以接受假设 $H_0:\sigma_1^2=\sigma_2^2$,即认为这两批电器元件的电阻的方差无显著差异.

本章讨论了当总体(单个或两个)服从正态分布时,对均值、方差的假设检验问题. 给出了 Z 检验法、t 检验法、χ^2 检验法和 F 检验法. 为查阅方便,现将各检验法列成表,见表 8-1.

表 8-1 正态总体参数的显著性检验

被检验的参数	假设	条件	统计量及分布	临界值的确定(检验水平 α)	结论
期望 μ	$H_0:\mu=\mu_0$ (μ_0 已知)	σ^2 已知	$Z=\dfrac{\overline{\xi}-\mu_0}{\sqrt{\dfrac{\sigma^2}{n}}}\sim N(0,1)$	$P\{\lvert Z\rvert>z_{\frac{\alpha}{2}}\}=\alpha$	若 $\lvert z\rvert>z_{\frac{\alpha}{2}}$,则否定 H_0
		σ^2 未知	$t=\dfrac{\overline{\xi}-\mu_0}{\sqrt{\dfrac{S^2}{n}}}\sim t(n-1)$	$P\{\lvert t\rvert>t_{\frac{\alpha}{2}}(n-1)\}=\alpha$	若 $\lvert t\rvert>t_{\frac{\alpha}{2}}(n-1)$,则否定 H_0
	$H_0:\mu_1=\mu_2$	σ_1^2,σ_2^2 已知	$Z=\dfrac{\overline{\xi}-\overline{\eta}}{\sqrt{\dfrac{\sigma_1^2}{n_1}+\dfrac{\sigma_2^2}{n_2}}}\sim N(0,1)$	$P\{\lvert Z\rvert>z_{\frac{\alpha}{2}}\}=\alpha$	若 $\lvert z\rvert>z_{\frac{\alpha}{2}}$,则否定 H_0
		σ_1^2、σ_2^2 未知 $\sigma_1^2=\sigma_2^2$	$t=\dfrac{\overline{\xi}-\overline{\eta}}{\sqrt{\dfrac{(n_1-1)S_1^2+(n_2-1)S_2^2}{n_1+n_2-2}}\sqrt{\dfrac{1}{n_1}+\dfrac{1}{n_2}}}\sim t(n_1+n_2-2)$	$P\{\lvert t\rvert>t_{\frac{\alpha}{2}}(n_1+n_2-2)\}=\alpha$	若 $\lvert t\rvert>t_{\frac{\alpha}{2}}(n_1+n_2-2)$,则否定 H_0

续表

被检验的参数	假设	条件	统计量及分布	临界值的确定（检验水平 α）	结论
方差 σ^2	$H_0:\sigma^2=\sigma_0^2$（σ_0 已知）	μ 未知	$\chi^2=\dfrac{(n-1)S^2}{\sigma_0^2}\sim\chi^2(n-1)$	$P\{\chi^2<\chi^2_{1-\frac{\alpha}{2}}(n-1)\}=\dfrac{\alpha}{2}$ $P\{\chi^2>\chi^2_{\frac{\alpha}{2}}(n-1)\}=\dfrac{\alpha}{2}$	若 $\chi^2<\chi^2_{1-\frac{\alpha}{2}}(n-1)$ 或 $\chi^2>\chi^2_{\frac{\alpha}{2}}(n-1)$，则否定 H_0
	$H_0:\sigma_1^2=\sigma_2^2$	μ_1,μ_2 未知	$F=\dfrac{S_1^2}{S_2^2}\sim F(n_1-1,n_2-1)$	$P\{F<F_{1-\frac{\alpha}{2}}(n_1-1,n_2-1)\}=\dfrac{\alpha}{2}$ $P\{F>F_{\frac{\alpha}{2}}(n_1-1,n_2-1)\}=\dfrac{\alpha}{2}$	若 $F<F_{1-\frac{\alpha}{2}}(n_1-1,n_2-1)$ 或 $F>F_{\frac{\alpha}{2}}(n_1-1,n_2-1)$，则否定 H_0

以上所述的各检验法都是在总体 ξ 服从正态分布的前提下进行讨论的。那么如何知道总体 ξ 是服从正态分布的呢？进一步地，如何知道一个总体 ξ 的分布函数是某个已知函数 $F(x)$？这就是分布的假设检验问题.关于这个问题将在本章第四节中学习.

习 题 8-3

1. 测得两批电子器材的样本电阻(单位：Ω)为

A 批：0.140　0.138　0.143　0.142　0.144　0.137，

B 批：0.135　0.140　0.142　0.136　0.138　0.140.

设这批器材的电阻分别服从正态分布 $N(\mu_1,\sigma_1^2)$ 与 $N(\mu_2,\sigma_2^2)$，且样本相互独立.试检验

(1) 它们的电阻的方差是否相等(取 $\alpha=0.05$)？

(2) 它们的平均电阻是否有显著差异(取 $\alpha=0.05$)？

2. 从一台车床加工的轴料中抽取 15 件测量其椭圆度，计算得 $s=0.025$，设椭圆度服从正态分布，问该批轴料的椭圆度的总体方差与规定的 $\sigma^2=0.0004$ 有无显著差别(取 $\alpha=0.1$)？

3. 某厂生产的尼龙纤度在正常情况下服从正态分布 $N(\mu,\sigma^2)$，某日抽取 5 根纤维，测得其纤度为

$$1.32\quad 1.36\quad 1.55\quad 1.44\quad 1.40.$$

试问能否认为这一天尼龙纤度的标准差为 $\sigma=0.048$(取 $\alpha=0.1$)？

4. 某一橡胶配方中，原用氧化锌 5 g，现减为 1 g，分别对两种配方作对比试验，测得橡胶伸长率(%)为：

原配方：54.0　53.3　52.5　52.0　54.5　53.1　52.9　53.4　54.1，

新配方：56.5　57.7　58.0　57.5　55.6　54.2　56.0　53.2.

设橡胶伸长率服从正态分布，试问两种配方的伸长率的标准差有无显著差异(取 $\alpha=0.1$)？

*第四节　分布拟合检验

前面讨论了总体分布类型已知(为正态总体)时的参数假设检验问题. 但在实际问题中总体分布常常是未知的,那么如何确定总体分布类型呢? 这就需要对总体分布提出假设,然后利用从总体中抽出的样本来检验假设. 本节介绍 χ^2 拟合检验法,它是一种应用面较广的重要的非参数性假设检验.

设 $\xi_1,\xi_2,\cdots,\xi_n$ 是来自总体 ξ 的一个样本,记 ξ 的分布函数为 $F(x)$. $F_0(x)$是某个常用分布的分布函数,我们要检验

$$H_0: F(x)=F_0(x).$$

1. $F_0(x)$中不含未知参数

首先将数轴分成 r 个区间 $I_j=[a_{j-1},a_j)$, $j=1,2,\cdots,r$,其中 $a_0=-\infty$,$a_r=+\infty$. 记 $p_j=P\{a_{j-1}\leqslant\xi<a_j\}$. 当 H_0 成立时, $p_j=F_0(a_j)-F_0(a_{j-1})$. 记 N_j 为 $\xi_1,\xi_2,\cdots,\xi_n$ 中落入 $I_j=[a_{j-1},a_j)$的个数,由于 ξ_i 是否落入 $I_j=[a_{j-1},a_j)$中相当于做一次伯努利试验,N_j 服从二项分布 $B(n,p_j)$,因而 $E(N_j)=np_j$,称 N_j 为第 j 组的**观察频数**,np_j 称为第 j 组的**理论频数**. 由大数定律有

$$\frac{N_j}{n}\xrightarrow{P}p_j,\quad j=1,2,\cdots,r.$$

若 n 较大,当 H_0 成立时,有 $p_j=F_0(a_j)-F_0(a_{j-1})$, $\left|\frac{N_j}{n}-p_j\right|$ $(j=1,2,\cdots,r)$应较小,取

$$\chi^2=c_1\left(\frac{N_1}{n}-p_1\right)^2+c_2\left(\frac{N_2}{n}-p_2\right)^2+\cdots+c_r\left(\frac{N_r}{n}-p_r\right)^2,$$

因此 χ^2 应当较小. 而当 χ^2 较大时,应拒绝 H_0,这里 $c_1,c_2,\cdots,c_r$ 是常数. 取

$$c_1=\frac{n}{p_1},\ c_2=\frac{n}{p_2},\ \cdots,\ c_r=\frac{n}{p_r},$$

这样

$$\chi^2=\sum_{j=1}^{r}\frac{n}{p_j}\left(\frac{N_j}{n}-p_j\right)^2=\sum_{j=1}^{r}\frac{(N_j-np_j)^2}{np_j}.$$

可以证明当 H_0 成立时,如果 n 较大,近似地有 $\chi^2\sim\chi^2(r-1)$. 因而拒绝域的形式为 $\chi^2\geqslant G$ (G 为正常数). 对于给定的显著性水平 α,确定 $G=\chi^2_\alpha(r-1)$,使

$$P\{\chi^2>\chi^2_\alpha(r-1)\}=\alpha,$$

故拒绝域为

$$\chi^2>\chi^2_\alpha(r-1).$$

若 $\sum_{j=1}^{r}\frac{(n_j-np_j)^2}{np_j}>\chi^2_\alpha(r-1)$,则拒绝 H_0;若 $\sum_{j=1}^{r}\frac{(n_j-np_j)^2}{np_j}\leqslant\chi^2_\alpha(r-1)$, 则接受 H_0. 其中 n_j 是第 j 组观察频数的观测值.

2. $F_0(x)$中含有 k 个未知参数 $\theta_1,\theta_2,\cdots,\theta_k$.

此时 $F_0(x)$形如：
$$F_0(x)=F_0(x;\theta_1,\theta_2,\cdots,\theta_k),$$
则应先估计这 k 个参数，通常用极大似然估计.

设 $\theta_1,\theta_2,\cdots,\theta_k$ 的估计值为 $\hat{\theta}_1,\hat{\theta}_2,\cdots,\hat{\theta}_k$，这时 $F_0(x)$的估计值为
$$\hat{F}_0(x)=F_0(x;\hat{\theta}_1,\hat{\theta}_2,\cdots,\hat{\theta}_k).$$
将$(-\infty,+\infty)$分成 r 个区间 $I_j=[a_{j-1},a_j)$，$j=1,2,\cdots,r$，可以得到 $p_j=P\{a_{j-1}\leqslant\xi<a_j\}$的估计值
$$\hat{p}_j=F_0(a_j;\hat{\theta}_1,\hat{\theta}_2,\cdots,\hat{\theta}_k)-F_0(a_{j-1};\hat{\theta}_1,\hat{\theta}_2,\cdots,\hat{\theta}_k).$$
记
$$\chi^2=\sum_{j=1}^{r}\frac{(N_j-n\hat{p}_j)^2}{n\hat{p}_j}.$$
可以证明，当 H_0 成立时，如果 n 较大，近似地有 $\chi^2\sim\chi^2(r-k-1)$，其中 k 是被估计参数的个数. 于是得到拒绝域
$$\chi^2>\chi^2_\alpha(r-k-1),$$
若 $\sum\limits_{j=1}^{r}\dfrac{(n_j-n\hat{p}_j)^2}{n\hat{p}_j}>\chi^2_\alpha(r-k-1)$，则拒绝 H_0；若 $\sum\limits_{j=1}^{r}\dfrac{(n_j-n\hat{p}_j)^2}{n\hat{p}_j}\leqslant\chi^2_\alpha(r-k-1)$，则接受 H_0. 这就是 χ^2 **拟合检验法.**

使用 χ^2 拟合检验法时，必须注意 n 要足够大，另外 np_j 或 $n\hat{p}_j$ 不能太小. 根据实践，要求样本容量 n 不小于 50，以及每一个 np_j 或 $n\hat{p}_j$ 都不小于 5.

例 1　为了检验一颗骰子的均匀性，将这颗骰子投掷 120 次，结果出现 1,2,3,4,5,6 点的次数分别为
$$23\quad 26\quad 21\quad 20\quad 15\quad 15.$$
问在显著性水平 $\alpha=0.05$ 下，能否认为这颗骰子是均匀的？

解　一颗骰子如果是均匀的，那么一次掷得各点数的概率相等，设 ξ 表示一次掷得的点数，要检验假设
$$H_0: P\{X=i\}=\frac{1}{6},\quad i=1,2,\cdots,6.$$
取
$$I_1=[-\infty,1.5),\quad I_2=[1.5,2.5),\quad I_3=[2.5,3.5),$$
$$I_4=[3.5,4.5),\quad I_5=[4.5,5.5),\quad I_6=[5.5,+\infty).$$
这样 $n_1=23,n_2=26,n_3=21,n_4=20,n_5=15,n_6=15$；$p_j=\dfrac{1}{6}$，$np_j=120\times\dfrac{1}{6}=20$，$j=1,\cdots,6$，则
$$\chi^2=\sum_{j=1}^{6}\frac{(n_j-np_j)^2}{np_j}=4.8,$$
$$\chi^2_\alpha(r-1)=\chi^2_{0.05}(5)=11.071.$$

因为 $\chi^2<11.071$,因此不能拒绝 H_0,即可以认为这颗骰子是均匀的.

例 2 为了考查某个电话总机在午夜 0:00～1:00 内电话接错次数 ξ,统计了 200 天的记录,得到以下数据:

接错次数	0	1	2	3
频 数	109	65	22	4

问在显著性水平 $\alpha=0.01$ 下,能否认为 ξ 服从泊松分布?

解 要检验假设

$$H_0: \xi\sim P(\lambda), \quad \lambda>0.$$

现有 200 个数据 $x_1,x_2,\cdots,x_{200}$,其中 109 个数据为 0,65 个数据为 1,22 个数据为 2,4 个数据为 3.先估计 λ:

$$\hat{\lambda}=\frac{1}{200}(0\times109+1\times65+2\times22+3\times4)=0.61.$$

若 $\xi\sim P(0.61)$,那么

$$\hat{p}_j=\hat{P}(\xi=j)=\mathrm{e}^{-0.61}\frac{0.61^j}{j\,!}, \quad j=0,1,2,3.$$

求出 $\hat{p}_0=0.543$, $\hat{p}_1=0.331$, $\hat{p}_2=0.101$, $\hat{p}_3=1-\hat{p}_0-\hat{p}_1-\hat{p}_2=0.025$,则

$$\chi^2=\sum_{j=0}^{3}\frac{(n_j-n\hat{p}_j)^2}{n\hat{p}_j}=0.3836.$$

由于 $r=4$, $k=1$, $r-k-1=2$, $\chi^2_\alpha(r-k-1)=\chi^2_{0.1}(2)=4.605$,
则 $0.3836<4.605$,因此不能拒绝 H_0,即可以认为电话接错次数服从泊松分布.

第九章　一元线性回归分析

在生产实践和科学实验中，我们会遇到各种不同的变量，一些变量相互联系、相互依存，它们之间存在着一定的关系．变量和变量之间的关系是多种多样的，但大致可以分为两种类型：

一类是确定性关系，也就是微积分中的函数关系．例如，圆的面积 A 与半径 R 之间的关系（$A=\pi R^2$）；自由落体运动中，物体下落的距离 s 与所需时间 t 之间的关系（$s=gt^2/2, 0\leqslant t\leqslant T$）；等等．

另一类是非确定性关系．例如，粮食产量与所施肥料数量之间存在着密切的关系，但这种关系是非确定性的．即使在同一年内，在同一地区，在相同的耕地面积内施同样多的肥料，其粮食产量也不会完全一样，它们之间的关系不能用函数关系来表示．又如，人的血压与年龄之间有一定的关系，但这种关系也是非确定性的．一般地，年长者血压高，而血压与年龄之间的关系却不能用函数关系表示．再如，人的身高与体重之间的关系同样也不能用函数关系表示．实践中，这样的非确定性关系是大量存在的，其所涉及的变量之间虽然存在着密切的关系，但不能由一个或几个变量的数值精确地求出另一个变量的值．变量的这种非确定性关系称为**相关关系**．

确定性关系和相关关系之间往往不能截然区分．即使变量间具有确定性关系，由于实验误差的影响，其表现形式也具有某种程度的不确定性；而当对事物的内部规律了解得更加深刻时，相关关系又可能转化为确定性关系．

回归分析就是处理变量之间的相关关系的一种数理统计方法，它可以提供变量间的相关关系的数学表达式，即经验公式；并且可以运用概率统计的基础知识，分析这种相关关系，判别所建立的经验公式是否有效；还可以应用经验公式，根据一个或几个变量的值，预测或控制另一个变量的取值．

回归分析的内容较多．研究多个变量之间的相关关系称为**多元回归分析**；研究两个变量之间的相关关系称为**一元回归分析**．若两个变量成线性关系，则称为**一元线性回归**；如果变量之间不具有线性关系，就称之为**非线性回归**．由于大多数非线性回归分析都可以化为线性回归分析，而多元回归分析的原理和一元回归分析的原理完全一样，所以本章只介绍一元线性回归分析．

第一节　散点图和数学模型

设 η 与 x 是具有相关关系的两个变量，其中 x 是可以控制或可以精确测量的变量，称为普通变量，而 η 是由 x 的变化而引起变化的随机变量．η 与 x 的关系不确定，当 x 取某一固定值 x_0 时，与 η 相应的值 η_0 事先不能确定．例如，粮食产量与施肥量之间具有相关关系，这里施肥量是普通变量,可以测量,而粮食产量则是随机变量,收获前不能预测. 下面我们用例子来说明用什么方法来建立 η 与 x 之间的关系.

例 对某种产品表面进行腐蚀刻线实验,得到腐蚀时间 x(单位:s)与腐蚀深度 η(单位:μ)间的一组数据(见表 9-1). 现在来研究这两个变量 η 与 x 之间的关系.

表 9-1

腐蚀时间 x(s)	5	10	15	20	30	40	50	60	70	90	120
腐蚀深度 $\eta(\mu)$	6	10	10	13	16	17	19	23	25	29	46

解 从这组数据可以看出,η 与 x 之间的关系不是函数关系,而是相关关系.

在直角坐标系中,将这 11 对数据描出,如图 9-1 所示. 一般地,称由数据组 $(x_i, y_i)(i=1, 2,\cdots,n)$ 描在 Oxy 平面上的点图为**散点图**.

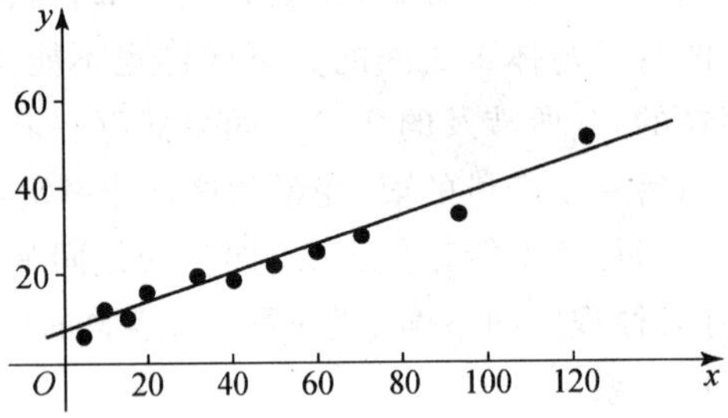

图 9-1

从散点图可以看出,这些点虽然散乱,但大体上散布在某条直线的周围. 因此可以初步认为 η 与 x 之间具有线性关系. 由于影响腐蚀深度 η 的因素除腐蚀时间 x 外,还存在很多其他随机因素,故使观测值的点与直线有一定的偏离. 我们可以把表 9-1 中数据的数学模型表示为

$$\eta_i = a + bx_i + \varepsilon_i, \quad i=1,2,\cdots,11,$$

其中 $\varepsilon_i(i=1,2,\cdots,11)$ 为随机误差,它们相互独立,且都服从正态分布 $N(0,\sigma^2)$. 因此 η_i 服从正态分布 $N(a+bx_i,\sigma^2)(i=1,2,\cdots,11)$. 总之,对每个 x,η 可以表示为

$$\eta = a + bx + \varepsilon, \tag{1}$$

这里 ε 是随机项,且有 $\varepsilon \sim N(0,\sigma^2)$,$a,b$ 为未知参数.

称(1)式为**一元线性回归的数学模型**,其中称 $\hat{y}=a+bx$ 为**回归方程**,这里在 y 的上方加"^"是为了区别于 η 的实际值,因为 η 与 x 之间一般不具有函数关系.

我们的任务是,根据试验数据,排除随机因素的影响,求出(1)式中参数 a 和 b 的估计值,建立(1)式中线性关系部分的近似公式.

第二节 最小二乘法与经验公式

设有 n 个对应于观测数据的点

$$(x_1,y_1),(x_2,y_2),\cdots,(x_n,y_n).$$

对于平面上任一条直线 l：

$$y=a+bx,$$

显然 $|y_i-(a+bx_i)|$ 刻画了 y_i 与直线 l 的偏离程度. 因此

$$\sum_{i=1}^{n}[y_i-(a+bx_i)]^2$$

反映了全部观察值 $y_i(i=1,2,\cdots,n)$ 对直线 l 的总的偏离程度(不难看出，$|y_i-(a+bx_i)|$ 的几何意义是点 (x_i,y_i) 沿着平行于 y 轴的方向到 l 的铅直距离). 这个量随着不同的直线而变化，或者说随着不同的 a,b 而变化，即是 a,b 的二元函数，记为

$$Q(a,b)=\sum_{i=1}^{n}[y_i-(a+bx_i)]^2 .$$

很明显，偏差平方和 $Q(a,b)$ 越小的直线，愈能较好的反映 η 与 x 之间的关系. 因此现在的问题是：求 $\hat{a}$，$\hat{b}$，使二元函数 $Q(a,b)$ 在 $a=\hat{a},b=\hat{b}$ 处达到最小.

根据微分学中多元函数求极小值的方法，我们令

$$\begin{cases}\dfrac{\partial Q}{\partial a}=-2\sum\limits_{i=1}^{n}(y_i-a-bx_i)=0,\\ \dfrac{\partial Q}{\partial b}=-2\sum\limits_{i=1}^{n}(y_i-a-bx_i)x_i=0,\end{cases}\tag{1}$$

方程组(1)可以写成

$$\begin{cases}na+(\sum\limits_{i=1}^{n}x_i)b=\sum\limits_{i=1}^{n}y_i,\\ (\sum\limits_{i=1}^{n}x_i)a+(\sum\limits_{i=1}^{n}x_i^2)b=\sum\limits_{i=1}^{n}x_iy_i.\end{cases}\tag{2}$$

由于 x_i 不全相同，故方程组(2)的系数行列式

$$\begin{vmatrix} n & \sum\limits_{i=1}^{n}x_i \\ \sum\limits_{i=1}^{n}x_i & \sum\limits_{i=1}^{n}x_i^2\end{vmatrix}=n\sum_{i=1}^{n}(x_i-\overline{x})^2\neq 0.$$

故方程组(2)有唯一的一组解

$$\begin{cases}\hat{a}=\overline{y}-\hat{b}\,\overline{x},\\ \hat{b}=\dfrac{l_{xy}}{l_{xx}},\end{cases}\tag{3}$$

其中

$$\overline{x}=\frac{1}{n}\sum_{i=1}^{n}x_i,\quad \overline{y}=\frac{1}{n}\sum_{i=1}^{n}y_i,$$

$$l_{xx}=\sum_{i=1}^{n}(x_i-\overline{x})^2=\sum_{i=1}^{n}x_i^2-\frac{1}{n}\Big(\sum_{i=1}^{n}x_i\Big)^2,$$

$$l_{xy}=\sum_{i=1}^{n}(x_i-\overline{x})(y_i-\overline{y})=\sum_{i=1}^{n}x_iy_i-\frac{1}{n}\Big(\sum_{i=1}^{n}x_i\Big)\Big(\sum_{i=1}^{n}y_i\Big).$$

为了后面做进一步的讨论,我们再引进记号

$$l_{yy}=\sum_{i=1}^{n}(y_i-\overline{y})^2=\sum_{i=1}^{n}y_i^2-\frac{1}{n}\Big(\sum_{i=1}^{n}y_i\Big)^2.$$

于是,利用 n 对观测数据 $(x_i,y_i)(i=1,2,\cdots,n)$,由(3)式求出 $\hat{a},\hat{b}$(注意:先求 $\hat{b}$,后求 $\hat{a}$),就得到第一节(1)式中线性关系部分的近似公式

$$\hat{y}=\hat{a}+\hat{b}x.\tag{4}$$

(4)式就是变量 η 和 x 间关系的近似数学表达式,称为**经验公式**(或**经验回归方程**,有时也简称为**回归方程**).它所代表的直线称为**经验回归直线**(简称**回归直线**).称由(3)式所确定的 $\hat{a},\hat{b}$ 为参数 a,b 的**最小二乘估计**,所用方法为**最小二乘法**.

例 1 对于第一节例 1,经验公式(4)的建立可通过先列表 9-2,再根据(3)式来进行.

$$\overline{x}=\frac{1}{11}\sum_{i=1}^{11}x_i=\frac{510}{11},\quad \overline{y}=\frac{1}{11}\sum_{i=1}^{11}y_i=\frac{214}{11},\quad n=11,$$

$$l_{xx}=\sum_{i=1}^{n}x_i^2-\frac{1}{n}\Big(\sum_{i=1}^{n}x_i\Big)^2=36750-\frac{1}{11}(510)^2=13104.546,$$

$$l_{xy}=\sum_{i=1}^{n}x_iy_i-\frac{1}{n}\Big(\sum_{i=1}^{n}x_i\Big)\Big(\sum_{i=1}^{n}y_i\Big)=13910-\frac{1}{11}\times 510\times 214=3988.182,$$

$$l_{yy}=\sum_{i=1}^{n}y_i^2-\frac{1}{n}\Big(\sum_{i=1}^{n}y_i\Big)^2=5422-\frac{1}{11}(214)^2=1258.727.$$

代入式(3),得

$$\hat{b}=\frac{l_{xy}}{l_{xx}}=\frac{3988.182}{13104.546}=0.304,$$

$$\hat{a}=\overline{y}-\hat{b}\,\overline{x}=\frac{214}{11}-0.304\times\frac{510}{11}=5.36.$$

因此,腐蚀深度 η 与腐蚀时间 x 间的经验公式为

$$\hat{y}=5.36+0.304x.$$

表　9-2

编号 i	x_i	y_i	x_i^2	x_iy_i	y_i^2
1	5	6	25	30	36
2	10	10	100	100	100
3	15	10	225	150	100
4	20	13	400	260	169
5	30	16	900	480	256
6	40	17	1600	680	289
7	50	19	2500	950	361
8	60	23	3600	1380	529
9	70	25	4900	1750	625
10	90	29	8100	2610	841
11	120	46	14400	5520	2116
$\sum\limits_{i=1}^{11}$	510	214	36750	13910	5422

第三节　预测与控制

由 n 对观测数据求得回归方程 $\hat{y}=\hat{a}+\hat{b}x$ 后，就可以利用回归方程来预测与控制 η 的值. **预测**是指当给定 x_0，对 η 的取值做点估计或区间估计；**控制**是指为了使 η 的值落在指定范围内，应当把 x 的值控制在什么区间内. 下面分别讨论预测问题和控制问题.

一、预测问题

假设

$$\eta=a+bx+\varepsilon, \tag{1}$$

其中 $\varepsilon\sim N(0,\sigma^2)$. 由于回归方程 $\hat{y}=\hat{a}+\hat{b}x$ 反映了 η 与 x 之间的线性相关关系，对于给定的 x_0，有

$$\eta_0=a+bx_0+\varepsilon_0.$$

自然可用 $\hat{y}_0=\hat{a}+\hat{b}x_0$ 作为随机变量 η_0 的点估计.

数学上可以证明，在(1)式的假定下，随机变量

$$\frac{\eta_0-\hat{y}_0}{\hat{\sigma}\sqrt{1+\dfrac{1}{n}+\dfrac{(x_0-\bar{x})^2}{l_{xx}}}}\sim t(n-2),$$

其中 $\hat{\sigma}=\sqrt{\frac{Q}{n-2}}$，而 $Q=\frac{l_{xx}l_{yy}-l_{xy}^2}{l_{xx}}$.

对于给定的置信度 $1-\alpha$，查自由度为 $n-2$ 的 t 分布表(附表 4)，得临界值$t_{\frac{\alpha}{2}}(n-2)$，使

$$P\left\{\left|(\eta_0-\hat{y}_0)\Big/\hat{\sigma}\sqrt{1+\frac{1}{n}+\frac{(x_0-\overline{x})^2}{l_{xx}}}\right|\leqslant t_{\frac{\alpha}{2}}(n-2)\right\}=1-\alpha$$

成立，于是得 η_0 的置信区间

$$\left[\hat{y}_0-t_{\frac{\alpha}{2}}(n-2)\hat{\sigma}\sqrt{1+\frac{1}{n}+\frac{(x_0-\overline{x})^2}{l_{xx}}},\ \hat{y}_0+t_{\frac{\alpha}{2}}(n-2)\hat{\sigma}\sqrt{1+\frac{1}{n}+\frac{(x_0-\overline{x})^2}{l_{xx}}}\right].\tag{2}$$

由于 x_0 较接近于$\overline{x}$，且 n 较大时，有

$$\sqrt{1+\frac{1}{n}+\frac{(x_0-\overline{x})^2}{l_{xx}}}\approx 1.$$

则(2)式可简化为

$$\left[\hat{y}_0-t_{\frac{\alpha}{2}}(n-2)\hat{\sigma},\ \hat{y}_0+t_{\frac{\alpha}{2}}(n-2)\hat{\sigma}\right],\tag{3}$$

且 n 较大时，t 分布接近于标准正态分布 $N(0,1)$，因此有

$$t_{\frac{\alpha}{2}}(n-2)\approx z_{\frac{\alpha}{2}}.$$

于是在 x_0 接近于$\overline{x}$，且 n 较大的情况下，η_0 的置信度为 $1-\alpha$ 的置信区间近似为

$$\left[\hat{y}_0-z_{\frac{\alpha}{2}}\hat{\sigma},\ \hat{y}_0+z_{\frac{\alpha}{2}}\hat{\sigma}\right].\tag{4}$$

可看出置信区间的长度主要由 $\hat{\sigma}=\sqrt{\frac{Q}{n-2}}$决定，因此在预测中 $\hat{\sigma}$ 是一个很重要的量. 在回归直线 $L:\hat{y}=\hat{a}+\hat{b}x$ 的上下两侧分别作与 L 平行的直线

$$L_1:\hat{y}=\hat{a}-z_{\frac{\alpha}{2}}\hat{\sigma}+\hat{b}x,\quad L_2:\hat{y}=\hat{a}+z_{\frac{\alpha}{2}}\hat{\sigma}+\hat{b}x.$$

则在全部可能出现的观测数据$(x_i,y_i)(i=1,2,\cdots,n)$中，大约有 $100(1-\alpha)\%$的点落在直线 L_1 与 L_2 所夹的带形域内，见图 9-2.

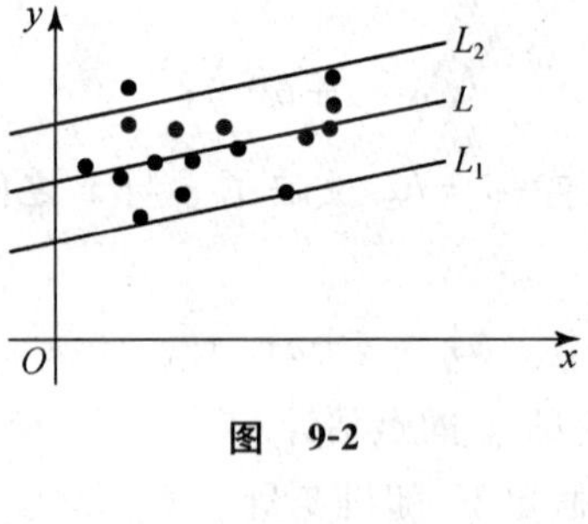

图 9-2

例 1 按第一节例 1 给出的数据，当 $x=75$ 时，预测 η 的相应取值 η_0 的置信区间(置信度 $1-\alpha=0.95$).

解 因为 $x_0=75$，$\hat{y}=5.36+0.304\times 75=28.16$，则有

$$Q=\frac{l_{xx}l_{yy}-l_{xy}^2}{l_{xx}}=44.98,\quad \hat{\sigma}=\sqrt{\frac{Q}{n-2}}=\sqrt{\frac{44.98}{9}}=2.23.$$

由于 $n=11$ 不算很大，故用(3)式.

对于给定的置信度 $1-\alpha=0.95$，查 t 分布表(附表 4)得 $t_{\frac{\alpha}{2}}(n-2)=t_{0.025}(9)=2.26$. 由(3)式，所求置信区间为 $[28.16-2.26\times2.23,\ 28.16+2.26\times2.23]$，即 $[23.12,\ 33.20]$.

二、控制问题

至于控制问题，其实是预测问题的反问题，即如果要求 η 的值落在一定范围 $[y_1,y_2]$ 内，则应该把 x 的值控制在什么范围内？这个问题可按下面的方法解决.

由

$$y_1=\hat{a}-z_{\frac{\alpha}{2}}\hat{\sigma}+\hat{b}x_1,\quad y_2=\hat{a}+z_{\frac{\alpha}{2}}\hat{\sigma}+\hat{b}x_2$$

分别解出 x_1,x_2. 当 $\hat{b}>0$ 时，可控制 x 在 x_1 与 x_2 之间，控制区间为 $[x_1,x_2]$，见图 9-3；当 $\hat{b}<0$ 时，可控制 x 在 x_2 与 x_1 之间，可控制区间为 $[x_2,x_1]$，见图 9-4. 应注意到，若要实现控制，区间 $[y_1,y_2]$ 的长度 y_2-y_1 不能小于 $2z_{\frac{\alpha}{2}}\hat{\sigma}$.

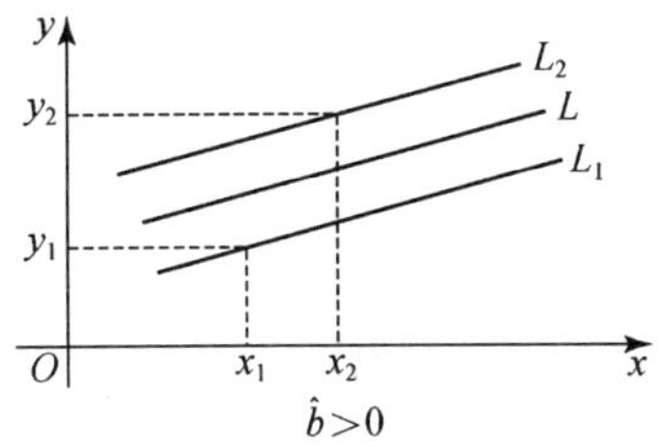

图　9-3

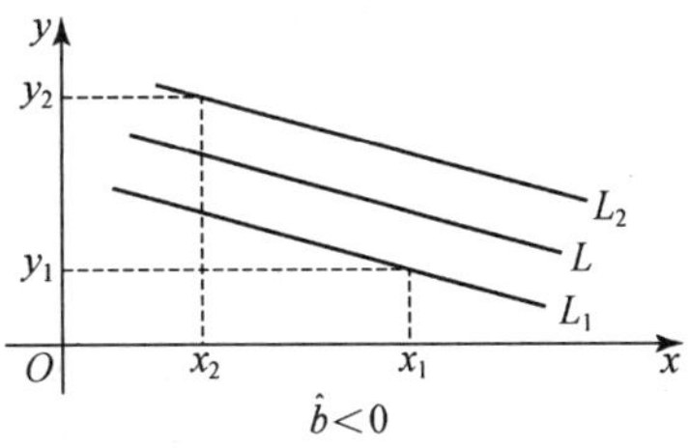

图　9-4

第四节　可线性化的基本类型

上面我们讨论了一元线性回归问题，实际中遇到的回归问题常常更为复杂，在某些情况下可以通过合适的变量代换，将其化为一元线性回归问题来处理. 具有这种性质的回归问题称为**可线性化的回归问题**. 下面介绍可线性化的回归问题的几种基本类型.

一、$\eta=\alpha e^{\beta x}\cdot\varepsilon$，$\ln\varepsilon\sim N(0,\sigma^2)$型

这里设

$$\eta=\alpha e^{\beta x}\cdot\varepsilon, \tag{1}$$

其中 $\ln\varepsilon\sim N(0,\sigma^2)$，$\alpha,\beta,\sigma^2$ 是与 x 无关的未知参数.

对 $\eta=\alpha e^{\beta x}\cdot\varepsilon$ 两边取对数,得

$$\ln\eta=\ln\alpha+\beta x+\ln\varepsilon.$$

令 $\ln\eta=\eta'$, $\ln\alpha=a,\beta=b,x=x'$, $\ln\varepsilon=\varepsilon'$,(1)式可化为一元线性回归模型

$$\eta'=a+bx'+\varepsilon',\tag{2}$$

其中 $\varepsilon'\sim N(0,\sigma^2)$.

二、$\eta=\alpha x^{\beta}\cdot\varepsilon,\ln\varepsilon\sim N(0,\sigma^2)$型

这里设

$$\eta=\alpha x^{\beta}\cdot\varepsilon,\tag{3}$$

其中 $\ln\varepsilon\sim N(0,\sigma^2)$,$\alpha,\beta,\sigma^2$ 是与 x 无关的未知参数.

对 $\eta=\alpha x^{\beta}\cdot\varepsilon$ 两边取对数,得

$$\ln\eta=\ln\alpha+\beta\ln x+\ln\varepsilon.$$

令 $\ln\eta=\eta'$, $\ln\alpha=a$, $\beta=b$, $\ln x=x'$,$\ln\varepsilon=\varepsilon'$,(3)式可化为一元线性回归模型

$$\eta'=a+bx'+\varepsilon',\tag{4}$$

其中 $\varepsilon'\sim N(0,\sigma^2)$.

三、$\eta=\alpha+\beta h(x)+\varepsilon,\varepsilon\sim N(0,\sigma^2)$型

这里设

$$\eta=\alpha+\beta h(x)+\varepsilon,\tag{5}$$

其中 $\varepsilon\sim N(0,\sigma^2)$,$\alpha,\beta,\sigma^2$ 是与 x 无关的未知参数,$h(x)$是 x 的已知函数.

令 $\alpha=a,\beta=b$, $h(x)=x'$,(5)式可化为一元线性回归模型

$$\eta=a+bx'+\varepsilon,\tag{6}$$

其中 $\varepsilon\sim N(0,\sigma^2)$.

在原模型下,例如,在原模型(1)下,对于(x,η)有样本$(x_1,y_1),(x_2,y_2),\cdots,(x_n,y_n)$,相当于在新模型(2)下有样本$(x_1',y_1'),(x_2',y_2'),\cdots,(x_n',y_n')$,其中 $y_i'=\ln y_i,x_i'=x_i$,于是可利用前面所给方法来估计 a,b,且对 η'进行预测,得到 η'关于 x'的回归方程后,再将原变量代回,就得到 η 关于 x 的回归方程,其图形为一条曲线,也称**曲线回归方程**.

习 题 9-4

1. 对某矿体的8个采样进行测定,得到该矿体含铜量 x(‰)与含银量 η(‰)的数据如下:

x_i	37	34	41	43	41	34	40	45
y_i	1.9	2.4	10	12	10	3.6	10	13

试建立 η 对 x 的回归方程.

2. 在硝酸钠的溶解度实验中，测得在不同温度 x(℃)下，溶解于 100 份水中硝酸钠份数 η 的数据如下：

x_i	0	4	10	15	21	29	36	51	68
y_i	66.7	71.0	76.3	80.6	85.7	92.9	99.4	113.6	125.1

(1) 求 η 与 x 之间的关系；

(2) 当 $x_0=25$ 时，预测 η_0 的置信区间(取 $\alpha=0.05$).

*第六篇　大学数学的软件实现

本篇主要学习数学软件初步、大学数学的软件实现技术. 在大学数学课程中引入数学的软件实现的重要意义在于,把"讲授＋记忆＋测验"的传统学习模式变为"直觉＋试探＋出错＋思考＋猜想＋证明"的现代教学模式. 将信息的单向交流变成多向交流,有利于培养创新能力和实践能力;还将数学直观、形象思维与逻辑思维结合起来,有利于培养运用数学知识、借助计算机来解决实际问题的综合能力和素质.

第一章　Mathematica 软件简介

Mathematica 是美国 Wolfram 公司开发的一个功能强大的数学软件系统,它的主要功能包括:数值计算、符号运算、图形功能和程序设计. 本章将以不大篇幅提供该软件系统的一个简要介绍,以便为后面大学数学的软件实现提供必要的准备.

第一节　基 本 操 作

Mathematica 在数值计算、符号运算和图形表示等方面都是强有力的工具,并且其命令句法惊人地一致. 这个特性使得 Mathematica 很容易使用,不必担心你还不太熟悉计算机. 本入门将带你迅速了解 Mathematica 的基本使用过程,但在下面的介绍中,我们假定读者已经知道如何安装及启动 Mathematica. 此外,始终要牢记的几点是:

- Mathematica 是一个敏感的软件. 所有的 Mathematica 函数都以大写字母开头;
- 圆括号( ),花括号{ },方括号[ ]都有特殊用途,应特别注意;
- 句号"."，分号";"，逗号","感叹号"!"等都有特殊用途,也应特别注意;
- 用主键盘区的组合键 Shift＋Enter 或数字键盘中的 Enter 键执行命令.

一、输入与输出

例 1　计算 1＋2＋5.

在打开的命令窗口中输入

$$1+2+5,$$

并按组合键 Shift+Enter 执行上述命令，则屏幕上将显示：

```
In[1] := 1+2+5
Out[1] = 8
```

这里“In[1] :=”表示第一个输入，“Out[1]=”表示第一个输出，即计算结果.

二、常用数学常数

Pi 表示圆周率 π；　E 表示自然对数 e；　I 表示虚数单位 $i=\sqrt{-1}$；

Degree 表示 $\pi/180$；　Infinity 表示无穷大∞.

注意 Pi，Degree，Infinity 的第一个字母必须大写，其后面的字母必须小写.

三、算术运算

Mathematica 中用“+”、“−”、“*”、“/”和“^”分别表示算术运算中的加、减、乘、除和乘方.

例 2 计算 $\sqrt[4]{100}\cdot\left(\frac{1}{9}\right)^{-\frac{1}{2}}+8^{-\frac{1}{3}}\cdot\left(\frac{4}{9}\right)^{\frac{1}{2}}\cdot\pi$.

输入　100^(1/4)*(1/9)^(−1/2)+8^(−1/3)*(4/9)^(1/2)*Pi

输出　$3\sqrt{10}+\frac{\pi}{3}$

这是准确值，如果要求近似值，再输入

N[%]

则输出　10.543

这里“%”表示上一次输出的结果，命令“N[%]”表示对上一次的结果取近似值. 还用“%%”表示上上次输出的结果，用“%6”表示 Out[6]的输出结果.

注意 关于乘号“*”，Mathematica 常用空格来代替. 例如，“x y z” 则表示“x*y*z”，而“xyz”表示字符串，Mathematica 将它理解为一个变量名. 常数与字符之间的乘号或空格可以省略.

四、代数运算

例 3 分解因式 $x^2+3x-10$.

输入　Factor[x^2+3x−10]

输出　(x+5)(x−2)

例 4 展开因式 $(x+5)(x-2)$.

输入　　　Expand[(x+5)(x-2)]

输出　　　$-10+3x+x^2$

例 5　通分 $\frac{1}{x+1}+\frac{1}{x+2}$.

输入　　　Together[1/(x+1)+1/(x+2)]

输出　　　$\frac{3+2x}{(1+x)(2+x)}$

五、保存与退出

Mathematica 很容易保存 Notebook 中显示的内容,打开位于窗口第一行的 File 菜单,点击 Save 后得到保存文件时的对话框,按要求操作后即可把所要的内容存为 *.nb 文件. 如果只想保存全部输入的命令,而不想保存全部输出结果,则可以打开下拉式菜单 Kernel,选中 Delete All Output,然后再执行保存命令. 而退出 Mathematica 与退出 Word 的操作是一样的.

六、查询与帮助

查询某个函数(命令)的基本功能,键入"?函数名",想要了解更多一些,输入"??函数名",例如,输入

?Plot

则输出

Plot[f,{x,xmin,xmax}] generates a plot of f as a function of x from xmin to xmax. Plot[{f1,f2,…},{x,xmin,xmax}] plots several functions fi

它告诉了我们关于绘图命令"Plot"的基本使用方法.

如果输入

??Plot

则 Mathematica 会输出关于这个命令的选项的详细说明,请读者试之.

此外,Mathematica 的 Help 菜单中提供了大量的帮助信息,其中 Help 菜单中的第一项 HelpBrowser(帮助浏览器)是常用的查询工具,读者若想了解更多的使用信息,则应自己通过 Help 菜单去学习.

第二节　函数(命令)

一、内部函数

Mathematica 系统内部定义了许多函数,并且常用英文全名作为函数名,所有函数名的第

一个字母都必须大写，后面的字母必须小写. 当函数名是由两个单词组成时，每个单词的第一个字母都必须大写，其余的字母必须小写. Mathematica 函数(命令)的基本格式为

函数名[表达式，选项]

下面列举了一些常用数学函数：

算术平方根$\sqrt{x}$	Sqrt[x]
指数函数 e^x	Exp[x]
对数函数 $\log_a x$	Log[a,x]
对数函数 $\ln x$	Log[x]
三角函数	Sin[x],Cos[x],Tan[x],Cot[x],Sec[x],Csc[x]
反三角函数	ArcSin[x],ArcCos[x],ArcTan[x],ArcCot[x],AsrcSec[x], ArcCsc[x]
双曲函数	Sinh[x],Cosh[x],Tanh[x],Coth[x],Sech[x],Cech[x]
反双曲函数	ArcSinh[x],ArcCosh[x],ArcTanh[x],ArcCoth[x],ArcSech[x],ArcCech[x]
四舍五入函数	Round[x] （* 取最接近 x 的整数 *）
取整函数	Floor[x] （* 取不超过 x 的最大整数 *）
取模	Mod[m,n] （* 求 m/n 的模 *）
取绝对值函数	Abs[x]
n 的阶乘	n!
符号函数	Sign[x]
取近似值	N[x,n] （* 取 x 的有 n 位有效数字的近似值，当 n 默认时，n 的默认值为 6 *）

例 1 求 π 的 6 位和 20 位有效数字的近似值.

输入 N[Pi] 输出 3.14159

输入 N[Pi,20] 输出 3.1415926535897932285

注意 第一个输入语句也常用另一种形式：

输入 Pi//N 输出 3.14159

例 2 计算函数值：

(1) 输入 Sin[Pi/6] 输出 $\frac{1}{2}$

(2) 输入 Round[-1.52] 输出 -2

例 3 计算表达式 $\frac{1}{1+\ln 2}\sin\frac{\pi}{6}-\frac{e^{-2}}{2+\sqrt[3]{2}}\arctan(0.6)$ 的值.

输入 1/(1+Log[2]) * Sin[Pi/6]-Exp[-2]/(2+2^(1/3)) * ArcTan[.6]

输出 0.274921

二、自定义函数

在 Mathematica 系统内,由字母开头的字母数字串都可用作变量名,但要注意其中不能包含空格或标点符号.变量的赋值有两种方式:一种是立即赋值,运算符是“=”;另一种是延迟赋值,运算符是“:=”.定义函数使用的符号是延迟赋值运算符“:=”.

例 4 定义函数 $f(x)=x^3+2x^2+1$,并计算 $f(2),f(4),f(6)$.

输入

```
Clear[f,x];              (* 清除对变量 f 原先的赋值 *)
f[x_]:=x^3+2*x^2+1;      (* 定义函数的表达式 *)
f[2]                     (* 求 f(2)的值 *)
f[x]/.{x->4}             (* 求 f(4)的值,另一种方法 *)
x=6;                     (* 给变量 x 立即赋值 6 *)
f[x]                     (* 求 f(6)的值,又一种方法 *)
```

输出

```
17
97
289
```

注意 本例输入中的第 1、2、5 行的结尾有“;”,它表示这些语句的输出结果不在屏幕上显示.

第三节 应用实例

一、解方程

Mathematica 系统内,方程中的等号用符号“==”表示.最基本的求解方程的命令为

Solve[eqns,vars]

它表示对系数按常规约定求出方程(组)的全部解,其中“eqns”表示方程(组),“vars”表示所求未知变量.

例 1 解方程 $x^2+3x-10=0$,

输入 Solve[x^2+3x-10==0,x]

输出 {{x→-5},{x→2}}

例 2 解方程组 $\begin{cases}2x+3y=0,\\ x+4y=1.\end{cases}$

输入 Solve[{2x + 3y == 0,x + 4y ==1},{x,y}]

输出 $\left\{\left\{x\to-\frac{3}{5},y\to\frac{2}{5}\right\}\right\}$

很多方程是根本不能求出准确解的，此时应转而求其近似解. 求方程的近似解的方法有两种：一种是在方程组的系数中使用小数，这样所求的解即为方程的近似解；另一种是利用下列专门用于求方程(组)数值解的命令：

NSolve[eqns, vars]　　　(* 求代数方程(组)的全部数值解 *)

FindRoot[eqns, {x, x0}, {y, y0}, …]

后一个命令表示从点(x_0, y_0, …)出发找方程(组)的一个近似解，这时常常需要利用图像法先大致确定所求根的范围，是大致在什么点的附近.

例 3 求方程 $x^3-1=0$ 的近似解.

输入 NSolve[x^3-1== 0, x]

输出 {{x→-0.5-0.866025ii}, {x→-0.5+0.866025ii}, {x→1.}}

输入 FindRoot[x^3-1==0, {x, .5}]

输出 {x→1.}

注意 上面这个输入语句为多行语句，它可以像上面例子中那样在行尾处有逗号的地方将行与行隔开，来迫使 Mathematica 从前一行继续到下一行再执行该语句. 有时候多行语句的意义不太明确，通常发生在其中有一行本身就是可执行的语句的情形，此时可在该行尾放一个继续的记号"\"，来迫使 Mathematica 继续到下一行再执行该语句.

二、绘图

例 4 在区间[-1, 1]上作出抛物线 $y=x^2$ 的图形.

输入 Plot[x^2, {x, -1, 1}]

则输出如图 1-1 所示的图形.

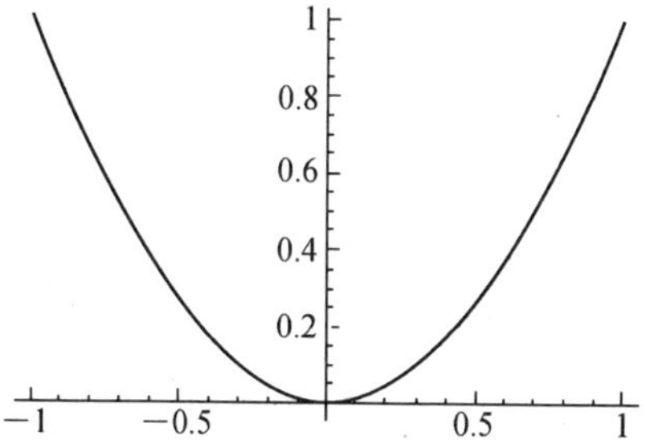

图 1-1

习 题 1-3

1. 解方程 $x^2+3x+2=0$.

2. 在区间[0, 2π]上，作出 $y=\sin x$ 与 $y=\cos x$ 的图形.

第二章　高等数学的软件实现

本章的软件实现是高等数学基础部分内容的软件实现，其中包括一元函数的图形、极限与连续、导数、导数的应用、一元函数积分、空间图形的画法、多元微积分、无穷级数及微分方程等. 通过软件的实现将加深对函数及其性质的认识与理解，对极限概念的理解；利用用数学软件求导数的方法，将进一步熟悉和掌握用数学软件作图形的方法和技巧.

第一节　一元微积分的软件实现

一、一元函数图形的软件实现

实现目的

通过图形的软件实现加深对函数及其性质的认识与理解，掌握运用函数的图形来观察和分析函数的有关特性与变化趋势的方法，建立数形结合的思想；掌握用数学软件作平面曲线图形的方法与技巧.

基本命令

1. 在平面直角坐标系中作一元函数图形的命令 Plot

```
Plot[f[x],{x,min,max},选项]
```

Plot 有很多选项(Options)，可满足作图时的种种需要，例如，输入

```
Plot[x^2,{x,-1,1},AspectRatio->1,
PlotStyle->RGBColor[1,0,0],PlotPoints->30]
```

则输出 $y=x^2$ 在区间$[-1,1]$上的图形.

其中选项 AspectRatio－>1 使图形的高宽比为 1. 如果不输入这个选项，则命令默认图形的高宽比为黄金分割值；而选项 PlotStyle－>RGBColor[1,0,0]使曲线采用某种颜色，方括号内的三个数分别取 0 或 1；选项 PlotPoints－>30 令计算机描点作图时在每个单位长度内取 30 个点，增加这个选项会使图形更加精细.

Plot 命令也可以在同一个坐标系内作出几个函数的图形，只要用集合的形式{f1[x], f2[x],…}代替 f[x] .

2. 利用曲线参数方程作出曲线的命令 ParametricPlot

```
ParametricPlot[{g[t],h[t]},{t,min,max},选项]
```

其中 $x=g(t)$，$y=h(t)$是曲线的参数方程. 例如，输入

```
ParametricPlot[{Cos[t],Sin[t]},{t,0,2Pi},AspectRatio->1]
```

则输出单位圆 $x=\cos t, y=\sin t$ 的图形.

3. 利用极坐标方程作图的命令 PolarPlot

如果想利用曲线的极坐标方程作图,则要先打开作图软件包. 输入

```
<<Graphics`Graphics`
```

执行以后,可使用 PolarPlot 命令作图. 其基本格式为

```
PolarPlot[r[t],{t,min,max},选项]
```

例如,曲线的极坐标方程为 $r=3\cos 3t$,要作出它的图形. 输入

```
PolarPlot[3Cos[3t], {t,0,2Pi}]
```

便得到了一条三叶玫瑰线.

4. 隐函数作图命令 ImplicitPlot

这里同样要先打开作图软件包,输入

```
<<Graphics\ImplicitPlot.m
```

命令 ImplicitPlot 的基本格式为

```
ImplicitPlot[隐函数方程,自变量的范围,作图选项]
```

例如,方程 $(x^2+y^2)^2=x^2-y^2$ 确定了 y 是 x 的隐函数. 为了作出它的图形,输入

```
ImplicitPlot[(x^2+y^2)^2==x^2-y^2,{x,-1,1}]
```

输出图形是一条双纽线.

5. 定义分段函数的命令 Which

命令 Which 的基本格式为

```
Which[测试条件 1,取值 1,测试条件 2,取值 2,……]
```

例如,输入

```
w[x_]=Which[x<0,-x,x>=0,x^2]
```

虽然输出的形式与输入没有改变,但已经定义了分段函数为

$$w(x)=\begin{cases}-x, & x<0,\\ x^2, & x\geqslant 0.\end{cases}$$

现在可以对分段函数 $w(x)$ 求函数值,也可作出函数 $w(x)$ 的图形.

例 1　给定函数

$$f(x)=\frac{5+x^2+x^3+x^4}{5+5x+5x^2}.$$

(1) 画出 $f(x)$ 在区间 $[-4,4]$ 上的图形;

(2) 画出区间 $[-4,4]$ 上 $f(x)$ 与 $(\sin x)f(x)$ 的图形.

输入

```
f[x_]=(5+x^2+x^3+x^4)/(5+5x+5x^2);
g1=Plot[f[x],{x,-4,4},PlotStyle->RGBColor[1,0,0]];
```

则输出 $f(x)$在区间[-4,4]上的图形.

输入

```
g2=Plot[Sin[x]f[x],{x,-4,4},PlotStyle->RGBColor[0,1,0]];
Show[g1,g2];
```

则输出 $f(x)$与$(\sin x)f(x)$在区间[-4,4]上的图形.

注意 Show[…]命令把 g1 与 g2 二个图形叠加在一起显示.

例 2 在区间[-1,1]上画出函数 $y=\sin\dfrac{1}{x}$的图形.

输入

```
Plot[Sin[1/x],{x,-1,1}];
```

则输出所求图形,从图 2-1 中可以看到函数 $y=\sin\dfrac{1}{x}$在 $x=0$ 附近来回振荡.

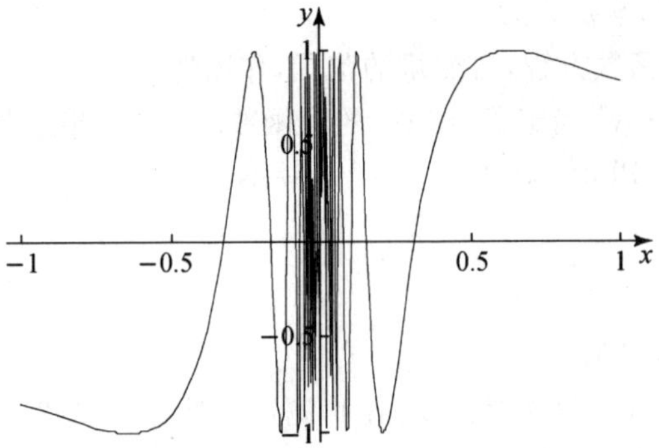

图 2-1

例 3 作出分段函数 $f(x)=\begin{cases}x^2\sin\dfrac{1}{x}, & x\neq 0,\\ 0, & x=0\end{cases}$ 的图形.

输入

```
f[x_]:=x^2*Sin[1/x]/; x!=0;
f[x_]:=0/;
x=0;
Plot[f[x],{x,-1,1}];
```

则输出所求图形,如图 2-2 所示.

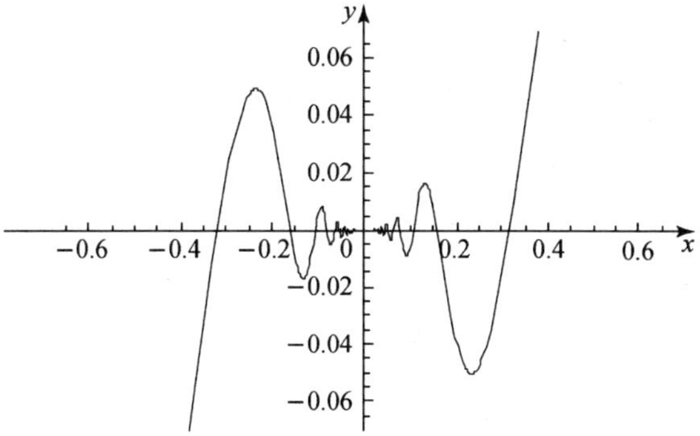

图 2-2

二、极限与连续的软件实现

实现目的

通过计算与作图，从直观上揭示极限的本质，加深对极限概念的理解. 掌握用 Mathematica 画散点图，以及计算极限的方法. 深入理解函数连续的概念，熟悉几种间断点的图形特征，理解闭区间上连续函数的几个重要性质.

基本命令

1. 画散点图的命令 ListPlot

ListPlot[{{x1,y1},{x2,y2},…,{xn,yn}},选项]

或者

ListPlot[{y1,y2,…,yn},选项]

前一形式的命令，在坐标平面上绘制点列(x_1,y_1)，(x_2,y_2)，…，(x_n,y_n)的散点图；后一形式的命令，默认自变量 x_i 依次取正整数 1,2,…,n，作出点列为$(1,y_1)$，$(2,y_2)$，…，(n,y_n)的散点图.

命令 ListPlot 的选项主要有两个：

(1) PlotJoined－＞True，要求用折线将散点连接起来；

(2) PlotStyle－＞PointSize[0.02]，表示散点的大小.

2. 产生集合或者数表的命令 Table

命令 Table 产生一个数表或者一个集合. 例如，输入

Table[j^2,{j,1,6}]

则产生由前 6 个正整数的平方组成的数表

{1,4,9,16,25,36}.

3. 连加求和的命令 Sum

命令 Sum 大致相当于求和的数学符号$\sum$. 例如,输入

Sum[1/i,{i,100}]//N

执行后得到$\frac{1}{1}+\frac{1}{2}+\frac{1}{3}+\cdots+\frac{1}{100}$的近似值.

与 Sum 类似的还有连乘求积的命令 Product.

4. 求函数多次自复合的命令 Nest

例如,输入

Nest[Sin,x,3]

则输出将正弦函数自己复合 3 次的函数

Sin[Sin[Sin[x]]]

5. 求极限的命令 Limit

其基本格式为

Limit[f[x],x－＞a]

其中"f(x)"是数列或者函数的表达式,"x－＞a"是自变量的变化趋势. 如果自变量趋向于无穷,用"x－＞Infinity"表示.

对于单侧极限,通过命令 Limit 的选项 Direction 表示自变量的变化方向.

求右极限,$x \to a+0$ 时,用 Limit[f[x],x－＞a,Direction－＞－1];

求左极限,$x \to a-0$ 时,用 Limit[f[x],x－＞a,Direction－＞＋1];

求当 $x \to +\infty$时的极限,用 Limit[f[x],x－＞Infinity,Direction－＞＋1];

求当 $x \to -\infty$时的极限,用 Limit[f[x],x－＞Infinity,Direction－＞－1].

注意 右极限用减号,表示自变量减少并趋于 a;同理,左极限用加号,表示自变量增加并趋于 a.

例 4 通过动画观察当 $n \to \infty$时,数列 $a_n=\frac{1}{n^2}$的变化趋势.

输入

```
Clear[tt];
tt={1,1/2^2,1/3^2};
Do[tt=Append[tt,N[1/i^2]];
ListPlot[tt,PlotRange->{0,1},PlotStyle->PointSize[0.02]],{i,4,20}]
```

则输出所求图形动画(图形略). 从图中可以看出所画出的点逐渐接近于 x 轴.

例 5 在区间[－4,4]上作出函数 $f(x)=\frac{x^3-9x}{x^3-x}$的图形,并研究$\lim\limits_{x \to 0} f(x)$ 和 $\lim\limits_{x \to 1} f(x)$.

输入

```
Clear[f];
f[x_]=(x^3-9x)/(x^3-x);
Plot[f[x],{x,-4,4}]
```

则输出 $f(x)$的图形(图形略). 从图可猜测 $\lim_{x\to 0}f(x)=9$,$\lim_{x\to 1}f(x)$不存在.

例 6 研究重要极限$\lim_{x\to\infty}\left(1+\frac{1}{x}\right)^x$.

输入

```
Limit[(1+1/n)^n,n->Infinity]
```

输出为 e. 再输入

```
Plot[(1+1/x)^x,{x,1,100}]
```

则输出函数$\left(1+\frac{1}{x}\right)^x$的图形(图形略). 观察图中函数的单调性,理解重要极限

$$\lim_{x\to+\infty}\left(1+\frac{1}{x}\right)^x=\mathrm{e}.$$

三、导数的软件实现

实现目的

深入理解导数与微分的概念,导数的几何意义. 掌握用 Mathematica 求导数与高阶导数的方法. 深入理解和掌握求隐函数的导数,以及求由参数方程定义的函数的导数的方法.

基本命令

1. 求导数的命令 D 与求微分的命令 Dt

D[f,x]给出 f 关于 x 的导数,而将表达式 f 中的其他变量看做常量. 因此,如果 f 是多元函数,则给出 f 关于 x 的偏导数.

D[f,{x,n}]给出 f 关于 x 的 n 阶导数或者偏导数.

D[f,x,y,z,…]给出 f 关于 $x,y,z,\cdots$的混合偏导数.

Dt[f,x]给出 f 关于 x 的全导数,将表达式 f 中的其他变量都看做 x 的函数.

Dt[f]给出 f 的微分. 如果 f 是多元函数,则给出 f 的全微分.

上述命令对表达式为抽象函数的情形也适用,其结果也是一些抽象符号.

命令 D 的选项 NonConstants->{…}指出{…}内的字母是 x 的函数.

命令 Dt 的选项 Constants->{…}指出{…}内的字母是常数.

2. 循环语句 Do

基本格式为

Do[表达式,循环变量的范围]

表达式中一般有循环变量,有多种方法说明循环变量的取值范围.最完整的格式是

Do[表达式,{循环变量名,最小值,最大值,增量}]

当省略增量时,默认增量为1;省略最小值时,默认最小值为1.

例如,输入

```
Do[Print[Sin[n * x]],{n,1,10}]
```

则在屏幕上显示 Sin[x],Sin[2x],…,Sin[10x] 等10个函数.

例7 作函数 $f(x)=2x^3+3x^2-12x+7$ 的图形和它在 $x=-1$ 处的切线.

输入

```
Clear[f];
f[x_]=2x^3+3x^2-12x+7;
plotf=Plot[f[x],{x,-4,3},DisplayFunction->Identity];
plot2=Plot[f'[-1] * (x+1)+f[-1],{x,-4,3},PlotStyle->GrayLevel[0.5],
    DisplayFunction->Identity];
Show[plotf,plot2,DisplayFunction->$DisplayFunction]
```

执行后便在同一个坐标系内作出了函数 $f(x)$ 的图形和它在 $x=-1$ 处的切线(图形略).

例8 求由方程 $2x^2-2xy+y^2+x+2y+1=0$ 确定的隐函数的导数.

解法1 输入

```
deq1=D[2 x^2-2 x * y[x]+y[x]^2+x+2y[x]+1==0,x]
```

这里输入 y[x]表示 y 是 x 的函数. 输出为对原方程两边求导数后的方程 deq1:

```
1+4x-2y[x]+2y'[x]-2xy'[x]+2y[x]y'[x] == 0
```

再解方程,输入

```
Solve[deq1,y'[x]]
```

则输出所求结果

$$\left\{\left\{y'[x]->-\frac{-1-4x+2y[x]}{2(-1+x-y[x])}\right\}\right\}$$

解法2 使用微分命令. 输入

```
deq2=Dt[2x^2-2x * y+y^2+x+2y+1==0,x]
```

得到导数满足的方程 deq2:

```
1+4x-2y+2 Dt[y,x]-2xDt[y,x]+2yDt[y,x]==0
```

再解方程,输入

```
Solve[deq2,Dt[y,x]]
```

则输出

$$\{\{Dt[y,x]->-\frac{-1-4x+2y}{2(-1+x-y)}\}\}$$

注意到，前者用 y′[x]，而后者用 Dt[y,x]表示导数.

如果求二阶导数，再输入

```
deq3=D[deq1,x];
Solve[{deq1,deq3},{y'[x],y''[x]}]//Simplify
```

则输出结果

$$\{\{y''[x]->\frac{13+4x+8x^2-8(-1+x)y[x]+4y[x]^2}{4(-1+x-y[x])^3},y'[x]->\frac{1+4x-2y[x]}{-2+2x-2y[x]}\}\}$$

例 9 求由参数方程 $x=e^t\cos t, y=e^t\sin t$ 确定的函数的导数.

输入

```
D[E^t*Sin[t],t]/D[E^t*Cos[t],t]
```

则得到导数

$$\frac{e^t Cos[t]+e^t Sin[t]}{e^t Cos[t]-e^t Sin[t]}$$

再输入

```
D[%,t]/D[E^t*Cos[t],t]//Simplify
```

则得到二阶导数

$$\frac{2e^{-t}}{(Cos[t]-Sin[t])^3}$$

四、导数应用的软件实现

实现目的

理解并掌握用函数的导数确定函数的单调区间、凹凸区间和函数的极值的方法. 理解曲线的曲率圆和曲率的概念. 进一步熟悉和掌握用 Mathematica 作平面图形的方法和技巧. 掌握用 Mathematica 求方程的根(包括近似根)和求函数极值(包括近似极值)的方法.

基本命令

1. 求多项式方程的近似根的命令 NSolve 和 NRoots

命令 NSolve 的基本格式为

```
NSolve[f[x]==0,x]
```

执行后得到多项式方程 $f(x)=0$ 的所有根(包括复根)的近似值.

命令 NRoots 的基本格式为

```
NRoots[f[x]==0,x,n]
```

它同样给出方程所有根的近似值，但是二者表示方法不同. 在命令 NRoots 的后面所添加的选

项 n,要求在求根过程中保持 n 位有效数字;没有这个选项时,默认的有效数字是 16 位.

2. 求一般方程的近似根的命令 FindRoot

命令的基本格式为

FindRoot[f[x]==0,{x,a},选项]

或者

FindRoot[f[x]==0,{x,a,b},选项]

其中大括号中的 x 是方程的未知数,而 a 和 b 是求近似根时所需要的初值. 执行后得到方程在初值 a 附近,或者在初值 a 与 b 之间的一个根.

方程的右端不必是 0,形如 $f(x)=g(x)$ 的方程也可以求根. 此外,这个命令也可以求方程组的近似根,此时需要用大括号将多个方程括起来,同时也要给出各个未知数的初值. 例如,

FindRoot[{f[x,y]==0,g[x,y]==0},{x,a},{y,b}]

由于这个命令需要初值,应先作函数的图形,确定方程有几个根,以及根的大致位置或所在区间,再分别输入初值求根.

命令的主要选项有:

(1) 最大迭代次数:MaxIterations->n,默认值是 15.

(2) 计算中保持的有效数字位数:WorkingPrecision->n,默认值是 16.

3. 求函数极小值的近似值的命令 FindMinimum

命令的基本格式为

FindMinimum[f[x],{x,a},选项]

执行后得到函数在初值 a 附近的一个极小值的近似值.

这个命令的选项与 FindRoot 相同,只是迭代次数的默认值是 30.

如果求函数 $f(x)$ 的极大值的近似值,可以对函数 $-f(x)$ 用这个命令. 不过,正确的极大值是所得到的极小值的相反数.

使用此命令前,也要先作函数的图形,以确定极值的个数与初值.

4. 作平面图元的命令 Graphics

如果要在平面上作点、圆、线段和多边形等图元,可以直接用命令 Graphics,再用命令 Show 在屏幕上显示. 例如,输入

g1=Graphics[Line[{{1,-1},{6,8}}]]

Show[g1,Axes->True]

执行后得到以(1,-1)和(6,8)为端点的直线段.

实际上,Show 命令中可以添加命令 Graphics 的所有选项. 如果要作出过已知点的折线,只要把这些点的坐标组成的集合放在命令 Line[ ]之内即可. 如输入

Show[Graphics[Line[{{0,0},{1,2},{3,-1}}]],Axes->True]

输出为图 2-3.

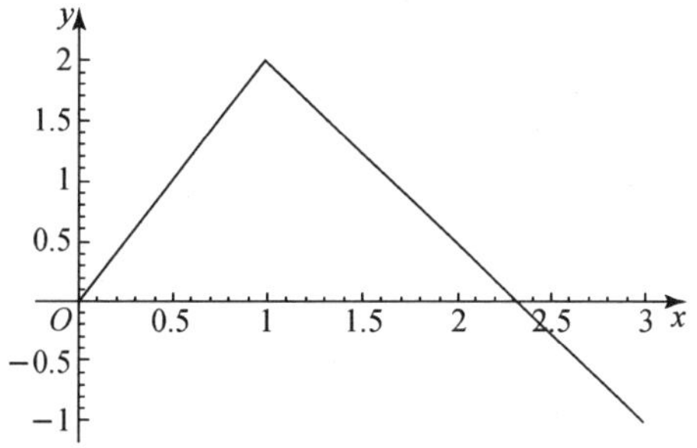

图　2-3

例 10　求函数 $y=x^3-2x+1$ 的单调区间.

输入

```
f1[x_]:=x^3-2x+1;
Plot[{f1[x],f1'[x]},{x,-4,4},PlotStyle->
    {GrayLevel[0.01],Dashing[{0.01}]}]
```

则输出图 2-4.

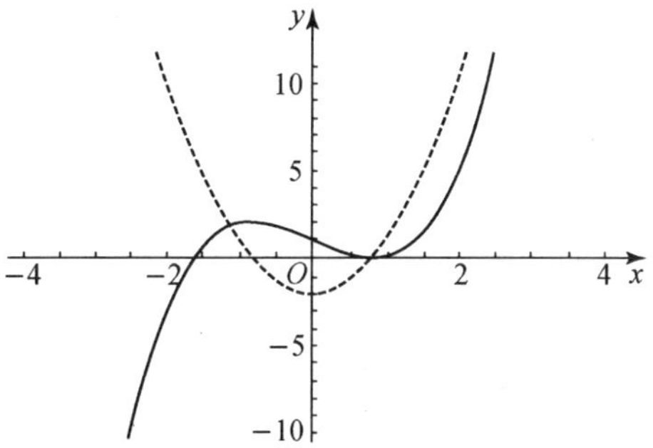

图　2-4

图 2-4 中的虚线是导函数的图形. 观察函数的增减与导函数的正负之间的关系.

再输入

```
Solve[f1'[x]==0,x]
```

则输出

$$\left\{\left\{x->-\sqrt{\frac{2}{3}}\right\},\left\{x->\sqrt{\frac{2}{3}}\right\}\right\}$$

即得到导函数的零点 $\pm\sqrt{2/3}$. 用这两个零点，把导函数的定义域分为三个区间. 因为导函数连续,在它的两个零点之间,导函数保持相同符号.因此,只需在每个小区间上取一点计算导数值,即可判定导数在该区间的正负,从而得到函数的增减.输入

```
f1′[-1]
f1′[0]
f1′[1]
```

输出为 1,-2,1. 说明导函数在区间$(-\infty,-\sqrt{2/3})$,$(-\sqrt{2/3},\sqrt{2/3})$,$(\sqrt{2/3},+\infty)$上分别取+,- 和 +. 因此函数在区间$(-\infty,-\sqrt{2/3}]$和$[\sqrt{2/3},+\infty)$上单调增加,在区间$[-\sqrt{2/3},\sqrt{2/3}]$上单调减少.

例 11 求函数 $y=\dfrac{x}{1+x^2}$的极值.

输入

```
f2[x_]:=x/(1+x^2);
Plot[f2[x],{x,-10,10}]
```

则输出图 2-5.

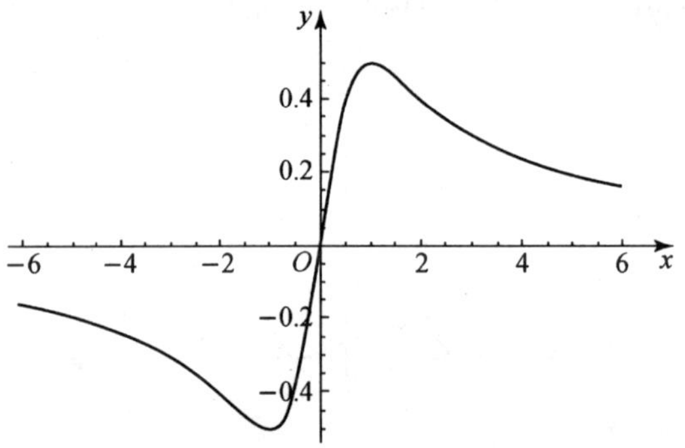

图 2-5

观察它的两个极值,再输入

```
Solve[f2′[x]==0,x]
```

则输出

```
{{x->-1},{x->1}}
```

即驻点为 x=±1.用二阶导数判定极值,输入

```
f2″[-1]
f2″[1]
```

则输出 1/2 与-1/2.因此 $x=-1$ 是极小值点,$x=1$ 是极大值点.

为了求出极值,再输入

```
f2[-1]
f2[1]
```

输出－1/2 与 1/2. 即极小值为－1/2,极大值为 1/2.

例 12　求函数 $y=2\sin^2(2x)+\frac{5}{2}x\cos^2\left(\frac{x}{2}\right)$位于区间$(0,\pi)$内的极值的近似值.

输入

```
f4[x_]:=2 (Sin[2x])^2+5x*(Cos[x/2])^2/2;
Plot[f4[x],{x,0,Pi}]
```

则输出图 2-6.

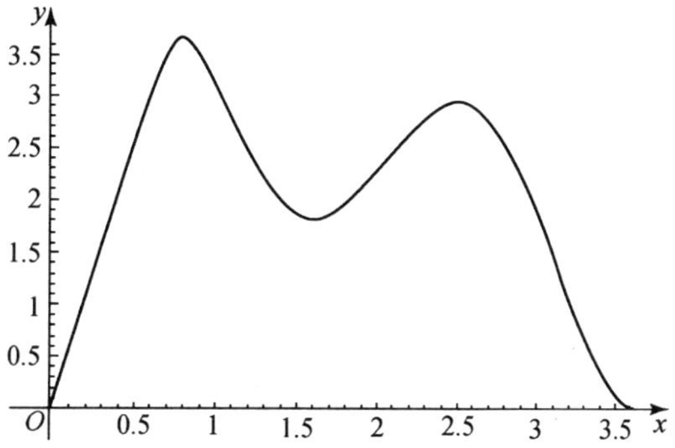

图　2-6

观察函数图形,发现大约在 $x=1.5$ 附近有极小值,在 $x=0.6$ 和 $x=2.5$ 附近有极大值. 用命令 FindMinimum 直接求极值的近似值,输入

```
FindMinimum[f4[x],{x,1.5}]
```

则输出

```
{1.94461,{x->1.62391}}
```

即同时得到极小值 1.94461 和极小值点 1.62391. 再输入

```
FindMinimum[-f4[x],{x,0.6}]
FindMinimum[-f4[x],{x,2.5}]
```

则输出

```
{-3.73233,{x->0.864194}}
{-2.95708,{x->2.24489}}
```

即得到函数$-y$的两个极小值和极小值点. 再转化成函数 y 的极大值和极大值点. 两种方法的结果是完全相同的.

五、一元函数积分学的软件实现

实现目的

掌握用 Mathematica 计算不定积分与定积分的方法. 通过作图和观察,深入理解定积分的概念和思想方法. 初步了解定积分的近似计算方法. 理解变上限积分的概念. 提高应用定积分解决各种问题的能力.

基本命令

1. 计算不定积分与定积分的命令 Integrate

求不定积分时,其基本格式为

Integrate[f[x],x]

如输入

```
Integrate[x^2+a,x]
```

则输出

$$ax+\frac{x^3}{3}$$

其中 a 是常数. 注意,积分常数 C 被省略.

求定积分时,其基本格式为

Integrate[f[x],{x,a,b}]

其中 a 是积分下限,b 是积分上限.

注意 Mathematica 有很多的命令可以用相应的运算符号来代替. 例如,命令 Integrate 可用积分号 $\int$ 代替;命令 Sum 可以用连加号 $\sum$ 代替;命令 Product 可用连乘号 $\prod$ 代替. 因此只要调出这些运算符号,就可以代替通过键盘输入命令. 调用这些命令,只要打开左上角的 File 菜单,点击 Palettes 中的 BasicCalculations,再点击 Calculus 就可以得到不定积分号、定积分号、求和号、求偏导数符号等等. 为了行文方便,下面仍然使用键盘输入命令,但也可以试用这些数学符号直接计算.

2. 数值积分命令 NIntegrate

用于求定积分的近似值,其基本格式为

NIntegrate[f[x],{x,a,b}]

如输入

```
NIntegrate[Sin[x^2],{x,0,1}]
```

则输出

```
0.310268
```

3. 循环语句 For

循环语句的基本形式是

For[循环变量的起始值,测试条件,增量,运算对象]

运行此命令时,将多次对后面的对象进行运算,直到循环变量不满足测试条件时为止.这里必须用三个逗号分开这四个部分.如果运算对象由多个命令组成,命令之间用分号隔开.

例如,输入

```
t=0;
For[j=1,j<=10,j++,t=t+j];
t
```

则循环变量 j 从 1 开始,到 10 结束,每次增加 1.执行结果,输出变量 t 的最终值 $1+2+\cdots+10=55$.

注意　For 语句中的 j++ 实际表示 j=j+1.

对计算积分的应用举例

当 $f(x)$在$[a,b]$上连续时,有

$$\int_a^b f(x)\mathrm{d}x=\lim_{n\to\infty}\frac{b-a}{n}\sum_{k=0}^{n-1}f\left(a+k\,\frac{(b-a)}{n}\right)=\lim_{n\to\infty}\frac{b-a}{n}\sum_{k=1}^{n}f\left(a+k\,\frac{(b-a)}{n}\right).$$

因此可将

$$\frac{b-a}{n}\sum_{k=0}^{n-1}f\left(a+k\,\frac{(b-a)}{n}\right)\quad 与\quad \frac{b-a}{n}\sum_{k=1}^{n}f\left(a+k\,\frac{(b-a)}{n}\right)$$

作为$\int_a^b f(x)\mathrm{d}x$ 的近似值.

为了下面计算的方便,在例 13 中定义这两个近似值为 f,a,b 和 n 的函数.

例 13　计算$\int_0^1 x^2\mathrm{d}x$ 的近似值.

输入

```
s1[f_,{a_,b_},n_]:=N[(b-a)/n*Sum[f[a+k*(b-a)/n],{k,0,n-1}]];
s2[f_,{a_,b_},n_]:=N[(b-a)/n*Sum[f[a+k*(b-a)/n],{k,1,n}]];
```

再输入

```
Clear[f];f[x_]=x^2;
js1=Table[{2^n,s1[f,{0,1},2^n],s2[f,{0,1},2^n]},{n,1,10}];
TableForm[js1,TableHeadings->{None,{ "n","s1","s2"}}]
```

输出为

n	s1	s2
2	0.125	0.625
4	0.21875	0.46875
8	0.273438	0.398438
16	0.302734	0.365234

32	0.317871	0.349121
64	0.325562	0.341187
128	0.329437	0.33725
256	0.331383	0.335289
512	0.332357	0.334311
1024	0.332845	0.333822

这是$\int_0^1 x^2\,dx$ 的一系列近似值,且有 $s_1 < \int_0^1 x^2\,dx < s_2$.

例 14 求$\int x^2(1-x^3)^5\,dx$.

输入

```
Integrate[x^2*(1-x^3)^5,x]
```

则输出

$$\frac{x^3}{3}-\frac{5x^6}{6}+\frac{10x^9}{9}-\frac{5x^{12}}{6}+\frac{x^{15}}{3}-\frac{x^{18}}{18}$$

例 15 求$\int_0^4 |x-2|\,dx$.

输入

```
Integrate[Abs[x-2],{x,0,4}]
```

则输出

4

例 16 求$\int_1^2 \sqrt{4-x^2}\,dx$.

输入

```
Integrate[Sqrt[4-x^2],{x,1,2}]
```

则输出

$$\frac{1}{6}(-3\sqrt{3}-2\pi)+\pi$$

例 17 求$\int_0^1 e^{-x^2}\,dx$.

输入

```
Integrate[Exp[-x^2],{x,0,1}]
```

则输出

$$\frac{1}{2}\sqrt{\text{Pi}}\text{Erf}[1]$$

其中 Erf 是误差函数,不是初等函数. 改为求数值积分,输入

```
NIntegrate[Exp[-x^2],{x,0,1}]
```

则有结果

```
0.746824.
```

例 18　求$\frac{\mathrm{d}}{\mathrm{d}x}\int_0^{\cos^2 x} w(x)\mathrm{d}x$.

输入

```
D[Integrate[w[x],{x,0,Cos[x]^2}],x]
```

则输出

```
-2Cos[x] Sin[x]w[Cos[x]^2]
```

注意　这里使用了复合函数求导公式.

例 19　画出变上限函数$\int_0^x t\sin t^2\mathrm{d}t$及其导函数的图形.

输入命令

```
f1[x_]:=Integrate[t*Sin[t^2],{t,0,x}];
f2[x_]:=Evaluate[D[f1[x],x]];
g1=Plot[f1[x],{x,0,3},PlotStyle->RGBColor[1,0,0]];
g2=Plot[f2[x],{x,0,3},PlotStyle->RGBColor[0,0,1]];
Show[g1,g2];
```

则输出所求图形(图形略).

六、空间图形画法的软件实现

实现目的

掌握用 Mathematica 绘制空间曲线和曲面的方法.熟悉常用空间曲线和空间曲面的图形特征,通过作图和观察,提高空间想象能力.深入理解二次曲面方程及其图形.

基本命令

1. 空间直角坐标系中作三维图形的命令 Plot3D

命令 Plot3D 主要用于绘制二元函数 $z=f(x,y)$的图形.该命令的基本格式为

```
Plot3D[f[x,y],{x,x1,x2},{y,y1,y2},选项]
```

其中 f[x,y]是 x,y 的二元函数,x1,x2 表示 x 的作图范围,y1,y2 表示 y 的作图范围.

例如,输入

```
Plot3D[x^2+y^2,{x,-2,2},{y,-2,2}]
```

则输出函数 $z=x^2+y^2$ 在区域$-2\leqslant x\leqslant 2,-2\leqslant y\leqslant 2$ 上的图形(图略去).

与 Plot 命令类似,Plot3D 有许多选项,其中常用的有 PlotPoints 和 ViewPoint. PlotPoints 的用法与以前相同,由于其默认值为 PlotPoints->15,常常需要增加一些点以使曲面更加精

致,可能要用更多的时间才能完成作图.选项 ViewPoint 用于选择图形的视点(视角),其默认值为 ViewPoint－＞{1.3,－2.4,2.0},需要时可以改变视点.

2. 利用参数方程作空间曲面或曲线的命令 ParametricPlot3D

用于作曲面时,该命令的基本格式为

ParametricPlot3D[{x[u,v],y[u,v],z[u,v]},{u,u1,u2},{v,v1,v2},选项]

其中 x[u,v],y[u,v],z[u,v]是曲面的参数方程表示式;u1,u2 是作图时参数 u 的范围;v1,v2 是参数 v 的范围.

例如,前面的旋转抛物面,输入

ParametricPlot3D[{u * Cos[v],u * Sin[v],u^2},{u,0,3},{v,0,2Pi}]

同样得到曲面 $z=x^2+y^2$. 由于自变量的取值范围不同,图形也不同.不过,此命令比较好的反映了旋转曲面的特点,因而是常用的方法.

又如,以原点为中心,2 为半径的球面.它是多值函数,不能用命令 Plot3D 作图.但是,它的参数方程为

$$x=2\sin\varphi\cos\theta,\quad y=2\sin\varphi\sin\theta,\quad z=2\cos\varphi,\quad 0\leqslant\varphi\leqslant\pi,0\leqslant\theta\leqslant2\pi.$$

因此,只要输入

ParametricPlot3D[{2Sin[u] * Cos[v],2Sin[u] * Sin[v],2Cos[u]},{u,0,Pi},{v,0,2Pi}]

便作出了方程为 $z^2+x^2+y^2=2^2$ 的球面.

用于作空间曲线时,ParametricPlot3D 的基本格式为

ParametricPlot3D[{x[t],y[t],z[t]},{t,t1,t2},选项]

其中 x[t],y[t],z[t]是曲线的参数方程的表示式;t1,t2 是作图时参数 t 的范围.

例如,空间螺旋线的参数方程为

$$x=\cos t,\quad y=\sin t,\quad z=t/10\quad (0\leqslant t\leqslant 8\pi).$$

输入

ParametricPlot3D[{Cos[t],Sin[t],t/10,RGBColor[1,0,0]},{t,0,8Pi}]

则输出了一条红色的螺旋线(注意选项 RGBColor[1,0,0]的位置).

用命令 ParametricPlot3D 作空间曲线时,选项 PlotPoints 的默认值是 30,选项 ViewPoint 的默认值没有改变.

3. 作三维动画的命令 MoviPlot3D

无论在平面或在空间,先作出一系列的图形,再连续不断地放映,便得到动画.

例如,输入调用作图软件包命令

<<Graphics\Animation.m

执行后再输入

MoviePlot3D[Cos[t * x] * Sin[t * y],{x,－Pi,Pi},{y,－Pi,Pi},{t,1,2},Frames－>12]

则作出了 12 幅曲面,选中任一幅图形,双击它便可形成动画.

例 20　作出函数 $z=6-2x-3y$ 的图形,其中 $0\leqslant x\leqslant 3, 0\leqslant y\leqslant 2$.

输入

```
Plot3D[6-2x-3y,{x,0,3},{y,0,2}]
```

则输出所作图形(图形略).

如果只要位于第一卦限的部分,则输入

```
Plot3D[6-2x-3y,{x,0,3},{y,0,2},PlotRange->{0,6}]
```

观察图形,其中作图范围选项为 PlotRange->{0,6},而删除的部分显示为一块水平平面.

例 21　作出函数 $z=\dfrac{4}{1+x^2+y^2}$ 的图形.

输入

```
k[x_,y_]:=4/(1+x^2+y^2)
Plot3D[k[x,y],{x,-2,2},{y,-2,2},PlotPoints->30,
    PlotRange->{0,4},BoxRatios->{1,1,1}]
```

则输出函数的图形,如图 2-7 所示. 观察图形,理解选项

PlotRange->{0,4}和 BoxRatios->{1,1,1}

的含义. 选项 BoxRatios 的默认值是{1,1,0.4}.

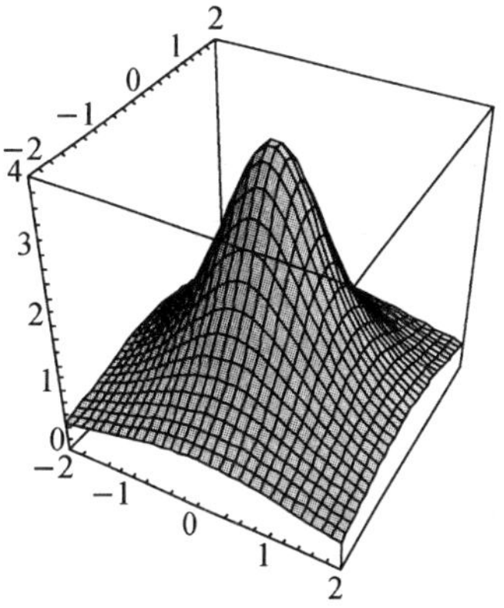

图　2-7

例 22　作出单叶双曲面 $\dfrac{x^2}{1}+\dfrac{y^2}{4}-\dfrac{z^2}{9}=1$ 的图形.

曲面的参数方程为

$$x=\sec u\sin v,\quad y=2\sec u\cos v,\quad z=3\tan u$$
$$(-\pi/2<u<\pi/2, 0\leqslant v\leqslant 2\pi)$$

输入

```
ParametricPlot3D[{Sec[u]*Sin[v],2*Sec[u]*Cos
[v],3*Tan[u]},
    {u,-Pi/4,Pi/4},{v,0,2Pi},PlotPoints->30]
```

则输出单叶双曲面的图形(图形略).

例 23　作出圆环

$$x=(8+3\cos v)\cos u, y=(8+3\cos v)\sin u, z=7\sin v\quad (0\leqslant u\leqslant 3\pi/2, \pi/2\leqslant v\leqslant 2\pi)$$

的图形.

输入

```
ParametricPlot3D[{(8+3*Cos[v])*Cos[u],(8+3*Cos[v])*Sin[u],
        7*Sin[v]},{u,0,3*Pi/2},{v,Pi/2,2*Pi}];
```

则输出所求圆环的图形(图形略).

曲面相交

例 24 作出球面 $x^2+y^2+z^2=2^2$ 和柱面 $(x-1)^2+y^2=1$ 相交的图形.

输入

```
g1=ParametricPlot3D[{2Sin[u]*Cos[v],2Sin[u]*Sin[v],2Cos[u]},
        {u,0,Pi},{v,0,2Pi},DisplayFunction->Identity];
g2=ParametricPlot3D[{2Cos[u]^2,Sin[2u],v},
        {u,-Pi/2,Pi/2},{v,-3,3},DisplayFunction->Identity];
Show[g1,g2,DisplayFunction->$DisplayFunction]
```

则输出所求图形(图形略).

例 25 作出曲面 $z=\sqrt{1-x^2-y^2}$, $x^2+y^2=x$ 及 Oxy 平面所围成的立体图形.

输入

```
g1=ParametricPlot3D[{r*Cos[t],r*Sin[t],r^2},{t,0,2*Pi},{r,0,1},
        PlotPoints->30];
g2=ParametricPlot3D[{Cos[t]*Sin[r],Sin[t]Sin[r],Cos[r]+1},{t,0,2*Pi},
        {r,0,Pi/2},PlotPoints->30];
Show[g1,g2]
```

则输出所求图形(图形略).

例 26 作出螺旋线 $x=10\cos t, y=10\sin t, z=2t (t\in\mathbf{R})$ 在 Oxz 平面上的正投影曲线的图形.

所给螺旋线在 Oxz 平面上的投影曲线的参数方程为

$$x=10\cos t,\quad z=2t.$$

输入

```
ParametricPlot[{2t,10Cos[t]},{t,-2Pi,2Pi}];
```

则输出所求图形(图形略).

注意 将表示曲线的方程组,消去其中一个变量,即得到曲线在相应于这一变量方向上的正投影曲线的方程,不考虑曲线所在平面,它就是投影柱面方程;对于参数方程,只要注意将方程中并不存在的那个变元看成第二参数而添加第三个方程即可.

例 27 用动画演示由曲线 $y=\sin z, z\in[0,\pi]$ 绕 z 轴旋转产生旋转曲面的过程.

该曲线绕 z 轴旋转所得旋转曲面的方程为 $x^2+y^2=\sin^2 z$,其参数方程为

$$x=\sin z\cos u, y=\sin z\sin u, z=z,\quad (z\in[0,\pi], u\in[0,2\pi])$$

输入

```
For[i=1,i<=30,i++,ParametricPlot3D[{Sin[z]*Cos[u],Sin[z]*Sin[u],z},
```

{z,0,Pi},{u,0,2 * Pi * i/30},AspectRatio->1,AxesLabel->{"X","Y","Z"}]];

则输出连续变化的 30 幅图形. 双击屏幕上任意一幅图形,均可观察动画效果.

第二节 多元函数微积分的软件实现

一、二元微积分的软件实现

实现目的

掌握利用 Mathematica 计算多元函数偏导数和全微分的方法,掌握计算二元函数极值和条件极值的方法. 通过作图和观察,理解二元函数的性质. 掌握利用 Mathematica 计算二重积分方法;提高应用重积分解决实际问题的能力.

基本命令

1. 求偏导数的命令 D

命令 D 既可以用于求一元函数的导数,也可以用于求多元函数的偏导数. 例如:

求 $f(x,y,z)$对 x 的偏导数,则输入 D[f[x,y,z],x]

求 $f(x,y,z)$对 y 的偏导数,则输入 D[f[x,y,z],y]

求 $f(x,y,z)$对 x 的二阶偏导数,则输入 D[f[x,y,z],{x,2}]

求 $f(x,y,z)$对 x,y 的混合偏导数,则输入 D[f[x,y,z],x,y]

…………

2. 求全微分的命令 Dt

该命令只用于求二元函数 $f(x,y)$的全微分,其基本格式为

Dt[f[x,y]]

其输出的表达式中含有 Dt[x],Dt[y],它们分别表示自变量的微分 dx,dy. 若函数 $f(x,y)$的表达式中还含有其他用字符表示的常数,例如 a,则 Dt[f[x,y]]的输出中还会有 Dt[a],若采用选项 Constants->{a},就可以得到正确结果,即只要输入

Dt[f[x,y],Constants->{a}]

3. 计算重积分的命令 Integrate 和 NIntegrate

例如,计算$\int_0^1\int_0^x xy^2\mathrm{d}y\mathrm{d}x$,输入

Integrate[x * y^2,{x,0,1},{y,0,x}]

则输出 $\frac{1}{15}$

又如,计算$\int_0^1\int_0^1 \sin(xy^2)\mathrm{d}y\mathrm{d}x$ 的近似值,输入

```
NIntegrate[Sin[x*y^2],{x,0,1},{y,0,1}]
```

则输出　0.160839

注意　Integrate 命令先对后边的变量积分.

利用 Mathematica 计算重积分,关键是确定各个积分变量的积分限.

例 1　设 $z=\sin(xy)+\cos^2(xy)$,求$\frac{\partial z}{\partial x},\frac{\partial z}{\partial y},\frac{\partial^2 z}{\partial x^2},\frac{\partial^2 z}{\partial x\partial y}$.

输入

```
Clear[z];
z=Sin[x*y]+Cos[x*y]^2;
D[z,x]
D[z,y]
D[z,{x,2}]
D[z,x,y]
```

则输出所求结果(结果略).

例 2　设 $z=(a+xy)^y$,其中 a 是常数,求 dz.

输入

```
Clear[z,a];
z=(a+x*y)^y;
wf=Dt[z,Constants->{a}]//Simplify
```

则输出结果

$$(a+xy)^{-1+y}(y^2\ \mathrm{Dt}[x,\mathrm{Constants}->\{a\}]+\mathrm{Dt}[y,\mathrm{Constants}->\{a\}](xy+(a+xy)\mathrm{Log}[a+xy]))$$

其中 Dt[x,Constants->{a}]就是 dx,Dt[y,Constants->{a}]就是 dy. 可以用代换命令"/."把它们换掉. 输入

```
wf/.{Dt[x,Constants->{a}]->dx,Dt[y,Constants->{a}]->dy}
```

输出为

$$(a+xy)^{-1+y}(y^2 dx+dy(xy+(a+xy)\mathrm{Log}[a+xy]))$$

例 3　设 $x=e^u+u\sin v, y=e^u-u\cos v$,求$\frac{\partial u}{\partial x},\frac{\partial u}{\partial y},\frac{\partial v}{\partial x},\frac{\partial v}{\partial y}$.

输入

```
eq1=D[x==E^u+u*Sin[v],x,NonConstants->{u,v}]
  (*第一个方程两边对x求导数,把u,v看成x,y的函数*)
eq2=D[y==E^u-u*Cos[v],x,NonConstants->{u,v}]
  (*第二个方程两边对x求导数,把u,v看成x,y的函数*)
```

```
Solve[{eq1,eq2},{D[u,x,NonConstants->{u,v}],
                 D[v,x,NonConstants->{u,v}]}]//Simplify
```

（＊解求导以后由 eq1,eq2 组成的方程组＊）

则输出

$$\{\{D[u,x,NonConstants->\{u,v\}]->\frac{Sin[v]}{1-E\hat{}uCos[v]+E\hat{}uSin[v]},$$

$$D[v,x,NonConstants->\{u,v\}]->\frac{E\hat{}u-Cos[v]}{u(-1+E\hat{}uCos[v]-E\hat{}uSin[v]}\}\}$$

其中“D[u,x,NonConstants->{u,v}]”,“D[v,x,NonCosnstants->{u,v}]”分别表示 u,v 对 x 的偏导数.类似地可求得 u,v 对 y 的偏导数.

例 4 求 $f(x,y)=x^3-y^3+3x^2+3y^2-9x$ 的极值.

输入

```
Clear[f];
f[x_,y_]=x^3-y^3+3x^2+3y^2-9x;
fx=D[f[x,y],x]
fy=D[f[x,y],y]
critpts=Solve[{fx==0,fy==0}]
```

则分别输出所求偏导数和驻点分别为：

$-9+6x+3x^2$

$6y-3y^2$

{{x->-3,y->0},{x->-3,y->2},{x->1,y->0},{x->1,y->2}}

再输入求二阶偏导数和定义判别式的命令

```
fxx=D[f[x,y],{x,2}];
fyy=D[f[x,y],{y,2}];
fxy=D[f[x,y],x,y];
disc=fxx*fyy-fxy^2
```

输出判别式函数 $f_{xx}f_{yy}-f_{xy}^2$ 的形式

(6+6x)(6-6y)

再输入

```
data={x,y,fxx,disc,f[x,y]}/. critpts;
TableForm[data,TableHeadings->{None,{"x ","y ","fxx ","disc ","f "}}]
```

最后我们得到了四个驻点处的判别式与 f_{xx} 的值并以表格形式列出：

x	y	fxx	disc	f
−3	0	−12	−72	27

−3	2	−12	72	31
1	0	12	72	−5
1	2	12	−72	−1

易见,当 $x=-3,y=2$ 时,$f_{xx}=-12$,判别式 disc=72,函数有极大值 31;

当 $x=1,y=0$ 时,$f_{xx}=12$,判别式 disc=72,函数有极小值−5;

当 $x=-3,y=0$ 和 $x=1,y=2$ 时,判别式 disc=−72,函数在这些点没有极值.

注意 在上一节的例 12 中,我们曾用命令 FindMinimum 来求一元函数的极值,实际上,也可以用它求多元函数的极值,不过输入的初值要在极值点的附近.

对本例,可以输入以下命令

```
FindMinimum[f[x,y],{x,-1},{y,1}]
```

则输出

$\{-5.,\{x->1.,y->-2.36603\times10^{-8}\}\}$

从中看到,在 $x=1,y=0$ 的附近,函数 $f(x,y)$ 有极小值−5,但 y 的精度不够好.

例 5 计算 $\iint\limits_D xy^2\,dxdy$,其中 D 为由 $x+y=2, x=\sqrt{y}, y=2$ 所围成的有界区域.

先作出区域 D 的草图,易直接确定积分限,且应先对 x 积分. 因此,输入

```
Integrate[x*y^2,{y,1,2},{x,2-y,Sqrt[y]}]
```

则输出所求二重积分的计算结果 $\frac{193}{120}$.

例 6 计算 $\iint\limits_D e^{-(x^2+y^2)}\,dxdy$,其中 D 为区域 $x^2+y^2\leqslant 1$.

如果用直角坐标计算,输入

```
Clear[f,r];
f[x,y]=Exp[-(x^2+y^2)];
Integrate[f[x,y],{x,-1,1},{y,-Sqrt[1-x^2],Sqrt[1-x^2]}]
```

则输出

$$\text{Sqrt[Pi]}\int_{-1}^{1} e^{-x^2}\,\text{Erf}\left[\sqrt{1-x^2}\right]dx$$

其中 Erf 是误差函数. 显然积分遇到了困难.

如果改用极坐标来计算,可先用确定积分限,再输入

```
Integrate[(f[x,y]/.{x->r*Cos[t],y->r*Sin[t]})*r,{t,0,2Pi},{r,0,1}]
```

则输出所求二重积分的计算结果

```
Pi-Pi/Exp.
```

如果输入

```
NIntegrate[(f[x,y]/.{x->r*Cos[t],y->r*Sin[t]})*r,{t,0,2Pi},{r,0,1}]
```

则输出二重积分的近似值

1.98587

二、无穷级数的软件实现

实现目的

观察无穷级数部分和的变化趋势，进一步理解级数的审敛法以及用幂级数的部分和对函数的逼近. 掌握用 Mathematica 求无穷级数的和，求幂级数的收敛域，展开函数为幂级数以及展开周期函数为傅里叶级数的方法.

基本命令

1. 求无穷和的命令 Sum

命令 Sum 与数学中的求和号 $\sum$ 相当，可用来求无穷和. 例如，输入

```
Sum[1/n^2,{n,1,Infinity}]
```

则输出无穷级数的和 $\pi^2/6$.

2. 将函数展开为幂级数的命令 Series

该命令的基本格式为

```
Series[f[x],{x,x0,n}]
```

它将 $f(x)$展开成关于 $x-x_0$ 的幂级数，幂级数的最高次幂为$(x-x_0)^n$，余项用$(x-x_0)^{n+1}$表示. 例如，输入

```
Series[y[x],{x,0,5}]
```

则输出带皮亚诺余项的麦克劳林级数

$$y(0)+y'(0)x+\frac{1}{2}y''(0)x^2+\frac{1}{6}y^{(3)}(0)x^3+\frac{1}{24}y^{(4)}(0)x^4+\frac{1}{120}y^{(5)}(0)x^5+o(x)^6$$

3. 去掉余项的命令 Normal

在将 $f(x)$展开成幂级数后，有时为了近似计算或作图，需要把余项去掉. 只要使用 Normal 命令. 例如，输入

```
Series[Exp[x],{x,0,6}]
Normal[%]
```

则输出

$$1+x+\frac{x^2}{2!}+\frac{x^3}{3!}+\frac{x^4}{4!}+\frac{x^5}{5!}+\frac{x^6}{6!}+o[x]^7$$

$$1+x+\frac{x^2}{2!}+\frac{x^3}{3!}+\frac{x^4}{4!}+\frac{x^5}{5!}+\frac{x^6}{6!}.$$

4. 强制求值的命令 Evaluate

如果函数是用 Normal 命令定义的，则当对它进行作图或数值计算时，可能会出现问题.

例如,输入

```
fx=Normal[Series[Exp[x],{x,0,3}]]
Plot[fx,{x,-3,3}]
```

则只能输出去掉余项后的展开式

$$1+x+\frac{x^2}{2}+\frac{x^3}{6}$$

而得不到函数的图形.这时要使用强制求值命令 Evaluate,输入

```
Plot[Evaluate[fx],{x,-3,3}]
```

则输出上述函数的图形(图形略).

5. 作散点图的命令 ListPlot

ListPlot [ ]为平面内作散点图的命令,其对象是数集. 例如,输入

```
ListPlot[Table[j^2,{j,16}],PlotStyle->PointSize[0,012]]
```

则输出坐标为$\{1,1^2\},\{2,2^2\},\{3,3^2\},\cdots,\{16,16^2\}$的散点图(图形略).

6. 符号"/;"用于定义某种规则,"/;"后面是条件

例如,输入

```
Clear[g,gf];
g[x_]:=x/;0<=x<1
g[x_]:=-x/;-1<=x<0
g[x_]:=g[x-2]/;x>=1
```

则得到分段的周期函数

$$g(x)=\begin{cases}-x, & -1\leqslant x<0,\\ x, & 0\leqslant x<1,\\ g(x-2), & x\geqslant 1.\end{cases}$$

再输入

```
gf=Plot[g[x],{x,-1,6}]
```

则输出函数 $g(x)$的图形(图形略).

注意 用 Which 命令也可以定义分段函数,但从这个例子中看到,用 Mathematica 命令"…(表达式)/; …(条件)"来定义周期性分段函数更方便些.用 Mathematica 命令求分段函数的导数或积分时往往会有问题而用 Which 命令定义的分段函数可以求导但不能积分.

Mathematica 内部函数中有一些也是分段函数. 例如,Mod[x,1],Abs[x],Floor[x]和UnitStep[x],其中只有单位阶跃函数 UnitStep[x]可以用 Mathematica 命令来求导和求定积分. 因此在求分段函数的傅里叶系数时,对分段函数求积分往往要分区间. 在被积函数可以用单位阶跃函数 UnitStep 的四则运算和复合运算表达时,计算傅里叶系数就比较方便了.

例 7　(1) 观察级数 $\sum_{n=1}^{\infty}\frac{1}{n^2}$ 的部分和序列的变化趋势；

(2) 观察级数 $\sum_{n=1}^{\infty}\frac{1}{n}$ 的部分和序列的变化趋势.

输入

```
s[n_]=Sum[1/k^2,{k,n}];data=Table[s[n],{n,100}];
ListPlot[data];
N[Sum[1/k^2,{k,Infinity}]]
N[Sum[1/k^2,{k,Infinity}],40]
```

则输出(1)中级数部分和的变化趋势图(图形略). 级数的近似值为 1.64493.

输入

```
s[n_]=Sum[1/k,{k,n}];data=Table[s[n],{n,50}];
ListPlot[data,PlotStyle->PointSize[0.02]];
```

则输出(2)中级数部分和的变化趋势图(图形略).

例 8　画出级数 $\sum_{n=1}^{\infty}(-1)^{n-1}\frac{1}{n}$ 的部分和的分布图.

输入

```
Clear[sn,g];sn=0;n=1;g={};m=3;
While[1/n>10^-m,sn=sn+(-1)^(n-1)/n;
    g=Append[g,Graphics[{RGBColor[Abs[Sin[n]],0,1/n],
                    Line[{{sn,0},{sn,1}}]}]];n++];
Show[g,PlotRange->{-0.2,1.3},Axes->True];
```

则输出所给级数部分和的图形(图形略),从图中可观察到它收敛于 0.693 附近的一个数.

例 9　设 $a_n=\frac{10^n}{n!}$,求 $\sum_{n=1}^{\infty}a_n$.

输入

```
Clear[a];
a[n_]=10^n/(n!);
vals=Table[a[n],{n,1,25}];
ListPlot[vals,PlotStyle->PointSize[0.012]]
```

则输出 a_n 的散点图(图形略),从图中可观察 a_n 的变化趋势. 输入

```
Sum[a[n],{n,1,Infinity}]
```

则输出所求级数的和(结果略).

例 10 求$\sum\limits_{n=0}^{\infty}\dfrac{4^{2n}(x-3)^n}{n+1}$的收敛域与和函数.

输入

```
Clear[a];
a[n_]=4^(2n)*(x-3)^n/(n+1);
stepone=a[n+1]/a[n]//Simplify
```

则输出

$$\frac{16(1+n)(-3+x)}{2+n}$$

再输入

```
steptwo=Limit[stepone,n->Infinity]
```

则输出

```
16(-3+x)
```

这里对 a[n+1]和 a[n]都没有加绝对值. 因此上式的绝对值小于 1 时,幂级数收敛;大于 1 时,幂级数发散. 为了求出收敛区间的端点,输入

```
ydd=Solve[steptwo==1,x]
zdd=Solve[steptwo==-1,x]
```

则输出

$$\left\{\left\{x\to\frac{49}{16}\right\}\right\}\text{与}\left\{\left\{x\to\frac{47}{16}\right\}\right\}$$

由此可知,当$\frac{47}{16}<x<\frac{49}{16}$时,级数收敛;当 $x<\frac{47}{16}$或 $x>\frac{49}{16}$时,级数发散.

为了判断端点的敛散性,输入

```
Simplify[a[n]/. x->(49/16)]
```

则输出右端点处幂级数的一般项为

$$\frac{1}{n+1}$$

因此,在端点 $x=\frac{49}{16}$处,级数发散. 再输入

```
Simplify[a[n]/. x->(47/16)]
```

则输出左端点处幂级数的一般项为

$$\frac{(-1)^n}{n+1}$$

因此,在端点 $x=\frac{47}{16}$处,级数收敛.

也可以在收敛域内求得这个级数的和函数. 输入

```
Sum[4^(2n)*(x-3)^n/(n+1),{n,0,Infinity}]
```

则输出

$$-\frac{\text{Log}[1-16(-3+x)]}{16(-3+x)}$$

例 11　求 $\cos x$ 的 6 阶麦克劳林展开式.

输入

```
Series[Cos[x],{x,0,6}]
```

则输出

$$1-\frac{x^2}{2}+\frac{x^4}{24}-\frac{x^6}{720}+o[x]^7$$

注意　这是带皮亚诺余项的麦克劳林展开式.

例 12　求 $\ln x$ 在 $x=1$ 处的 6 阶泰勒展开式.

输入

```
Series[Log[x],{x,1,6}]
```

则输出

$$(x-1)-\frac{(x-1)^2}{2}+\frac{(x-1)^3}{3}-\frac{(x-1)^4}{4}+\frac{(x-1)^5}{5}-\frac{(x-1)^6}{6}+o[x]^7.$$

例 13　求 $\arctan x$ 的 5 阶泰勒展开式.

输入

```
serl=Series[ArcTan[x],{x,0,5}];
Poly=Normal[serl]
```

则输出 $\arctan x$ 的近似多项式

$$x-\frac{x^3}{3}+\frac{x^5}{5}$$

通过作图,比较 $\arctan x$ 和它的近似多项式.

输入

```
Plot[Evaluate[{ArcTan[x],Poly}],{x,-3/2,3/2},
    PlotStyle->{Dashing[{0.01}],GrayLevel[0]},AspectRatio->1]
```

则输出所作图形(图形略),图中虚线为函数 $\arctan x$,实线为它的近似多项式.

三、常微分方程的软件实现

实现目的

理解常微分方程解的概念以及积分曲线和方向场的概念,掌握利用 Mathematica 求微分方程及方程组解的常用命令和方法.

基本命令

1. 求常微分方程的解的命令 DSolve

对于可以用积分方法求解的常微分方程和常微分方程组,可用 Dsolve 命令来求其通解或特解.

例 14 求常微分方程 $y''+3y'+2y=0$ 的通解.

输入

```
DSolve[y''[x]+3y'[x]+2y[x]==0,y[x],x]
```

则输出含有两个任意常数 C[1]和 C[2]的通解:

$$\{\{y[x]\to e^{-2x}C[1]+e^{-x}C[2]\}\}$$

注意 在上述命令中,一阶导数符号“′”是通过键盘上的单引号“′”输入的,二阶导数符号“″”要输入两个单引号,而不能输入一个双引号.

例 15 求解常微分方程的初值问题:

$$y''+4y'+3y=0, y|_{x=0}=6, y'|_{x=0}=10.$$

输入

```
Dsolve[{y''[x]+4y'[x]+3y[x]==0,y[0]==6,y'[0]==10},y[x],x]
```

(* 大括号把方程和初始条件放在一起 *)

则输出

$$\{\{y[x]\to e^{-3x}(-8+14e^{2x}\}\}.$$

2. 求常微分方程的数值解的命令 NDSolve

对于不可以用积分方法求解的常微分方程初值问题,可以用 NDSolve 命令来求其特解.

例 16 求常微分方程

$$y'=y^2+x^3, y|_{x=0}=0.5$$

的近似解($0\leqslant x\leqslant 1.5$).

输入

```
NDSolve[{y'[x]==y[x]^2+x^3,y[0]==0.5},y[x],{x,0,1.5}]
```

(* 命令中的{x,0,1.5}表示相应的区间 *)

则输出

```
{{y->InterpolatingFunction[{{0,1.5}},<>]}}
```

注意 因为 NDSolve 命令得到的输出是解 $y=y(x)$的近似值.首先在区间[0,1.5]内插入一系列点 $x_1,x_2,\cdots,x_n$,计算出在这些点上函数的近似值 $y_1,y_2,\cdots,y_n$;再通过插值方法得到 $y=y(x)$在区间上的近似解.

一阶常微分方程的方向场

一般地,我们可把一阶常微分方程写为

$$y' = f(x,y)$$

的形式，其中 $f(x,y)$ 是已知函数. 上述微分方程表明：未知函数 y 在点 x 处的斜率等于函数 f 在点 (x,y) 处的函数值. 因此，可在 Oxy 平面上的每一点，作出过该点的以 $f(x,y)$ 为斜率的一条很短的直线(即是未知函数 y 的切线). 这样得到的一个图形就是微分方程 $y'=f(x,y)$ 的方向场. 为了便于观察，实际上只要在 Oxy 平面上取适当多的点，作出在这些点处的函数的切线. 顺着斜率的走向画出符合初始条件的解，就可以得到方程 $y'=f(x,y)$ 的近似的积分曲线.

例 17　画出 $\frac{dy}{dx}=1-y^2$，$y(0)=0$ 的方向场.

输入

```
<<Graphics`PlotField`
g1=PlotVectorField[{1,1-y^2},{x,-3,3},{y,-2,2}, Frame->True,
              ScaleFunction->(1&),ScaleFactor->0.16,
              HeadLength->0.01,PlotPoints->{20,25}];
```

则输出方向场的图形(图形略)，从图中可以观察到，当初始条件为 $y_0=1/2$ 时，这个常微分方程的解介于 -1 和 1 之间，且当 x 分别趋向于 $-\infty$ 和 ∞ 时，y 分别趋向于 -1 与 1.

下面求解这个常微分方程，并在同一坐标系中画出方程的解与方向场的图解. 输入

```
sol=DSolve[{y'[x]==1-y[x]^2,y[0]==0},y[x],x];
g2=Plot[sol[[1,1,2]],{x,-3,3},PlotStyle->{Hue[0.1],Thickness[0.005]}];
Show[g2,g1,Axes->None,Frame->True]
```

则输出常微分方程的解

$$y(x)=\frac{-1+e^{2x}}{1+e^{2x}}$$

以及解曲线与方向场的图形(图略去). 从图中可以看到，常微分方程的解与方向场的箭头方向相吻合.

例 18　求常微分方程 $y'+2xy=xe^{-x^2}$ 的通解.

输入

```
Clear[x,y];
DSolve[y'[x]+2x*y[x]==x*Exp[-x^2],y[x],x]
```

或

```
DSolve[D[y[x],x]+2x*y[x]==x*Exp[-x^2],y[x],x]
```

则输出常微分方程的通解

$$\left\{\left\{y[x]\to\frac{1}{2}e^{-x^2}x^2+e^{-x^2}C[1]\right\}\right\}$$

其中 C[1] 是任意常数.

例 19 求常微分方程 $xy'+y-e^x=0$ 在初始条件 $y|_{x=1}=2e$ 下的特解.

输入

```
Clear[x,y];
DSolve[{x * y'[x]+y[x]-Exp[x]==0,y[1]==2E},y[x],x]
```

则输出所求特解

$$\left\{\left\{y[x]\to\frac{e+e^x}{x}\right\}\right\}$$

例 20 求常微分方程 $y''-2y'+5y=e^x\cos 2x$ 的通解.

输入

```
DSolve[y''[x]-2y'[x]+5y[x]==Exp[x] * Cos[2x],y[x],x]//Simplify
```

则输出所求通解:

$$\left\{\left\{y[x]\to\frac{1}{8}e^x((1+8c[2])Cos[2x]+2(x-4c[1])Sin[2x])\right\}\right\}$$

例 21 求解常微分方程 $y''=2x+e^x$ 的通解,并作出其积分曲线.

输入

```
g1=Table[Plot[Exp[x]+x^3/3+c1+x * c2,{x,-5,5},
        DisplayFunction->Identity],{c1,-10,10,5},{c2,-5,5,5}];
Show[g1,DisplayFunction->$DisplayFunction]
```

则输出积分曲线的图形(图形略).

例 22 求常微分方程组 $\begin{cases}\dfrac{dx}{dt}+x+2y=e^t,\\ \dfrac{dy}{dt}-x-\ \ y=0\end{cases}$ 在初始条件 $x|_{t=0}=1,y|_{t=0}=0$下的特解.

输入

```
Clear[x,y,t];
DSolve[{x' [t]+x[t]+2y[t]==Exp [t], y'[t] -x[t]-y[t]==0,
                    x[0]==1,y[0]==0},{x[t],y[t]},t]
```

则输出所求特解

$$\left\{\left\{x[t]\to Cos[t],y[t]\to\frac{1}{2}(e^t-Cos[t]+Sin[t])\right\}\right\}$$

例 23 求出初值问题 $\begin{cases}y''+y'\sin^2x+y=\cos^2x,\\ y(0)=1,y'(0)=0\end{cases}$ 的数值解,并作出数值解的图形.

输入

```
NDSolve[{y''[x]+Sin[x]^2 * y'[x]+y[x]==Cos[x]^2,
    y[0]==1,y'[0]==0},y[x],{x,0,10}]
```

```
Plot[Evaluate[y[x]/.%],{x,0,10}]
```

则输出所求常微分方程的数值解及数值解的图形(图形略).

习　题　2-2

1. 研究极限$\lim\limits_{n\to\infty}\dfrac{2n^3+1}{5n^3+1}$.

2. 求函数 $f(x)=\sin ax\cos bx$($a,b\neq 0$ 为常数)的一阶导数，并求 $f'\left(\dfrac{1}{a+b}\right)$.

3. 求$\int x^2(1-x^3)^5\mathrm{d}x$.

4. 作出默比乌斯带(单侧曲面)的图形.

5. 求常微分方程$(x^2-1)y'+2xy-\cos x=0$ 在初始条件 $y|_{x=0}=1$ 下的特解，再分别求精确解和数值解($0\leqslant x\leqslant 1$)并作图.

6. 求常微分方程 $y''+xy'+y=0, y|_{x=1}=0, y'|_{x=1}=5$ 在区间[0,4]上的近似解.

第三章　线性代数及概率统计的软件实现

本章是线性代数、概率论与数理统计部分内容的软件实现，共设计了行列式与矩阵、求解线性方程组、求矩阵的特征值与特征向量、矩阵的相似变换、概率计算、描绘分布函数图形、数据统计、区间估计、假设检验、回归分析等内容．通过软件的实现将加深对基本概念和思想的理解，通过图形直观理解随机变量及其概率分布的特点，通过随机模拟加深对大数定律和中心极限定理的直观理解．

第一节　线性代数的软件实现

一、行列式与矩阵的软件实现

实现目的

掌握矩阵的输入方法．掌握利用 Mathematica 对矩阵进行转置、加、减、数乘、相乘、乘方等运算，并能求矩阵的逆矩阵和计算方阵的行列式．求矩阵的秩，作矩阵的初等行变换；求向量组的秩与极大无关组．

基本命令

1．向量和矩阵是以表的形式给出的

表在形式上是用花括号括起来的若干元素，元素之间用逗号隔开．表中的元素可为数值、表达式或表，同一个表中的元素可以为不同的数据类型．如输入

```
{2,4,8,16}
{x,x+1,y,Sqrt[2]}
```

则输入了两个向量．

2．表的生成函数

(1) Range 命令可生成最简单的数值表，其命令格式如下：

Range[n]　　(＊生成一个{1,2,3,4,…,n}的数列＊)；

Range[m, n]　　(＊生成表{m,…,n}＊)；

Range[m, n, dx]　　(＊生成表{m,…,n}的数列，步长为 dx＊)．

(2) Table 命令可方便地构造既有表的大小范围，又有表中元素的表．例如，输入

```
Table[n^3,{n,1,20,2}]
```

则输出

```
{1,27,125,343,729,1331,2197,3375,4913,6859}
```

输入

```
Table[x * y,{x,3},{y,3}]
```

则输出

```
{{1,2,3},{2,4,6},{3,6,9}}
```

3. 表作为向量和矩阵

一层表在线性代数中表示向量,二层表表示矩阵. 例如,矩阵

$$\begin{pmatrix} 2 & 3 \\ 4 & 5 \end{pmatrix}$$

可以用数表{{2,3},{4,5}}表示.

输入

```
A={{2,3},{4,5}}
```

则输出　{{2,3},{4,5}}

命令 MatrixForm[A]把矩阵 $\boldsymbol{A}$ 显示成通常的矩阵形式. 例如,输入

```
MatrixForm[A]
```

则输出

$$\begin{pmatrix} 2 & 3 \\ 4 & 5 \end{pmatrix}$$

但要注意,一般地,MatrixForm[A]代表的矩阵 $\boldsymbol{A}$ 不能参与运算.

输入

```
B={1,3,5,7}
```

输出为

```
{1,3,5,7}
```

输入

```
MatrixForm[B]
```

输出为

$$\begin{pmatrix} 1 \\ 3 \\ 5 \\ 7 \end{pmatrix}$$

注意　虽然从这个形式看向量的矩阵形式是列向量,但实质上 Mathematica 不区分行向量与列向量. 或者说在运算时按照需要,Mathematica 自动地把向量当作行向量或列向量.

下面是一个生成抽象矩阵的例子.

输入

```
Table[a[i,j],{i,4},{j,3}]
MatrixForm[%]
```

则输出

$$\begin{pmatrix} a[1,1] & a[1,2] & a[1,3] \\ a[2,1] & a[2,2] & a[2,3] \\ a[3,1] & a[3,2] & a[3,3] \\ a[4,1] & a[4,2] & a[4,3] \end{pmatrix}$$

注意 这个矩阵也可以用命令 Array 生成,如输入

```
Array[a,{4,3}]//MatrixForm
```

则输出与上一命令相同.

4. 命令 IdentityMatrix[n]生成 *n* 阶单位矩阵

例如,输入

```
IdentityMatrix[5]
```

则输出一个 5 阶单位矩阵(输出略).

5. 命令 DiagonalMatrix[…]生成对角矩阵

例如,输入

```
DiagonalMatrix[{b[1],b[2],b[3]}]
```

则输出 {{b[1],0,0},{0,b[2],0},{0,0,b[3]}}

它是一个以 b[1], b[2], b[3]为主对角线元素的 3 阶对角矩阵.

6. 矩阵的线性运算

A+B 表示矩阵 ***A*** 与 ***B*** 的加法;

k * A 表示数 *k* 与矩阵 ***A*** 的乘法;

A. B 或 Dot[A,B]表示矩阵 ***A*** 与矩阵 ***B*** 的乘法.

7. 求矩阵 *A* 的转置的命令 Transpose[A]

8. 求方阵 *A* 的 *n* 次幂的命令 MatrixPower[A,n]

9. 求方阵 *A* 的逆的命令 Inverse[A]

10. 求向量 *a* 与 *b* 的内积的命令 Dot[a,b]

11. 求矩阵 *M* 的所有可能的 *k* 阶子式组成的矩阵的命令 Minors[M,k]

12. 把矩阵 *A* 化作行最简形的命令 RowReduce[A]

13. 把数表 1,数表 2,…,合并成一个数表的命令 Join[list1,list2,…]

例 1 求矩阵的转置.

输入

```
ma={{1,3,5,1},{7,4,6,1},{2,2,3,4}};
```

```
Transpose[ma]//MatrixForm
```

输出为

$$\begin{pmatrix}1&7&2\\3&4&2\\5&6&3\\1&1&4\end{pmatrix}$$

如果输入

```
Transpose[{1,2,3}]
```

输出中提示命令有错误.由此可见,向量不区分行向量或列向量.

例 2 设 $\boldsymbol{A}=\begin{pmatrix}3&4&5\\4&2&6\end{pmatrix}$,$\boldsymbol{B}=\begin{pmatrix}4&2&7\\1&9&2\end{pmatrix}$,求 $\boldsymbol{A}+\boldsymbol{B}$,$4\boldsymbol{B}-2\boldsymbol{A}$.

输入

```
A={{3,4,5},{4,2,6}};
B={{4,2,7},{1,9,2}};
A+B//MatrixForm
4B-2A//MatrixForm
```

输出为

$$\begin{pmatrix}7&6&12\\5&11&8\end{pmatrix}$$

$$\begin{pmatrix}10&0&18\\-4&32&-4\end{pmatrix}$$

如果矩阵 $\boldsymbol{A}$ 的行数等于矩阵 $\boldsymbol{B}$ 的列数,则可进行矩阵的乘法运算.系统中乘法运算符为"."，即用 A.B 表示矩阵 $\boldsymbol{A}$ 与 $\boldsymbol{B}$ 的乘积,也可以用命令 Dot[A,B]实现.对方阵 $\boldsymbol{A}$,可用命令 MatrixPower[A,n]求其 n 次幂.

例 3 设 $\boldsymbol{A}=\begin{pmatrix}3&4&5&2\\4&2&6&3\end{pmatrix}$,$\boldsymbol{B}=\begin{pmatrix}4&2&7\\1&9&2\\0&3&5\\8&4&1\end{pmatrix}$,求矩阵 $\boldsymbol{A}$ 与 $\boldsymbol{B}$ 的乘积.

输入

```
Clear[ma,mb];
ma={{3,4,5,2},{4,2,6,3}};
mb={{4,2,7},{1,9,2},{0,3,5},{8,4,1}};
ma.mb//MatrixForm
```

输出为

$$\begin{pmatrix}32 & 65 & 56\\42 & 56 & 65\end{pmatrix}$$

例 4 设 $\boldsymbol{A}=\begin{pmatrix}-1 & 1 & 1\\1 & -1 & 1\\1 & 2 & 3\end{pmatrix}$,$\boldsymbol{B}=\begin{pmatrix}3 & 2 & 1\\0 & 4 & 1\\-1 & 2 & -4\end{pmatrix}$,求 $3\boldsymbol{AB}-2\boldsymbol{A}$ 及 $\boldsymbol{A}^{\mathrm{T}}\boldsymbol{B}$.

输入

```
A={{-1,1,1},{1,-1,1},{1,2,3}};
MatrixForm[A]
B={{3,2,1},{0,4,1},{-1,2,-4}};
MatrixForm[B]
3A.B-2A//MatrixForm
Transpose[A].B//MatrixForm
```

则输出 $3\boldsymbol{AB}-2\boldsymbol{A}$ 及 $\boldsymbol{A}^{\mathrm{T}}\boldsymbol{B}$ 的运算结果分别为

$$\begin{pmatrix}-10 & 10 & -14\\4 & 2 & -14\\-2 & 44 & -33\end{pmatrix},\quad\begin{pmatrix}-4 & 4 & -4\\1 & 2 & -8\\0 & 12 & -10\end{pmatrix}.$$

例 5 设 $\boldsymbol{A}=\begin{pmatrix}2 & 1 & 3 & 2\\5 & 2 & 3 & 3\\0 & 1 & 4 & 6\\3 & 2 & 1 & 5\end{pmatrix}$,求 $\boldsymbol{A}^{-1}$.

输入

```
Clear[ma];
ma={{2,1,3,2},{5,2,3,3},{0,1,4,6},{3,2,1,5}};
Inverse[ma]//MatrixForm
```

则输出

$$\begin{pmatrix}-\frac{7}{4} & \frac{21}{16} & \frac{1}{2} & -\frac{11}{16}\\[4pt]\frac{11}{2} & -\frac{29}{8} & -2 & \frac{19}{8}\\[4pt]\frac{1}{2} & -\frac{1}{8} & 0 & -\frac{1}{8}\\[4pt]-\frac{5}{4} & \frac{11}{16} & \frac{1}{2} & -\frac{5}{16}\end{pmatrix}$$

注意 如果输入

```
Inverse[ma//MatrixForm]
```

则得不到所要的结果,即求矩阵的逆时必须输入矩阵的数表形式.

例 6　求行列式 $D=\begin{vmatrix} a^2+\frac{1}{a^2} & a & \frac{1}{a} & 1 \\ b^2+\frac{1}{b^2} & b & \frac{1}{b} & 1 \\ c^2+\frac{1}{c^2} & c & \frac{1}{c} & 1 \\ d^2+\frac{1}{d^2} & d & \frac{1}{d} & 1 \end{vmatrix}$.

输入

```
Clear[A,a,b,c,d];
A={{a^2+1/a^2,a,1/a,1},{b^2+1/b^2,b,1/b,1},
    {c^2+1/c^2,c,1/c,1},{d^2+1/d^2,d,1/d,1}};
Det[A]//Simplify
```

则输出

$$-\frac{(a-b)(a-c)(b-c)(a-d)(b-d)(c-d)(-1+abcd)}{a^2b^2c^2d^2}$$

例 7　求向量 $\boldsymbol{u}=\{1,2,3\}$ 与 $\boldsymbol{v}=\{1,-1,0\}$ 的内积.

输入

```
u={1,2,3};
v={1,-1,0};
u.v
```

输出为

```
-1
```

或者输入

```
Dot[u,v]
```

所得结果相同.

例 8　设 $\boldsymbol{M}=\begin{pmatrix} 3 & 2 & -1 & -3 & -2 \\ 2 & -1 & 3 & 1 & -3 \\ 7 & 0 & 5 & -1 & -8 \end{pmatrix}$,求矩阵 $\boldsymbol{M}$ 的秩.

输入

```
Clear[M];
M={{3, 2, -1, -3, -2},{2, -1, 3, 1, -3},{7, 0, 5, -1, -8}};
Minors[M,2]
```

则输出

{{−7, 11, 9, −5, 5, −1, −8, 8, 9, 11},{−14, 22, 18, −10, 10, −2, 16, 16, 18, 22},{7, −11, −9, 5, −5, 1, 8, −8, −9, −11}}

可见矩阵 $\boldsymbol{M}$ 有不为 0 的二阶子式. 再输入

```
Minors[M,3]
```

则输出

```
{{0,0,0,0,0,0,0,0,0,0}}
```

可见矩阵 $\boldsymbol{M}$ 的三阶子式都为 0. 所以 $R(\boldsymbol{M})=2$.

命令 RowfReduce[A]把矩阵 $\boldsymbol{A}$ 化简为行最简形. 用初等行变换可以求矩阵的秩与矩阵的逆.

例 9 用初等变换法求矩阵 $\begin{pmatrix}1&2&3\\2&2&1\\3&4&3\end{pmatrix}$ 的逆矩阵.

输入

```
A={{1,2,3},{2,2,1},{3,4,3}};
MatrixForm[A]
Transpose[Join[Transpose[A],IdentityMatrix[3]]]//MatrixForm
RowReduce[%]//MatrixForm
Inverse[A]//MatrixForm
```

则输出矩阵 $\boldsymbol{A}$ 的逆矩阵为

$$\begin{pmatrix}1&3&-2\\-3/2&-3&5/2\\1&1&1\end{pmatrix}.$$

二、解线性方程组的软件实现

实现目的

熟悉求解线性方程组的常用命令,能利用 Mathematica 命令求各类线性方程组的解. 理解计算机求解的实用意义.

基本命令

1. 命令 NullSpace[A],给出齐次线性方程组 $\boldsymbol{AX}=\boldsymbol{\theta}$ 的解空间的一个基

2. 命令 LinearSolve[A,b],给出非齐次线性方程组 $\boldsymbol{AX}=\boldsymbol{b}$ 的一个特解

3. 解一般方程或方程组的命令 Solve 见第一章 Mathematica 简介

求齐次线性方程组的解空间

设 $\boldsymbol{A}$ 为 $m\times n$ 矩阵,$\boldsymbol{X}$ 为 n 维列向量,则齐次线性方程组 $\boldsymbol{AX}=\boldsymbol{\theta}$ 必定有解. 若矩阵 $\boldsymbol{A}$ 的秩等于 n,则只有零解;若矩阵 $\boldsymbol{A}$ 的秩小于 n,则有非零解. 命令 NullSpace 给出齐次线性方程组

$\boldsymbol{AX}=\boldsymbol{\theta}$ 的全部解.

例 10　求解线性方程组 $\begin{cases} x_1+x_2+2x_3-x_4=0, \\ 3x_1-2x_2-3x_3+2x_4=0, \\ 5x_2+7x_3+3x_4=0, \\ 2x_1-3x_2-5x_3-x_4=0. \end{cases}$

输入

```
Clear[A];
A={{1,1,2,-1},{3,-2,-3,2},{0,5,7,3},{2,-3,-5,-1}};
Nullspace[A]
```

输出为

```
{ }
```

解空间的基是一个空集,说明该线性方程组只有零解.

例 11　求线性方程组 $\begin{cases} x_1+x_2-2x_3-x_4=4, \\ 3x_1-2x_2-x_3+2x_4=2, \\ 5x_2+7x_3+3x_4=-2, \\ 2x_1-3x_2-5x_3-x_4=4 \end{cases}$ 的特解.

输入

```
Clear[A,b];
A={{1,1,-2,-1},{3,-2,-1,2},{0,5,7,3},{2,-3,-5,-1}};
b={4,2,-2,4};
LinearSolve[A,b]
```

输出为

```
{1,1,-1,0}
```

注意　命令 LinearSolve 只给出线性方程组的一个特解.

例 12　解方程组 $\begin{cases} x_1-2x_2+3x_3-4x_4=4, \\ x_2-x_3+x_4=-3, \\ x_1+3x_2+x_4=1, \\ -7x_2+3x_3+x_4=-3. \end{cases}$

解法 1　用命令 Solve，输入

```
Solve[{x-2y+3z-4w==4,y-z+w==-3,x+3y+w==1,-7y+3z+3w==-3},
    {x,y,z,w}]
```

输出为

```
{{x→-8,y→3,z→6,w→0}}
```

即有唯一解 $x_1=-8, x_2=3, x_3=6, x_4=0$.

解法 2 这个线性方程组中方程的个数等于未知数的个数,而且有唯一解,此解可以表示为 $\boldsymbol{x}=\boldsymbol{A}^{-1}\boldsymbol{b}$,其中 $\boldsymbol{A}$ 是线性方程组的系数矩阵,而 $\boldsymbol{b}$ 是等号右边的常数向量. 于是,可以用逆矩阵计算唯一解.

输入

```
Clear[A,b,x];
A={{1,-2,3,-4},{0,1,-1,1},{1,3,0,1},{0,-7,3,1}};
b={4,-3,1,-3};
x=Inverse[A].b
```

输出为

```
{-8,3,6,0}
```

解法 3 还可以用克拉默法则计算这个线性方程组的唯一解. 为计算各行列式,输入未知数的系数向量,即系数矩阵的列向量.

输入

```
Clear[a,b,c,d,e];
a={1,0,1,0};
b={-2,1,3,-7};
c={3,-1,0,3};
d={-4,1,1,1};
e={4,-3,1,-3};
Det[{e,b,c,d}]/ Det[{a,b,c,d}]
Det[{a,e,c,d}]/ Det[{a,b,c,d}]
Det[{a,b,e,d}]/ Det[{a,b,c,d}]
Det[{a,b,c,e}]/ Det[{a,b,c,d}]
```

输出为

```
-8
3
6
0
```

例 13 当 a 为何值时,方程组 $\begin{cases} ax_1+x_2+x_3=1, \\ x_1+ax_2+x_3=1, \\ x_1+x_2+ax_3=1 \end{cases}$ 无解、有唯一解、有无穷多解?当方程组有解时,求通解.

先计算系数行列式,使行列式等于 0,求出 a.

输入

```
Clear[a];
Det[{{a,1,1},{1,a,1},{1,1,a}}];
Solve[%==0,a]
```

则输出

```
{{a->-2},{a->1},{a->1}}
```

当 $a\neq -2$ 和 1 时,方程组有唯一解.输入

```
Solve[{a*x+y+z==1,x+a*y+z==1,x+y+a*z==1},{x,y,z}]
```

则输出

$$\{\{x\to\frac{1}{2+a},\ y\to\frac{1}{2+a},\ z\to\frac{1}{2+a}\}\}$$

当 $a=-2$ 时,输入

```
Solve[{-2x+y+z==1,x-2y+z==1,x+y-2z==1},{x,y,z}]
```

则输出

```
{ }
```

说明方程组无解.

当 $a=1$ 时,输入

```
Solve[{x+y+z==1,x+y+z==1,x+y+z==1},{x,y,z}]
```

则输出

```
{{x->1-y-z}}
```

说明方程组有无穷多个解.非齐次线性方程组的特解为(1,0,0),对应的齐次线性方程组的基础解系为(-1,1,0)与(-1,0,1).

三、求方阵的特征值与特征向量的软件实现

实现目的

学习利用 Mathematica 命令求方阵的特征值和特征向量;能利用软件计算方阵的特征值和特征向量及求二次型的标准形.

基本命令

1. 求方阵 *M* 的特征值的命令 Eigenvalues[M]

2. 求方阵 *M* 的特征向量的命令 Eigenvectors[M]

3. 求方阵 *M* 的特征值和特征向量的命令 Eigensystem[M]

注意 在使用后面两个命令时,如果输出中含有零向量,则输出中的非零向量才是真正的特征向量.

4. 对向量组施行正交单位化的命令 GramSchmidt

在使用这个命令时,先要调用“线性代数.向量组正交化”软件包,输入

```
<<LinearAlgebra\Orthogonalization.m
```

执行后,才能对向量组施行正交单位化的命令.

命令 GramSchmidt[A]给出了与矩阵 $\boldsymbol{A}$ 的行向量组等价的且已正交化的单位向量组.

5. 求方阵 $\boldsymbol{A}$ 的相似变换矩阵 $\boldsymbol{S}$ 和相似变换的约当标准形 $\boldsymbol{J}$ 的命令

```
JordanDecomposition[A]
```

注意 因为实对称阵的相似变换的标准型必是对角阵. 所以,当 $\boldsymbol{A}$ 为实对称阵,JordanDecomposition[A]同时给出 $\boldsymbol{A}$ 的相似变换矩阵 $\boldsymbol{S}$ 和 $\boldsymbol{A}$ 的相似对角矩阵 $\boldsymbol{\Lambda}$.

例 14 求矩阵 $\boldsymbol{A}=\begin{pmatrix}-1 & 0 & 2\\ 1 & 2 & -1\\ 1 & 3 & 0\end{pmatrix}$的特征值与特值向量.

(1) 求矩阵 $\boldsymbol{A}$ 的特征值. 输入

```
A={{-1,0,2},{1,2,-1},{1,3,0}};
MatrixForm[A]
Eigenvalues[A]
```

则输出 $\boldsymbol{A}$ 的特征值

```
{-1,1,1}
```

(2) 求矩阵 $\boldsymbol{A}$ 的特征向量. 输入

```
A={{-1,0,2},{1,2,-1},{1,3,0}};
MatrixForm[A]
Eigenvectors[A]
```

则输出 $\boldsymbol{A}$ 的特征向量

```
{{-3,1,0},{1,0,1},{0,0,0}}
```

即 $\boldsymbol{A}$ 的特征向量为

$$\begin{pmatrix}-3\\ 1\\ 0\end{pmatrix},\quad \begin{pmatrix}1\\ 0\\ 1\end{pmatrix}.$$

(3) 利用命令 Eigensystem,同时给出矩阵 $\boldsymbol{A}$ 的所有特征值与特征向量. 输入

```
A={{-1,0,2},{1,2,-1},{1,3,0}},
MatrixForm[A]
Eigensystem[A]
```

则输出矩阵 $\boldsymbol{A}$ 的特征值及其对应的特征向量. 输出的结果相同,略去.

例 15 求矩阵 $A=\begin{pmatrix}1/3 & 1/3 & -1/2\\ 1/5 & 1 & -1/3\\ 6 & 1 & -2\end{pmatrix}$ 的特征值和特征向量的近似值.

输入

```
A={{1/3,1/3,-1/2},{1/5,1,-1/3},{6,1,-2}};
Eigensystem[A]
```

则输出的结果很复杂,原因是矩阵 A 的特征值中有复数且其精确解太复杂. 此时,可采用近似形式输入矩阵 A,则输出结果也采用近似形式来表达.

输入

```
A={{1/3,1/3,-1/2},{1/5,1,-1/3},{6.0,1,-2}};
Eigensystem[A]
```

则输出

```
{{-0.748989+1.27186i,-0.748989-1.27186i,0.831311},
 {{0.179905+0.192168i,0.116133+0.062477i,0.955675+0.i},
  {0.179905-0.192168i,0.116133-0.062477i,0.955675+0.i},
  {-0.0872248,-0.866789,-0.490987}}}
```

从中可以看到 A 有两个复特征值与一个实特征值. 属于复特征值的特征向量也是复的;属于实特征值的特征向量是实的.

例 16 已知 $x=(1,1,-1)$ 是方阵 $A=\begin{pmatrix}2 & -1 & 2\\ 5 & a & 3\\ -1 & b & -2\end{pmatrix}$ 的一个特征向量,求参数 a,b 及特征向量 x 所属的特征值.

设所求特征值为 t,输入

```
Clear[A,B,v,a,b,t];
A={{t-2,1,-2},{-5,t-a,-3},{1,-b,t+2}};
v={1,1,-1};
B=A.v;
Solve[{B[[1]]==0,B[[2]]==0,B[[3]]==0},{a,b,t}]
```

则输出

```
{{a->-3, b->0, t->-1}}
```

即 $a=-3,b=0$ 时,向量 $x=(1,1,-1)$ 是方阵 A 的属于特征值 -1 的特征向量.

例 17 设矩阵 $A=\begin{pmatrix}4 & 1 & 1\\ 2 & 2 & 2\\ 2 & 2 & 2\end{pmatrix}$,求一可逆矩阵 P,使 $P^{-1}AP$ 为对角矩阵.

解法 1 输入

```
Clear[A,P];
A={{4,1,1},{2,2,2},{2,2,2}};
Eigenvalues[A]
P=Eigenvectors[A]//Transpose
```

则输出

```
{0,2,6}
{{0,-1,1},{-1,1,1},{1,1,1}}
```

即矩阵 $\boldsymbol{A}$ 的特征值为 0,2,6;特征向量为 $\begin{pmatrix}0\\-1\\1\end{pmatrix}$,$\begin{pmatrix}-1\\1\\1\end{pmatrix}$ 与 $\begin{pmatrix}1\\1\\1\end{pmatrix}$. 设由特征向量组成的矩阵为

$$\boldsymbol{P}=\begin{pmatrix}0&-1&1\\-1&1&1\\1&1&1\end{pmatrix}.$$

可验证 $\boldsymbol{P}^{-1}\boldsymbol{AP}$ 为对角阵,事实上,输入

```
Inverse[P]. A. P
```

则输出

```
{{0,0,0},{0,2,0},{0,0,6}}
```

因此,矩阵 $\boldsymbol{A}$ 在相似变换矩阵 $\boldsymbol{P}$ 的作用下,可化作对角阵.

解法 2 直接使用 JordanDecomposition 命令,输入

```
jor=JordanDecomposition[A]
```

则输出

```
{{{0,-1,1},{-1,1,1},{1,1,1}},{{0,0,0},{0,2,0},{0,0,6}}}
```

可取出第一个矩阵 $\boldsymbol{S}$ 和第二个矩阵 $\boldsymbol{\Lambda}$,事实上,输入

```
jor[[1]]
jor[[2]]
```

则输出

```
{{0,-1,1},{-1,1,1},{1,1,1}}
{{0,0,0},{0,2,0},{0,0,6}}
```

输出结果与解法 1 得到的结果完全相同.

例 18 设实对称矩阵 $\boldsymbol{A}=\begin{pmatrix}0&1&1&0\\1&0&1&0\\1&1&0&0\\0&0&0&2\end{pmatrix}$,求一个正交矩阵 $\boldsymbol{P}$,使 $\boldsymbol{P}^{-1}\boldsymbol{AP}$ 为对角阵.

输入

```
<<LinearAlgebra\Orthogonalization
Clear[A,P];
A={{0,1,1,0 },{1,0,1,0},{1,1,0,0},{0,0,0,2}};
Eigenvalues[A]
Eigenvectors[A]
```

输出的特征值与特征向量分别为

```
{-1,-1,2,2}
{{-1,0,1,0},{-1,1,0,0},{0,0,0,1},{1,1,1,0}}
```

再输入

```
P=GramSchmidt[Eigenvectors[A]]//Transpose
```

输出为已经正交单位化的特征向量及经转置后的矩阵 $\boldsymbol{P}$

$$\left\{\left\{-\frac{1}{\sqrt{2}},-\frac{1}{\sqrt{6}},0,\frac{1}{\sqrt{3}}\right\},\left\{0,\sqrt{\frac{2}{3}},0,\frac{1}{\sqrt{3}}\right\},\left\{\left\{\frac{1}{\sqrt{2}},-\frac{1}{\sqrt{6}},0,\frac{1}{\sqrt{3}}\right\},\{0,0,1,0\}\right\}$$

为了验证 $\boldsymbol{P}$ 是正交矩阵,以及 $\boldsymbol{P}^{-1}\boldsymbol{AP}=\boldsymbol{P}^{\mathrm{T}}\boldsymbol{AP}$ 是对角阵,输入

```
Transpose[P]. P
Inverse[P]. A. P//Simplify
Transpose[P]. A. P//simplify
```

则输出

```
{{1,0,0,0},{0,1,0,0},{0,0,1,0},{0,0,0,1}}
{{-1,0,0,0},{0,-1,0,0},{0,0,2,0},{0,0,0,2}}
{{-1,0,0,0},{0,-1,0,0},{0,0,2,0},{0,0,0,2}}
```

第一个结果说明 $\boldsymbol{P}^{\mathrm{T}}\boldsymbol{P}=\boldsymbol{E}$,因此 $\boldsymbol{P}$ 是正交矩阵;第二个与第三个结果说明

$$\boldsymbol{P}^{-1}\boldsymbol{AP}=\boldsymbol{P}^{\mathrm{T}}\boldsymbol{AP}=\begin{pmatrix}-1 & & & \\ & -1 & & \\ & & 2 & \\ & & & 2\end{pmatrix}$$

是对角阵.

例 19 求一个正交变换,化二次型 $f=2x_1x_2+2x_1x_3+2x_2x_3+2x_4^2$ 为标准形.

二次型的矩阵为

$$\boldsymbol{A}=\begin{pmatrix}0 & 1 & 1 & 0\\ 1 & 0 & 1 & 0\\ 1 & 1 & 0 & 0\\ 0 & 0 & 0 & 2\end{pmatrix}.$$

这恰好是例 18 中的矩阵,因此,用例 18 中的正交矩阵 $\boldsymbol{P}$,作正交变换 $\boldsymbol{X}=\boldsymbol{PY}$,即

$$\begin{pmatrix} x_1 \\ x_2 \\ x_3 \\ x_4 \end{pmatrix} = \begin{pmatrix} -\frac{1}{\sqrt{2}} & -\frac{1}{\sqrt{6}} & 0 & \frac{1}{\sqrt{3}} \\ 0 & \sqrt{\frac{2}{3}} & 0 & \frac{1}{\sqrt{3}} \\ \frac{1}{\sqrt{2}} & -\frac{1}{\sqrt{6}} & 0 & \frac{1}{\sqrt{3}} \\ 0 & 0 & 1 & 0 \end{pmatrix} \begin{pmatrix} y_1 \\ y_2 \\ y_3 \\ y_4 \end{pmatrix}.$$

将 f 化作标准形,输入

```
f=Table[x[j],{j,4}]. A. Table[x[j],{j,4}]//Simplify
```

则输出

```
2(x[2]x[3]+x[1](x[2]+x[3])+x[4]^2)
```

这是原来的二次型 f. 把上式中的 x[1],x[2],x[3],x[4]用 y[1],y[2],y[3],y[4]表示,输入代换命令

```
f/. Table[x[j]→(P. Table[y[j],{j,4}])[[j]],{j,4}]//Simplify
```

则输出

```
-y[1]^2-y[2]^2+2(y[3]^2+y[4]^2)
```

这就是二次型 f 的标准形.

第二节　概率统计的软件实现

一、概率论的软件实现

实现目的

通过将随机试验可视化,直观地理解概率论中的一些基本概念,从频率与概率的关系来体会概率的统计定义,并初步体验随机模拟方法. 通过图形直观理解随机变量及其概率分布的特点. 通过随机模拟直观地加深对大数定律和中心极限定理的理解.

基本命令

1. 调用统计软包的命令 <<Statistics`

进行统计数据的处理,必须调用相应的软件包,首先要输入并执行命令

```
<<Statistics`
```

以完成数据统计的准备工作.

2. 调用作图软件包的命令 <<Graphics\Graphics. m

用 Mathematica 作直方图,必须调用相应的作图软件包,输入并执行命令

```
<<Graphics`
```

这时可以查询这个软件包中的一些作图命令的用法. 如输入

```
??BarChart
```

则得到命令 BarChart 的用法说明；如果没有，则说明调用软件包不成功，必须重新启动计算机，再次调用软件包.

例 1(生日问题) 美国数学家伯格米尼曾经做过一个别开生面的实验：在一个盛况空前、人山人海的世界杯赛场上，他随机地在某号看台上召唤了 22 个球迷，请他们分别写下自己的生日，结果竟发现其中有两个球迷的生日相同. 怎么会这么凑巧呢？

下面我们首先通过计算机模拟伯格米尼的实验，体验一次旧事重温(用 22 个 1—365 中可重复随机整数来模拟试验结果).

(1) 产生 22 个随机数，当出现两数相同时或 22 个数中无相同数时，试验停止并给出结果；

(2) 重复(1)1000 次，统计试验结果并填入表 3-1 中；

(3) 再分别产生 40,50,64 个随机数，重复(1)，(2)结果如下表 3-1 所示.

表 3-1

$n=1000$	r			
	$r=22$	$r=40$	$r=50$	$r=64$
出现同生日次数	489	880	970	997
出现同生日频率	0.489	0.88	0.97	0.997
$f(r)$	0.476	0.891	0.970	0.997

事实上，设随机选取 r 人，$A=\{$至少有两人同生日$\}$，则

$$\bar{A}=\{\text{生日全不相同}\}\text{，则 } P(\bar{A})=\frac{\mathrm{P}_{365}^{r}}{(365)^{r}},$$

而

$$P(A)=1-P(\bar{A})=1-\frac{\mathrm{P}_{365}^{r}}{(365)^{r}} \xlongequal{\text{记为}} f(r).$$

输入命令：

```
<<Statistics`
Clear[p,k];
p[k_]=1-365! /(365-k)! /365^k;Plot[p[k],{k,1,100}];k=23;
Do[x[j]=Random[Integer,{1,365}],{j,1,k}]
b[0]=Table[x[j],{j,1,k}];j=0;a[j]=0;
While[a[j]==0 && k>j,m=j+1;z[j+1,m]=0;
While[z[j+1,m]==0&&k>m,z[j+1,m+1]=If[b[0][[j+1]]
                                ==b[0][[m+1]],1,0];m++];
```

```
a[j+1]=Sum[z[j+1,i],{i,j+1,m};j++]{j,m}
{b[0][[j]],b[0][[m]]}
birthday[n_Integer,k_Integer]:=Module[{b,c,w,v},
                    Do[Do[x[i,j]=Random[Integer,{1,365}],{j,1,k}]];
b[i]=Table[x[i,j],{j,1,k}];j=0;a[j]=0;
While[a[j]==0 && k>j,m=j+1;z[j+1,m]=0;
While[z[j+1,m]==0&& k>m,z[j+1,m+1]=If[b[i][[j+1]]
                              ==b[i][[m+1]],1,0];m++];
a[j+1]=Sum[z[j+1,i],{i,j+1,m};j++];
c[i]=j;d[i]=m;v[i]=Sum[a[l],{l,1,j}];
w[i]=If[v[i]==1,1,0]{i,1,n}];
ProportionWithAtLeastTwoSame=N[Sum[w[i],{i,1,n}]/n];
Print[Sum[w[i],{i,1,n}]];Print[ProportionWithAtLeastTwoSame];
RealProb=N[p[k]];Table[{i,v[i]},{i,1,n}];
b[8];
Print[b[8]];{b[8][[c[8]]],b[8][[d[8]]]};
n=1000;r=22;birthday[n,r];
n=1000;r=40;birthday[n,r];
n=1000;r=50;birthday[n,r];
n=1000;r=64;birthday[n,r];
```

则输出所求概率 $P(A)$随人数 r 变化的曲线图(如图 3-1 所示).

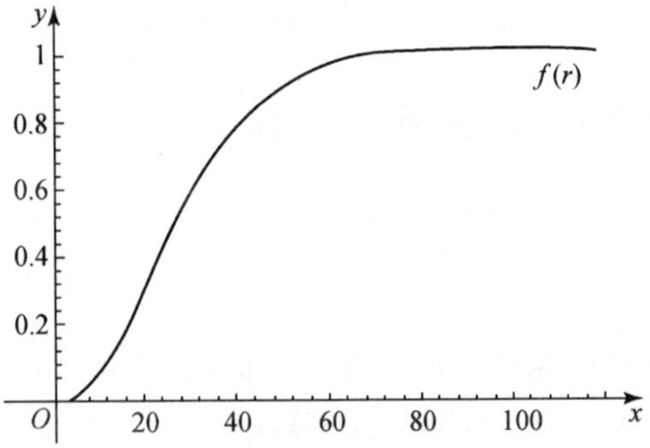

图 3-1

例 2 常言道,"三个臭皮匠,顶个诸葛亮".这是对人多办法多、人多智慧高的一种赞誉,你可曾想到,它可以从概率的计算得到证实.下面我们来模拟:利用计算机随机提问,统计诸葛亮回答出问题的次数以及三个“臭皮匠”回答出问题的次数(如表 3-2 所示). 设诸葛亮、三个臭皮匠独立解决某问题的概率分别为

$$P(A)=0.9,\quad P(A_1)=0.45,\quad P(A_2)=0.55,\quad P(A_3)=0.60.$$

表 3-2

提问次数	诸葛亮答出次数	臭皮匠甲答出次数	臭皮匠乙答出次数	臭皮匠丙答出次数	臭皮匠答出次数
100	92	38	46	51	83
1000	898	469	542	605	906
5000	4511	2293	2760	3001	4544

事实上,若用 $A_i(i=1,2,3)$ 表示“第 i 个臭皮匠独立解决某问题”,则事件 $B=$“问题被解决”可表示为 $B=A_1+A_2+A_3$,则

$$\begin{aligned}P(B)&=P(A_1+A_2+A_3)=1-P(\overline{A_1})P(\overline{A_2})P(\overline{A_3})\\&=1-0.55\times0.45\times0.40=0.901.\end{aligned}$$

看!三个并不聪明的“臭皮匠”居然能解决 90%以上的问题,聪明的诸葛亮不过如此. 输入命令:

```
<<Statistics`
zhgl[n_Integer,p,p1,p2,p3]:=Module[{k=0,i},t={}];
t1=Table[Random[BernoulliDistribution[p]],{i,1,n}];
times1=Frequencies[t1][[2]][[1]];
t2=Table[Random[BernoulliDistribution[p1]],{i,1,n}];
times2=Frequencies[t2][[2]][[1]];
t3=Table[Random[BernoulliDistribution[p2]],{i,1,n}];
times3=Frequencies[t3][[2]][[1]];
t4=Table[Random[BernoulliDistribution[p3]],{i,1,n}];
times4=Frequencies[t4][[2]][[1]];
Do[If[t2[[i]]+t3[[i]]+t4[[i]]==0,k++,k],{i,1,n}];
times=n-k;t=Append[t,{n,times1,times2,times3,times4,times}];
TableForm[t,TableHeadings->{None,{"n","z","a","b","c","total"}}]
n=100;p=0.9;p1=0.45;p2=0.55;p3=0.6;zhgl[n,p,p1,p2,p3]
n=1000;p=0.9;p1=0.45;p2=0.55;p3=0.6;zhgl[n,p,p1,p2,p3]
n=5000;p=0.9;p1=0.45;p2=0.55;p3=0.6;zhgl[n,p,p1,p2,p3]
```

例 3(二项分布) 利用 Mathematica 绘出二项分布 $B(n,p)$的概率分布与分布函数的图形,通过观察图形,进一步理解二项分布的概率分布与分布函数的性质.

设 $n=20,p=0.2$,输入命令:

```
<<Statistics`
<<Graphics`Graphics`
n=20;p=0.2;dist=BinomialDistribution[n,p];
t=Table[{PDF[dist,x+1],x},{x,0,20}];g1=BarChart[t,PlotRange->All];
g2=Plot[Evaluate[CDF[dist,x]],{x,0,20},PlotStyle->{Thickness[0.008],
        RGBColor[0,0,1]}];
t=Table[{x,PDF[dist,x]},{x,0,20}];
gg1=ListPlot[t,PlotStyle->PointSize[0.03],DisplayFunction->Identity];
gg2=ListPlot[t,PlotJoined->True,DisplayFunction->Identity];
p1=Show[gg1,gg2,g1,DisplayFunction->$DisplayFunction,PlotRange->All];
```

则分别输出二项分布的概率分布图(如图 3-2 所示)与分布函数图(如图 3-3 所示).

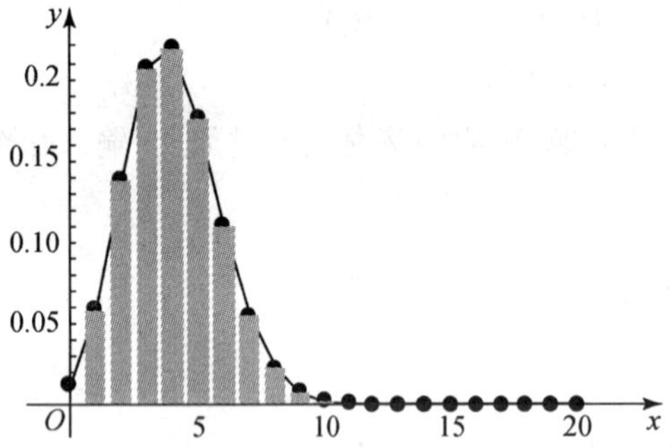

图 3-2

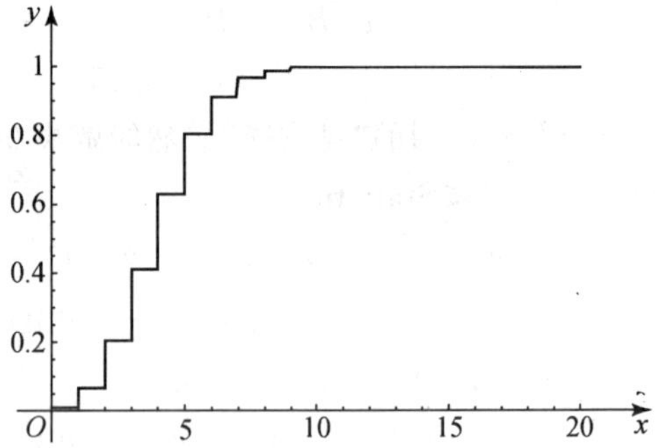

图 3-3

从图 3-2 可见,概率 $P\{\xi=k\}$ 随着 k 的增加,先是随之增加,直到 $k=4$ 达到最大值,随后单调减少.而从图 3-3 可见,分布函数 $F(x)$ 的值实际上是 $\xi<x$ 的累积概率值.

通过改变 n 与 p 的值,读者可以利用上述程序观察二项分布的概率分布与分布函数随着 n 与 p 而变化的各种情况,从而进一步加深对二项分布及其性质的理解.

例 4(正态分布) 利用 Mathematica 绘出正态分布 $N(\mu,\sigma^2)$ 的概率密度曲线以及分布函数曲线,通过观察图形,进一步理解正态分布的概率分布与分布函数的性质.

(1) 固定 $\sigma=1$,分别取 $\mu=-2,\mu=0,\mu=2$,观察参数 μ 对图形的影响,输入命令:

```
<<Statistics`
<<Graphics`Graphics`
dist=NormalDistribution[0,1];
dist1=NormalDistribution[-2,1];
```

```
dist2=NormalDistribution[2,1];
Plot[{PDF[dist1,x],PDF[dist2,x],PDF[dist,x]},{x,-6,6},
    PlotStyle->{Thickness[0.008],RGBColor[0,0,1]},PlotRange->All];
Plot[{CDF[dist1,x],CDF[dist2,x],CDF[dist,x]},{x,-6,6},
    PlotStyle->{Thickness[0.008],RGBColor[1,0,0]}];
```

则分别输出相应参数的正态分布的概率密度曲线(如图 3-4 所示)及分布函数曲线(如图 3-5 所示).

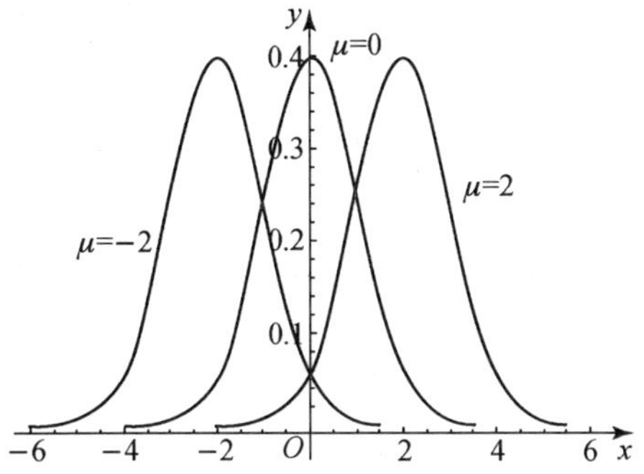

图　3-4

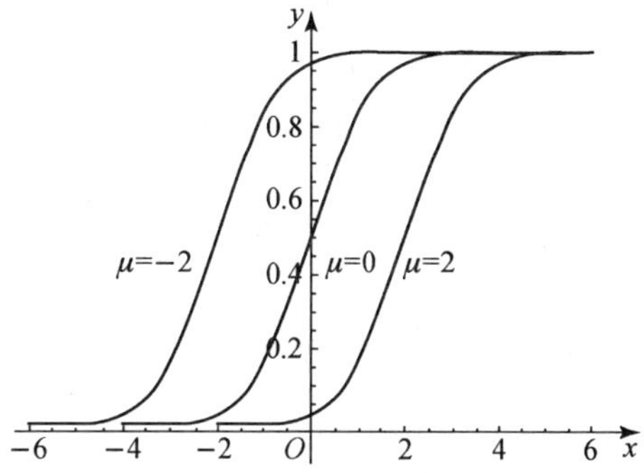

图　3-5

从图 3-4 可见：

(1) 概率密度曲线是关于 $x=\mu$ 对称的钟形曲线，即呈现“两头小，中间大，左右对称”的特点；

(2) 当 $x=\mu$ 时，$f(x)$取得最大值，$f(x)$向左右伸展时，越来越贴近 x 轴；

(3) 当 μ 变化时，图形沿着水平轴平移，而不改变形状，可见正态分布概率密度曲线的位置完全由参数 μ 决定，所以 μ 称为位置参数；

(4) 固定 $\mu=0$，分别取 $\sigma=0.5,\ 1,\ 1.5$，观察参数 σ 对图形的影响，输入

```
dist=NormalDistribution[0,0.5^2];
dist1=NormalDistribution[0,1];
dist2=NormalDistribution[0,1.5^2];
Plot[{PDF[dist1,x],PDF[dist2,x],PDF[dist,x]},{x,-6,6},
    PlotStyle->{Thickness[0.008],RGBColor[0,0,1]},PlotRange->All];
Plot[{CDF[dist1,x],CDF[dist2,x],CDF[dist,x]},{x,-6,6},
    PlotStyle->{Thickness[0.008],RGBColor[1,0,0]},PlotRange->All];
```

则分别输出相应参数的正态分布的概率密度曲线(如图 3-6 所示)及分布函数曲线(如图 3-7 所示).

从图 3-6 与图 3-7 可见：固定 μ，改变 σ 时，σ 越小，在原点附近的概率密度图形就变得越尖，分布函数在原点附近增值就越快；σ 越大，概率密度图形就越平坦，分布函数在原点附近的增值也就越慢，故 σ 决定了概率密度图形中峰的陡峭程度；另外，不管 σ 如何变化，分布函数在原点的值总是 0.5，这是因为概率密度图形关于 $x=0$ 对称的缘故.

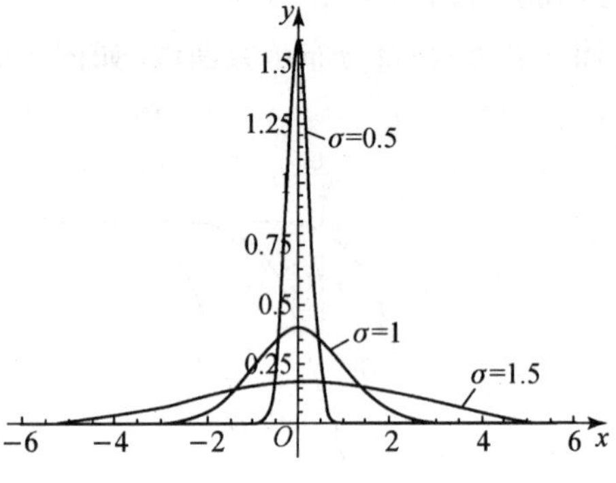

图 3-6

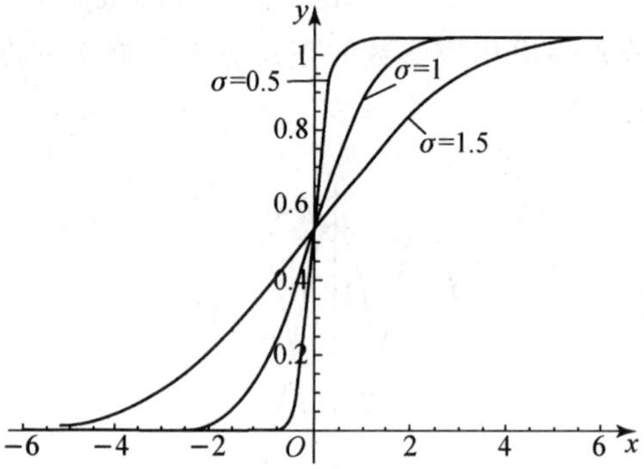

图 3-7

通过改变 μ 与 σ 的值，读者可以利用上述程序观察正态分布的概率密度与分布函数随着 μ 与 σ 的变化而变化的各种情况，从而进一步加深对正态分布及其性质的理解.

例 5 (1) 产生 n 个服从两点分布 $B(1,p)$ 的随机数，其中 $p=0.5$，$n=50$，统计"1"出现的个数，它代表 n 次试验中事件 A 发生的频数 n_A，计算

$$\left|\frac{n_A}{n}-p\right|;$$

(2) 将(1)重复 $m=100$ 组，对给定的 $\varepsilon=0.05$，统计 m 组中

$$\left|\frac{n_A}{n}-p\right|\geqslant\varepsilon$$

成立的次数及其出现的频率.

输入命令：

```
<<Statistics`
p=0.5;eps=0.05;m=100;out={};
For[n=10,n<=2000,n*=3,t={};dist={};h=0];
For[i=1,i<=m,i++,dist=RandomArray[BinomialDistribution[1,p],n];
na=Frequencies[dist];h=Abs[na[[2]][[1]]/n-p];
t=Append[t,h];times=Count[t,x_/;x>=eps];
out=Append[out,{n,times,N[times/m]}];
TableForm[out,TableHeadings->{None,{"n","time","frequence"}}]
```

则输出

n	time	frequence
10	77	0.77
30	54	0.54
90	36	0.36
270	8	0.08
810	0	0.

将上述结果整理成表 3-3 的形式：

表　3-3

n	$\left\|\frac{n_A}{n}-p\right\|\geqslant\varepsilon$ 出现的次数	$\left\|\frac{n_A}{n}-p\right\|\geqslant\varepsilon$ 出现的频率
10	72	0.72
30	54	0.54
90	25	0.25
270	15	0.15
810	0	0.00

从表 3-3 可见：随着 n 的增大，伯努利试验中事件 A 出现的频率与概率的偏差不小于 ε 的概率越来越接近于 0，即当 n 很大时，事件的频率与概率有较大偏差的可能性很小，由实际推断原理，在实际应用中，当试验次数很大时，便可以用事件发生的频率来代替概率.

二、数理统计的软件实现

实现目的

掌握利用 Mathematica 求来自某个总体的一个样本的样本均值、中位数、样本方差、偏度、峰度、样本分位数和其他数字特征，并能由样本作出直方图.

基本命令

1. 求样本数字特征的命令

(1) 求样本 list 均值的命令 Mean[list]；

(2) 求样本 list 的中位数的命令 Median[list]；

(3) 求样本 list 的最小值的命令 Min[list]；

(4) 求样本 list 的最大值的命令 Max[list]；

(5) 求样本 list 的方差的命令 Variance[list]；

(6) 求样本 list 的标准差的命令 StandardDeviation[list]；

(7) 求样本 list 的 α 分位数的命令 Quantile[list,α];

(8) 求样本 list 的 n 阶中心矩的命令 CentralMoment[list,n].

2. 求分组后各组内含有的数据个数的命令 BinCounts

该命令的基本格式为

BinCounts[数据,{最小值,最大值,增量}]

例如,输入

BinCounts[{1,1,2,3,4,4,5,15,6,7,8,8,8,9,10,13},{0,15,3}]

则输出

{4,4,5,1,2}

它表示落入区间(0,3],(3,6],(6,9],(9,12],(12,15]的数据个数分别是 4, 4, 5, 1, 2.

注意 每个区间都是左开右闭的.

3. 作条形图的命令 BarChart

基本格式为

BarChart[数据,选项 1,选项 2,……]

其中数据是{{y_1,x_1},{y_2,x_2},…}或{y_1,y_2,…}的形式,而 y_1,y_2,…为条形的高度,x_1,x_2,…为条形的中心. 在数据为{y_1,y_2,…}的形式时,默认条形的中心是{1,2,…}. 常用选项有 BarSpacing→数值 1,BarGroupSpacing→数值 2.

例如,输入

BarChart[{{4,1.5},{4,4.5},{5,7.5},{1.10,5},{2,13.5}},BarGroupSpacing－>0.1]

则输出如图 3-8 所示的条形图.

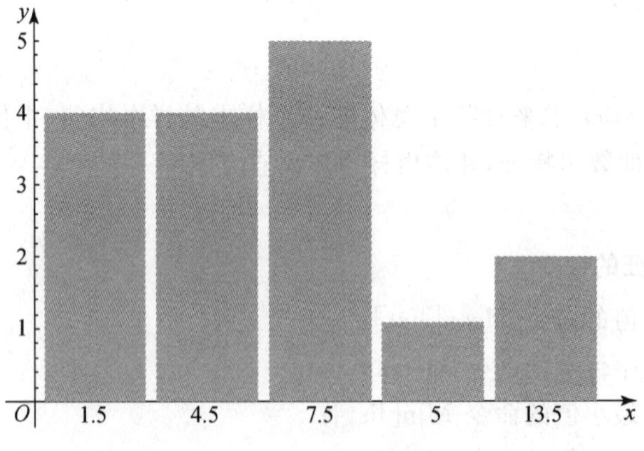

图 3-8

例 6 在某工厂生产的某种型号的圆轴中任取 20 个,测得其直径(单位: mm)数据如下:

15.28 15.63 15.13 15.46 15.40 15.56 15.35 15.56 15.38 15.21
15.48 15.58 15.57 15.36 15.48 15.46 15.52 15.29 15.42 15.69

求上述数据的样本均值，中位数，α 分位数(α=0.05,0.25,0.75,0.95)；样本方差，极差，变异系数，二阶、三阶和四阶中心矩；偏度，峰度，并把数据中心化和标准化.

输入

```
<<Statistics`
data1={15.28,15.63,15.13,15.46,15.40,15.56,15.35,15.56,
       15.38,15.21,15.48,15.58,15.57,15.36,15.48,15.46,
       15.52,15.29,15.42,15.69};  (*数据集记为 datal*)
Mean[data1]  (*求样本均值*)
Median[data1]  (*求样本中位数*)
Quartiles[data1]  (*求样本的 0.25 分位数，中位数，0.75 分位数*)
Quantile[data1,0.05]  (*求样本的 0.05 分位数*)
Quantile[data1,0.95]  (*求样本的 0.95 分位数*)
```

则输出

```
15.4405
15.46
{15.355,15.46,15.56}
15.13
15.63
```

即样本均值为 15.4405；样本中位数为 15.46；样本的 0.25 分位数为 15.355；样本的中位数为 15.46；样本的 0.75 分位数为 15.56；样本的 0.05 分位数为 15.13；样本的 0.95 分位数为 15.63.

输入

```
Variance[data1]  (*求样本方差 s^2 *)
StandardDeviation[data1]  (*求样本标准差 s*)
VarianceMLE[data1]  (*求样本方差 s*^2 *)
StandardDeviationMLE[data1]  (*求样本标准差 s* *)
SampleRange[data1]  (*求样本极差 R*)
```

则输出

```
0.020605
0.143544
0.0195748
0.13991
0.56
```

即样本方差 s^2 为 0.020605;样本标准差 s 为 0.143544;样本方差 s^{*2} 为 0.0195748;样本标准差 s^* 为 0.13991;极差 R 为 0.56.

注意 命令 Variance 给出的是无偏估计时的方差,计算公式为 $\frac{1}{n-1}\sum_{i=1}^{n}(x_i-\bar{x})^2$,而命令 VarianceMLE 给出的是总体方差的极大似然估计,计算公式为 $\frac{1}{n}\sum_{i=1}^{n}(x_i-\bar{x})^2$,它比前者稍微小些.

输入

```
CoefficientOfVariation[data1]
  (*求变异系数,即样本标准差与样本均值之比*)
```

则输出

```
0.00929662
```

输入

```
CentralMoment[data1,2]  (*求样本二阶中心矩*)
CentralMoment[data1,3]  (*求样本三阶中心矩*)
CentralMoment[data1,4]  (*求样本四阶中心矩*)
```

输出为

```
0.0195748
-0.00100041
0.000984863
```

输入

```
Skewness[data1]
  (*求偏度,即三阶中心矩除以标准差的立方*)
Kurtosis[data1]
  (*求峰度,即四阶中心矩除以方差的平方*)
```

则输出

```
-0.365287
2.5703
```

上述结果中,数据(data1)的偏度(Skewness)是-0.365287. 偏度为负表明总体分布密度有较长的右尾,即分布向左偏斜. 数据(data1)的峰度(Kurtosis)为 2.5703. 峰度大于 3 时表明总体的分布密度比有相同方差的正态分布的密度更尖锐,且有更重的尾部;峰度小于 3 时表明总体的分布密度比正态分布的密度更平坦或者有更粗的腰部.

输入

```
ZeroMean[data1]
```

(* 把数据中心化,即每个数据减去均值 *)

则输出

{-0.1605,0.1895,-0.3105,0.0195,-0.0405,0.1195,-0.0905,
0.1195,-0.0605,-0.2305,0.0395,0.1395,0.1295,-0.0805,
0.0395,0.0195,0.0795,-0.1505,-0.0205,0.2495}

输入

Standardize[data1] (* 把数据标准化,即每个数据减去均值,再除以标准差,从而使新数据的均值为0,方差为1 *)

则输出

{-1.11812,1.32015,-2.16309,0.135846,-0.282143,0.832495,
-0.630467,0.832495,-0.421472,-1.60577,0.275176,
0.971825,0.90216,-0.560802,0.275176,0.135846,
0.553836,-1.04846,-0.142813,1.73814}

读者可验算上述新数据的均值为0,标准差为1.

三、区间估计的软件实现

实现目的

掌握利用 Mathematica 软件求单个正态总体的均值、方差的置信区间的方法;求两个正态总体的均值差和方差比的置信区间的方法.通过实验加深对统计推断的基本概念和基本思想的理解.

基本命令

1. 调用区间估计软件包的命令 <<Statistics\ConfidenceIntervals.m

用 Mathematica 作区间估计,必须先调用相应的软件包. 要输入并执行命令

<<Statistics`

或

<<Statistics\ConfidenceIntervals.m

2. 求单正态总体均值的置信区间的命令 MeanCI

命令的基本格式为

MeanCI[样本观察值,选项1,选项2,……]

其中选项1用于选定置信度,形式为 ConfidenceLevel->1-α,默认值为 ConfidenceLevel->0.95;选项2用于说明方差是已知还是未知,其形式为 knownVariance->None 或 σ_0^2,默认值为 knownVariance->None,也可以用说明标准差的选项 knownStandardDeviation->None 或 σ_0 来代替这个选项.

3. 求双正态总体均值差的置信区间的命令 MeanDifferenceCI

命令的基本格式为

MeanDifferenceCI[样本 1 的观察值,样本 2 的观察值,选项 1,选项 2,选项 3,……]

其中选项 1 用于选定置信度,规定同 2 中的说明;选项 2 用于说明两个总体的方差是已知还是未知,其形式为 knownVariance－＞σ_0^2 或$\{\sigma_1^2,\sigma_2^2\}$或 None,默认值为 knownVariance－＞None;选项 3 用于说明两个总体的方差是否相等,形式为 EqualVariance－＞False 或 True,默认值为 EqualVariance－＞False,即默认方差不相等.

4. 求单正态总体方差的置信区间的命令 VarianceCI

命令的基本格式为

VarianceCI[样本观察值,选项]

其中选项用于选定置信度,规定同 2 中的说明.

5. 求双正态总体方差比的置信区间的命令 VarianceRatioCI

命令的基本格式为

VarianceRatioCI[样本 1 的观察值,样本 2 的观察值,选项]

其中选项用于选定置信度,规定同 2 中的说明.

6. 当数据为概括数据时求置信区间的命令

(1) 当正态总体方差已知时,求总体均值的置信区间的命令

NormalCI[样本均值,样本均值的标准差,置信度选项]

(2) 当正态总体方差未知时,求总体均值的置信区间的命令

StudentTCI[样本均值, 样本均值的标准差的估计, 自由度, 置信度选项]

(3) 求总体方差的置信区间的命令

ChiSquareCI[样本方差, 自由度, 置信度选项]

(4) 求方差比的置信区间的命令

FRatioCI[方差比的值,分子自由度,分母自由度,置信度选项]

例 7 某车间生产滚珠,从长期实践中知道,滚珠直径可以认为服从正态分布.从某天生产的产品中任取 6 个,测得直径(单位:mm)如下:

15.6　16.3　15.9　15.8　16.2　16.1.

若已知直径的方差是 0.06. 试求总体均值 μ 的置信度为 0.95 的置信区间与置信度为 0.90 的置信区间.

输入

```
<<Statistics\ConfidenceIntervals.m
data1={15.6,16.3,15.9,15.8,16.2,16.1};
```

```
MeanCI[data1,KnownVariance->0.06]  (*置信度采取缺省值*)
```

则输出

```
{15.7873,16.1793}
```

即均值 μ 的置信度为 0.95 的置信区间是(15.7063, 16.2603).

为求出置信度为 0.90 的置信区间,输入

```
MeanCI[data1,ConfidenceLevel->0.90,KnownVariance->0.06]
```

则输出

```
{15.8188, 16.1478}
```

即均值 μ 的置信度为 0.90 的置信区间是(15.7873, 16.1793). 比较两个不同置信度所对应的置信区间,可以看出置信度越大所作出的置信区间也越大.

例 8 从一批袋装食品中抽取 16 袋,重量的平均值为 $\bar{x}=503.75$ g,样本标准差为 $s=6.2022$ g. 假设袋装重量(单位: g)近似服从正态分布,求总体均值 μ 的置信区间(取 $\alpha=0.05$).

这里,样本均值为 503.75;样本均值的标准差的估计为 $s/\sqrt{n}=6.2002/4$;自由度为 15;$\alpha=0.05$,因此关于置信度的选项可省略.

输入

```
StudentTCI[503.75,6.2002/Sqrt[16],15]
```

则输出置信区间为

```
{500.446,507.054}
```

例 9 有一大批袋装糖果,现从中随机地取出 16 袋,称得重量(单位:g)如下:

506	508	499	503	504	510	497	512
514	505	493	496	506	502	509	496

设袋装糖果的重量近似地服从正态分布,试求置信度分别为 0.95 与 0.90 的总体方差 σ^2 的置信区间.

输入

```
data7={506.0,508,499,503,504,510,497,512,514,505,
       493,496,506,502,509,496};
VarianceCI[data7]
```

则输出

```
{20.9907,92.1411}
```

即总体方差 σ^2 的置信度为 0.95 的置信区间是(20.9907, 92.1411).

又输入

```
VarianceCI[data7,ConfidenceLevel->0.90]
```

则可以得到 σ^2 的置信度为 0.90 的置信区间是(23.0839, 79.4663).

四、假设检验、回归分析与方差分析的软件实现

实现目的

掌握用 Mathematica 作单正态总体均值、方差的假设检验,双正态总体的均值差、方差比的假设检验方法,了解用 Mathematica 作分布拟合函数检验的方法.

会用 Mathematica 求解一元线性回归问题.学会正确使用命令"线性回归 Regress",并从输出表中读懂线性回归模型中各参数的估计、回归方程和线性假设的显著性检验结果,因变量 Y 在预察点 x_0 的预测区间等.

学习利用 Mathematica 求单因素方差分析的方法.

基本命令

1. 调用假设检验软件包的命令 <<Statistics\HypothesisTests.m

输入并执行命令

```
<<Statistics\HypothesisTests.m
```

2. 检验单正态总体均值的命令 MeanTest

命令的基本格式为

MeanTest[样本观察值, H_0 中均值 μ_0 的值, TwoSided->False(或 True),
Known Variance->None (或方差的已知值 σ_0^2),
SignificanceLevel->检验的显著性水平 α, FullReport->True]

该命令无论对总体的均值是已知还是未知的情形均适用.

命令 MeanTest 有几个重要的选项.选项 Twosided->False 缺省时作单边检验;选项 Known Variance->None 为方差未知,所作的检验为 t 检验;选项 Known Variance->σ_0^2 时为方差已知(σ_0^2 是已知方差的值),所作的检验为 u 检验;选项 Known Variance->None 缺省时作方差未知的假设检验;选项 SignificanceLevel->0.05 表示选定检验的水平为 0.05;选项 FullReport->True 表示全面报告检验结果.

3. 检验双正态总体均值差的命令 MeanDifferenceTest

命令的基本格式为

MeanDifferenceTest[样本 1 的观察值,样本 2 的观察值,
H_0 中的均值 $\mu_1-\mu_2$,选项 1,选项 2,……]

其中选项 TwoSided->False(或 True), SignificanceLevel->检验的显著性水平 α, FullReport->True 的用法同命令 MeanTest 中的用法,选项 EqualVariances->False(或 True)表示两个正态总体的方差不相等(或相等).

4. 检验单正态总体方差的命令 VarianceTest

命令的基本格式为

VarianceTest[样本观察值，H_0 中方差 σ_0^2 的值，选项 1，选项 2，……]

该命令的选项与命令 MeanTest 中的选项相同.

5. 检验双正态总体方差比的命令 VarianceRatioTest

命令的基本格式为

VarianceRatioTest[样本 1 的观察值，样本 2 的观察值，

H_0 中方差比 $\dfrac{\sigma_1^2}{\sigma_2^2}$ 的值，选项 1，选项 2，……]

该命令的选项也与命令 MeanTest 中的选项相同.

注意　在使用上述几个假设检验命令的输出报告中会遇到像 OneSidedPValue－＞0.000217593这样的项，它给出了单边检验的 P 值为 0.000217593. P 值的定义是：在原假设成立的条件下，检验统计量取其观察值及比观察值更极端的值（沿着对立假设方向）的概率. P 值也称作“观察”到的显著性水平. P 值越小，反对原假设的证据越强. 通常，若 P 低于 5%，称此结果为统计显著；若 P 低于 1%，称此结果为高度显著.

6. 当数据为概括数据时的假设检验命令

当数据为概括数据时，要根据假设检验的理论，计算统计量的观察值，再查表作出结论. 用以下命令可以代替查表与计算，直接计算得到检验结果.

（1）统计量服从正态分布时，求正态分布 P 值的命令 NormalPValue. 其格式为

NormalPValue[统计量观察值，显著性选项，单边或双边检验选项]

（2）统计量服从 t 分布时，求 t 分布 P 值的命令 StudentTPValue. 其格式为

StudentTPValue[统计量观察值，自由度，显著性选项，单边或双边检验选项]

（3）统计量服从 χ^2 分布时，求 χ^2 分布 P 值的命令 ChiSquarePValue. 其格式为

ChiSquarePValue[统计量观察值，自由度，显著性选项，单边或双边检验选项]

（4）统计量服从 F 分布时，求 F 分布 P 值的命令 FratioPValue. 其格式为

FratioPValue[统计量观察值，分子自由度，分母自由度，显著性选项，单边或双边检验选项]

（5）报告检验结果的命令 ResultOfTest. 其格式为

ResultOfTest[P 值，显著性选项，单边或双边检验选项，FullReport－＞True]

注意　上述命令中，缺省默认的显著性水平都是 0.05，默认的检验都是单边检验.

7. 调用线性回归软件包的命令 ＜＜Statistics\LinearRegression.m

输入并执行调用线性回归软件包的命令

＜＜Statistics\LinearRegression.m

或调用整个统计软件包的命令

＜＜Statistics`

8. 线性回归的命令 Regress

一元和多元线性回归的命令都是一样的.其格式是

Regress[数据,回归函数的简略形式,自变量,

RegressionReport(回归报告)->{选项 1,选项 2,选项 3,……}]

注意 回归报告中包含 BestFit(最佳拟合,即回归函数),ParameterCITable(参数的置信区间表),PredictedResponse(因变量的预测值),SinglePredictionCITable(因变量的预测区间),FitResiduals(拟合的残差),SummaryReport(总结性报告)等.

9. 非线性拟合的命令 NonlinearFit

命令的基本格式为

NonlinearFit [数据,拟合函数,(拟合函数中的)变量集,(拟合函数中的)参数,选项]

注意 拟合函数中既有变量又有参数;变量的个数要与数据的形式相应;参数往往需要给出初值;选项的内容主要是指定拟合算法、迭代次数和精度.

10. 调用线性回归软件包的命令 <<Statistics\LinearRegression.m

作方差分析时,必须调用线性回归软件包的命令

<<Statistics\LinearRegression.m

或输入调用整个统计软件包命令

<<Statistics`

11. 线性设计回归的命令 DesignedRegress

DesignedRegress 也是作一元和多元线性回归的命令,它的应用范围更广些.其格式与命令 Regress 的格式略有不同:

DesignedRegress[设计矩阵 X,因变量 Y 的值集合,

RegressionReport->{选项 1, 选项 2, 选项 3,……}]

注意 RegressionReport(回归报告)可以包含:ParameterCITable(参数的置信区间表),PredictedResponse (因变量的预测值),MeanPredictionCITable(均值的预测区间),FitResiduals(拟合的残差),SummaryReport(总结性报告)等,但不含 BestFit.

例 10 某车间生产钢丝,用 X 表示钢丝的折断力,由经验判断 $X\sim N(\mu,\sigma^2)$,其中 $\mu=570$,$\sigma^2=8^2$.今换了一批材料,从性能上看,估计折断力的方差 σ^2 不会有什么变化(即仍有 $\sigma^2=8^2$),但不知折断力的均值 μ 和原先有无差别.现抽得样本,测得其折断力为

578 572 570 568 572 570 570 572 596 584.

取 $\alpha=0.05$,试检验折断力均值有无变化?

根据题意,要对均值作双侧假设检验

$$H_0:\mu=570,\quad H_1:\mu\neq 570.$$

输入

```
<<Statistics\HypothesisTests.m
```

执行后，再输入

```
data1={578,572,570,568,572,570,570,572,596,584};
MeanTest[data1,570,SignificanceLevel->0.05,
        KnownVariance->64,TwoSided->True,FullReport->True]
```

（* 检验均值，显著性水平 $\alpha=0.05$，方差 $\sigma^2=0.083$ 已知 *）

则输出结果

```
{FullReport->
 Mean     TestStat     Distribution
 575.2    2.05548      NormalDistribution[]
 TwoSidedPValue->0.0398326,
 Reject null hypothesis at significance level ->0.05}
```

即结果给出检验报告：样本均值为 $\bar{x}=575.2$，所用的检验统计量为 u 统计量（正态分布），检验统计量的观测值为 2.05548，双侧检验的 P 值为 0.0398326，在显著性水平 $\alpha=0.05$ 下，拒绝原假设，即认为折断力的均值发生了变化.

例 11 某建材实验室在做陶粒混凝土实验中，考察每立方米混凝土的水泥用量 x（单位：kg）对混凝土抗压强度 y（单位：$\mathrm{kg/cm^2}$）的影响，测得下列数据：

水泥用量 x	150	160	170	180	190	200
抗压强度 y	56.9	58.3	61.6	64.6	68.1	71.3
水泥用量 x	210	20	230	240	250	260
抗压强度 y	74.1	77.4	80.2	82.6	86.4	89.7

(1) 画出散点图；

(2) 求 y 关于 x 的线性回归方程 $\hat{y}=\hat{a}+\hat{b}x$，并作回归分析；

(3) 设 $x_0=225\text{kg}$，求 y 的预测值及置信水平为 0.95 的预测区间.

先输入数据：

```
aa={{150,56.9},{160,58.3},{170,61.6},{180,64.6},{190,68.1},{200,71.3},
    {210,74.1},{220,77.4},{230,80.2},{240,82.6},{250,86.4},{260,89.7}}.
```

(1) 作出数据表的散点图. 输入

```
ListPlot[aa,PlotRange->{{140,270},{50,90}}]
```

则输出图 3-9.

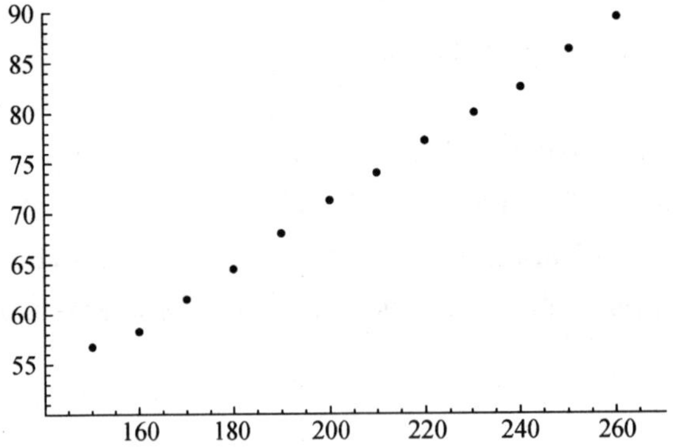

图 3-9

(2) 作一元回归分析,输入

Regress[aa,{1,x},x,RegressionReport－>{BestFit,
ParameterCITable,SummaryReport}]

则输出

{BestFit－>10.2829＋0.303986x, ParameterCITable－>

	Estimate	SE	CI
1	10.2829	0.850375	{8.388111,12.1776},
x	0.303986	0.00409058	{0.294872,0.3131}

ParameterTable－>

	Esimate	SE	Tstat	PValue
1	10.2829	0.850375	12.0922	2.71852×10^{-7},
x	0.303986	0.00409058	74.3137	4.88498×10^{-15}

Rsquared－>0.998193,AdjustedRSquared－>0.998012,

EstimatedVariance－>0.0407025,ANOVATable－>

	DF	SumOfSq	MeanSq	Fratio	PValue
Model	1	1321.43	1321.43	5522.52	4.77396×10^{-15}
Error	10	2.3928	0.23928		
Total	11	1323.82}			

现对上述回归分析报告说明如下:

BestFit(最优拟合)－> 10.2829＋0.303986x 表示一元回归方程为

$$y=10.2829+0.303986x;$$

ParameterCITable(参数置信区间表)中:Estimate 这一列表示回归函数中参数 a, b 的点估计为 $\hat{a}=10.2829$ (第一行),$\hat{b}=0.303986$ (第二行);SE 这一列的第一行表示估计量 $\hat{a}$ 的标准

差为 0.850375，第二行表示估计量 $\hat{b}$ 的标准差为 0.00409058；CI 这一列分别表示 $\hat{a}$ 的置信水平为 0.95 的置信区间是(8.388111，12.1776)，$\hat{b}$ 的置信水平为 0.95 的置信区间是(0.294872，0.3131).

ParameterTable(参数表)中前两列的意义同参数置信区间表；Tstat 与 Pvalue 这两列的第一行表示作假设检验(t 检验)$H_0:a=0,H_1:a\neq0$ 时，T 统计量的观察值为 12.0922，检验统计量的 P 值为 2.71852×10^{-7}，这个 P 值非常小，检验结果强烈地否定 $H_0:a=0$，接受 $H_1:a\neq0$；第二行表示作假设检验(t 检验)$H_0:b=0,H_1:b\neq0$ 时，T 统计量的观察值为 74.3137，检验统计量的 P 值为 4.88498×10^{-15}，这个 P 值也非常小，检验结果强烈地否定 $H_0:b=0$，接受 $H_1:b\neq0$.

Rsquared－＞0.998193，表示 $R^2=\dfrac{SSR(\text{回归平方和})}{SST(\text{总平方和})}=0.998193$. 它说明 y 的变化有 99.8%来自 x 的变化；AdjustedRSquared－＞0.998012，表示修正后的 $\tilde{R}^2=0.998012$.

EstimatedVariance－＞0.0407025，表示线性模型 $y=a+bx+\varepsilon(\varepsilon\sim N(0,\sigma^2))$ 中方差 σ^2 的估计为 0.0407025.

ANOVATable(回归方差分析表)中的 DF 这一列为自由度：Model(一元线性回归模型)的自由度为 1，Error(残差)的自由度为 $n-2=10$，Total(总)的自由度为 $n-1=11$；SumOfSq 这一列为平方和：回归平方和 $SSR=1321.43$，残差平方和 $SSE=2.3928$，总的平方和 $SST=SSR+SSE=1323.82$；MeanSq 这一列是平方和的平均值，由 SumOfSq 这一列除以对应的 DF 得到，即

$$MSR=\frac{SSR}{1}=1321.43,MSE=\frac{SSE}{n-2}=0.23928.$$

FRatio 这一列为统计量 $F=\dfrac{MSR}{MSE}$的值，即 $F=5522.52$；最后一列表示统计量 F 的 P 值非常接近于 0. 因此在作模型参数 $\beta(=b)$ 的假设检验(F 检验)$H_0:\beta=0,H_1:\beta\neq0$ 时，强烈地否定 $H_0:\beta=0$，即模型的参数向量 $\beta\neq0$. 因此回归效果非常显著.

(3) 在命令 RegressionReport 的选项中增加

RegressionReport－＞{SinglePredictionCITable}

就可以得到在变量 x 的观察点处 y 的预测值和预测区间. 虽然 $x=14.0$ 不是观察点，但是可以用线性插值的方法得到近似的置信区间. 输入

```
aa=Sort[aa]; (* 对数据 aa 按照水泥用量 x 的大小进行排序 *)
regress2=Regress[aa,{1,x},x,RegressionReport->{SinglePredictionCITable}]
                    (* 对数据 aa 作线性回归，回归报告输出 y 值的预测区间 *)
```

执行后输出

{SinglePredictionCITable－＞

Observed	Predicted	SE	CI
56.9	55.8808	0.55663	{54.6405,57.121}
58.3	58.9206	0.541391	{57.7143,60.1269}
61.6	61.9605	0.528883	{60.7821,63.1389}
64.6	65.0003	0.519305	{63.8433,66.1574}
68.1	68.0402	0.51282	{66.8976,69.1828}
71.3	71.0801	0.509547	{69.9447,72.2154}
74.1	74.1199	0.509547	{72.9846,75.2553}
77.4	77.1598	0.51282	{76.0172,78.3024}
80.2	80.1997	0.519305	{79.0426,81.3567}
82.6	83.2395	0.528883	{82.0611,84.4179}
86.4	86.2794	0.541391	{85.0731,87.4857}
89.7	89.3192	0.55663	{88.079,90.5595}}

上表中第一列是观察到的 y 的值,第二列是 y 的预测值,第三列是标准差,第四列是相应的预测区间(置信度为 0.95).从上表可见,在 $x=220(y=77.4)$ 时,y 的预测值为 77.1598,置信度为 0.95 的预测区间为(76.0172, 75.2553);在 $x=230(y=80.2)$ 时,y 的预测值为 80.1997,置信度为 0.95 的预测区间为(79.0426, 81.3567).利用线性回归方程,可算得 $x_0=225$ 时,y 的预测值为 78.68,置信度为 0.95 的预测区间为(77.546, 79.814).

利用上述插值思想,可以进一步作出预测区间的图形.

先输入调用图软件包命令

```
<<Graphics`
```

执行后再输入

```
{observed2,predicted2,se2,ci2}
  =Transpose[(SinglePredictionCITable/.regress2)[[1]]];
  (*取出上面输出表中的四组数据，分别记做 observed2,predicted2,se2,ci2*)
xval2=Map[First,aa];
  (*取出数据 aa 中的第一列，即数据中 x 的值,记做 xval2*)
Predicted3=Transpose[{xval2,predicted2}];
  (*把 x 的值 xval2 与相应的预测值 predicted2 配成数对,它们应该在一条回归
  直线上*)
lowerCI2=Transpose[{xval2,Map[First,ci2]}];
  (*Map[First,ci2]取出预测区间的第一个值,即置信下限. x 的值 xval2 与相应
  的置信下限配成数对*)
upperCI2=Transpose[{xval2,Map[Last,ci2]}];
```

(＊Map[Last,ci2]取出预测区间的第二个值,即置信上限. x 的值 xval2 与相应的置信上限配成数对＊)

```
MultipleListPlot[aa,Predicted3,lowerCI2,upperCI2,
        PlotJoined->{False,True,True,True},
        SymbolShape->{PlotSymbol[Diamond],None,None, None},
        PlotStyle->{Automatic,Automatic,Dashing[{0.04,0.04}],
        Dashing[{0.04,0.04}]}]
```

(＊把原始数据 aa 和上面命令得到的三组数对 predicted3,lowerCI2,upperCI 用多重散点图命令 MultipleListPlot 在同一个坐标中画出来.图形中数据 aa 的散点图不用线段连接起来,其余的三组散点图用线段连接起来,而且最后两组数据的散点图用虚线连接＊)

则输出图 3-10.

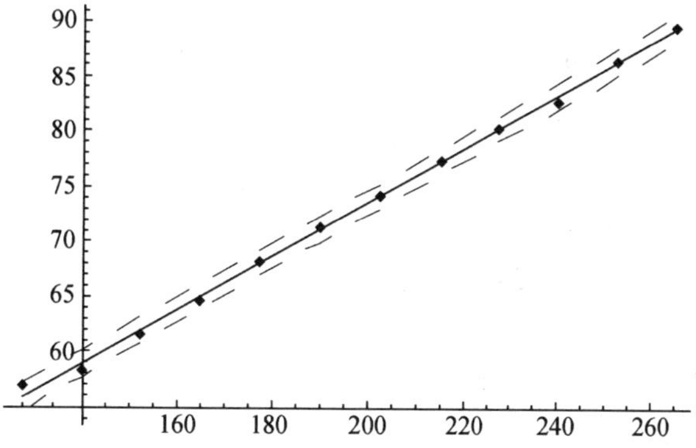

图　3-10

从图形中可以看到,由 y 的预测值连接起来的实线就是回归直线;钻石形的点是原始数据;虚线构成预测区间.

习　题　3-2

1. 设 $\boldsymbol{A}=\begin{pmatrix}4&2&7\\1&9&2\\0&3&5\end{pmatrix}$,$\boldsymbol{B}=\begin{pmatrix}1\\0\\1\end{pmatrix}$,求 $\boldsymbol{AB}$ 与 $\boldsymbol{B}^{\mathrm{T}}\boldsymbol{A}$,并求 $\boldsymbol{A}^3$.

2. 求矩阵$\begin{pmatrix} 7 & 12 & 8 & 24 \\ 5 & 34 & 6 & -8 \\ 32 & 4 & 30 & 24 \\ -26 & 9 & 27 & 0 \end{pmatrix}$的逆矩阵.

3. 计算范德蒙德行列式$\begin{vmatrix} 1 & 1 & 1 & 1 & 1 \\ x_1 & x_2 & x_3 & x_4 & x_5 \\ x_1^2 & x_2^2 & x_3^2 & x_4^2 & x_5^2 \\ x_1^3 & x_2^3 & x_3^3 & x_4^3 & x_5^3 \\ x_1^4 & x_2^4 & x_3^4 & x_4^4 & x_5^4 \end{vmatrix}$.

4. 求矩阵$\begin{pmatrix} 6 & 1 & 1 & 7 \\ 4 & 0 & 4 & 1 \\ 1 & 5 & -9 & 0 \\ -1 & 3 & -16 & -1 \\ 2 & -4 & 22 & 3 \end{pmatrix}$的行最简形及其秩.

5. 求线性方程组$\begin{cases} x_1+x_2-2x_3-x_4=4, \\ 3x_1-2x_2-x_3+2x_4=2, \\ 5x_2+7x_3+3x_4=-2, \\ 2x_1-3x_2-5x_3-x_4=4 \end{cases}$的特解.

6. 求矩阵$\boldsymbol{A}=\begin{pmatrix} 2 & 3 & 4 \\ 3 & 4 & 5 \\ 4 & 5 & 6 \end{pmatrix}$的特征值与特征向量.

7. 已知 2 是方阵$\boldsymbol{A}=\begin{pmatrix} 3 & 0 & 0 \\ 1 & t & 3 \\ 1 & 2 & 3 \end{pmatrix}$的特征值,求 t 的值.

8. (抛硬币实验)模拟抛掷一枚均匀硬币的随机实验(可用 0-1 随机数来模拟实验结果),取模拟 n 次掷硬币的随机实验. 记录实验结果,观察样本空间的确定性及每次实验结果的偶然性,统计正面出现的次数,并计算正面出现的频率. 对不同的实验次数 n 进行实验,记录下实验结果,通过比较实验的结果,你能得出什么结论?

9. 用正态分布逼近给出二项分布 $b(k;n,p)$ $(k=1,2,\cdots,n)$,并将得到的近似值与它的精确值比较.

10. 某旅行社为调查当地旅游者的平均消费额,随机访问了 100 名旅游者,得知平均消费额 $\bar{x}=80$ 元,根据经验,已知旅游者消费额(单位: 元)服从正态分布,且标准差 $\sigma=12$ 元. 求该地旅游者平均消费额 μ 的置信度为 95%的置信区间.

附　　录

附表 1　泊松分布表

$$P\{\xi \geqslant m\} = \sum_{k=m}^{n} \frac{\lambda^k}{k!} e^{-\lambda}$$

m \ λ	0.1	0.2	0.3	0.4	0.5	0.6
1	0.095163	0.181269	0.259182	0.329680	0.393469	0.451188
2	0.004679	0.017523	0.036936	0.061552	0.090204	0.121901
3	0.000155	0.001148	0.003600	0.007626	0.014388	0.023115
4	0.000004	0.000057	0.000266	0.000776	0.001752	0.003358
5	—	0.000002	0.000016	0.000061	0.000172	0.000394
6	—	—	0.000001	0.000004	0.000014	0.000038
7	—	—	—	0.000000	0.000001	0.000003

m \ λ	0.7	0.8	0.9	1	2	3
1	0.503415	0.550671	0.593430	0.63212	0.86466	0.95021
2	0.155805	0.191208	0.227517	0.26424	0.59399	0.80085
3	0.034142	0.047423	0.062856	0.08030	0.32332	0.57681
4	0.005754	0.009080	0.011458	0.01899	0.14288	0.35277
5	0.000786	0.001411	0.002343	0.00366	0.05265	0.18474
6	0.000091	0.000184	0.000342	0.00059	0.01656	0.08392
7	0.000010	0.000020	0.000042	0.00008	0.00453	0.03351
8	0.000002	0.000001	0.000005	0.00001	0.00110	0.01191
9	—	—	—	0.00000	0.00024	0.00380
10	—	—	—	—	0.00005	0.00110
11	—	—	—	—	0.00001	0.00029
12	—	—	—	—	—	0.00007
13	—	—	—	—	—	0.00002

续附表 1

λ / m	4	5	6	7	8	9	10
1	0.98168	0.99326	0.99752	0.99909	0.99966	0.99988	0.99996
2	0.90842	0.95957	0.98265	0.99271	0.99698	0.99877	0.99950
3	0.76190	0.87535	0.93803	0.97036	0.98625	0.99377	0.99724
4	0.56653	0.73497	0.84880	0.91823	0.95762	0.97877	0.98966
5	0.37116	0.55951	0.71494	0.82701	0.90037	0.94504	0.97075
6	0.21487	0.38404	0.55432	0.69929	0.80876	0.88431	0.93291
7	0.11067	0.23782	0.39370	0.55029	0.68663	0.79322	0.86986
8	0.05113	0.13337	0.25602	0.40129	0.54704	0.67610	0.77978
9	0.02137	0.06809	0.15276	0.27091	0.40745	0.54435	0.66719
10	0.00813	0.03183	0.08392	0.16950	0.28338	0.41259	0.54207
11	0.00284	0.01369	0.04262	0.09852	0.18412	0.29401	0.41696
12	0.00092	0.00545	0.02009	0.05335	0.11192	0.19699	0.30322
13	0.00027	0.00202	0.00883	0.02700	0.06380	0.12423	0.20844
14	0.00008	0.00070	0.00363	0.01281	0.03418	0.07385	0.13554
15	0.00002	0.00023	0.00140	0.00572	0.01726	0.04174	0.08346
16	0.00001	0.00007	0.00051	0.00241	0.00823	0.02204	0.04874
17	—	0.00002	0.00017	0.00096	0.00372	0.01111	0.02704
18	—	0.00001	0.00006	0.00036	0.00160	0.00533	0.01428
19	—	—	0.00002	0.00013	0.00065	0.00243	0.00719
20	—	—	0.00001	0.00005	0.00025	0.00106	0.00345
21	—	—	—	—	0.00010	0.00044	0.00159
22	—	—	—	—	0.00003	0.00018	0.00070
23	—	—	—	—	0.00001	0.00006	0.00030
24	—	—	—	—	—	0.00003	0.00012
25	—	—	—	—	—	—	0.00004
26	—	—	—	—	—	—	0.00001

附表 2　标准正态分布的分布函数表

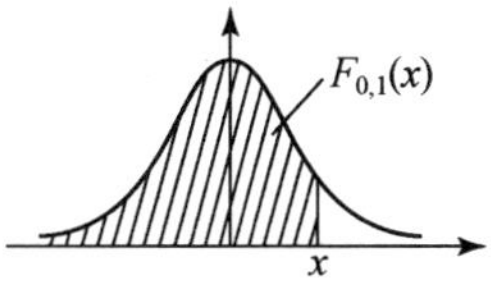

$$F_{0,1}(x) = \frac{1}{\sqrt{2\pi}}\int_{-\infty}^{x} e^{-\frac{t^2}{2}}\,dt$$

x	0.00	0.01	0.02	0.03	0.04	0.05	0.06	0.07	0.08	0.09
0.0	0.5000	0.5040	0.5080	0.5120	0.5160	0.5199	0.5239	0.5279	0.5319	0.5359
0.1	0.5398	0.5438	0.5478	0.5517	0.5557	0.5596	0.5636	0.5675	0.5714	0.5753
0.2	0.5793	0.5832	0.5871	0.5910	0.5948	0.5987	0.6026	0.6064	0.6103	0.6141
0.3	0.6179	0.6217	0.6255	0.6293	0.6331	0.6368	0.6406	0.6443	0.6480	0.6517
0.4	0.6554	0.6591	0.6628	0.6664	0.6700	0.6736	0.6772	0.6808	0.6844	0.6879
0.5	0.6915	0.6950	0.6985	0.7019	0.7054	0.7088	0.7123	0.7157	0.7190	0.7224
0.6	0.7257	0.7291	0.7324	0.7357	0.7389	0.7422	0.7454	0.7486	0.7517	0.7549
0.7	0.7580	0.7611	0.7642	0.7673	0.7704	0.7734	0.7764	0.7794	0.7823	0.7852
0.8	0.7881	0.7910	0.7939	0.7967	0.7995	0.8023	0.8051	0.8078	0.8106	0.8133
0.9	0.8159	0.8186	0.8212	0.8238	0.8264	0.8289	0.8315	0.8340	0.8365	0.8389
1.0	0.8413	0.8438	0.8461	0.8485	0.8508	0.8531	0.8554	0.8577	0.8599	0.8621
1.1	0.8643	0.8665	0.8686	0.8708	0.8729	0.8749	0.8770	0.8790	0.8810	0.8830
1.2	0.8849	0.8869	0.8888	0.8907	0.8925	0.8944	0.8962	0.8980	0.8997	0.9015
1.3	0.9032	0.9049	0.9066	0.9082	0.9099	0.9115	0.9131	0.9147	0.9162	0.9177
1.4	0.9192	0.9207	0.9222	0.9236	0.9251	0.9265	0.9279	0.9292	0.9306	0.9319
1.5	0.9332	0.9345	0.9357	0.9370	0.9382	0.9394	0.9406	0.9418	0.9429	0.9441
1.6	0.9452	0.9463	0.9474	0.9484	0.9495	0.9505	0.9515	0.9525	0.9535	0.9545
1.7	0.9554	0.9564	0.9573	0.9582	0.9591	0.9599	0.9608	0.9616	0.9625	0.9633
1.8	0.9641	0.9649	0.9656	0.9664	0.9671	0.9678	0.9686	0.9693	0.9699	0.9706
1.9	0.9713	0.9719	0.9726	0.9732	0.9783	0.9744	0.9750	0.9756	0.9761	0.9767
2.0	0.9772	0.9778	0.9783	0.9788	0.9793	0.9798	0.9803	0.9808	0.9812	0.9817
2.1	0.9821	0.9826	0.9830	0.9834	0.9838	0.9842	0.9846	0.9850	0.9854	0.9857
2.2	0.9861	0.9864	0.9868	0.9871	0.9875	0.9878	0.9881	0.9884	0.9887	0.9890
2.3	0.9893	0.9896	0.9898	0.9901	0.9904	0.9906	0.9909	0.9911	0.9913	0.9916
2.4	0.9918	0.9920	0.9922	0.9925	0.9927	0.9929	0.9931	0.9932	0.9934	0.9936
2.5	0.9938	0.9940	0.9941	0.9943	0.9945	0.9946	0.9948	0.9949	0.9951	0.9952
2.6	0.9953	0.9955	0.9956	0.9957	0.9959	0.9960	0.9961	0.9962	0.9963	0.9964
2.7	0.9965	0.9966	0.9967	0.9968	0.9969	0.9970	0.9971	0.9972	0.9973	0.9974
2.8	0.9974	0.9975	0.9976	0.9977	0.9977	0.9978	0.9979	0.9979	0.9980	0.9981
2.9	0.9981	0.9982	0.9982	0.9983	0.9984	0.9984	0.9985	0.9985	0.9986	0.9986
3.0	0.9987	0.9987	0.9987	0.9988	0.9988	0.9989	0.9989	0.9989	0.9990	0.9990
3.1	0.9990	0.9991	0.9991	0.9991	0.9992	0.9992	0.9992	0.9992	0.9993	0.9993
3.2	0.9993	0.9993	0.9994	0.9994	0.9994	0.9994	0.9994	0.9995	0.9995	0.9995
3.3	0.9995	0.9995	0.9995	0.9996	0.9996	0.9996	0.9996	0.9996	0.9996	0.9997
3.4	0.9997	0.9997	0.9997	0.9997	0.9997	0.9997	0.9997	0.9997	0.9997	0.9998

x	1.282	1.645	1.960	2.326	2.576	3.090	3.291	3.891	4.417
$F_{0,1}(x)$	0.90	0.95	0.975	0.99	0.995	0.999	0.9995	0.99995	0.999995
$2[1-F_{0,1}(x)]$	0.20	0.10	0.05	0.02	0.01	0.002	0.001	0.0001	0.00001

附表 3 χ^2 分布临界值表

$$P\{\chi^2(n) > \chi^2_\alpha(n)\} = \alpha$$

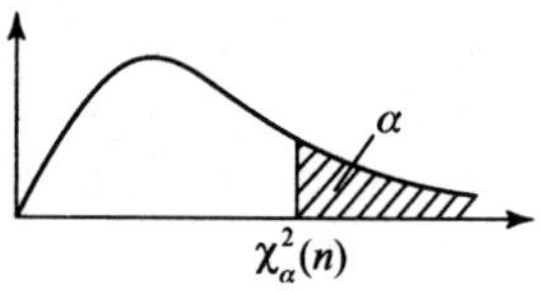

自由度 n	临界概率(α)及其相应的临界值											
	α=0.995	0.99	0.975	0.95	0.90	0.75	0.25	0.10	0.05	0.025	0.01	0.005
1			0.001	0.004	0.016	0.102	1.323	2.706	3.841	5.024	6.635	7.879
2	0.010	0.020	0.051	0.103	0.211	0.575	2.773	4.605	5.991	7.378	9.210	10.597
3	0.072	0.115	0.216	0.352	0.584	1.213	4.108	6.251	7.815	9.348	11.345	12.838
4	0.207	0.297	0.484	0.711	1.064	1.923	5.385	7.779	9.488	11.143	13.277	14.860
5	0.412	0.554	0.831	1.145	1.610	2.657	6.626	9.236	11.071	12.833	15.086	16.750
6	0.676	0.872	1.237	1.635	2.204	3.455	7.841	10.645	12.592	14.449	16.812	18.548
7	0.989	1.239	1.690	2.167	2.833	4.255	9.037	12.017	14.067	16.013	18.475	20.278
8	1.344	1.646	2.180	2.733	3.490	5.071	10.219	13.362	15.507	17.535	20.090	21.955
9	1.735	2.088	2.700	3.325	4.168	5.899	11.389	14.684	16.919	19.023	21.666	23.589
10	2.156	2.558	3.247	3.940	4.865	6.737	12.549	15.987	18.307	20.483	23.209	25.188
11	2.603	3.053	3.816	4.575	5.578	7.584	13.701	17.275	19.675	21.920	24.725	26.757
12	3.074	3.571	4.404	5.226	6.304	8.438	14.845	18.549	21.026	23.337	26.217	28.299
13	3.565	4.107	5.009	5.892	7.042	9.299	15.984	19.812	22.362	24.736	27.688	29.819
14	4.075	4.660	5.629	6.571	7.790	10.165	17.117	21.064	23.685	26.119	29.141	31.319
15	4.601	5.229	6.262	7.261	8.547	11.037	18.245	22.307	24.996	27.488	30.578	32.801
16	5.142	5.812	6.908	7.962	9.312	11.912	19.369	23.542	26.296	28.845	32.000	34.267
17	5.697	6.408	7.564	8.672	10.085	12.792	20.489	24.769	27.587	30.191	33.409	35.718
18	6.265	7.015	8.231	9.390	10.865	13.675	21.605	25.989	28.869	31.526	34.805	37.156
19	6.844	7.633	8.907	10.117	11.651	14.652	22.718	27.204	30.144	32.852	36.191	38.582
20	7.434	8.260	9.591	10.851	12.443	15.452	23.828	28.412	31.410	34.170	37.566	39.997
21	8.034	8.897	10.283	11.591	13.240	16.344	24.935	29.615	32.671	35.479	38.932	41.401
22	8.643	9.542	10.982	12.338	14.042	17.240	26.039	30.813	33.924	36.781	40.286	42.796
23	9.260	10.196	11.689	13.091	14.848	18.137	27.141	32.007	35.172	38.076	41.638	44.181
24	9.886	10.856	12.401	13.848	15.659	19.037	28.241	33.196	36.415	39.364	42.980	45.559
25	10.520	11.524	13.120	14.611	16.473	19.939	29.339	34.382	37.652	40.646	44.314	46.928
26	11.160	12.198	13.844	15.379	17.292	20.843	30.435	35.563	38.885	41.923	45.632	48.290
27	11.808	12.879	14.573	16.151	18.114	21.749	31.528	36.741	40.113	43.194	46.963	49.645
28	12.461	13.565	15.308	16.928	18.939	22.657	32.620	37.916	41.337	44.461	48.278	50.993
29	13.121	14.257	16.047	17.708	19.768	23.567	33.711	39.087	42.557	45.722	49.588	52.336
30	13.787	14.954	16.791	18.493	20.599	24.478	34.800	40.256	43.773	46.979	50.892	53.672
31	14.458	15.655	17.539	19.281	21.434	25.390	35.887	41.422	44.958	48.232	52.199	55.003
32	15.134	16.362	18.291	20.072	22.271	26.304	36.973	42.585	46.194	49.480	53.486	56.328
33	15.815	17.074	19.047	20.865	23.110	27.219	38.058	43.745	47.400	50.725	54.776	57.648
34	16.501	17.789	19.806	21.664	23.952	28.136	39.141	44.903	48.602	51.966	56.061	58.964
35	17.192	18.509	20.569	22.465	24.794	29.054	40.223	46.059	49.802	53.203	57.342	60.275
36	17.887	19.233	21.336	23.269	25.643	29.973	41.304	47.212	50.998	54.437	58.619	61.586
37	18.586	19.960	22.106	24.075	26.492	30.893	42.383	48.363	52.192	55.668	59.892	62.883
38	19.298	20.691	22.878	24.884	27.343	31.815	43.462	49.513	53.384	56.896	61.162	64.181
39	19.996	21.426	23.654	25.695	28.196	32.737	44.539	50.660	54.572	58.120	62.468	65.476
40	20.707	22.164	24.433	26.509	29.051	33.660	45.616	51.805	55.758	59.342	63.691	66.766

附表 4　t 分布临界值表

$$P\{t(n) > t_\alpha(n)\} = \alpha$$

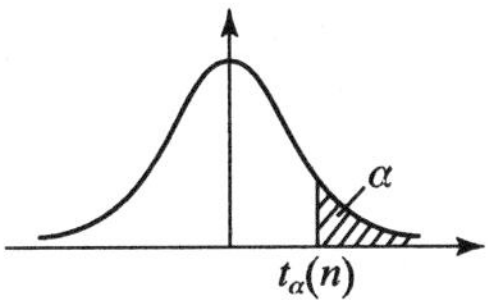

自由度 n	临界概率(α)及其相应的临界值					
	α=0.25	0.10	0.05	0.025	0.01	0.005
1	1.0000	3.0777	6.3138	12.7062	31.8207	63.6574
2	0.8165	1.8856	2.9200	4.3027	6.9646	9.9248
3	0.7649	1.6377	2.3534	3.1824	4.5407	5.8409
4	0.7407	1.5332	2.1318	2.7764	3.7469	4.6041
5	0.7267	1.4759	2.0150	2.5706	3.3649	4.0322
6	0.7176	1.4398	1.9432	2.4469	3.4127	3.7074
7	0.7111	1.4149	1.8946	2.3646	2.9980	3.4995
8	0.7064	1.3968	1.8595	2.3060	2.8765	3.3554
9	0.7027	1.3830	1.8331	2.2622	2.8214	3.2498
10	0.6998	1.3722	1.8124	2.2281	2.7638	3.1693
11	0.6974	1.3634	1.7959	2.2010	2.7181	3.1058
12	0.6955	1.3562	1.7823	2.1788	2.6810	3.0545
13	0.6938	1.3502	1.7709	2.1604	2.6503	3.0123
14	0.6924	1.3450	1.7613	2.1448	2.6245	2.9768
15	0.6912	1.3406	1.7531	2.1315	2.6025	2.9467
16	0.6901	1.3368	1.7459	2.1199	2.5835	2.9208
17	0.6892	1.3334	1.7396	2.1098	2.5669	2.8982
18	0.6884	1.3304	1.7341	2.1009	2.5524	2.8784
19	0.6876	1.3277	1.7291	2.0930	2.5395	2.8609
20	0.6870	1.3253	1.7247	2.0860	2.5280	2.8453
21	0.6864	1.3232	1.7207	2.0796	2.5177	2.8314
22	0.6858	1.3212	1.7171	2.0739	2.5083	2.8188
23	0.6853	1.3195	1.7139	2.0687	2.4999	2.8073
24	0.6848	1.3178	1.7109	2.0639	2.4922	2.7969
25	0.6844	1.3163	1.7081	2.0595	2.4851	2.7874
26	0.6840	1.3150	1.7056	2.0555	2.4786	2.7787
27	0.6837	1.3137	1.7033	2.0518	2.4727	2.7707
28	0.6834	1.3125	1.7011	2.0484	2.4671	2.7633
29	0.6830	1.3114	1.6991	2.0452	2.4620	2.7564
30	0.6828	1.3104	1.6973	2.0423	2.4573	2.7500
31	0.6825	1.3095	1.6955	2.0395	2.4528	2.7440
32	0.6822	1.3086	1.6939	2.0369	2.4487	2.7385
33	0.6820	1.3077	1.6924	2.0345	2.4448	2.7333
34	0.6828	1.3070	1.6909	2.0322	2.4411	2.7284
35	0.6816	1.3062	1.6896	2.0301	2.4377	2.7238

附表5 F分布临界值表

$$P\{F(n_1,n_2) > F_\alpha(n_1,n_2)\} = \alpha$$

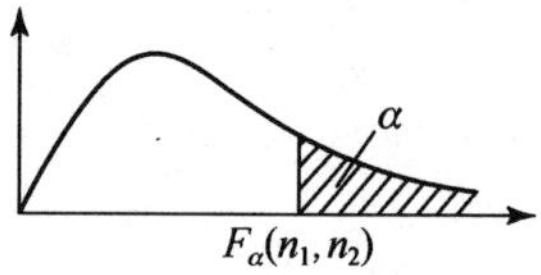

$\alpha=0.05$

n_2 \ n_1	1	2	3	4	5	6	7	8	9	10	12	15	20	24	30	40	60	120	∞
1	161.4	199.5	215.7	224.6	230.2	234.0	236.8	238.9	240.5	241.9	243.9	245.9	248.0	249.1	250.1	251.1	252.2	253.3	254.3
2	18.51	19.00	19.16	19.25	19.30	19.33	19.35	19.37	19.38	19.40	19.41	19.43	19.45	19.45	19.46	19.47	19.48	19.49	19.50
3	10.13	9.55	9.28	9.12	9.01	8.94	8.89	8.85	8.81	8.79	8.74	8.70	8.66	8.64	8.62	8.59	8.57	8.55	8.53
4	7.71	6.94	6.59	6.39	6.26	6.16	6.09	6.04	6.00	5.96	5.91	5.86	5.80	5.77	5.75	5.72	5.69	5.66	5.63
5	6.61	5.79	5.41	5.19	5.05	4.95	4.88	4.82	4.77	4.74	4.68	4.62	4.56	4.53	4.50	4.46	4.43	4.40	4.36
6	5.99	5.14	4.76	4.53	4.39	4.28	4.21	4.15	4.10	4.06	4.00	3.94	3.87	3.84	3.81	3.77	3.74	3.70	3.67
7	5.59	4.74	4.35	4.12	3.97	3.87	3.79	3.73	3.68	3.64	3.57	3.51	3.44	3.41	3.38	3.34	3.30	3.27	3.23
8	5.32	4.46	4.07	3.84	3.69	3.58	3.50	3.44	3.39	3.35	3.28	3.22	3.15	3.12	3.08	3.04	3.01	2.97	2.93
9	5.12	4.26	3.86	3.63	3.48	3.37	3.29	3.23	3.18	3.14	3.07	3.01	2.94	2.90	3.86	2.83	2.79	2.75	2.71
10	4.96	4.10	3.71	3.48	3.33	3.22	3.14	3.07	3.02	2.98	2.91	2.85	2.77	2.74	2.07	2.66	2.62	2.58	2.54
11	4.84	3.98	3.59	3.36	3.20	3.09	3.01	2.95	2.90	2.85	2.79	2.72	2.65	2.61	2.57	2.53	2.49	2.45	2.40
12	4.75	3.89	3.49	3.26	3.11	3.00	2.91	2.85	2.80	2.75	2.69	2.62	2.54	2.51	2.47	2.43	2.38	2.34	2.30
13	4.67	3.81	3.41	3.18	3.03	2.92	2.83	2.77	2.71	2.67	2.60	2.53	2.46	3.42	2.38	2.34	2.30	2.25	2.21
14	4.60	3.74	3.34	3.11	2.96	2.85	2.76	2.70	2.65	2.60	2.53	2.46	2.39	2.53	2.31	2.27	2.22	2.18	2.13
15	4.54	3.68	3.29	3.06	2.90	2.79	2.71	2.64	2.59	2.54	2.48	2.40	2.33	2.29	2.25	2.20	2.16	2.11	2.07
16	4.49	3.63	3.24	3.01	2.85	2.74	2.66	2.59	2.54	2.49	2.42	2.35	2.28	2.24	2.19	2.15	2.11	2.06	2.01
17	4.45	3.59	3.20	2.96	2.81	2.70	2.61	2.55	2.49	2.45	2.38	2.31	2.23	2.19	2.15	2.10	2.06	2.01	1.96
18	4.41	3.55	3.16	2.93	2.77	2.66	2.58	2.51	2.46	2.41	2.34	2.27	2.19	2.15	2.11	2.06	2.02	1.97	1.92
19	4.38	3.52	3.13	2.90	2.74	2.63	2.54	2.48	2.42	2.38	2.31	2.23	2.16	2.11	2.07	2.03	1.98	1.93	1.88
20	4.35	3.49	3.10	2.87	2.71	2.60	2.51	2.45	2.39	2.35	2.28	2.20	2.12	2.08	2.04	1.99	1.95	1.90	1.84
21	4.32	3.47	3.07	2.84	2.68	2.57	2.49	2.42	2.37	2.32	2.25	2.18	2.10	2.05	2.01	1.96	1.92	1.87	1.81
22	4.30	3.44	3.05	2.82	2.66	2.55	2.46	2.40	2.34	2.30	2.23	2.15	2.07	2.03	1.98	1.94	1.89	1.84	1.78
23	4.28	3.42	3.03	2.80	2.64	2.53	2.44	2.37	2.32	2.27	2.20	2.13	2.05	2.01	1.96	1.91	1.86	1.81	1.76
24	4.26	3.40	3.01	2.78	2.62	2.51	2.42	2.36	2.30	2.25	2.18	2.11	2.03	1.98	1.94	1.89	1.84	1.79	1.73
25	4.24	3.39	2.99	2.76	2.60	2.49	2.40	2.34	2.28	2.24	2.16	2.09	2.01	1.96	1.92	1.87	1.82	1.77	1.71
26	4.23	3.37	2.98	2.74	2.59	2.47	2.39	2.32	2.27	2.22	2.15	2.07	1.99	1.95	1.90	1.85	1.80	1.75	1.69
27	4.21	3.35	2.96	2.73	2.57	2.46	2.37	2.31	2.25	2.20	2.13	2.06	1.97	1.93	1.88	1.84	1.79	1.73	1.67
28	4.20	3.34	2.95	2.71	2.56	2.45	2.36	2.29	2.24	2.19	2.12	2.04	1.96	1.91	1.87	1.82	1.77	1.71	1.65
29	4.18	3.33	2.93	2.70	2.55	2.43	2.35	2.28	2.22	2.18	2.10	2.03	1.94	1.90	1.85	1.81	1.75	1.70	1.64
30	4.17	3.32	2.92	2.69	2.53	2.42	2.33	2.27	2.21	2.16	2.09	2.01	1.93	1.89	1.84	1.79	1.74	1.68	1.62
40	4.08	3.23	2.84	2.61	2.45	2.34	2.25	2.18	2.12	2.08	2.00	1.92	1.84	1.79	1.74	1.69	1.64	1.58	1.51
60	4.00	3.15	2.76	2.53	2.37	2.25	2.17	2.10	2.04	1.99	1.92	1.84	1.75	1.70	1.65	1.59	1.53	1.47	1.39
120	3.92	3.07	2.68	2.45	2.29	2.17	2.09	2.02	1.96	1.91	1.83	1.75	1.66	1.61	1.55	1.50	1.43	1.35	1.25
∞	3.84	3.00	2.60	2.37	2.21	2.10	2.01	1.94	1.88	1.83	1.75	1.67	1.57	1.52	1.46	1.39	1.32	1.22	1.00

续附表 5

α=0.025

n_2 \ n_1	1	2	3	4	5	6	7	8	9	10	12	15	20	24	30	40	60	120	∞
1	647.8	799.5	864.2	899.6	921.8	937.1	948.2	956.7	963.3	968.6	976.7	984.9	993.1	997.2	1001	1006	1010	1014	1018
2	38.51	39.00	39.17	39.25	39.30	39.33	39.36	39.37	39.39	39.40	39.41	39.43	39.45	39.46	39.46	39.47	39.48	39.49	39.50
3	17.44	16.04	15.44	15.10	14.88	14.73	14.62	14.54	14.47	14.42	14.34	14.25	14.17	14.12	14.08	4.04	13.99	13.95	13.90
4	12.22	10.65	9.98	9.60	9.36	9.20	9.07	8.98	8.90	8.84	8.75	8.66	8.56	8.51	8.64	8.41	8.36	8.31	8.26
5	10.01	8.43	7.76	7.39	7.15	6.98	6.85	6.76	6.68	6.62	6.52	6.43	6.33	6.28	6.23	6.18	6.12	6.07	6.02
6	8.81	7.26	6.60	6.23	5.99	5.82	5.70	5.60	5.52	5.46	5.37	5.27	5.17	5.12	5.07	5.01	4.96	4.90	4.85
7	8.07	6.54	5.89	5.52	5.29	5.12	4.99	4.90	4.82	4.76	4.67	4.57	4.47	4.42	4.36	4.31	4.25	4.20	4.14
8	7.57	6.06	5.42	5.05	4.82	4.65	4.53	4.43	4.36	4.30	4.20	4.10	4.00	3.95	3.89	3.84	3.78	3.73	3.67
9	7.21	5.71	5.08	4.72	4.48	4.32	4.20	4.10	4.03	3.96	3.87	3.77	3.67	3.61	3.56	3.51	3.45	3.39	3.33
10	6.94	5.46	4.83	4.47	4.24	4.07	3.95	3.85	3.78	3.72	3.62	3.52	3.42	3.37	3.31	3.26	3.20	3.14	3.08
11	6.72	5.26	4.63	4.28	4.04	3.88	3.76	3.66	3.59	3.53	3.43	3.33	3.23	3.17	3.12	3.06	3.00	2.94	2.88
12	6.55	5.10	4.47	4.12	3.89	3.73	3.61	3.51	3.44	3.37	3.28	3.18	3.07	3.02	2.96	2.91	2.85	2.79	2.72
13	6.41	4.97	4.35	4.00	3.77	3.60	3.48	3.39	3.31	3.25	3.15	3.05	2.95	2.98	2.84	2.78	2.72	2.66	2.60
14	6.30	4.86	4.24	3.89	3.66	3.50	3.38	3.29	3.21	3.15	3.05	2.95	2.84	2.79	2.73	2.67	2.61	2.55	2.49
15	6.20	4.77	4.15	3.80	3.58	3.41	3.29	3.20	3.12	3.06	2.96	2.86	2.76	2.70	2.64	2.59	2.52	2.46	2.40
16	6.12	4.69	4.08	3.73	3.50	3.34	3.22	3.12	3.05	2.99	2.89	2.79	2.68	2.63	2.57	2.51	2.45	2.38	2.32
17	6.04	4.62	4.01	3.66	3.44	3.28	3.16	3.06	2.98	2.92	2.82	2.72	2.62	2.56	2.50	2.44	2.38	2.32	2.25
18	5.98	4.56	3.95	3.61	3.38	3.22	3.10	3.01	2.93	2.87	2.77	2.67	2.56	2.50	2.44	2.38	2.32	2.26	2.19
19	5.92	4.51	3.90	3.56	3.33	3.17	3.05	2.96	2.89	2.82	2.72	2.62	2.51	2.45	2.39	2.33	2.27	2.20	2.13
20	5.87	4.46	3.86	3.51	3.29	3.13	3.01	2.91	2.84	2.77	2.68	2.57	2.46	2.41	2.35	2.29	2.22	2.16	2.09
21	5.83	4.42	3.82	3.48	3.25	3.09	2.97	2.87	2.80	2.73	2.64	2.53	2.42	2.37	2.31	2.25	2.18	2.11	2.04
22	5.79	4.38	3.78	3.44	3.22	3.05	2.93	2.84	2.76	2.70	2.60	2.50	2.39	2.33	2.27	2.21	2.14	2.08	2.00
23	5.75	4.35	3.75	3.41	3.18	3.02	2.90	2.81	2.73	2.67	2.57	2.47	2.36	2.30	2.24	2.18	2.11	2.04	1.97
24	5.72	4.32	3.72	3.38	3.15	2.99	2.87	2.78	2.70	2.64	2.54	2.44	2.33	2.27	2.21	2.15	2.08	2.01	1.94
25	5.69	4.29	3.69	3.35	3.13	2.97	2.85	2.75	2.68	2.61	2.51	2.41	2.30	2.24	2.18	2.12	2.05	1.98	1.91
26	5.66	4.27	3.67	3.33	3.10	2.94	2.82	2.73	2.65	2.59	2.49	2.39	2.28	2.22	2.16	2.09	2.03	1.95	1.88
27	5.63	4.24	3.65	3.31	3.08	2.92	2.80	2.71	2.63	2.57	2.47	2.36	2.25	2.19	2.13	2.07	2.00	1.93	1.85
28	5.61	4.22	3.63	3.29	3.06	2.90	2.78	2.69	2.61	2.55	2.45	2.34	2.23	2.17	2.11	2.05	1.98	1.91	1.83
29	5.59	4.20	3.61	3.27	3.04	2.88	2.76	2.67	2.59	2.53	2.43	2.32	2.21	2.15	2.09	2.03	1.96	1.89	1.81
30	5.57	4.18	3.59	3.25	3.03	2.87	2.75	2.65	2.57	2.51	2.41	2.31	2.20	2.14	2.07	2.01	1.94	1.87	1.79
40	5.42	4.05	3.46	3.13	2.90	2.74	2.62	2.53	2.45	2.39	2.29	2.18	2.07	2.01	1.94	1.88	1.80	1.72	1.64
60	5.29	3.93	3.34	3.01	2.79	2.63	2.51	2.41	2.33	2.27	2.17	2.06	1.94	1.88	1.82	1.74	1.67	1.58	1.48
120	5.15	3.80	3.23	2.89	2.67	2.52	2.39	2.30	2.22	2.16	2.05	1.94	1.82	1.76	1.69	1.61	1.53	1.43	1.31
∞	5.02	3.69	3.12	2.79	2.57	2.41	2.29	2.19	2.11	2.05	1.94	1.83	1.71	1.64	1.57	1.48	1.39	1.27	1.00

续附表 5

$\alpha=0.01$

n_2 \ n_1	1	2	3	4	5	6	7	8	9	10	12	15	20	24	30	40	60	120	∞
1	4025	4999.5	5403	5625	5764	5859	5928	5982	6022	6056	6106	6157	6209	6235	6261	6287	6313	6339	6366
2	98.50	99.00	99.17	99.25	99.30	99.33	99.36	99.37	99.39	99.40	99.42	99.43	99.45	99.46	99.47	99.47	99.48	99.19	99.50
3	34.12	30.82	29.46	28.71	28.24	27.91	27.67	27.49	27.35	27.23	27.05	26.87	26.69	26.60	26.50	26.41	26.32	26.22	26.13
4	21.20	18.00	16.69	15.98	15.52	15.21	14.98	14.80	14.66	14.55	14.37	14.20	14.02	13.93	13.84	13.75	13.65	13.56	13.46
5	16.26	13.27	12.06	11.39	10.97	10.67	10.46	10.29	10.16	10.05	9.89	9.72	9.55	9.47	9.38	9.29	9.20	9.11	9.02
6	13.75	10.92	9.78	9.15	8.75	8.47	8.26	8.10	7.98	7.87	7.72	7.56	7.40	7.31	7.23	7.14	7.06	6.97	6.88
7	12.25	9.55	8.45	7.85	7.46	7.19	6.99	6.84	6.72	6.62	6.47	6.31	6.16	6.07	5.99	5.91	5.82	5.74	5.65
8	11.26	8.65	7.59	7.01	6.63	6.37	6.18	6.03	5.91	5.81	5.67	5.52	5.36	5.28	5.20	5.12	5.03	4.95	4.86
9	10.56	8.02	6.99	6.42	6.06	5.80	5.61	5.47	5.35	5.26	5.11	4.96	4.81	4.73	4.65	4.57	4.48	4.40	4.31
10	10.14	7.56	6.55	5.99	5.64	5.39	5.20	5.06	4.94	4.85	4.71	4.56	4.41	4.33	4.25	4.17	4.08	4.00	3.91
11	9.65	7.21	6.22	5.67	5.32	5.07	4.89	4.47	4.63	4.54	4.40	4.25	4.10	4.02	3.94	3.86	4.78	3.69	3.60
12	9.33	6.93	5.95	5.41	5.06	4.82	4.64	4.50	4.39	4.30	4.16	4.01	3.86	3.78	3.70	3.62	3.54	3.45	3.36
13	9.07	6.70	5.74	5.21	4.86	4.62	4.44	4.30	4.19	3.10	3.96	3.82	3.66	3.59	3.51	3.43	3.34	3.25	3.17
14	8.86	6.51	5.56	5.04	4.69	4.46	4.28	4.14	4.03	3.94	3.80	3.66	3.51	3.43	3.35	3.27	3.18	3.09	3.00
15	8.68	6.36	5.42	4.89	4.56	4.32	4.14	4.00	3.89	3.80	3.67	3.52	3.37	3.29	3.21	3.13	3.05	2.96	2.87
16	8.53	6.23	5.29	4.77	4.44	4.20	4.03	3.89	3.78	3.69	3.55	3.41	3.26	3.18	3.10	3.02	2.93	2.84	2.75
17	8.40	6.11	5.18	4.67	4.34	4.10	3.93	3.79	3.68	3.59	3.46	3.31	3.16	3.08	3.00	2.92	2.83	2.75	2.60
18	8.29	6.01	5.09	4.58	4.25	4.01	3.84	3.71	3.60	3.51	3.37	3.23	3.08	3.00	2.92	2.84	2.75	2.66	2.57
19	8.18	5.93	5.01	4.50	4.17	3.94	3.77	3.63	3.52	3.43	3.30	3.15	3.00	2.92	2.84	2.76	2.67	2.58	2.49
20	8.10	8.85	4.94	4.43	4.10	3.87	3.70	3.56	3.46	3.37	3.23	3.09	2.94	2.86	2.78	2.69	2.61	2.52	2.42
21	8.02	5.78	4.87	4.37	4.01	3.81	3.64	3.51	3.40	3.31	3.17	3.03	2.88	2.80	2.72	2.64	2.55	2.46	2.36
22	7.95	5.72	4.82	4.31	3.99	3.76	3.59	3.45	3.35	3.26	3.12	2.98	2.83	2.75	2.67	2.58	2.50	2.40	2.31
23	7.88	5.66	4.76	4.26	3.94	3.71	3.54	3.41	3.30	3.21	3.07	2.93	2.78	2.70	2.62	2.54	2.45	2.35	2.26
24	7.82	5.61	4.72	4.22	3.90	3.67	3.50	3.36	3.26	3.17	3.03	2.89	2.74	2.66	2.58	2.49	2.40	2.31	2.21
25	7.77	5.57	4.68	4.18	3.86	3.63	3.46	3.32	3.22	3.13	2.99	2.85	2.70	2.62	2.54	2.45	2.36	2.27	2.17
26	7.72	5.53	4.64	4.14	3.82	3.59	3.42	3.29	3.18	3.09	2.96	2.81	2.66	2.58	2.50	2.42	2.33	2.23	2.13
27	7.68	5.49	4.60	4.11	3.78	3.56	3.39	3.26	3.15	3.06	2.93	2.78	2.63	2.55	2.47	2.38	2.29	2.20	2.10
28	7.64	5.45	4.57	4.07	3.75	3.53	3.36	3.23	3.12	3.03	2.90	2.75	2.60	2.52	2.44	2.35	2.26	2.17	2.06
29	7.60	5.42	4.54	4.04	3.73	3.50	3.33	3.20	3.09	3.00	2.87	2.73	2.57	2.49	2.41	2.33	2.23	2.14	2.03
30	7.56	5.39	4.51	4.02	3.70	3.47	3.30	3.17	3.07	2.98	2.84	2.70	2.55	2.47	2.39	2.30	2.21	2.11	2.01
40	7.31	5.18	4.31	3.83	3.51	3.29	3.12	2.99	2.89	2.80	2.66	2.52	2.37	2.29	2.20	2.11	2.02	1.92	1.80
60	7.08	4.98	4.13	3.65	3.34	3.12	2.95	2.82	2.72	2.63	2.50	2.35	2.20	2.12	2.03	1.94	1.84	1.73	1.60
120	6.85	4.79	3.95	3.48	3.17	2.96	2.79	2.66	2.56	2.47	2.34	2.19	2.03	1.95	1.86	1.76	1.66	1.53	1.38
∞	6.63	4.61	3.78	3.32	3.02	2.80	2.64	2.51	2.41	2.32	2.18	2.04	1.88	1.79	1.70	1.59	1.47	1.32	1.00

习 题 答 案

第四篇 线性代数

习 题 1-1

1. 18.
2. 0.
3. -60.
4. 3.

习 题 1-2

1. (1) $abcd+cd+ab+ad+1$； (2) x^4；
2. (1) $2^{n-1}(n+2)$； (2) $n!$； (3) $a^{n-2}(a^2-1)$.

习 题 1-3

1. (1) $x=\frac{23}{57}, y=\frac{28}{57}$； (2) $x_1=-a, x_2=b, x_3=c$；
   (3) $x_1=1, x_2=2, x_3=3, x_4=-1$； (4) $x_1=1, x_2=-1, x_3=0, x_4=2$.
2. $\lambda=0,2$ 或 3.
3. $f(x)=\frac{3}{4}x^3-\frac{5}{2}x^2+\frac{5}{4}x+\frac{9}{2}$.

习 题 2-2

1. $x=0, y=0, z=2, w=2$ 或 $x=1, y=\frac{1}{2}, z=3, w=2$.
2. $\begin{pmatrix} -1 & 1 & 3 \\ -5 & -7 & 11 \\ -3 & 13 & -1 \end{pmatrix}$.
3. $\boldsymbol{X}=\begin{pmatrix} 2 & 2 & \frac{10}{3} & \frac{10}{3} \\ \frac{4}{3} & 0 & \frac{4}{3} & 0 \\ 2 & 2 & \frac{2}{3} & \frac{2}{3} \end{pmatrix}$.

4. (1) $\begin{pmatrix} 3 & -6 & 9 \\ -2 & 4 & 6 \\ 1 & 2 & -3 \end{pmatrix}$;　　(2) $(a_{11}x+a_{21}y)x+(a_{12}x+a_{22}y)y$;

(3) $\begin{pmatrix} 1 & 0 \\ 10\lambda & 1 \end{pmatrix}$;　　(4) $\begin{pmatrix} \cos k\varphi & \sin k\varphi \\ -\sin k\varphi & \cos k\varphi \end{pmatrix}$.

5. (1) $\begin{pmatrix} 1 & 3 & 1 \\ 4 & 2 & 2 \\ -2 & -1 & 5 \end{pmatrix}$;　　(2) $\begin{pmatrix} 0 & 3 & 6 \\ 0 & 1 & -4 \\ -6 & -5 & 5 \end{pmatrix}$;

(3) $\begin{pmatrix} 0 & 3 & 6 \\ 0 & 1 & -4 \\ -6 & -5 & 5 \end{pmatrix}$.

习　题　2-3

1. (1) $\begin{pmatrix} -2 & 1 \\ \frac{3}{2} & -\frac{1}{2} \end{pmatrix}$;

(2) $\begin{pmatrix} \frac{1}{4} & \frac{1}{4} & \frac{1}{4} & \frac{1}{4} \\ \frac{1}{4} & \frac{1}{4} & -\frac{1}{4} & -\frac{1}{4} \\ \frac{1}{4} & -\frac{1}{4} & \frac{1}{4} & -\frac{1}{4} \\ \frac{1}{4} & -\frac{1}{4} & -\frac{1}{4} & \frac{1}{4} \end{pmatrix}$;　　(3) $\begin{pmatrix} \frac{1}{a_{11}} & 0 & \cdots & 0 \\ 0 & \frac{1}{a_{22}} & \cdots & 0 \\ \vdots & \vdots & \ddots & \vdots \\ 0 & 0 & \cdots & \frac{1}{a_{nn}} \end{pmatrix}$.

2. (1) $\begin{pmatrix} x_1 \\ x_2 \\ x_3 \end{pmatrix} = \begin{pmatrix} -1 \\ \frac{5}{2} \\ \frac{11}{2} \end{pmatrix}$;　　(2) $\begin{pmatrix} x_1 \\ x_2 \\ x_3 \end{pmatrix} = \begin{pmatrix} 5 \\ 0 \\ 3 \end{pmatrix}$.

3. (1) $\boldsymbol{X}=\begin{pmatrix} 1 & 2 & 2 \\ \frac{3}{2} & 0 & \frac{1}{2} \\ 4 & -6 & -5 \end{pmatrix}$;　　(2) $\boldsymbol{X}=\begin{pmatrix} -2 & 1 \\ 10 & -4 \\ -10 & 4 \end{pmatrix}$.

习　题　2-4

1. (1) $\begin{pmatrix} 1 & 5 & 0 \\ -1 & 1 & 0 \\ 0 & 0 & 2 \end{pmatrix}$;　　(2) $\begin{pmatrix} 1 & 0 & 3 & 2 \\ -1 & 2 & 0 & 1 \\ -2 & 4 & 1 & 1 \\ -1 & 1 & 5 & 3 \end{pmatrix}$;　　(3) $\begin{pmatrix} 1 & 0 & 0 & 0 \\ 0 & 1 & 0 & 0 \\ 0 & 0 & 0 & 1 \\ 0 & 0 & 1 & 0 \end{pmatrix}$.

2. (1) $\boldsymbol{A}^{-1}=\begin{pmatrix} 1 & 0 & 0 & 0 \\ -\frac{1}{2} & \frac{1}{2} & 0 & 0 \\ 0 & 0 & \frac{1}{2} & 0 \\ 0 & 0 & -\frac{1}{2} & 1 \end{pmatrix}$; (2) $\boldsymbol{B}^{-1}=\begin{pmatrix} 1 & -1 & 0 & 0 \\ -1 & 2 & 0 & 0 \\ 0 & 0 & 3 & -5 \\ 0 & 0 & -1 & 2 \end{pmatrix}$.

3. $\begin{pmatrix} \boldsymbol{O} & \boldsymbol{A} \\ \boldsymbol{B} & \boldsymbol{O} \end{pmatrix}^{-1}=\begin{pmatrix} \boldsymbol{O} & \boldsymbol{B}^{-1} \\ \boldsymbol{A}^{-1} & \boldsymbol{O} \end{pmatrix}$.

4. $\boldsymbol{A}^{-1}=\begin{pmatrix} 0 & \cdots & 0 & a_n^{-1} \\ a_1^{-1} & \cdots & 0 & 0 \\ \vdots & \ddots & \vdots & \vdots \\ 0 & \cdots & a_{n-1}^{-1} & 0 \end{pmatrix}$.

5. 当 $a\neq 0$ 时,$\boldsymbol{A}$ 可逆,且

$$\boldsymbol{A}^{-1}=\begin{pmatrix} \frac{3}{2} & -\frac{1}{2} & 0 & 0 & 0 \\ -\frac{1}{2} & \frac{1}{2} & 0 & 0 & 0 \\ 0 & 0 & \frac{1}{a} & -1 & 0 \\ 0 & 0 & 0 & \frac{1}{a} & -1 \\ 0 & 0 & 0 & 0 & \frac{1}{a} \end{pmatrix}.$$

习 题 2-5

1. (1) 2; (2) 2; (3) 5.
2. (1) $k=8$; (2) $k\neq 8$; (3) 不存在.

习 题 2-6

1. (1) $\boldsymbol{A}^{-1}=\begin{pmatrix} \frac{7}{6} & \frac{2}{3} & -\frac{3}{2} \\ -1 & -1 & 2 \\ -\frac{1}{2} & 0 & \frac{1}{2} \end{pmatrix}$; (2) $\boldsymbol{B}^{-1}=\begin{pmatrix} 1 & 1 & -2 & -4 \\ 0 & 1 & 0 & -1 \\ -1 & -1 & 3 & 6 \\ 2 & 1 & -6 & -10 \end{pmatrix}$;

(3) $\boldsymbol{C}^{-1}=\begin{pmatrix} 1 & 0 & 0 & 0 \\ -3 & 1 & 0 & 0 \\ -11 & 3 & 1 & 0 \\ 44 & -11 & -3 & 1 \end{pmatrix}$.

2. (1) $A^{-1}=\begin{pmatrix}\frac{1}{a_1} & 0 & \cdots & 0\\ 0 & \frac{1}{a_2} & \cdots & 0\\ \vdots & \vdots & \ddots & \vdots\\ 0 & 0 & \cdots & \frac{1}{a_n}\end{pmatrix}$;

(2) $B^{-1}=\begin{pmatrix}0 & 0 & 0 & \cdots & 0 & \frac{1}{a_n}\\ \frac{1}{a_1} & 0 & 0 & \cdots & 0 & 0\\ 0 & \frac{1}{a_2} & 0 & \cdots & 0 & 0\\ \vdots & \vdots & \vdots & & \vdots & \vdots\\ 0 & 0 & 0 & \cdots & \frac{1}{a_{n-1}} & 0\end{pmatrix}$.

3. (1) $R(A)=2$; (2) $R(A)=2$; (3) $R(A)=4$; (4) $R(A)=2$.

4. $\begin{pmatrix}2 & 0 & 0\\ 0 & 1 & 0\\ 0 & 0 & 2\end{pmatrix}$.

5. $\begin{pmatrix}10 & 2\\ -15 & -3\\ 12 & 4\end{pmatrix}$.

习 题 3-1

1. (1) 有唯一解,$x_1=-8,x_2=3,x_3=6,x_4=0$;

   (2) 方程组无解;

   (3) 方程组有无穷多解:$x_1=-\frac{1}{2}x_5,x_2=-1-\frac{1}{2}x_5,x_3=0,x_4=-1-\frac{1}{2}x_5,x_5$ 任意.

2. 当 $\lambda=-6$ 时,方程组无解;当 $\lambda\neq-6$ 且 $\lambda\neq3$ 时,方程组有唯一解: $x_1=\frac{6}{\lambda+6},x_2=\frac{3}{\lambda+6},x_3=\frac{2}{\lambda+6}$;

   当 $\lambda=3$ 时,方程组有无穷多解,一般解为 $x_1=2-2x_2-3x_3,x_2,x_3$ 任意.

3. 当 $a=0,b=2$ 时,方程组有无穷多解,一般解为 $x_1=x_3+x_4+5x_5-2,x_2=3-2x_3-2x_4-6x_5$.

4. (提示:将增广矩阵的前四行加到最后一行).

5. $x_1=x_2=x_3=x_4=0$.

习 题 3-2

1. (17,8,11,6).

2. $(-21,7,15,13)$.

3. $\boldsymbol{\beta}=\boldsymbol{\alpha}_1-\boldsymbol{\alpha}_3$.

4. (1) 线性无关； (2) 线性无关.

5. (1) $\boldsymbol{\alpha}_1,\boldsymbol{\alpha}_2$； (2) $\boldsymbol{\alpha}_1,\boldsymbol{\alpha}_2,\boldsymbol{\alpha}_3,\boldsymbol{\alpha}_4$.

习 题 3-3

1. (1) $\boldsymbol{\xi}=(0,1,2,1)^{\mathrm{T}}$；

(2) $\boldsymbol{\xi}_1=(2,1,0,0)^{\mathrm{T}}$；$\boldsymbol{\xi}_2=\left(\frac{2}{7},0,-\frac{5}{7},1\right)^{\mathrm{T}}$.

2. (1) $(x_1,x_2,x_3,x_4)=(1,0,1,0)+k(3,-3,1,-2)$；

(2) $$\begin{pmatrix}x_1\\x_2\\x_3\\x_4\end{pmatrix}=\begin{pmatrix}1\\-2\\0\\0\end{pmatrix}+k_1\begin{pmatrix}-9\\1\\7\\0\end{pmatrix}+k_2\begin{pmatrix}1\\-1\\0\\2\end{pmatrix}.$$

习 题 3-4

1. 提示：验证 V_1 非空且对加法和数乘都封闭.

2. 提示：证明 $\boldsymbol{\alpha}_1,\boldsymbol{\alpha}_2,\boldsymbol{\alpha}_3$ 线性无关.

3. $\mathrm{L}(\boldsymbol{\alpha}_1,\boldsymbol{\alpha}_2,\boldsymbol{\alpha}_3,\boldsymbol{\alpha}_4)$的维数为 3，其中一个基为 $\boldsymbol{\alpha}_2,\boldsymbol{\alpha}_3,\boldsymbol{\alpha}_4$.

4. 提示：证明 $\boldsymbol{\alpha}_1,\boldsymbol{\alpha}_2$ 和 $\boldsymbol{\beta}_1,\boldsymbol{\beta}_2$ 都是 $\boldsymbol{\alpha}_1,\boldsymbol{\alpha}_2,\boldsymbol{\beta}_1,\boldsymbol{\beta}_2$ 的极大无关组. 或直接求出 $\boldsymbol{\alpha}_1,\boldsymbol{\alpha}_2$ 与 $\boldsymbol{\beta}_1,\boldsymbol{\beta}_2$ 相互线性表示的表达式.

5. $\boldsymbol{\beta}_1=2\boldsymbol{\alpha}_1+3\boldsymbol{\alpha}_2-\boldsymbol{\alpha}_3$，$\boldsymbol{\beta}_2=3\boldsymbol{\alpha}_1-3\boldsymbol{\alpha}_2-2\boldsymbol{\alpha}_3$.

6. 提示：$\boldsymbol{\alpha}_1,\boldsymbol{\alpha}_2,\boldsymbol{\alpha}_3$ 和 $\boldsymbol{\beta}_1,\boldsymbol{\beta}_2,\boldsymbol{\beta}_3$ 均线性无关；$\boldsymbol{P}=\begin{pmatrix}2&3&4\\0&-1&0\\-1&0&-1\end{pmatrix}$.

习 题 4-1

1. $\boldsymbol{\gamma}_1=\left(\frac{1}{\sqrt{2}},0,\frac{1}{\sqrt{2}}\right)^{\mathrm{T}}$，$\boldsymbol{\gamma}_2=\left(\frac{1}{\sqrt{3}},\frac{1}{\sqrt{3}},-\frac{1}{\sqrt{3}}\right)^{\mathrm{T}}$，$\boldsymbol{\gamma}_3=\left(-\frac{1}{\sqrt{6}},\frac{2}{\sqrt{6}},\frac{1}{\sqrt{6}}\right)^{\mathrm{T}}$.

2. $\boldsymbol{\alpha}_3=(-1,0,1)$.

3. $\boldsymbol{\alpha}_2=(1,0,-1)$，$\boldsymbol{\alpha}_3=\frac{1}{2}(-1,2,-1)$.

习 题 4-2

1. (1) $\lambda_1=2,\lambda_2=3$;$\boldsymbol{x}_1=(1,-1)^{\mathrm{T}},\boldsymbol{x}_2=(1,-2)^{\mathrm{T}}$,不正交;

(2) $\lambda_1=-1,\lambda_2=9,\lambda_3=0$;

$\boldsymbol{x}_1=(1,-1,0)^{\mathrm{T}},\boldsymbol{x}_2=(1,1,2)^{\mathrm{T}},\boldsymbol{x}_3=(1,1,-1)^{\mathrm{T}}$,它们两两正交.

习 题 4-3

3. (1) 能,$\boldsymbol{P}=\begin{pmatrix}1 & 4\\ 1 & -5\end{pmatrix}$;

(2) 能,$\boldsymbol{P}=\begin{pmatrix}1 & 0 & 0\\ 5 & 1 & 1\\ 2 & 0 & 1\end{pmatrix}$;

(3) 不能.

4. $$\boldsymbol{A}^k=\frac{1}{3}\begin{pmatrix}(-1)^k2+5^k & (-1)^{k+1}+5^k & (-1)^{k+1}+5^k\\ (-1)^{k+1}+5^k & (-1)^k2+5^k & (-1)^{k+1}+5^k\\ (-1)^{k+1}+5^k & (-1)^{k+1}+5^k & (-1)^k2+5^k\end{pmatrix}.$$

5. (1) $$\boldsymbol{P}=\begin{pmatrix}\frac{1}{\sqrt{2}} & \frac{1}{\sqrt{3}} & \frac{-1}{\sqrt{6}}\\ 0 & \frac{1}{\sqrt{3}} & \frac{2}{\sqrt{6}}\\ \frac{1}{\sqrt{2}} & \frac{-1}{\sqrt{3}} & \frac{1}{\sqrt{6}}\end{pmatrix},\ \boldsymbol{P}^{-1}\boldsymbol{AP}=\begin{pmatrix}-1 & 0 & 0\\ 0 & -1 & 0\\ 0 & 0 & 5\end{pmatrix}.$$

(2) $$\boldsymbol{P}=\begin{pmatrix}\frac{2}{5}\sqrt{5} & \frac{2}{15}\sqrt{5} & \frac{1}{3}\\ -\frac{\sqrt{5}}{5} & \frac{4}{15}\sqrt{5} & \frac{2}{3}\\ 0 & \frac{1}{3}\sqrt{5} & -\frac{2}{3}\end{pmatrix},\ \boldsymbol{P}^{-1}\boldsymbol{AP}=\begin{pmatrix}2 & 0 & 0\\ 0 & 2 & 0\\ 0 & 0 & -7\end{pmatrix}.$$

(3) $$\boldsymbol{P}=\begin{pmatrix}\frac{\sqrt{2}}{2} & 0 & \frac{\sqrt{2}}{2} & 0\\ -\frac{\sqrt{2}}{2} & 0 & \frac{\sqrt{2}}{2} & 0\\ 0 & \frac{\sqrt{2}}{2} & 0 & \frac{\sqrt{2}}{2}\\ 0 & -\frac{\sqrt{2}}{2} & 0 & \frac{\sqrt{2}}{2}\end{pmatrix},\ \boldsymbol{P}^{-1}\boldsymbol{AP}=\begin{pmatrix}2 & 0 & 0 & 0\\ 0 & 2 & 0 & 0\\ 0 & 0 & 0 & 0\\ 0 & 0 & 0 & 0\end{pmatrix}.$$

6. $$\boldsymbol{A}=\frac{1}{3}\begin{pmatrix}-1 & 0 & 2\\ 0 & 1 & 2\\ 2 & 2 & 0\end{pmatrix}.$$

7. $\boldsymbol{P}_1=\begin{pmatrix} \frac{1}{2} & \frac{1}{2} & \frac{1}{2} & \frac{1}{2} \\ \frac{1}{2} & \frac{1}{2} & -\frac{1}{2} & -\frac{1}{2} \\ \frac{\sqrt{2}}{2} & -\frac{\sqrt{2}}{2} & 0 & 0 \\ 0 & 0 & \frac{\sqrt{2}}{2} & -\frac{\sqrt{2}}{2} \end{pmatrix}$，$\boldsymbol{P}_2=\begin{pmatrix} \frac{1}{2} & \frac{1}{2} & \frac{1}{2} & \frac{1}{2} \\ \frac{1}{2} & \frac{1}{2} & -\frac{1}{2} & -\frac{1}{2} \\ -\frac{\sqrt{2}}{2} & \frac{\sqrt{2}}{2} & 0 & 0 \\ 0 & 0 & -\frac{\sqrt{2}}{2} & \frac{\sqrt{2}}{2} \end{pmatrix}$.

习　题　4-4

1. (1) $f=(x_1\ x_2\ x_3)\begin{pmatrix} 1 & 2 & -\frac{5}{2} \\ 2 & 3 & 0 \\ -\frac{5}{2} & 0 & 0 \end{pmatrix}\begin{pmatrix} x_1 \\ x_2 \\ x_3 \end{pmatrix}$；

(2) $f=(x_1\ x_2\ x_3)\begin{pmatrix} 2 & 0 & 0 \\ 0 & -1 & 0 \\ 0 & 0 & 1 \end{pmatrix}\begin{pmatrix} x_1 \\ x_2 \\ x_3 \end{pmatrix}$；

(3) $f=(x_1\ x_2\ x_3\ x_4)\begin{pmatrix} 0 & \frac{1}{2} & -\frac{1}{2} & \frac{1}{2} \\ \frac{1}{2} & 0 & \frac{1}{2} & \frac{1}{2} \\ -\frac{1}{2} & \frac{1}{2} & 0 & \frac{1}{2} \\ \frac{1}{2} & \frac{1}{2} & \frac{1}{2} & 0 \end{pmatrix}\begin{pmatrix} x_1 \\ x_2 \\ x_3 \\ x_4 \end{pmatrix}$.

2. 秩为 3.

3. $f(x_1,x_2,x_3)=x_1^2-3x_3^2-4x_1x_2+x_2x_3$.

习　题　4-5

1. (1) $\begin{pmatrix} x_1 \\ x_2 \\ x_3 \end{pmatrix}=\begin{pmatrix} 1 & -1 & 2 \\ 0 & 1 & -2 \\ 0 & 0 & 1 \end{pmatrix}\begin{pmatrix} y_1 \\ y_2 \\ y_3 \end{pmatrix}$，$f=y_1^2+y_2^2$；　(2) $\begin{pmatrix} x_1 \\ x_2 \\ x_3 \end{pmatrix}=\begin{pmatrix} 1 & 1 & -1 \\ 1 & -1 & -1 \\ 0 & 0 & 1 \end{pmatrix}\begin{pmatrix} y_1 \\ y_2 \\ y_3 \end{pmatrix}$，$f=y_1^2-y_2^2-y_3^2$.

2. (1) $\begin{pmatrix} x_1 \\ x_2 \\ x_3 \end{pmatrix}=\frac{1}{3}\begin{pmatrix} 2 & 1 & 2 \\ -1 & -2 & 2 \\ -2 & 2 & 1 \end{pmatrix}\begin{pmatrix} y_1 \\ y_2 \\ y_3 \end{pmatrix}$，$f=2y_1^2+5y_2^2-y_3^2$；

(2) $\begin{pmatrix} x_1 \\ x_2 \\ x_3 \\ x_4 \end{pmatrix}=\frac{1}{\sqrt{2}}\begin{pmatrix} 1 & 0 & 1 & 0 \\ 1 & 0 & -1 & 0 \\ 0 & 1 & 0 & 1 \\ 0 & 1 & 0 & -1 \end{pmatrix}\begin{pmatrix} y_1 \\ y_2 \\ y_3 \\ y_4 \end{pmatrix}$, $f=y_1^2+y_2^2-y_3^2-y_4^2$;

(3) $\begin{pmatrix} x_1 \\ x_2 \\ x_3 \\ x_4 \end{pmatrix}=\begin{pmatrix} \frac{\sqrt{2}}{2} & \frac{\sqrt{6}}{6} & \frac{\sqrt{3}}{6} & \frac{1}{2} \\ \frac{\sqrt{2}}{2} & -\frac{\sqrt{6}}{6} & -\frac{\sqrt{3}}{6} & \frac{1}{2} \\ 0 & \frac{\sqrt{6}}{3} & -\frac{\sqrt{3}}{6} & -\frac{1}{2} \\ 0 & 0 & \frac{\sqrt{3}}{2} & -\frac{1}{2} \end{pmatrix}\begin{pmatrix} y_1 \\ y_2 \\ y_3 \\ y_4 \end{pmatrix}$, $f=3y_1^2+3y_2^2+3y_3^2-5y_4^2$.

习　题　4-6

1. (1) 是；(2) 否；(3) 否；(4) 否.

2. (1) $0<\lambda<\frac{4}{5}$；　　(2) $\lambda>2$.

第五篇　概率论

习　题　1-1

1. 略.

2. (1) {(正,正,正),(正,正,反),(正,反,正),(反,正,正),(正,反,反),(反,正,反),(反,反,正),(反,反,反)}；

   (2) {3,4,5,…,10}；

   (3) {10,11,12,…}.

3. $A\cup B$ 表示必然事件,AB 表示不可能事件.

4. (1) $A_1A_2A_3A_4$；　　(2) $\overline{A_1A_2A_3A_4}$；

   (3) $\overline{A_1}A_2A_3A_4+A_1\overline{A_2}A_3A_4+A_1A_2\overline{A_3}A_4+A_1A_2A_3\overline{A_4}$；

   (4) $\overline{A_1}A_2A_3A_4+A_1\overline{A_2}A_3A_4+A_1A_2\overline{A_3}A_4+A_1A_2A_3\overline{A_4}+A_1A_2A_3A_4$.

5. (1) {5}；

   (2) {1,3,4,5,6,7,8,9,10}；

   (3) {2,3,4,5}；

   (4) {1,5,6,7,8,9,10}；

   (5) {1,2,5,6,7,8,9,10}.

习 题 1-2

1. $\frac{99}{392}$.

2. (1) 0.4； (2) 0.6.

3. (1) $\frac{1}{14}$； (2) $\frac{8}{21}$； (3) $\frac{19}{42}$.

4. (1) 0.52； (2) 0.71.

5. $\frac{n!}{N^n}$.

6. $\frac{1}{2}$.

7. $\frac{l}{L}$.

8. $\frac{5}{9}$.

9. 0.25； 0.375.

10. 0.58.

11. 0.4.

12. (1) $\frac{1}{2}$； (2) $\frac{1}{6}$； (3) $\frac{3}{8}$.

习 题 1-3

1. $P(A|B)=0.7, P(B|A)=0.7, P(A\cup B)=0.52$.

2. $P(B)=\frac{4}{7}, P(B|A)=\frac{2}{3}$.

3. $p_1 p_2$.

4. $\frac{23}{90}$.

5. (1) 0.645； (2) 0.355.

6. 0.97.

习 题 1-4

1. $P(A\cup B)=\frac{5}{6}, P(A|A\cup B)=\frac{2}{5}, P(B|A\cup B)=\frac{9}{10}$.

2. 0.504, 0.496.

3. 0.154.

4. 0.8125.

5. 0.3125.

6. $1-0.98^{100}\approx 0.8674$.

习 题 2-1

2. $F(x)=\begin{cases}0, & x\leqslant -1,\\ \dfrac{1}{6}, & -1<x\leqslant 2,\\ \dfrac{2}{3}, & 2<x\leqslant 3,\\ 1, & 3<x.\end{cases}$　　3. $F(x)=\begin{cases}0, & x\leqslant 3,\\ \dfrac{2}{3}, & 3<x\leqslant 4,\\ 1, & 4<x.\end{cases}$

4. $F(x)=\begin{cases}0, & x\leqslant 0,\\ \dfrac{x}{3}, & 0<x\leqslant 3,\\ 1, & 3<x.\end{cases}$

习 题 2-2

1. (1) 是;　　(2) 否;　　(3) 否.

2. $P\{\xi=k\}=\dfrac{C_{10}^{k}C_{90}^{5-k}}{C_{100}^{5}}\ (k=0,1,2,3,4,5)$.

3.

ξ	-2	1	2
P	$\frac{1}{3}$	$\frac{1}{2}$	$\frac{1}{6}$

, $F(x)=\begin{cases}0 & x\leqslant -2,\\ \dfrac{1}{3} & -2<x\leqslant 1,\\ \dfrac{5}{6} & 1<x\leqslant 2,\\ 1 & 2<x.\end{cases}$

4. (1) $C_1=55$;　　(2) $C_2=\dfrac{27}{38}$.

5.

ξ	0	1
P	0.95	0.05

.

6. $P\{\xi=k\}=C_5^k(0.6)^k(0.4)^{5-k}\ (k=0,1,2,3,4,5)$.

7. $\xi\sim B(4000,0.001)$, $P\{\xi\geqslant 1\}\approx 0.9817$.

习 题 2-3

1. (1) 是;　　(2) 否;　　(3) 否.

2. (1) $\frac{1}{2}$; (2) $F(x)=\begin{cases}\frac{1}{2}e^{x}, & x\leqslant 0,\\ 1-\frac{1}{2}e^{-x}, & x>0;\end{cases}$

(3) $\frac{1}{2}\left(1-\frac{1}{e}\right)\approx 0.316$.

3. (1) $a=\frac{1}{2}$, $b=\frac{1}{\pi}$; (2) $\varphi(x)=\frac{1}{\pi(1+x^2)}$; (3) $\frac{1}{2}$.

4. 0.0272, 0.0037.

习 题 2-4

1. (1) $\frac{1}{64}$; (2) $1-\left(\frac{3}{4}\right)^3=\frac{37}{64}$.

2. (1) $1-\frac{1}{e}\approx 0.632$; (2) $\frac{1}{k}\ln 2$.

3. (1) 0.9306; (2) 0.6833; (3) 0.5762; (4) 0.1336.

4. (1) 0.8051; (2) 0.5498; (3) 0.6147; (4) 0.8253.

5. 0.0456.

6. (1) 两种工艺条件均可，$P\{0<\xi\leqslant 60\}=P\{0<\eta\leqslant 60\}=0.9938$;

(2) 宜选甲种工艺条件，$P\{0<\xi\leqslant 50\}\approx 0.8944>P\{0<\eta\leqslant 50\}\approx 0.5$.

习 题 2-5

1. (1)

$\xi+2$	1	3	4	6
P	0.3	0.2	0.4	0.1

;

(2)

$-\xi+1$	-3	-1	0	2
P	0.1	0.4	0.2	0.3

;

(3)

ξ^2	1	4	16
P	0.5	0.4	0.1

.

2. (1) $\varphi_\eta(y)=\begin{cases}\frac{y}{2}, & 0<y<2,\\ 0, & \text{其他};\end{cases}$ (2) $\varphi_\eta(y)=\begin{cases}1, & 0<y<1,\\ 0, & \text{其他};\end{cases}$

(3) 同(2).

3. (1) $\varphi_\eta(y)=\begin{cases}\frac{1}{y}, & 1<y<e,\\ 0, & \text{其他};\end{cases}$ (2) $\varphi_\eta(y)=\begin{cases}\frac{1}{2}e^{-\frac{y}{2}}, & y>0,\\ 0, & y\leqslant 0.\end{cases}$

习 题 3-1

1. $E(\xi)=\frac{1}{5}$; $E(3\xi+2)=\frac{13}{5}$; $E(\xi^2)=\frac{4}{5}$.

2. $E(\xi)=1$; $E(\xi^2)=\frac{7}{6}$.

3. $E(\sin\xi)=2$.

4. $E(\xi)=0$.

5. (1) $E(\xi_1)=1, E(\xi_2)=1.2$;　　(2) $E(\eta_1)=18.6, E(\eta_2)=8.6$.

6. $E(2\xi)=2, E(e^{-2\xi})=\frac{1}{3}$.

习 题 3-2

1. $D(\xi)=\frac{19}{25}$, $D(3\xi+2)=\frac{171}{25}$.

2. $\frac{1}{6}$.

3. $D(\xi)=\frac{1}{2}$.

4. $E(\xi)=0, D(\xi)=2$.

5. A 好.

习 题 3-3

1. $E(\xi)=2, D(\xi)=1.96$.

2. $E(\xi)=44.64$.

3. $\frac{11}{5\sqrt{5}}$.

4. 用玻璃底板测量精确度较高(方差较小).

习 题 4-1

1. $P\{\xi=i,\eta=j\}=\frac{1}{36}$ $(i,j=1,2,3,4,5,6)$.

2. (1)

$\xi \backslash \eta$	0	1
0	$\frac{25}{36}$	$\frac{5}{36}$
1	$\frac{5}{36}$	$\frac{1}{36}$

；

(2)

$\xi \backslash \eta$	0	1
0	$\frac{45}{66}$	$\frac{10}{66}$
1	$\frac{10}{66}$	$\frac{1}{66}$

.

3. (1) 2；(2) $1-e^{-1}-e^{-4}+e^{-5}$.

4. (1) $\frac{3}{\pi R^3}$；(2) $\frac{r^2}{R^3}(3R-2r)$.

习 题 4-2

1. $P\{\xi=i\}=P\{\eta=j\}=\frac{1}{6}(i,j=1,2,\cdots,6)$.

2. (1)

ξ	0	1
P	$\frac{5}{6}$	$\frac{1}{6}$

，

η	0	1
P	$\frac{5}{6}$	$\frac{1}{6}$

；

(2)

ξ	0	1
P	$\frac{5}{6}$	$\frac{1}{6}$

，

η	0	1
P	$\frac{5}{6}$	$\frac{1}{6}$

.

3.

$\xi \backslash \eta$	0	$\frac{1}{3}$	1	$P\{\xi=a_i\}=p_{i\cdot}$
-1	0	$\frac{1}{12}$	$\frac{1}{3}$	$\frac{5}{12}$
0	$\frac{1}{6}$	0	0	$\frac{1}{6}$
2	$\frac{5}{12}$	0	0	$\frac{5}{12}$
$P\{\eta=b_j\}=p_{\cdot j}$	$\frac{7}{12}$	$\frac{1}{12}$	$\frac{1}{3}$	

4. (1) $\frac{1}{\pi r^2}$；

(2) $\varphi_\xi(x)=\begin{cases}\dfrac{2}{\pi r^2}\sqrt{r^2-x^2}, & |x|\leqslant r,\\ 0, & \text{其他},\end{cases}$ $\varphi_\eta(y)=\begin{cases}\dfrac{2}{\pi r^2}\sqrt{r^2-y^2}, & |y|\leqslant r,\\ 0, & \text{其他}.\end{cases}$

5. 是.

6. (1) $\dfrac{1}{\pi^2}$;

(2) $\varphi_\xi(x)=\dfrac{1}{\pi(1+x^2)}\ (-\infty<x<+\infty)$, $\varphi_\eta(y)=\dfrac{1}{\pi(1+y^2)}\ (-\infty<y<+\infty)$;

(3) ξ 与 η 相互独立.

7. 第 1 题 是;第 2 题 (1)是,(2)不是.

习 题 4-3

1. $\varphi(x,y)=\dfrac{4}{\sqrt{3}\pi}\pi e^{-\frac{8}{3}[(x-1)^2-(x-1)(y-2)+(y-2)^2]}\ (-\infty<x<+\infty,-\infty<y<+\infty)$,

$\varphi_\xi(x)=\dfrac{\sqrt{2}}{\sqrt{\pi}}e^{-2(x-1)^2}\ (-\infty<x<+\infty)$, $\varphi_\xi(y)=\dfrac{\sqrt{2}}{\sqrt{\pi}}e^{-2(y-2)^2}\ (-\infty<y<+\infty)$.

2. 独立,因为 $\rho=0$.

3. $\varphi_\xi(x)=\begin{cases}6(x-x^2), & 0\leqslant x\leqslant 1,\\ 0, & \text{其他},\end{cases}$ $\varphi_\eta(y)=\begin{cases}6(\sqrt{y}-y), & 0\leqslant y\leqslant 1,\\ 0, & \text{其他}.\end{cases}$

4. $\varphi_\xi(z)=\begin{cases}\dfrac{1}{6}z^3e^{-z}, & z>0,\\ 0, & z\leqslant 0.\end{cases}$

5. $(0.1587)^4=0.00063$.

习 题 4-4

1. (1) $\dfrac{3}{4}$; (2) $\dfrac{5}{8}$.

2. $\dfrac{2}{3}$.

3. (1) $E(\zeta)=0, D(\zeta)=17$; (2) $D(\zeta)=3, D(\zeta)=8$.

4. (1) 90; (2) 285.

5. $E(\xi)=\dfrac{2}{3}, E(\eta)=0, \operatorname{cov}(\xi,\eta)=0$.

6. $E(\xi)=\dfrac{7}{6}, E(\eta)=\dfrac{7}{6}, \operatorname{cov}(\xi,\eta)=-\dfrac{1}{36}, \rho_{\xi\eta}=-\dfrac{1}{11}, D(\xi+\eta)=\dfrac{5}{9}$.

习 题 5-3

1. 0.9977.
2. 0.9521.
3. 至少应装 103 只螺丝钉.
4. 至少要安装 14 条外线.

习 题 6-1

4. 不是,不是,是,是.　　6. $\overline{x}=3.6, s^2=2.88$.

习 题 6-3

1. (1) $\mu, \sigma^2/n, \sigma^2$;　(2) $p, p(1-p)/n, p(1-p)$;　(3) $\frac{1}{\lambda}, \frac{1}{n\lambda^2}, \frac{1}{\lambda^2}$.
2. (1) $N\left(12, \frac{4}{5}\right)$;　(2) 0.1314.
3. 0.6744;　4. 0.025.
5. (1) 1.9432, 1.3722;　(2) 22.4, 7.26;　(3) 3.69, 4.82.

习 题 7-1

1. $\hat{\mu}=232.3967, \hat{\sigma}^2=0.0245$.
2. $\hat{\mu}=\overline{x}=14.9, \hat{\sigma}=0.216$.
3. $\mu=2.125, \hat{\sigma}^2=0.00027$.
4. (1) $\hat{\theta}=\frac{\bar{\xi}}{\bar{\xi}+c}$; (2) $\hat{\theta}=\left(\frac{\bar{\xi}}{1-\bar{\xi}}\right)^2$; (3) $\hat{p}=\frac{\bar{\xi}}{m}$.
5. $\hat{p}=\frac{n}{\sum_{i=1}^{n} x_i}=\frac{1}{\overline{x}}$.
6. $\hat{\sigma}=\frac{1}{n}\sum_{i=1}^{n}|x_i|$.
7. (1) $\hat{\theta}=\frac{n}{\sum_{i=1}^{n}\ln\xi_i-n\ln c}$; (2) $\hat{\theta}=\frac{n^2}{\left(\sum_{i=1}^{n}\ln\xi_i\right)^2}$; (3) $\hat{p}=\frac{\bar{\xi}}{m}$.

习　题　7-2

3. $[-2.565, 3.315]$，$[-2.752, 3.502]$.

4. $[2.120, 2.130]$，$[2.116, 2.134]$.

5. $n \geqslant 15.37\sigma^2/L^2$.

6. $[2.690, 2.720]$. 提示：题中“试求铝的单位体积的质量的……”中“单位体积的质量是指其真值 μ，即测量值的均值 $E(\xi)$.

7. $4.87<\mu<6.13$，$1.35<\sigma<2.29$.

8. $[0.0085, 0.0292]$.

9. $[3.07, 4.93]$.

10. $[0.45, 2.79]$.

习　题　8-2

1. $\alpha=0.05$ 时，不能认为平均尺寸是 32.50mm.

2. $\alpha=0.01$ 时，不能认为这批钢索质量有显著变化.

3. $|z|=2.93>z_{\frac{0.05}{2}}$，有显著差异.

4. $|t|=0.344>t_{\frac{0.01}{2}}(4)$，可以接受这批矿砂.

5. 有显著差异.

6. 当 $\alpha=0.05$ 时，东西两只矿脉平均含量可看作一样.

习　题　8-3

1. (1) $F=1.06$，因 $0.14<F<7.15$，故可以认为电阻的方差相等；

   (2) $|t|=1.28<t_{\frac{0.05}{2}}(10)$，可以认为平均电阻无显著差异.

2. 无显著差别.

3. $\chi^2=13.51>9.49$，不能认为这一天尼龙纤度的标准差为 0.048.

4. $F=0.2176<F_{1-\frac{0.1}{2}}(8,7)$，伸长率的标准差有显著差异.

习　题　9-4

1. $\hat{y}=-33.09+1.04x$.

2. (1) $\hat{y}=67.49+0.87x$；　　(2) $[86.61, 91.87]$.